气固两相流动参数电学检测技术及应用

许传龙　李　健　付飞飞　王胜南　著

科 学 出 版 社

北　京

内 容 简 介

本书基于作者多年从事气固两相流检测技术领域的研究及研究生教育工作，并结合其学术成果整理而成，全面系统地介绍了气固两相流电学检测方法，重点论述了静电、电容、静电耦合电容、电容层析成像等检测原理与技术，此外还介绍了电学检测技术在燃煤电站锅炉、湍动流化床、密相气力输送等典型场景下的应用案例，为读者提供了学以致用的成功示范。

本书具有鲜明的多学科交叉、直接面对复杂工程问题的特点，可供高等院校、科研院所相关专业的研究生参考，也可作为多相流检测领域的研究者及工业生产部门的技术人员的参考书。

图书在版编目(CIP)数据

气固两相流动参数电学检测技术及应用 / 许传龙等著. -- 北京 : 科学出版社, 2025. 3. -- ISBN 978-7-03-081512-5

Ⅰ. O359

中国国家版本馆CIP数据核字第2025SS3645号

责任编辑：范运年　王楠楠 / 责任校对：王萌萌
责任印制：师艳茹 / 封面设计：陈　敬

科学出版社 出版
北京东黄城根北街16号
邮政编码: 100717
http://www.sciencep.com
三河市春园印刷有限公司印刷
科学出版社发行　各地新华书店经销
*
2025年3月第　一　版　开本：720 × 1000　1/16
2025年3月第一次印刷　印张：17 1/2
字数：350 000

定价：138.00 元

（如有印装质量问题，我社负责调换）

序

气固等多相流动既是力学系统中的一门独立的基础学科，又是众多应用学科的基础，广泛存在于航空航天、能源动力、石油化工、环境保护、生命科学等诸多领域。多相流检测是认识气固两相流动特征以及实现相应的流动控制与优化的重要途径。

多年来，多相流检测技术的进步已极大地推动了相关学科的发展，最典型的是粒子图像测速(particle image velocimetry，PIV)，其已成为多相流、流体力学、燃烧等领域研究不可或缺的流场测量技术，对深入认识这些领域的基本规律起到了巨大的推动作用。然而，气固多相流动具有显著的多尺度结构特征：颗粒、颗粒聚团、气泡等不同尺度的流动作用机理复杂，致使系统呈现高度的非线性和非平衡性，并且颗粒相的物理、化学及流动特性都对测量结果的准确性产生影响。当前，速度、浓度等参数的精细化测量技术与表征方法发展不足，已成为制约气固多相流基础研究和装备研发的共性难题之一。因此，检测技术的局限性、多相流动的复杂性等造成了多相流检测方法和技术创新非常缓慢。事实上，不少情况下多相流检测技术已成为多相流研究与应用中的制约性因素，国内外研究人员都给予了极大关注。同时，目前从事多相流检测理论研究与技术开发的人才很少。因此，迫切需要在多相流检测技术方面的教学与科研工作中，加强这方面人才培养的力度。

《气固两相流动参数电学检测技术及应用》是许传龙教授长期从事气固两相流检测的教学与研究成果。在20多年气固两相流检测技术研究基础上，东南大学多相流测试技术团队成立了该书撰写专家委员会，并由多位具有丰富研究经验的团队成员共同完成了该书的撰写工作。该书重点论述了气固两相流电学检测原理与方法，创新了静电感应空间滤波、静电耦合电容、抗静电电容层析成像等技术，并介绍了电学检测技术在燃煤电站锅炉、干煤粉气化炉、湍动流化床等典型工业场景下的应用，形成了一套知识体系较为完整的气固两相流电学检测方法与技术。该书内容深入浅出、自成体系，具备很强的专业性和实用性。

该书既可以作为多相流从业人员的一本工具书，也可以作为高校从事气固两相流检测技术研究师生的参考书或者教科书。希望该书的出版能够对多相流检测技术的发展和推广应用起到极大的促进作用。

英国皇家工程院院士、IEEE Fellow
北京航空航天大学杭州创新研究院教授
原英国肯特大学工程学院教授
2025 年 1 月 13 日

前　　言

气固两相流动广泛存在于自然界以及能源、石油、化工、冶金、矿业加工和制药等工业生产过程。进行这些领域的反应器的设计、放大、控制和优化需要深入理解反应器内的气固两相流体力学、传热传质及反应行为，以及其与各种复杂流动结构的相互作用。但无论开展气固两相流实验还是数值模拟研究，都面临流动参数的检测问题。目前复杂气固两相流动实验研究最大的挑战在于缺乏准确可靠的流动参数场测量方法和仪器，大部分常规单相流测量手段对复杂的气固多相流动实验研究及工程在线检测应用显得无能为力。国际上将气固两相流动参数测量称为“困难流体测量”，属于气固流动系统研究体系中的共性基础科学问题之一。

气固流动系统具有显著的多尺度结构特征，呈现高度的非线性和非平衡性，而且颗粒相的物理、化学及流动特性都对测量准确性产生影响，导致其测量方法与仪器研究进展缓慢。近 30 年来，国内外众多学者在气固流动检测方法与系统等方面开展了大量研究，发展了多种检测方法，如激光、微波、射线、超声等，但这些方法较少能实现很好的工程应用效果。自 21 世纪初，东南大学多相流测试实验室开展了气固两相流电学检测技术研究，有幸在 20 多年里承担了多项国家自然科学基金项目、973 计划项目的研究，经团队成员的不懈努力，形成了独具特色的气固两相流检测技术创新研究成果，将所得编撰成书，以飨同行。

本书共有 8 章。第 1 章为绪论，简要地介绍气固两相流基本概念、特点以及流动参数检测技术的进展和展望；第 2 章主要介绍气固两相流动静电传感器原理及其传感特性；第 3 章主要介绍气固两相流动参数静电检测技术，包括静电相关法、静电感应空间滤波法及多模型软测量法；第 4 章主要介绍气固两相流动参数电容检测技术，包括电容传感器机理、传感特性以及固相速度、浓度和质量流量检测；第 5 章主要介绍气固两相流动参数静电耦合电容检测技术，包括静电耦合电容传感器原理与设计、颗粒速度和浓度同步检测；第 6 章主要介绍抗静电电容层析成像的原理、图像重建算法以及系统设计开发；第 7 章主要介绍密相气力输送气固两相流系统的多尺度分析与流型识别技术；第 8 章主要介绍气固两相流电学检测技术在实际工程中的应用。

本书的出版要感谢国家自然科学基金重点项目“气固两相流场多参数在线测量方法研究”（编号：50836003），国家自然科学基金青年科学基金项目“稠密气固两相流多源多尺度数据融合及流动特性研究”（编号：50906012）、“基于多尺度特征向量的密相气力输送两相流流型划分和识别方法研究”（编号：51506074）、“基于静电耦合电容双模复用阵列传感器的气固流动参数测量方法研究”（编号：51906209）、“变水分气固两相流动参数微波与电容融合测量方法研究”（编号：52006036），973计划项目子课题“超浓相气固两相流多参数测量及流动可视化方法研究”（编号：2010CB227002）和英国皇家学会牛顿国际奖学金（Newton International Fellowship）“Study of Biomass/Coal Flow Characteristics through Sensor Integration and Multi-Scale Data Fusion”（编号：NF100713）等科技计划的资助。

本书的完成得益于东南大学多相流测试团队的精诚合作。特别感谢我的导师王式民教授将我引入多相流检测技术领域和多年的悉心培养，博士后合作导师闫勇教授在静电检测技术方面的精心指导以及我的学生付飞飞、李健、王胜南、丁佐荣等的创造性工作与辛勤付出。希望本书能起到抛砖引玉的作用，得到同仁的关注和批评指正，共同为我国多相流检测技术与仪器系统自主化研发贡献力量。

作　者

2024年12月

目 录

第1章　绪　　论

1.1　气固两相流的定义与特点

1.1.1　多相流与气固两相流的定义

多相流是从传统能源转化与利用领域逐渐发展起来的新兴交叉研究领域。尽管多相流作为一门独立学科的时间不长，但广泛应用于能源动力、电力、化工、石油、航空航天、冶金、环保、医药等诸多工业部门，具有非常强的工业应用背景，对国民经济的发展有十分重要的作用，近年来发展十分迅速。

多相流中的“相”定义为物质的存在形式，如气态、液态或固态，因此多相流即为两种或两种以上“相”的物质同时流动且具有明显分界面的流体。除此之外，还存在着动力学意义上的相，如两种互不相溶的液体构成的流动（如油水混合流），液体物性的不同将不可避免地造成流动在动力学上的差异，因此不相溶的液液混合物的流动也属于两相流动。随着研究的深入，以及连续相与离散相概念的引入，各种“相”的概念逐渐合为一种，即多相流[1,2]，包含着物质形态上的相和动力学意义上的“相”。工业生产过程中的多相流可以简单地划分为气液、气固、液固、液液两相流及气液固、液液固、气液液三相流等。在某些工业过程（如石油工业）中，还有油气水沙同时流动的四相流。

气固两相流，顾名思义，就是只有气体和固体的两相流，它在自然界以及众多工业生产过程中都是广泛存在的[3-5]。比如，空气中夹带灰粒与尘土、沙漠风沙、飞雪、冰雹，在能源动力、环保、冶金、建材、粮食加工和化工工业中广泛应用的气力输送、气流干燥、煤粉燃烧、固体废弃物的焚烧、静电除尘、石油的催化裂化、矿物的流态化焙烧、气力浮选、流态化等都是典型的气固两相流动。气固两相流动可分为稀疏两相流动和稠密两相流动两大类[6]。稀疏两相流动中离散相（颗粒相）的运动受连续相（流体相）的力（阻力、升力等）的控制。连续相的质量远大于离散相的质量，两相之间的作用力在连续相中造成的加速度远小于在离散相中形成的加速度。另外，虽然在稀疏两相流动中离散相也可能发生碰撞，但在离散相发生碰撞时已经完全响应湍流脉动，并且离散相间的碰撞时间极短，大部分时间是响应湍流作用后跟随湍流运动，故许多工程实际计算时可以忽略离散相间的碰撞。稠密两相流动中离散相受相间的碰撞控制，瞬时速度和位置由碰撞得出。连续两次碰撞的间隔小于离散相本身完全跟随气流所需的时间，运动行为不能完全地响应湍流脉动，在尚未完全跟随湍流时便已经发生碰撞。因此，必须考虑颗粒间的碰撞。

1.1.2　典型的气固两相流动系统

1. 气力输送系统

气力输送又称气流输送，利用气流的能量，在密闭管道内沿气流方向输送颗粒状物料，是流态化技术的一种具体应用[4, 5]。气力输送装置的结构简单，操作方便，可进行水平、垂直或倾斜方向的输送，在输送过程中还可同时进行物料的加热、冷却、干燥和气流分级等物理操作或某些化学操作。

气力输送已经具有很长的应用历史，气力输送技术最初用来运送货物，后来适用于粉状、粒状、叶片状的材料输送，如面粉、水泥、谷物、煤炭、石灰、烟草、茶叶和其他物资运输领域，当时都是基于低混和悬浮输送原理设计的，为稀相气力输送方式。由于工艺水平和设备制造技术等因素的影响，气力输送技术在相当长的一段时间内没有发展。近几十年来，随着材料、控制、装备制造等领域的发展，气力输送技术再次振兴。现代气力输送的研究主要集中于密相输送，其起源于20世纪50年代后期的德国。1962年联邦德国Gattys公司的内套管式密相静压输送装置开发成功，同年瑞士的Buhler公司外旁通管式密相输送装置、1969年英国的Warren Spring研究所研制的脉冲气力式气力输送装置相继问世。上述密相静压输送装置，具有低输送风速、高料气比和低耗气量以及显著减少物料破碎和管壁磨损等特点，弥补了稀相悬浮动压输送的缺点。上述技术的发展标志着近代气力输送的发展方向，使气力输送技术进入了一个崭新的阶段，英国、澳大利亚、瑞士以及中国等国家都对密相输送技术开展了大量研究，新的成果不断涌现。

按照气体在管道中的压力状态来区分，一般将气力输送分为吸送式和压送式两大类[7, 8]。图1.1所示为吸送式气力输送系统示意图。利用安装在输送系统终点的风机或真空泵抽吸系统内的空气，在输送管中形成低于大气压的负压气流，因此是用低气压力的气流进行输送，又称为真空吸送。物料同大气一起从起点吸嘴进入管道，随气流输送到终点分离器内。物料颗粒受到重力或者离心力作用从气流中分离出来，空气则经过滤净化后，通过风机排入大气中。图1.2所示为压送式气力输送系统示意图。利用安装在输送系统起点的鼓风机，将高于大气压的正压空气通入供料装置中，与固体物料混合后，物料和空气流一起经输送管送到终点，经分离器分离进入料仓内，而空气则经过过滤后排入大气中。压送式可分为低压压送式和高压压送式两类。

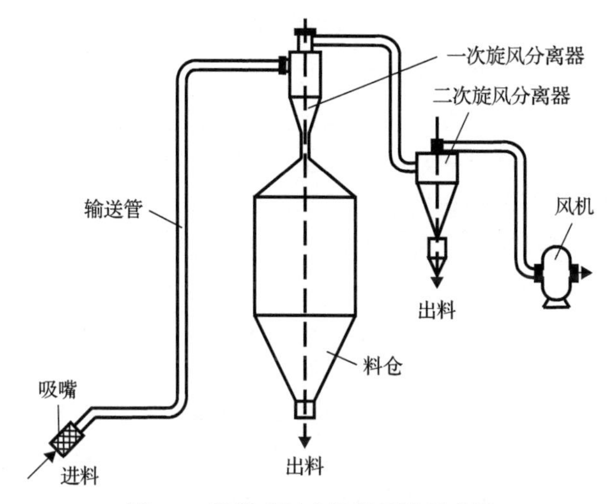

图 1.1　吸送式气力输送系统示意图

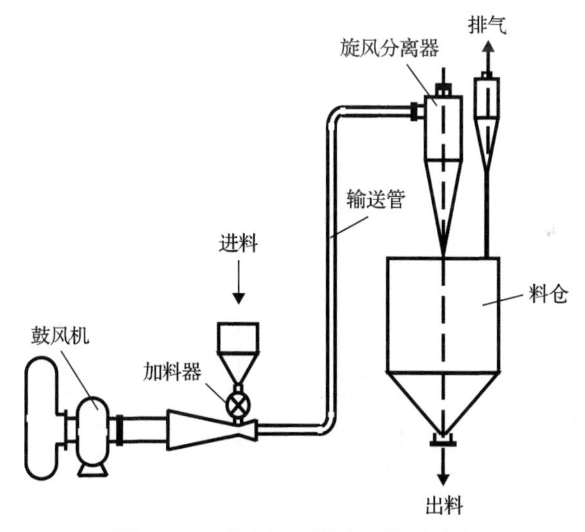

图 1.2　压送式气力输送系统示意图

上述的吸送式和压送式气力输送系统实质上属于传统的稀相气力输送，固体含量低(1～10kg/m^3)，输送气速较高(18～40m/s)，固体颗粒在管道中呈悬浮状态，输送距离基本上在 300m 以内。稀相气力输送在运输过程中存在一些缺点，如耗气量大、能耗高、管道的磨损严重等问题。输送过程中物料速度过快也易导致物料颗粒破损，某些对破损率有严格控制要求的原料就不适宜采用稀相气力输送方式。此外，稀相气力输送时，物料大多处于悬浮状态，对于一些大粒径或大密度颗粒输送困难，此类颗粒不适合采用稀相气力输送方式。

鉴于稀相气力输送的上述缺点，人们将目光转向低速、高浓度的密相气力输送技术。近些年来，经过科研工作者的努力，密相气力输送技术得到迅速发展。从流动形式来分，密相气力输送可分为动压气力输送和静压气力输送两种[8]。密相动压气力输送的气流速度通常在 8～15m/s。物料在管道内不再均匀分布，而呈密集状态，但管道并未被物料堵塞，仍然依靠空气的动能来输送。这类流动状态的气力输送方式有高压压送、高真空吸送和流态化等。输送比的范围很大，高压压送与高真空吸送的输送比在 10～50 范围内，流动状态呈脉动流。对于易充气的粉料，输送比可高达 200 以上，呈流态化。密相静压气力输送的物料密集而易堵塞管道，依靠气流的静压来推送物料，它可以分为柱流气力输送与栓流气力输送两种：柱流气力输送的特点是密集状物料连续不断地充塞管内而形成料柱，移动速度较低，一般情况下仅为 0.2～2m/s，适用于 30m 以内的短管输送。栓流气力输送，也称脉冲式气力输送，它的特点是人为地把料柱预先切割成较短的料栓，输送时气栓与料栓相间分开，从而提高了料栓速度，降低输送压力，减少动力损耗以及增加输送距离。图 1.3 为脉冲式密相气力输送系统示意图。

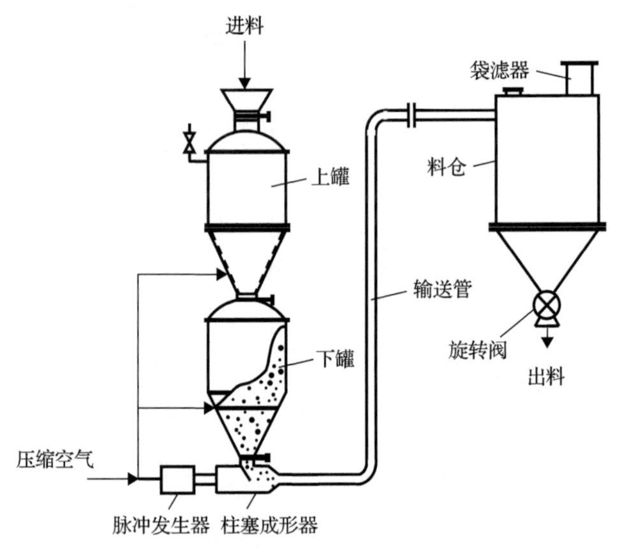

图 1.3　脉冲式密相气力输送系统示意图

原理和应用实践都证明了气力输送具有一系列的优点：输送效率高、设备构造简单、维护方便、易于实现自动化、有利于环境保护等。特别是在工厂车间内部应用时，可以将输送过程和工艺流程相结合以简化工艺环节和减少设备，大大提高了劳动生产率和降低了成本。然而，与其他机械输送方式相比，其缺点是动力消耗较大。

2. 气固流化床系统

流态化床，简称流化床，是一种利用气体或液体通过颗粒状固体层而使固体颗粒处于悬浮运动状态，并进行气固相或液固相反应的反应器[9]，如图 1.4 所示。气固流化床中，气体通过床层底部的进气口进入反应器，经过床层中的固体颗粒物料，最终从顶部的出气口排出。在气体流动的作用下，固体颗粒物料呈现出流态，形成了一种类似于液体的状态，这种状态被称为流化状态。在流化状态下，固体颗粒物料之间的接触面积增大，传热、传质效率也随之提高。

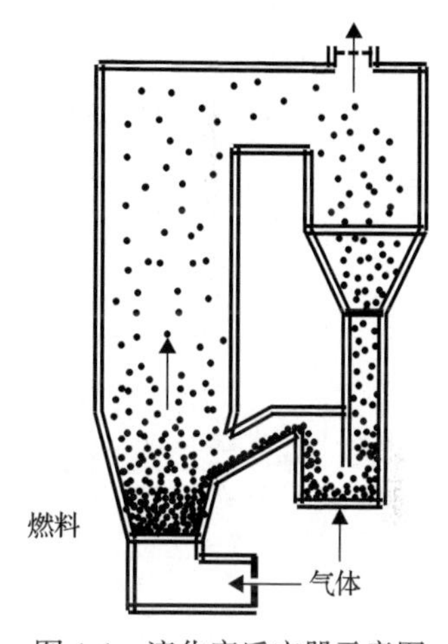

图 1.4 流化床反应器示意图

上述性质使得流化床内颗粒物料的加工可以像流体一样连续进出料，并且由于颗粒充分混合，床层温度、浓度均匀，使床层具有独特的优点从而得以广泛应用。在床层内的流体和颗粒两相运动中，当流速达到某一限值，床层刚刚能被流体托动时，床内颗粒就开始流化起来，这时的流体空床线速度称为临界流化速度。由于流速、流体与颗粒的密度差、颗粒粒径及床层尺寸的不同，颗粒可呈现出不同的流化状态，但主要分为散式流化态与聚式流化态两类[9, 10]。散式流化床：对于液固系统，液体与颗粒的密度相差不大，故临界流化速度一般很小，当流速进一步提高时，床层膨胀均匀且波动小，颗粒在床内的分布比较均匀，床内孔隙率均匀增加，床层上界面平稳，压降稳定，故称作散式流化床，见图 1.5。散式流化态是较理想的流化状态。一般液固两相密度差较小的体系呈现散式流化态特征。

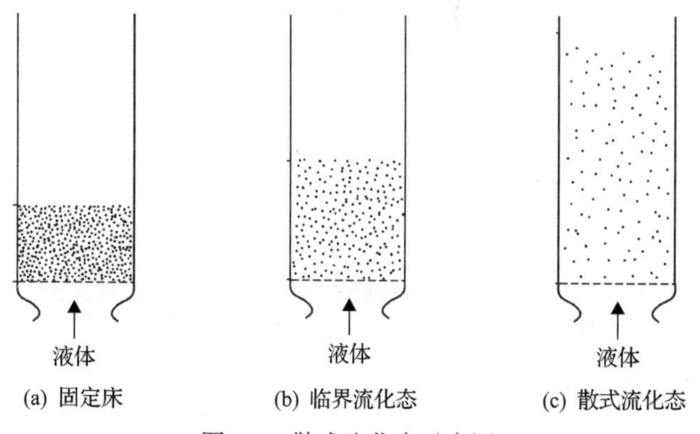

图 1.5 散式流化床示意图

聚式流化床：对气固系统而言，一般在气流速度超过临界流化速度后，将会出现气泡。气流速度越高，气泡造成的扰动越剧烈，使床层波动频繁，这种形态的流化床称作聚式流化床或气泡床。由于流体介质及其流过床层速度的不同，以及固体颗粒性质、尺度的差异，固体颗粒在流体中的悬浮状态不尽相同，因而形成各种不同类型的流动状态，如图 1.6 所示。

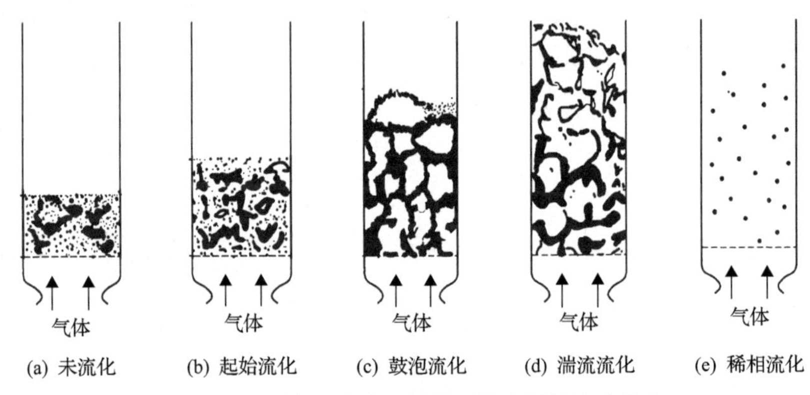

图 1.6　不同气流速度下固体颗粒床层的流动状态

流化床作为一种重要的化工反应器，其发展历史可以追溯到 20 世纪初，德国科学家弗兰克·普拉斯特首次提出了流化床的概念。他在研究煤气化过程中发现，当气体通过一层细小的颗粒物质时，这些颗粒物质会像液体一样流动，这就是流化床的基本原理。但当时的技术水平还无法实现流化床的工业化应用。50 年代，美国化学家戴维·艾伦发明了一种新型的流化床反应器，称为压缩流化床反应器，该反应器可以在高压下进行反应，使反应速率大大提高。此后，流化床反应器的应用范围逐渐扩大，成为化工领域的重要设备。60 年代，美国约翰·戴维森在康涅狄格大学和普林斯顿大学带领的团队开发出了适用于生产石油化工产品的新型流化床工艺，这就是后来被称为戴维森气流床的技术。该技术被广泛应用于生产聚合物、溶剂、高分子黏合剂、塑料、燃料等，将流化床的应用范围进一步扩大。70 年代，在物理学家理查德·费曼和罗伯特·莱德曼等人的推动下，固体物质中的流体化现象重新得到了关注。70 年代后期，新型的流化床反应器和干燥器等设备开始流行。80 年代和 90 年代，流化床技术已经成为制造石油、化学品和其他工业产品的核心技术之一。

可见，经过一个多世纪的发展，流化床由于具有反应速度快、传质效率高、操作灵活、安全、环保等优点，在化工、环保、能源、电力、冶金、制药等领域得到了广泛的应用。随着技术的不断发展和进步，流化床的应用范围还将不断扩大。

1.1.3　气固两相流特点及研究方法

在多相流动体系中，相与相之间存在分界面，且分界面的形状和分布在时间和空间里均是随机可变的，致使多相流系统具有远比单相流复杂的流动特性。气固两相流动是一种复杂的多相流动，这种复杂性表现在气固两相流具有可变形的界面及不均匀的相分布，同时气体的可压缩性也增加了两相流动的复杂性。

1. 气固两相流的特点

(1)气固两相流中含有气、固不相容的相，它们各自具有一组流动的变量，因此描述气固两相流的参数比描述单相流的参数多。

(2)气固两相流中各相的体积含率以及离散相的颗粒大小，可以在很宽的范围内变化，这会引起两相流动性质及流动结构有很大变化，如图 1.6 气固流化床层的流动状态所示。

(3)气固两相间的相对速度不同，会引起气固流动状况的很大改变，如气固流化床中气流速度对流动结构乃至生产的影响都是很大的。

(4)各相的性质、含量及流动参数决定了流型。流型变化复杂且数学描述难度大。目前，针对不同的流型，采用不同的方法来处理。

2. 气固两相流研究方法

研究气固两相流和多相流系统运动的基本方法可分为以下三类[3]。

第一类方法是采用理论研究的方法，通过理论分析和数学方法对两相或多相系统的运动建立数学关系式并进行推导求解，其中包括简化求取分析解和利用部分实验数据求取半经验解。在气固两相流和多相流研究中，能够求取分析解的机会是很有限的，大部分情况是根据实际经验对方程中某些项或关系式进行简化处理，在此基础上求取半经验解。

第二类方法是通过实验来观察多相系统的运动现象，测定相关数据，建立相应的准则方程，以求掌握多相系统运动的部分规律，并为工程设计提供必要数据。该类方法具有直观性和实用性，在多相流研究中一直为广大研究者所采用，并作为指导工程实际的理论依据，也为人们对多相系统的了解，积累了相当多的经验数据。凭借物理模型进行实验研究时测试技术至关重要，许多新仪器、新技术在多相流测试中得到了应用，如观测流型所使用的高速摄影、全息照相、流动显示技术等；测量速度用的激光多普勒流速仪(laser Doppler velocimetry，LDV)、粒子图像测速技术等。

第三类方法是发展速度最快、所起到的作用也越来越重要的计算机数值模拟研究方法。该方法是针对所研究的物理现象，在一定的假设条件下建立数学模型，结合边界条件和初始条件，采用计算机进行数值求解。目前该方法已成为平行于实验研究的有力研究工具，在计算机上可便利地对数学模型中所包含的不同物理量进行深入细致的研究，利用计算机进行数值模拟，发掘两相流的内在机理和规律。特别是随着计算机计算能力的快速提高，在建立数学模型的过程中人为假设不断减少，所考虑的细节不断详尽，所获得的数值模拟结果也更接近实际。

迄今为止，以理论研究、实验研究、计算机数值模拟研究为代表的三大科学研究范式在各自领域都极大地促进了流体力学的蓬勃发展。随着大数据时代的到来，流体力学进入了以数据驱动和人工智能为典型代表的第四范式[11]，密集型科学研究范式将为流体力学新理论、新方法、新模型的提出注入新的活力。可以预见，未来以数据驱动和人工智能为典型代表的第四范式也必将推动气固两相和多相流研究的新发展。

1.2　气固两相流动参数

气固两相由于介质特性不同，因此在流动过程中存在相间的界面效应和复杂多变的流型，具有流型变化复杂、两相界面有相间作用力、相间存在相对速度、物性变化较大、数学描述难度大等特点。因此，与描述单相流相比，多相流增加了一些特征参数[12,13]。描述气固两相流动的特征参数主要包括：

(1) 流型，又称流态，即流体流动的形式和结构。不同流型反映出不同几何与动力特性的流体流动形态。在气固两相流动过程中，由于相界面分布及形状不断变化，因此两相流的流型复杂多变，且变化带有随机性。如图 1.7 所示，在气力输送系统中，水平管道呈现均匀流、疏密流、管底流、沙丘流、段塞流等。流型不仅影响着两相流的传热、传质及流动特性，还与两相流其他参数的测量密切相关。

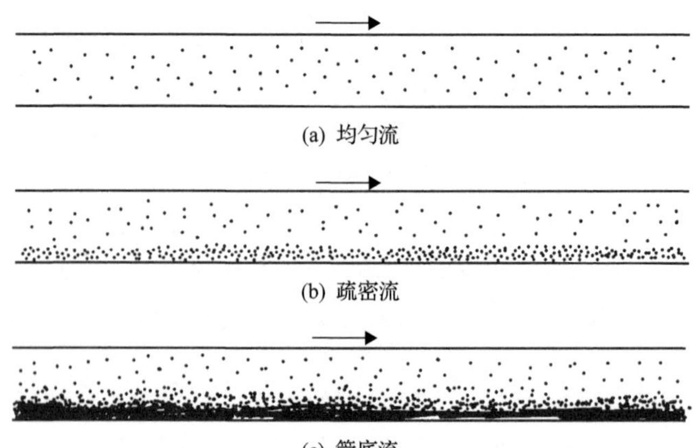

(a) 均匀流

(b) 疏密流

(c) 管底流

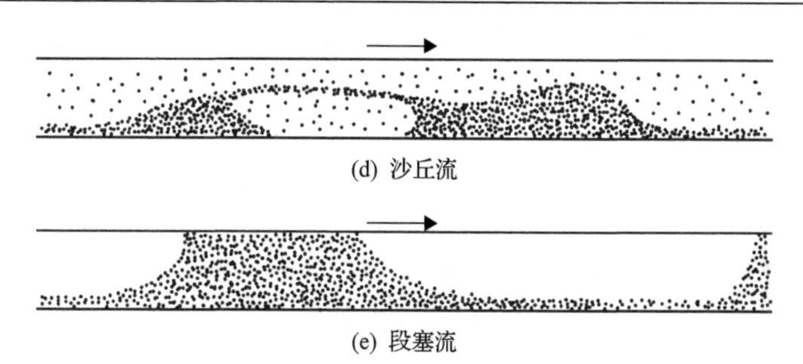

(d) 沙丘流

(e) 段塞流

图 1.7　气力输送系统典型的流型

(2)分相含率，通常是指两相流中两相介质各占的百分比，可按体积或者质量表征。

气体质量占两相混合物质量的份额，称为质量含气率，即

$$\varepsilon=\frac{W_{\mathrm{g}}}{W}=\frac{W_{\mathrm{g}}}{W_{\mathrm{g}}+W_{\mathrm{p}}} \tag{1.1}$$

式中，ε 为质量含气率；W 为气固混合物的质量；W_{g} 为气体的质量；W_{p} 为固体颗粒的质量。

则质量含固率为

$$1-\varepsilon=\frac{W_{\mathrm{p}}}{W}=\frac{W_{\mathrm{p}}}{W_{\mathrm{g}}+W_{\mathrm{p}}} \tag{1.2}$$

气体体积占两相混合物体积的份额，称为容积含气率，即

$$\eta=\frac{V_{\mathrm{g}}}{V}=\frac{V_{\mathrm{g}}}{V_{\mathrm{g}}+V_{\mathrm{p}}} \tag{1.3}$$

式中，η 为容积含气率；V 为气固混合物的体积；V_{g} 为气体的体积；V_{p} 为固体颗粒的体积。

则容积含固率为

$$1-\eta=\frac{V_{\mathrm{p}}}{V}=\frac{V_{\mathrm{p}}}{V_{\mathrm{g}}+V_{\mathrm{p}}} \tag{1.4}$$

(3)速度，由于两相介质的物理特性不同，气固两相之间存在速度差。因此，气固两相流存在三种速度：气相速度及分布、固相速度及分布和两相混合流体的平均流速。

(4)滑移比，表示气相流速与固相流速的比值。

(5) 浓度，通常指单位容积的气固两相混合物内所含的固相颗粒质量或体积。计算式为

$$C = \frac{W_{\mathrm{p}}}{V} \tag{1.5}$$

$$\beta = \frac{V_{\mathrm{p}}}{V} \tag{1.6}$$

式中，C 为固相质量浓度；β 为固相体积浓度。

(6) 流量，表征单位时间内流过管道截面的流体的多少。根据度量单位的不同，流量可分为体积流量和质量流量。

(7) 压力降，是指两相流流动过程中的压力降低，包括两相流体的总压力降以及各分相压力降。气固两相流的很多参数影响流体的压力降，所以可通过对压力降的分析提取相关参数信息。

除上述参数外，还有其他一些描述气固两相流的参数，如颗粒尺寸及分布、颗粒形状、温度、传热系数、传质系数、扩散系数、黏度等。

1.3　气固两相流动参数检测技术

1.3.1　气固两相流动参数检测的意义

随着现代工业的发展，人们对过程参数的检测及控制要求越来越高，气固两相流动参数的准确测量对于许多生产部门包括能源、电力、化工、环境、气象、冶金、食品等都有着重要的实际应用价值[11-13]。例如，燃煤发电站锅炉喷燃器出口的煤粉浓度不均匀，将会导致炉膛火焰中心偏斜，从而引起炉膛气流冲刷后墙及右墙，导致高温过热器、高温再热器出现局部超温、结焦等现象；同时，燃烧不均匀导致燃烧效率降低，污染物 NO_x 排放增多，因此为使发电生产过程满足安全、高效和经济运行的要求，需准确测量一次风管中风速和煤粉浓度[14]；在煤化工领域，煤气化是煤化工的核心技术，干煤粉加压气化炉是现代煤气化的主要选择炉型之一。高压密相气力输送是干煤粉加压气化的关键技术之一，而高压密相气力输送属于典型的密相气固两相流动，实时准确测量煤粉浓度、速度等流动参数，能够保证密相气力输送系统的连续安全稳定运行，有利于提高煤气品质[15]。再如，工业锅炉中的烟气排放也属于气固两相流动，实现烟气中烟尘排放监测，有利于及时调节除尘系统的运行参数，减少烟尘颗粒物排放，降低大气中 $PM_{2.5}$ 浓度[16]。

同样，气固两相流乃至其他多相流系统中，实现多相流动参数的实时在线检测，对多相流动机理研究具有更加广泛的意义。目前，对于气固等多相流系统，单从理论的角度尚难以解释其复杂性和随机性，而且理论研究与数值模拟离不开实验的验证，因此，要认清现象、获得概念、建立模型，首先要解决的就是多相流动参数的检测问题。目前，针对两相流及多相流系统，主要是通过实验分析推导引进修正系数，来建立对多相流体相速度分布、相浓度分布的理性认识，进而构建能够真实反映客观规律的气固两相流动模型。不少情况下，气固两相流或多相流检测技术已成为多相流研究与应用中的一个制约性的控制因素，已成为被给予极大关注的前沿技术之一[17]。

1.3.2 气固两相流动参数检测的难点

气固两相流动具有显著的多尺度结构特征，呈现高度的非线性和非平衡性，而且颗粒相的物理、化学及流动特性都对测量的准确性产生影响，导致其测量方法与仪器研究进展缓慢。国际上将气固两相流动参数测量称为“困难流体测量”，属于气固两相流动系统研究体系中的共性基础科学问题之一。影响气固两相流动检测准确性的主要因素如下[18]。

1. 不均匀的固体分布

气固两相流动系统中的固体分布可能是不均匀的，即使在稳定的状态下，由于相界面的相互作用，系统内部不同区域间的相浓度分布、相速度分布也不是均匀的，局部区域颗粒速度和浓度分布在时间和空间上具有随机性。这主要取决于装置的布置、测量位置、固相浓度、输送速度以及固体颗粒的特性(包括尺寸、含水率、内聚力和黏着力等)。

2. 不规则的速度分布

与固体分布不均匀一样，在管道横截面上颗粒的速度分布也可能不均匀。当固体颗粒浓度较大时，速度分布的不规则性非常明显，如气力输送系统水平管道内固体颗粒在管道底部的速度要比上部低。此外，小颗粒要比大颗粒移动得快。

3. 粒子尺寸和形状

粒子尺寸一般在几微米到几厘米范围内变化。对于一个确定的气固流动系统，粒子的尺寸范围可能是固定的，但粒子尺寸大小可能会发生变化。例如，燃煤电站制粉系统中，煤粉粒子尺寸的分布主要取决于磨煤机的性能，但输送过程中煤粉颗粒由于碰撞摩擦可能会破碎，导致颗粒尺寸发生变化。

4. 含水率

颗粒物质可能包含 1%～30%的水分，这主要取决于物质的来源、储存状态和过程的要求等。通常，所设计的固体流量仪器是为了检测排除水分的“干”物质，这意味着固体流量传感器应该对物质的水分不敏感。但目前气固两相流检测仪器大多受到颗粒含水率的影响，如电容传感器，由于颗粒含水率影响气固两相流介质的介电常数，因此对电容传感器的电容输出值影响较大，进而影响固体颗粒流动参数检测准确度。

5. 化学成分

对于许多非节流式传感器，如静电传感器、电容传感器、微波传感器等，固体颗粒的化学组分都会影响其性能。而对于许多工业生产过程，颗粒的种类经常发生变化，如燃煤电站的煤种，甚至许多情况下，煤粉与生物质、生活垃圾混合，这些混合物的化学组分非常复杂，往往不可预测。理想情况下，颗粒成分的变化不应影响传感器的输出信号。

除了上面提到的因素之外，其他因素也可能影响仪器性能，如颗粒在测量段管道内侧的沉淀程度。要控制和预测这些因素是不可能的，且某些因素在传输管道不同和固体材料类型不同时，变化范围比较大。鉴于气固两相流动的复杂性、随机性以及多相流流量计影响因素较多，因此，气固两相流动参数检测难度大，尽管目前国内外均做了大量的研究工作，但是迄今为止，商品化的多相流流量计为数很少，大部分还处在实验室研究开发阶段。因此，发展先进可靠的气固两相流动参数检测方法，并开发出适用的检测系统，对于气固两相流体力学的研究、有关自然现象的了解以及工业过程的控制，都是至关重要的。

1.3.3　气固两相流动参数主要检测方法

气固两相流动或多相流动参数检测方法是指利用两相或多相介质电学、声学、光学、热学等特性的差异，获取反映各相介质分布或含量的信号，进而实现两相或多相流动的流型辨识，相含率、相分布以及速度等参数检测。气固两相流动表征参数较多，不同参数有不同检测方法，同一参数也发展了基于不同物理原理的检测技术，本书主要介绍气固两相流动中固相颗粒速度、浓度、流量与流型参数检测方法与技术。气固两相流动中固相流量检测方法主要分为直接检测法和间接检测法两大类[19, 20]。直接检测法是通过检测仪器的敏感元件直接获得固相颗粒流量，而间接检测法则需同时获得颗粒的运动速度和浓度，进而计算获得固相质量流量，即

$$M = A \cdot \rho \cdot \overline{v_p} \cdot \beta \tag{1.7}$$

式中，M 为颗粒质量流量；A 为管道截面积；ρ 为颗粒真实密度；$\overline{v_p}$ 为截面上颗粒的平均速度；β 为颗粒的平均体积浓度。

对于间接检测法而言，固相颗粒速度和浓度可以采用同一种或多种不同的检测技术，同时获得颗粒速度、浓度和流量三个参数，并且同时获得速度和浓度参数对于过程控制而言，比仅获得流量更有价值。

1. 固相颗粒速度检测方法

目前主要发展了多普勒法、互相关法、空间滤波法以及图像法等固相颗粒速度检测方法。

(1) 多普勒法：该方法利用多普勒效应实现对颗粒速度的测量。能量以一个固定频率 f_T 从波源处射向被检测运动颗粒，经颗粒散射，再以另一频率 f_R 被接收器接收。由多普勒原理可知，颗粒速度 v_p 与接收信号的频率 f_R 和波源发射信号的频率 f_T 的差存在如下关系：

$$v_p = \frac{C(f_R - f_T)}{2\cos\theta f_T} \tag{1.8}$$

式中，C 为波的传播速度；θ 为传输能量到流体之间的夹角。C、f_T 以及 θ 均已知，所以只要确定了多普勒频移 f_R–f_T，即可获得颗粒速度。

目前，已经发展了激光多普勒测速仪和微波多普勒测速仪。激光多普勒测速仪能够实现管道中气固两相流中的颗粒速度的点测量，具有较高的空间分辨率和精度，且无须标定，不受温度与压力影响等。激光多普勒测速仪有两种工作模式：参考光束模式和差分模式[21]，如图 1.8 所示。对于参考光束模式，经颗粒散射后的激光光束和参考光束由光电探测器接收，进而计算发射光和反射光之间的频移。对于差分模式，两束激光从不同方向照射被测空间点，当颗粒通过被测空间点时，两个光束均会产生频移现象，两光束之间的频移和颗粒速度有确定的对应关系，从而可以计算颗粒速度。

激光多普勒测速仪具有速度测量范围宽的特点，可达 0.01～100m/s，且可实现颗粒速度分布的测量。但该技术只能用于颗粒浓度低于 0.1%的稀相情况下[22]，不能用于颗粒浓度较高的场合，同时需在工业装置上安装透明窗口以允许光的进入和接收，且其成本高，器件易损坏，大大限制了其在工业过程中的应用。

微波多普勒测速仪也有两种形式：收发分置模式和单基模式[23]，如图 1.9 所示。对于收发分置模式，微波发送器和微波接收器是两个相互独立的器件，微波通过可透过的窗口从发射天线进入流体后到达接收天线，测量系统的敏感范围为

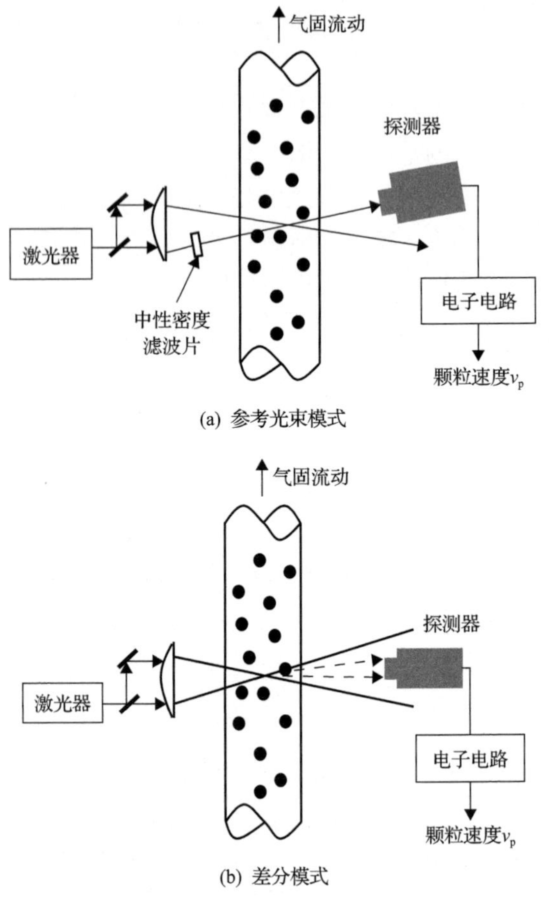

图 1.8 激光多普勒测速仪原理示意图[21]

发射天线和接收天线波束的交叉部分。在单基模式中，微波发送器和微波接收器集成在同一个微波收发器内，由微波铁氧体环行器来控制微波的发送和接收，因此该模式下系统只有一个天线。单基模式在成本和安装方面比收发分置模式有优势，但是其敏感区域没有收发分置模式明确。相关研究结果表明：复杂的颗粒运动过程导致接收到的微波信号成分复杂，但仍可得到一个与颗粒速度成正比的平均多普勒频移[23]。

与激光多普勒测速仪相比，微波多普勒测速仪的敏感范围较大，导致其空间分辨率降低，且颗粒运动的复杂性致使接收到的微波信号含有多种频率成分，虽然平均频率偏移量和颗粒速度有对应关系，但是不能认为其为线性关系，这将给颗粒速度测量带来较大偏差。但是微波多普勒测速仪成本低、结构简单且易于现场安装，其在恶劣环境中比激光多普勒测速仪具有更大的吸引力。另外单基模式还可以用于颗粒平均浓度测量。

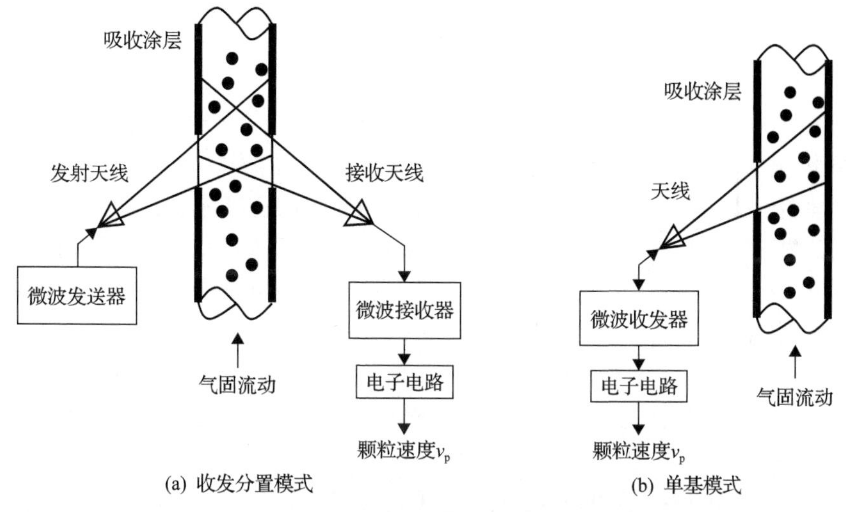

图 1.9　微波多普勒测速仪原理示意图[23]

(2) 互相关法：是一种广泛应用的多相流动参数在线检测技术，该方法是基于随机过程中的相关理论，利用流体内部的流动噪声或者对外加能量调制的随机信号的相似性实现流体速度检测[24]。互相关法速度测量原理示意图如图 1.10 所示。两个相同的传感器以间距 L 布置在直管段上，颗粒从上游传感器移动到下游传感器所用的时间称为渡越时间 τ，可通过计算两传感器输出信号 $x(t)$ 和 $y(t)$ 的互相关函数得到，互相关函数 R_{xy} 的表达式为

$$R_{xy} = \int x(t) \cdot y(t+\tau)\mathrm{d}t \tag{1.9}$$

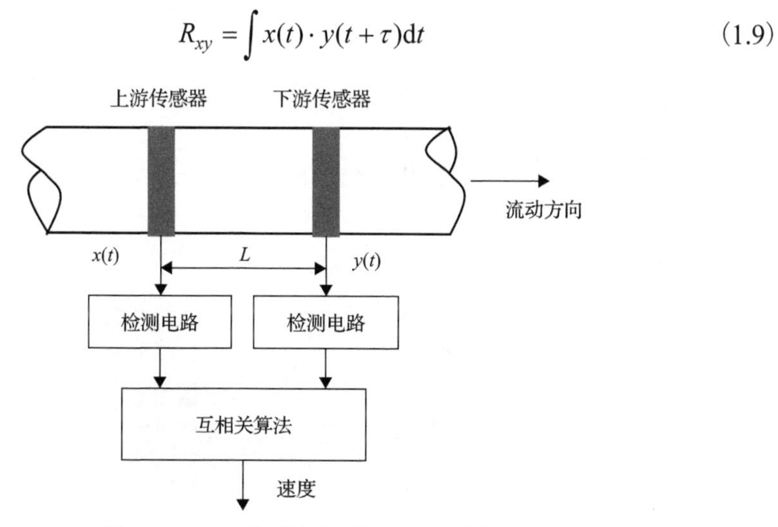

图 1.10　互相关法速度测量原理示意图

互相关函数最大值所对应的延迟时间即为 τ，因此颗粒速度 v_p 可表示为

$$v_{\mathrm{p}}=\frac{L}{\tau} \tag{1.10}$$

互相关法测速具有测量范围宽、适应性强的特点，可实现恶劣工况条件下的固相颗粒速度非侵入测量。传感器可做成“夹钳”式结构，无可动部件，不干扰流动，非接触测量，但只能用于颗粒平均或局部平均速度测量，无法实现速度分布测量。根据不同的流动噪声检测机理，研究人员已经开发了多种互相关法测速仪，采用的传感器主要有电容传感器、静电传感器、声学传感器、光学传感器和射线传感器等[24]。

(3)空间滤波法:空间滤波法作为一种光学测速方法是 20 世纪 60 年代由 Ator 教授提出的[25]，它的测量原理是利用传感器敏感空间的结构尺寸和几何形状对流动信号表现出某种形式的空间滤波效应，进而通过特殊设计的空间滤波器以使其输出频率与固体的运动速度成正比，进而实现颗粒和物体移动速度的测量。空间滤波测速(spatial filtering velocimetry，SFV)的基本光学系统如图 1.11(a)所示。在一定的探测区域内，照射光被一个沿 x 方向以速度 v 移动的运动颗粒进行散射，通过镜头成像在一个沿运动方向有空间周期散射比的空间滤波器(spatial filter, SF)上，经过空间滤波器的光被其后方的一个光电探测器(photodetector，PD)接收，PD 探测到的总光强由于图像以速度 v 运动以及空间滤波器的周期性透射比 p 而产生周期性变化，如图 1.11(b)所示。因此，光电探测器的输出信号中包含一个周期 $T=p/v$ 的信号，测量这个信号的周期性频率 $f=1/T$，则颗粒速度 v 可由式(1.11)确定:

$$v=\frac{p}{M}\times f \tag{1.11}$$

式中，M 为光学成像系统的放大倍数。

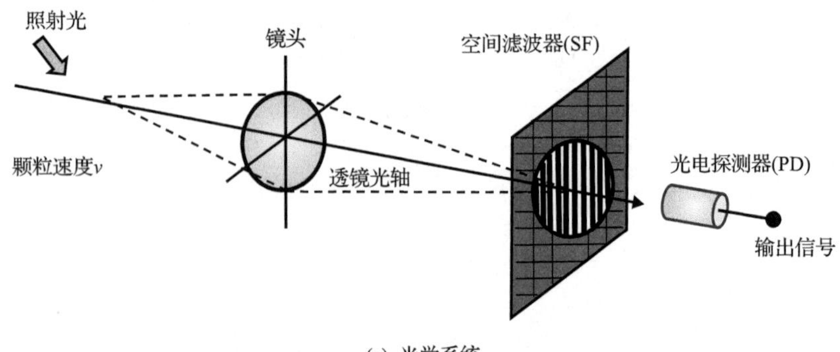

(a) 光学系统

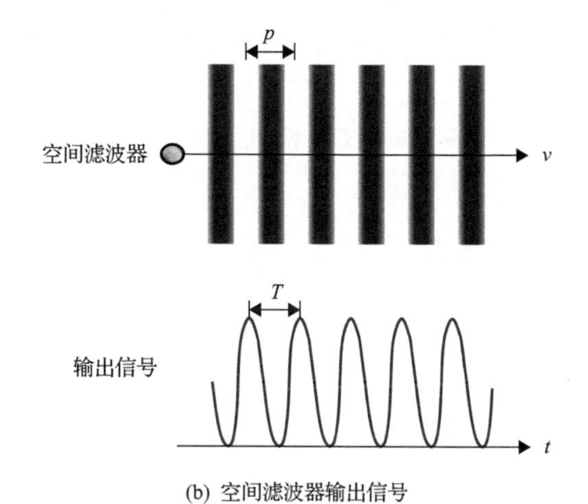

(b) 空间滤波器输出信号

图 1.11　空间滤波测速光学系统和空间滤波器输出信号示意图[25]

空间滤波法具有测量装置结构简单、光学及机械性能的稳定性好、光源选择范围广、数据处理方便等优点，从而使得其应用领域较之其他方法，如激光多普勒法、激光散斑法广泛得多，因此逐步引起人们的广泛关注[26]。目前，空间滤波法在理论分析、空间滤波器设计与选择及测量系统的应用研究等方面都取得了丰硕的成果。另外，空间滤波法也从光学空间滤波范畴延伸到其他传感器(如静电传感器、电容传感器等)的空间滤波效应上，以实现流动速度的测量。

(4)图像法：PIV 在本质上是图像分析技术的一种，该测量技术在 20 世纪 80 年代被提出[27]，最初的 PIV 使用胶片记录示踪颗粒的位置，随着电子技术的发展，PIV 已经广泛利用高速相机来记录示踪颗粒的位置，根据相机曝光模式可以将 PIV 分为单帧双曝光模式和单帧单曝光模式。PIV 作为一种瞬时全场测速技术，近年来在单相流或多相流领域中得到了广泛应用。图 1.12 为二维 PIV 系统测速示意图，PIV 系统主要包括照明、成像部分和图像处理部分。照明主要包括连续或脉冲激光器、光传输系统和片光源光学系统；成像部分包括用于图像捕捉的电荷耦合器件(charge coupled device，CCD)相机和同步器；图像处理部分包括帧捕集

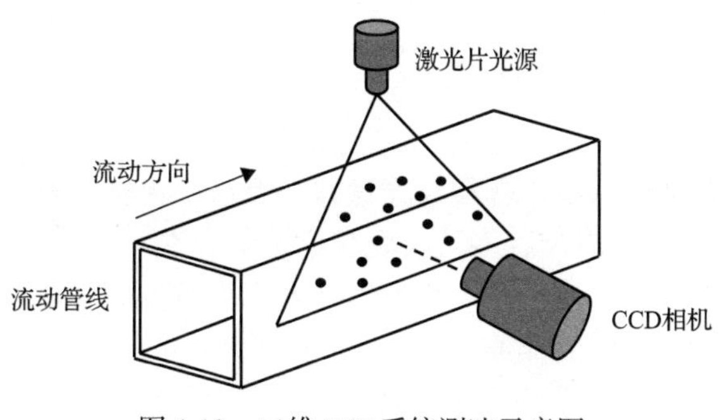

图 1.12　二维 PIV 系统测速示意图

器和分析显示软件。捕捉到颗粒图像后，通常采用互相关或自相关的统计技术匹配图像粒子对。PIV 技术广泛应用于气固两相流动的识别，尤其是流化床[28]，但是光线易受颗粒遮挡，且浓度高时 CCD 相机无法获得清晰的图像，严重限制了其在气固两相流动参数测量中的应用。

2. 固相颗粒浓度检测方法

根据测量原理不同，固相颗粒浓度检测方法可分为衰减法、共振法、电学法等。

(1) 衰减法：基于衰减原理的两相/多相流动测量方法主要包括声学法、光学法、微波法、射线法等。它们具有相似的原理，见图 1.13，即通过发射器发出的声、光或其他电磁波信号，在接收端接收衰减信号，并经由理论模型(如朗伯-比尔定律(Lambert-Beer law))描述波在传播路径中的能量耗损以获取其中的介质浓度、相含率、流型等参数[29,30]。朗伯-比尔定律可表示为

$$I = I_0 \mathrm{e}^{-\mu x} \tag{1.12}$$

式中，I_0 和 I 分别为声波或电磁波穿越颗粒介质的入射波强度和出射波强度；x 为波所穿过介质的有效厚度；μ 为衰减系数，与颗粒粒度及分布、浓度、颗粒的化学组分等有关。

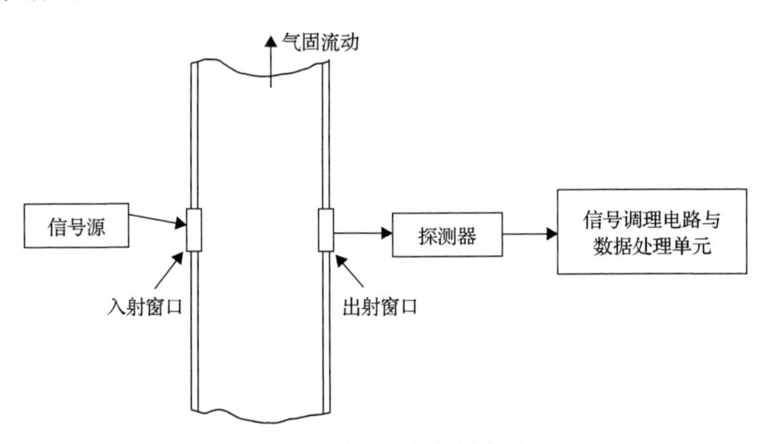

图 1.13　衰减法原理示意图

在颗粒两相流动中，由于颗粒粒度参数与衰减本身往往紧密关联，又在单波长/单频基础上发展出双波长、多波长衰减谱测量方法[30]，为此，需要采用宽带/窄脉冲超声波、多个波长激光、白光发射装置，而且接收端同样能够响应多个波段信号并进行谱分析和反演计算。

(2) 共振法：在一定条件下，颗粒物在有外部能量激励或注入时，能发生物理

共振现象。基于共振原理的颗粒浓度传感器主要有磁共振传感器、微波共振传感器和声学共振传感器。

磁共振指的是自旋磁共振现象，包含核磁共振(nuclear magnetic resonance，NMR)、电子顺磁共振(electron paramagnetic resonance，EPR)或称电子自旋共振(electron spin resonance，ESR)。核磁共振是磁矩不为零的原子核，在外磁场作用下自旋能级发生塞曼分裂，共振吸收某一定频率的射频辐射的物理过程。电子顺磁共振是属于自旋 1/2 粒子的电子在静磁场下的磁共振现象。核磁共振响应的幅度和单位体积内的核子数量呈比例，而电子顺磁共振响应和未配对电子的数量呈比例。因此，核磁共振和电子顺磁共振可以用来测量固体颗粒的相关流动参数和物理属性，如浓度、速度、质量流量、碳含量、氢含量以及含水率等[31]。图 1.14 为磁共振传感器系统。在磁共振技术应用过程中，要求测量段的管道是非金属的，以便磁场能穿过管道进入流体。磁共振法测量相浓度与流体的电导率、温度等参数变化无关，属于非接触测量方式，适用于测量腐蚀性和易聚合物质且测量精度较高，但磁共振的流量测量上限受限于核的弛豫时间，且系统装置结构复杂、成本高、经济性差。

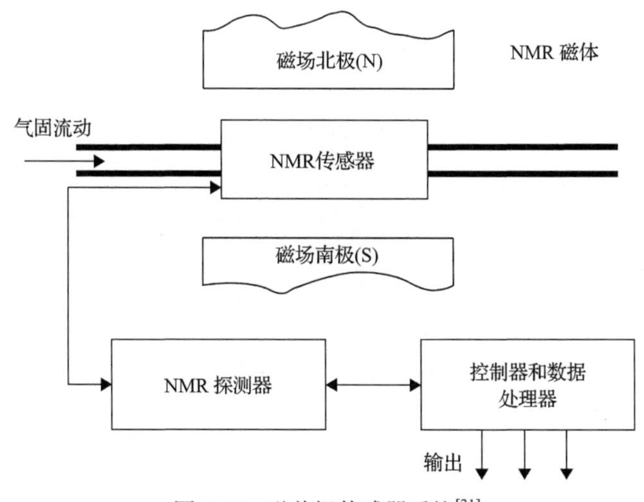

图 1.14 磁共振传感器系统[31]

微波共振法是利用覆盖有金属管的一段柱形绝缘空腔构成的微波空腔，通过金属管上的小孔与微波系统相连，空腔可从微波系统中以特定的共振频率吸收能量。共振频率从腔体为空到有固相物质时的频移与腔内的固相浓度成正比[32]，所以可用于测量固相浓度，图 1.15 为微波共振传感器系统示意图。微波共振频移正负都有可能，主要取决于固相的介电特性。但是微波共振对固相颗粒的水分和温度变化极其敏感，需对水分的变化进行修正并采取特别的措施保持温度稳定。

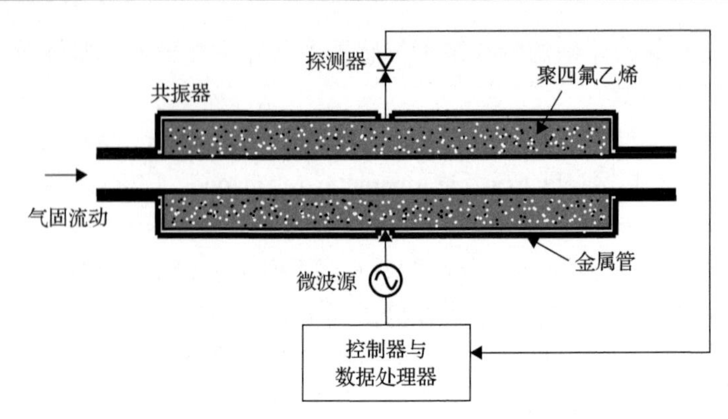

图 1.15　微波共振传感器系统示意图[32]

声波传播速度与流体的密度密切相关。声波在气固两相流中传播时，声速要低于只有气相流动的情况。在适当的几何体内声波会出现共振现象，其共振频率直接正比于声速，测得共振频率后可推算出固相浓度。Vetter 和 Culick[33]对电厂煤粉输送管道进行了实验研究，图 1.16 为声学共振法煤粉浓度测量装置示意图。结果表明声学共振法可实现颗粒的平均浓度测量，但是测量结果受到颗粒尺寸影响，并且只对小于 100μm 的颗粒敏感。

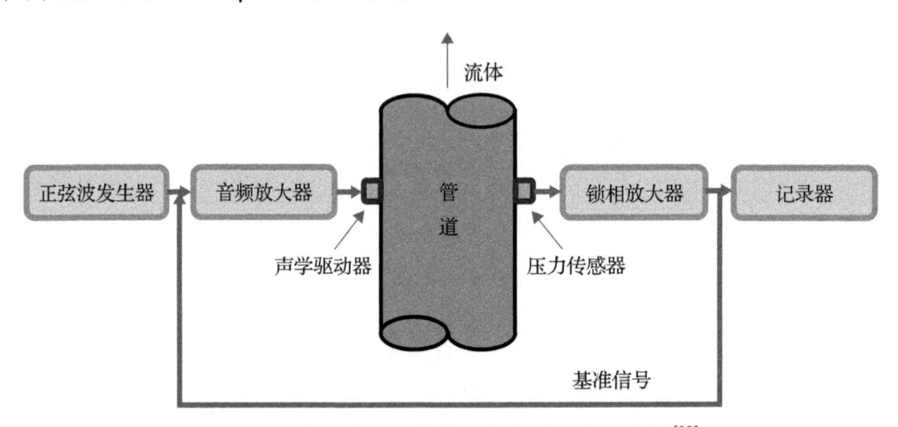

图 1.16　声学共振法煤粉浓度测量装置示意图[33]

(3) 电学法：主要包括静电法和电容法。此外，将层析成像技术与静电传感器和电容传感器结合，还发展出了静电层析成像技术和电容层析成像技术，可实现对颗粒电荷分布和介质浓度分布的测量。在气固两相流动过程中，颗粒与颗粒之间、颗粒与管道之间都会发生碰撞，使得颗粒带有一定量的电荷，流经静电传感器的检测电极时，结合相应的检测电路可实现静电信号的测量。图 1.17 为静电传感器电极形状及测量原理图。静电法的测量原理是利用颗粒在流动过程中产生的带电现象[18]，通过在颗粒流动管道上布置静电传感器来获得颗粒的带电信息，此方法可用来测量颗粒的浓度，也可以对颗粒质量流量进行直接测量，并且还可以通过与互相关信息处理技术或空间滤波技术的结合来进行颗粒的速度测量。实际中，颗粒带电受众多因素影响，颗粒的带电水平不仅与颗粒的自身物理、化学属性有关，还与流经管道的材料以及输送条件等有关。因此在实际应用中，限制较多，测量偏差很大。

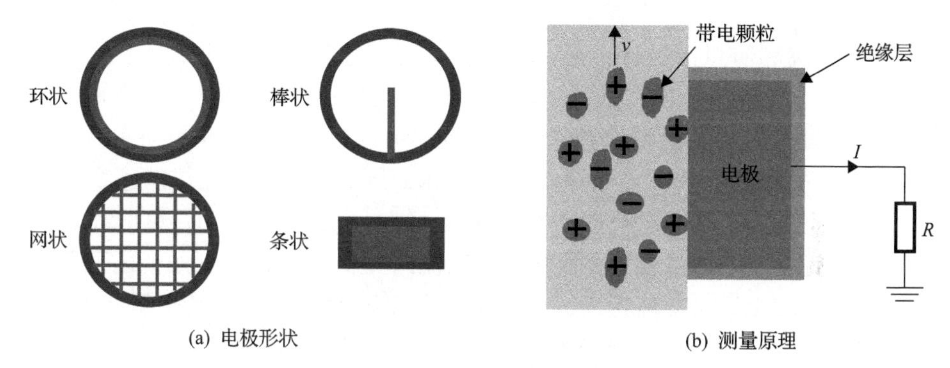

(a) 电极形状 (b) 测量原理

图 1.17 静电传感器电极形状及测量原理图

电容法的基本原理是混合物浓度发生变化时其等效介电常数也会变化，从而导致电容传感器电容值发生变化，在颗粒流动管道布置电容传感器来获得其电容信息，目前该方法主要用于颗粒的浓度测量[18]。图 1.18 为电容传感器测量原理图。电容法用于颗粒的浓度测量时，主要是利用了气体和固体颗粒具有不同的介电常数。当气固两相流流经两个金属极板时，固体颗粒的存在使得这两个金属极板之间的混合物的介电常数发生改变，即体现为电容值发生变化，通过合理设计检测电路可以将电容值的变化转化为电信号，如电流、电压或频率的变化。目前已经研制出许多不同类型的电容传感器，有螺旋状、平板型、圆弧状、圆环状以及阵列式电极等。通常利用电容法测得的电容值和固体颗粒的浓度之间具有一定的内在关系，根据这一特性，一般可采取标定的方法来实现颗粒浓度的测量。

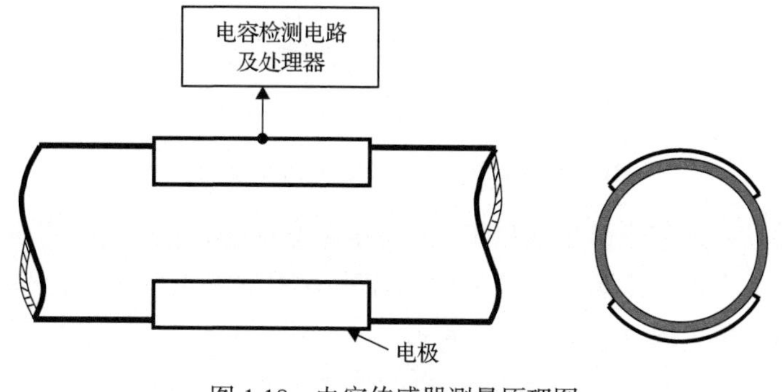

图 1.18 电容传感器测量原理图

目前来说，传统的电容传感器，其激励电极和检测电极一般都是贴于绝缘管道的外侧，当温度发生变化时，绝缘管道材料的介电常数也会随之变化，会引起温度漂移，从而影响颗粒浓度的准确测量。除此之外，检测电路侧同样存在着温度漂移问题，与印制电路板布局、布线以及元器件本身的温度特性有关。

3. 固相颗粒质量流量直接检测方法

(1)科里奥利质量流量计：是一种直接而精密地测量流体质量流量的新颖仪表，它是利用检测部件(U 形管)的振动或旋转过程中所受的科里奥利力来实现质量流量的测量，图 1.19 为科里奥利质量流量计示意图。U 形管在驱动线圈的作用下，以一定的固有频率振动，其上下振动的角速度为 ω。被测流体以速度 v 从 U 形管中流过，流体流动方向与振动方向垂直，则半边管上会受到科里奥利力 F。由于两半边管中流体质量相同，流速相等而流向相反，故 U 形管两半边管所受的科里奥利力大小相等、方向相反，从而使 U 形管产生扭转，即产生扭转角 θ。U 形管扭转角 θ 与被测流体的质量流量成正比。该流量计应用在液体、气体或悬浮液流量计量时具有较高的精度，得到了广泛的应用[34]。尽管该方法可以用于气力输送煤粉质量流量计量，但是流体经过 U 形管时会产生较大的压力降、弯管磨损严重、有可能会堵管从而引发安全事故、易受外界振动干扰等，这些大大限制了其在气固两相流动测量中的应用。

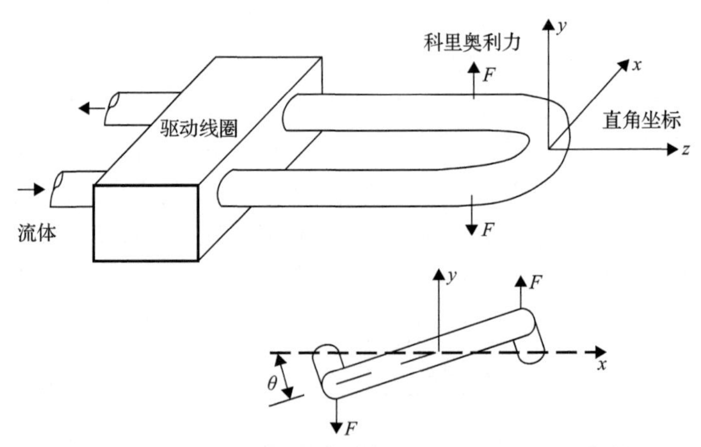

图 1.19　科里奥利质量流量计示意图[34]

(2)热学法：是基于传热学和能量守恒的基本原理，通过气固两相流的气相和固相混合前后的热量差来确定气固两相流中固相颗粒质量流量，原理示意图如图 1.20 所示。其实现方式是取输送管道的某一段，并以恒热流方式加热该管段，T_{c1} 和 T_{c2} 分别为加热该管段上游和下游的流体温度，通过测量颗粒流通过该加热段的温升，从而计算颗粒质量流量 M：

$$M = \frac{H}{c_{\mathrm{p}}\Delta T} \tag{1.13}$$

式中，H 为以恒热流加热的热流量；c_{p} 为流体的定压比热容；ΔT 为测量段流体的温升，$\Delta T = T_{c2} - T_{c1}$。

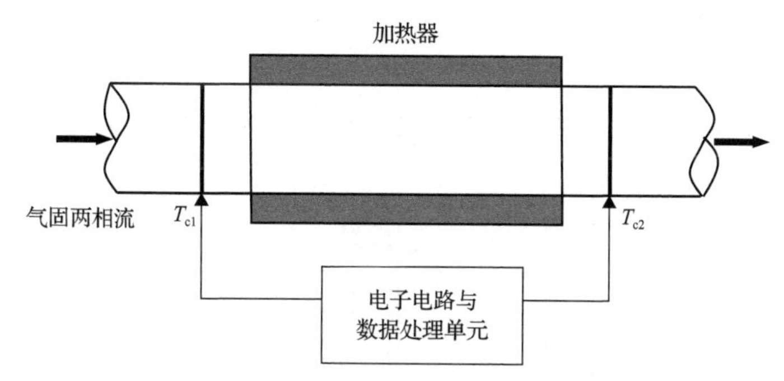

图 1.20　热学法颗粒质量流量测量原理

热学法的适用范围有限，如对于混合前后温差较大的热风输送粉体系统适用性较好，而当温差较小时，其测量的分辨率会很低，测量误差也较大。此外，系统动态响应特性较差，不适合快速响应的场合。

(3) 静电法：静电法分为主动式电荷检测法和被动式电荷检测法两种，区别在于传感器是否有激励电压。主动式电荷检测法需要外部施加一个激励电压，使得颗粒带有一定量的电荷。它的测量系统如图 1.21 所示，主要分为两个部分，包括带高压电源的激励管段以及颗粒电荷的测量管段[35,36]。通常施加在激励管段的激励电压处于 100～500V，由于激励电压的作用，当颗粒流经激励管段时，颗粒会带有一定量的电荷，颗粒进入测量管段时，就会在测量管段上产生与质量流量 M 成正比的静电流 I_0，可表示为

$$M = k \cdot I_0 \tag{1.14}$$

式中，k 为标定系数；I_0 为静电流。

文献[36]分别采用了两种不同粒径的煤粉对该测量系统进行实验评价，结果是当温度范围为 20～100℃，湿度范围为 1%～11%，管径为 40mm、100mm 时，该系统的测量相对误差分别在±1%、±2%以内。但是颗粒荷电有可能导致粉体自燃甚至爆炸，该方法在实际应用的过程中激励管段的激励电压有所限制，不能过高。

被动式电荷检测法是利用颗粒在接触金属管时发生的电荷转移现象，颗粒的质量流量与电荷转移量即静电流成正比，通过合理设计转换电路就可以测得静电流的大小，进而利用标定的方法就可以实现颗粒质量流量的测量。Matsusaka 和

Masuda[37]基于固体的带电机理开展了很多针对固相质量流量的测量研究，实验系统如图 1.22 所示。通过对电荷移动产生的电流信号 I 的测量，来考察颗粒质量流量 M 和颗粒荷质比 q_{mo}(带电颗粒所带电荷与其质量之比)之间的关系，如式(1.15)所示：

$$\frac{I}{M} = a \times q_{\mathrm{mo}} + b \tag{1.15}$$

式中，a 和 b 与颗粒的流动状态、物理尺寸及颗粒碰撞时的接触面积等有关。

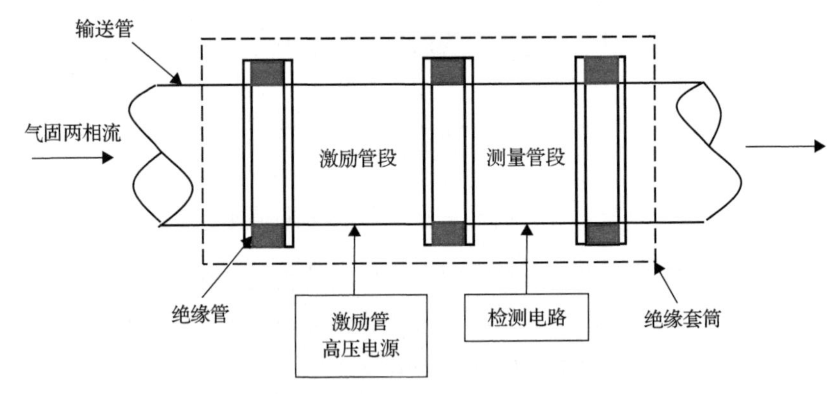

图 1.21　主动式电荷检测法的测量系统示意图

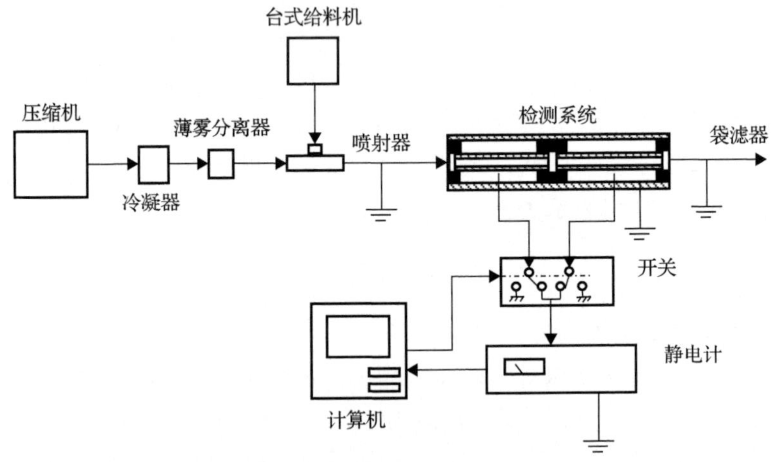

图 1.22　颗粒质量流量和荷质比同步测量实验装置[37]

结果表明，该实验系统能够同时测量出颗粒的质量流量和荷质比。但被动式电荷检测法只能用于稀相气固流动中，且限制众多，需要颗粒完全悬浮在管道中，对颗粒的流动条件要求非常高。

综上所述，尽管目前已发展了多种气固两相流动颗粒速度、浓度和质量流量检测方法与技术，但都具有各自的优点和不足，由于气固两相流动机理复杂、随机性大，目前还未形成成熟的现场检测仪表。另外，随着对两相流动研究的深入以及工业过程检测和控制要求的不断提高，需实现颗粒速度、浓度和质量流量的在线、非侵入、连续检测。与直接流量检测方法相比，间接式检测方法在获得颗粒速度和浓度的基础上，进一步计算质量流量，获得的参数更多，对过程监控具有更大意义。对于间接法固相质量流量检测，基于光学、声学、微波或者图像等原理的传感器技术均可用于颗粒浓度检测且结合合适的数据处理方法亦可实现颗粒速度检测。但它们均受限于颗粒浓度，只适用于稀相条件，在较高颗粒浓度情况下适用性较差，且很难克服恶劣的工业现场环境。基于射线的测量技术从原理上来说是一个较好的选择，但其具有辐射泄漏的危险且成本高。基于电学原理（静电法和电容法）的检测技术具有非侵入、低成本、结构简单、可靠性高、无辐射等优点，在工业现场应用上有巨大潜力。

1.3.4 气固两相流动参数电学检测技术存在的问题

静电法是一种被动式检测方法，适用于气固两相流系统存在颗粒带电的场合。虽然已有通过颗粒带电直接测量颗粒浓度或质量流量的研究，但颗粒带电过程复杂，影响因素众多，目前仍缺乏有力的颗粒带电机理研究成果作为支撑，该方法很难在工业现场条件下应用。然而，静电法结合互相关法或空间滤波技术是一种适应性较强的颗粒速度测量方法，已经取得了很大的进展和令人满意的成果。电容法颗粒浓度检测技术已研究多年，随着电子技术的发展，微弱电容检测电路的性能逐步提高，颗粒浓度检测下限也不断取得突破。但在气固两相流电容传感器的机理和优化设计方面的研究进展缓慢，且在用于气固两相流动测量时，颗粒静电会对其浓度测量结果产生较大影响。随着对静电法和电容法颗粒流动参数检测研究的深入，在实际的应用过程中还需要解决以下问题[19, 20, 38]。

（1）气固两相流中颗粒带电机理有待深入研究，颗粒带电量与颗粒成分、速度、浓度、流量、装置材料和表面粗糙度等因素密切相关，但数学关系不明晰。

（2）静电传感器得到的感应信号反映的并不是颗粒带电量的真实大小，需要研究。

（3）电容传感器电极一般都是贴于绝缘管道的外侧，形成非接触式测量方式，但当温度发生变化时，绝缘材料的介电常数会随之变化，导致传感器存在温度漂移和浓度测量结果存在较大偏差，影响到电容检测技术的推广和应用。

（4）电容传感器存在电容灵敏场不均匀的问题，使得检测结果受流型影响大。

（5）微弱电容检测是电容法颗粒浓度测量中的关键问题之一，但气固流动中颗粒所带静电会对电容检测产生干扰，迫切需要研究静电干扰机制，寻找可消除静电干扰的电容检测方法。

(6) 为充分利用静电法和电容法的优势，需研究静电传感器与电容传感器的集成耦合方法，以实现对气固两相流动过程多参数的准确测量。但目前静电传感器与电容传感器仅是沿流动方向串联布置，导致它们的灵敏空间不在同一个区域内，因此获得的静电信号和电容信号无法反映同一区域内的颗粒流动信息。

1.3.5 两相流及多相流检测技术展望

多年来虽然复杂多相流理论研究取得了飞速的发展，但实验仍然是掌握两相流及多相流关键参量和演化规律的最主要研究手段。然而，目前多相流实验研究最为困难之处是缺乏有效的针对多相流参量场的测量方法和仪器，大部分常规单相流测量手段对复杂的多相流实验研究及工程在线测量应用显得无能为力。

当前多相流学科中测量方法和技术研究的发展呈现出由接触测量向非接触测量方向发展；由静态测量向瞬态实时在线测量发展，尤其是高速、脉冲、随机等现象的实时表征与测量；由点、线测量向多物理场参数测量发展；由单一测量原理向多种物理、化学、生物效应相融合方法方向发展等。我国多相流测量技术的研究和发展体现出很强的工业应用背景，在过程层析成像、流型/流场在线测量、多相流界面参数测量、流动参数电学法测量、分相计量、离散相颗粒散射测量、激光光谱测量、超声谱测量和自发辐射诊断技术等方面发展出多种原创性的测量技术和仪器设备。国家自然科学基金委员会等科研管理机构非常重视原创性的多相流测量技术，通过设立领域主题鼓励该方面的基础研究工作[17]。中国工程热物理学会多相流专业委员会和中国计量测试学会多相流测试专业委员会连续多年举行了一系列学术会议，极大地推动了中国多相流测试技术的发展。近年来，国内相关测量技术研究和应用的论文比例越来越高，先进的三维 PIV、过程层析成像、激光诊断、高速摄像可视化等测量技术已经得到广泛应用，对深入认识多相流测量技术及其传热传质过程的基本规律发挥了不可替代的作用。

近 20 年来，先进两相流及多相流测量技术的发展已极大地推动了工程热物理与能源利用、化学工程等学科的发展。但随科学研究的深入，测量新方法的发展不足也成为这些领域机理研究进一步深入的瓶颈，如针对复杂多相流动，PIV 高时空分辨率的测量问题；过程层析成像的反问题求解中存在观测信息不足的问题；极端高温、高压、高速条件下难以实现多相流动参量（流场、组分、温度场等）在线测量等，这些始终是多相流测量领域的技术难题。此外，限于国家高端光电器件的发展及多相流过程的复杂性、多变性和不确定性，我国在多相流测试领域的研究与国外仍有一定的差距，尤其是高端原位瞬态、高精度、多维复杂流动与多相流场参数测量方法和仪器的源头创新亟待突破。这些测量方法、关键技术、核心部件及仪器系统集成等问题极大地制约了多相流在解决国家重大需求问题方面的能力提升并在一定程度上限制了多相流前沿交叉科学技术的快速发展。因此应积极开展多相流测试技术领域的研讨，提前布局，加强多相流测试新技术研究和仪器装备的开发，推动我国多相流基础学科的进步。

参 考 文 献

[1] 陈学俊. 多相流热物理研究的进展. 西安交通大学学报, 1994, 28(5): 1-8.
[2] 郭烈锦. 两相与多相流动力学. 西安: 西安交通大学出版社, 2002.
[3] 袁竹林, 朱立平, 耿凡, 等. 气固两相流动与数值模拟. 南京: 东南大学出版社, 2012.
[4] Fan L S, Zhu C. 气固两相流原理(上). 张学旭, 译. 北京: 科学出版社, 2018.
[5] Fan L S, Zhu C. 气固两相流原理(下). 张学旭, 译. 北京: 科学出版社, 2018.
[6] 陆慧林. 稠密颗粒流体两相流的颗粒动理学. 北京: 科学出版社, 2017.
[7] 黄标. 气力输送. 上海: 上海科学技术出版社, 1984.
[8] 杨伦, 谢一华. 气力输送工程. 北京: 机械工业出版社, 2006.
[9] 李洪钟, 朱庆山, 谢朝晖, 等. 流化床结构传递理论与工业应用. 北京: 科学出版社, 2020.
[10] 程祖田. 流化床燃烧技术及应用. 北京: 中国电力出版社, 2013.
[11] 张伟伟, 王旭, 寇家庆. 面向流体力学的多范式融合研究展望. 力学进展, 2023, 53(2): 433-467.
[12] 周云龙, 孙斌, 李洪伟. 多相流参数检测理论及其应用. 北京: 科学出版社, 2010.
[13] 赵彦琳, 姚军. 多相流测量技术. 北京: 科学出版社, 2021.
[14] Xu C L, Wang S N, Li J, et al. Electrostatic monitoring of coal velocity and mass flowrate at a power plant. Instrumentation Science & Technology, 2016, 44(4): 353-365.
[15] 王辅臣. 大规模高效气流床煤气化技术基础研究进展. 中国基础学科, 2008, 10(3): 4-13.
[16] 潘琦, 赵延军, 汤光华, 等. 一种新型激光粉尘浓度在线测量仪的研究. 仪器仪表学报, 2007, 28(6): 1070-1074.
[17] 国家自然科学基金委员会工程与材料科学部.工程热物理与能源利用学科发展战略研究报告(2011～2020). 北京: 科学出版社, 2006.
[18] Yan Y. Mass flow measurement of bulk solids in pneumatic pipelines. Measurement Science and Technology, 1996, 7: 1687-1706.
[19] 王胜南. 气固两相流动参数静电与 ECT 检测方法研究. 南京: 东南大学, 2017.
[20] 李健. 气固两相流动参数静电与电容融合测量方法研究. 南京: 东南大学, 2016.
[21] 沈熊. 激光多普勒测速技术及应用. 北京: 清华大学出版社, 2004.
[22] Woodhead S R, Pittman A N, Ashenden S J. Laser Doppler velocimetry measurements of particle velocity profiles in gas-solid two-phase flows. Instrumentation and Measurement Technology Conference, Waltham, 1995: 770-773.
[23] Hamid A, Stuchly S S. Microwave Doppler-effect flow monitor. IEEE Transactions on Industrial Electronics and Control Instrumentation, 1975, (2): 224-228.
[24] 李海青, 黄志尧. 特种检测技术及应用. 杭州: 浙江大学出版社, 2000.
[25] Ator J T. Image-velocity sensing with parallel-slit reticles. Journal of the Optical Society of America, 1963, 53: 1416-1422.
[26] Aizu Y, Asakura T. Spatial Filtering Velocimetry: Fundamentals and Applications. Heidelberg: Springer Press, 2006.
[27] Merzkirch W. Flow Visualization. 2nd ed. Orlando: Academic Press, 1987.
[28] Shi H, Wang Q, Wang C. PIV measurement of the gas-solid flow pattern in a CFB riser. Journal of Hydrodynamics Series B-English Edition, 2003, 6: 39-44.

[29] Dong T, Norisuye T, Nakanishi H, et al. Particle size distribution analysis of oil-in-water emulsions using static and dynamic ultrasound scattering techniques. Ultrasonics, 2020, 108: 106-117.

[30] Gu J F, Su M X, Cai X S. In-line measurement of pulverized coal concentration and size in pneumatic pipelines using dual-frequency ultrasound. Applied Acoustics, 2018, 138: 163-170.

[31] King J D, Rollwitz W L. Magnetic resonance measurement of flowing coal. ISA Transactions, 1983, 22(4): 69-76.

[32] Kobyashi S, Miyahara S. Development of microwave powder flowmeter. Instrumentation, 1984, 27: 68-73.

[33] Vetter A A, Culick F E C. Acoustical resonance measurement of particle loading in gas-solids flow. Journal of Engineering for Gas Turbines Power, 1987, 109: 331-335.

[34] Anklin M, Drahm W, Rieder A. Coriolis mass flow meters: Overview of the current state of the art and latest research. Flow Measurement and Instrumentation, 2006, 17: 317-323.

[35] Izakov F Y, Zubtsov P A, Malyshev G N, et al. Flowmeter for loose materials. Measurement Techniques, 1979, 10: 1233-1235.

[36] Zhang X L. The development and test of FG-1 type flowmeter for pulverized materials. International Conference on Measurement and Control of Granular Materials, Shenyang, 1988: 90-94.

[37] Matsusaka S, Masuda H. Simultaneous measurement of mass flow rate and charge-to-mass ratio of particles in gas-solids pipe flow. Chemical Engineering Science, 2006, 61: 2254-2261.

[38] 许传龙. 气固两相流颗粒荷电及流动参数检测方法研究. 南京: 东南大学, 2006.

第 2 章　气固两相流动静电传感器及其传感特性

2.1　气固两相流动静电现象

2.1.1　固体接触起电机理

固体接触起电是一种集宏观动作和微观作用于一体的十分复杂的现象[1,2]。固体接触起电受物质的形状、表面性质、介电常数等的影响，同时又受摩擦、碰撞等力学因素和周围环境等影响。因此，要清楚起电的成因，需要综合应用热力学、电磁学、统计物理学、量子力学等诸多理论。目前，除了金属与金属之间的接触起电理论发展较为成熟外，其他材料间的接触起电尚未形成普遍认同的理论。但对于定性的分析，固体的接触起电可以从固体的接触过程、分离过程和摩擦效果三步来认识。接触过程是形成偶电层的过程，两物体的带电正负由这一过程来决定，功函数小的物体带正电，功函数大的物体带负电。在接触面两侧电荷转移达到平衡时，产生的电荷是正负相对的，从外部看不显电性，随着两物体的分离才开始形成正、负带电体。被观测的电荷 Q 与接触时的电荷 Q_0 之间满足如下关系[3]：

$$Q = fQ_0 \tag{2.1}$$

式中，f 的取值范围为 $0<f<1$，称为逸散系数。电荷的逸散是两种固体分离时带电部分电位复原所致，主要有通过接触界面的电荷逸散、场致发射使电荷逸散和气体放电使电荷逸散等 3 种方式。上述 3 种电荷的逸散，其共同点是相接固体分离速度的大小直接影响 f 值的大小。分离速度越快，f 越接近于 1，固体分离后的带电量越接近于分离前偶电层上任意一种电荷的电量；反之，f 越接近于 0，固体分离后的带电量越小。摩擦就是两个物体接触面上不同接触点之间连续不断地接触和分离的过程。这种摩擦作用，使得摩擦起电比单纯的接触-分离过程复杂得多。由摩擦而引起的温度的升高、分子的机械破裂和热分解、压电及热电效应等都会改变静电起电量。此外，摩擦的类型、摩擦时间、摩擦速度、摩擦时的接触面积和压力等也影响接触物体的带电量。由此可见，接触过程、分离过程、摩擦效果是决定接触起电带电量的三个主要因素。

2.1.2　粉体颗粒带电量特性

粉体介质由分散性颗粒组成，与大块的固体材料相比，粉体本身具有分散性和悬浮性两大特点。分散性使粉体表面积比相同材料、相同重量的整块固体的表面积要增大很多倍，粉体颗粒的直径越小，表面积增大的倍数越大。分散性使粉体颗粒很容易悬浮在空气中形成烟尘。不管粉体材料是金属还是绝缘体，粉体的悬浮性都使得粉体颗粒与大地总是绝缘的，因此，每一个小颗粒都有可能带电。由于粉体是特殊状态下的固体物质，因此，其静电起电过程也遵循固体的接触起电规律。粉体带电的主要机理是快速流动或抖动、振动等运动状态下粉体与管路、器壁、传送带之间的摩擦、分离，以及粉体自身颗粒的相互摩擦、碰撞、分离，固体颗粒断裂、破碎等过程产生的接触-分离带电。

在气固两相流动中，颗粒与颗粒之间、颗粒与管道内壁之间反复地发生接触、碰撞、摩擦和分离等过程，使粉体颗粒带上了一定数量的电荷。影响粉体带电量的因素很多，但主要是粉体本身的物理性质(颗粒尺寸、介电常数等)、管壁的物理性质(材料物性等)及粉体在管道内的输送条件(输送气流速度、管道内径、管道的布置方式等)三个方面的因素[4-6]。气固流动颗粒带电是一个十分复杂的过程，其基础理论目前尚不成熟。

2.2　气固两相流动静电传感器

2.2.1　静电传感器结构

静电传感器主要由检测电极、信号调理电路与数据采集器等组成。研究人员已经开发了多种基于气固两相流动静电现象的管道内颗粒流动参数检测仪器，其检测电极的结构有很大的不同，总体上可分为接触式和非接触式两种。

1. 接触式检测电极

接触式检测电极与流动的颗粒直接接触，利用颗粒在管道中运动时与静电传感器检测电极之间接触、分离导致电荷的传递以及静电感应产生的综合效应实现静电的检测。图 2.1 列出了几种接触式检测电极。常见的有环状、棒状以及星棒状等。这些电极适用于大管径输送系统。但由于气固两相流动固有的磨损性，需定期更换。另外，有效的敏感测量区域小，也就是电极附近几十毫米以内的范围。

2. 非接触式检测电极

非接触式检测电极不与流动的颗粒发生直接接触，而是利用带电颗粒流过静电传感器感应极片时，电荷的电场使极片上感应出电荷并形成感应电势。根据感应极片的形状和布置方式，常见的非接触式检测电极有圆环状、阵列式和矩阵式等类型。

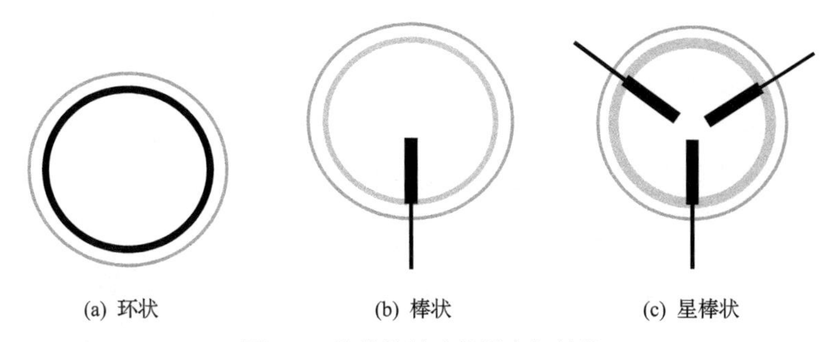

图 2.1　几种接触式检测电极结构

1) 圆环状检测电极

圆环状检测电极由一个圆环状电极、绝缘管和屏蔽罩等部分组成，圆环状电极紧贴在绝缘管的外壁，如图 2.2 所示。其中，W_e 为电极轴向长度，l 为绝缘管段长度，l_g 为接地保护电极与电极的间隔，R_1、R_2 和 R_3 分别为绝缘管段的内径、外径及屏蔽罩的内径。

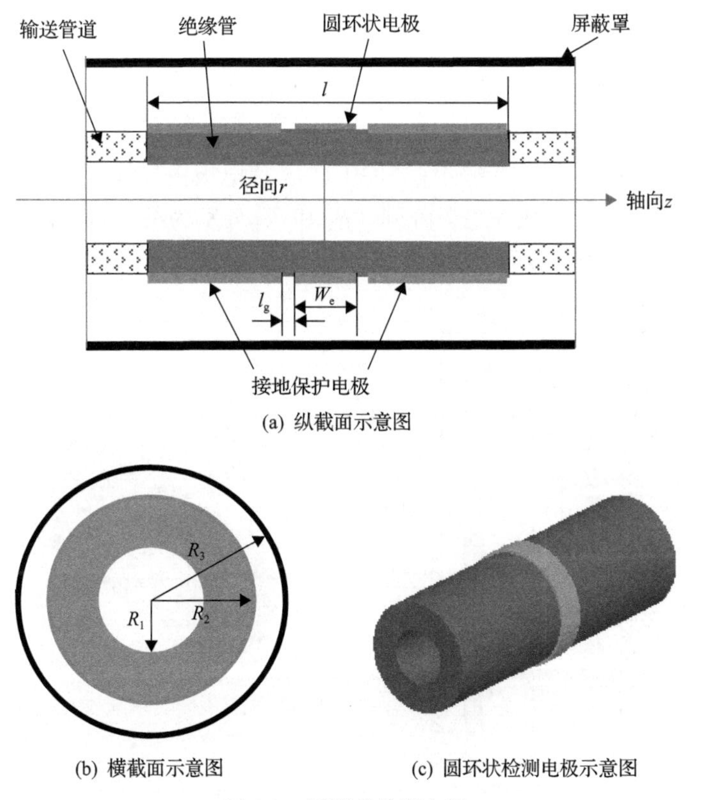

图 2.2　圆环状检测电极

2) 阵列式检测电极

阵列式检测电极和圆环状检测电极的区别主要在于极片的形状和排列。阵列式检测电极是由若干个矩形电极组成的环状阵列。图 2.3 中所示为 8 电极的阵列布置。其中，θ 为电极对应的张角。电极的个数没有固定要求。

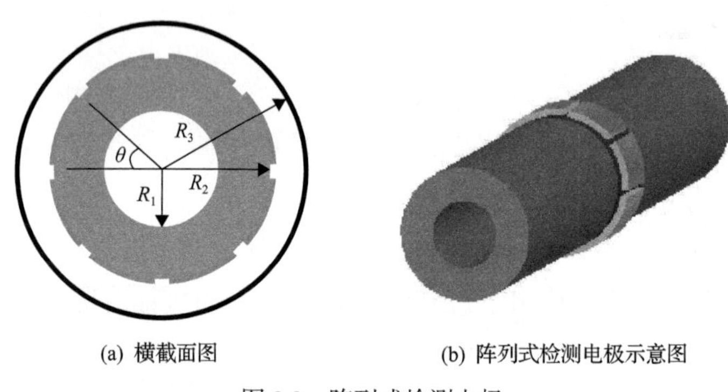

(a) 横截面图　　(b) 阵列式检测电极示意图

图 2.3　阵列式检测电极

3) 矩阵式检测电极

矩阵式检测电极的特点在于电极是矩阵状排列分布。图 2.4 为由 40 个电极构成的矩阵式检测电极的结构示意图，整个矩阵置于外端屏蔽罩内。电极矩阵式布置在绝缘管段外表面，沿管道轴线方向上的 5 片电极由导线连接起来构成一个线性电极阵列，共有 8 个线性电极阵列。R_1 和 R_2 分别为绝缘管段内径和外径，D_S 为屏蔽罩内径，W 为电极轴向长度，p 为电极轴向间隔。

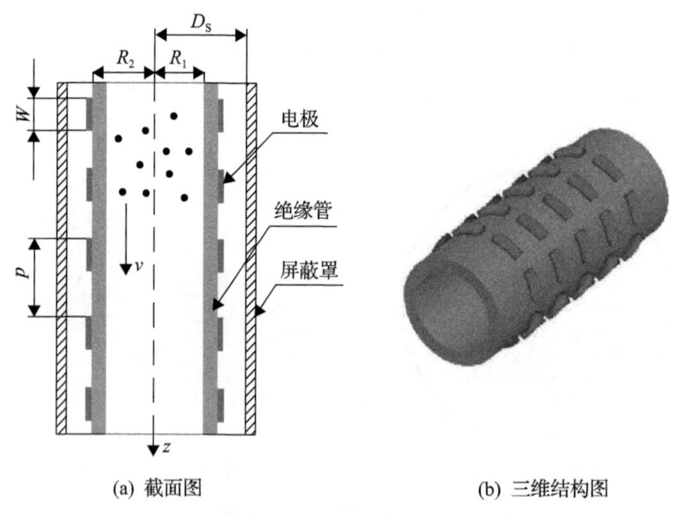

(a) 截面图　　(b) 三维结构图

图 2.4　矩阵式检测电极

2.2.2 静电传感器工作原理

1. 静电传感器产生感应电荷的数学模型

当带电颗粒流经测量电极时，电极内外表面上将感应出电荷，其大小等于感应区中所有颗粒所带电荷在电极上产生的感应电荷之和。若将单个粉体颗粒电荷看作点电荷，则点电荷通过测量电极时的感应电荷量大小以及随时间和空间的变化特性，可以反映出电极本身的传感特性。

为了方便模型的建立，一些基本的合理性假设如下[3]：点电荷在某一个径向位置，沿轴向匀速直线运动；忽略移动电荷的磁效应带来的影响；假设实际颗粒的电荷流经传感器电极时，已经达到饱和；输送管道为导电性很好的金属管道，并且接地；电极由导电性极好的金属材料制成，忽略其对地电容，并且假设其电势为零。

由于点电荷所产生的电场与感应电荷所产生的电场相互作用，导体达到静电平衡状态，此过程在极短的时间内完成(10^{-19}s)[7]，因此，移动点电荷与静电传感器之间的相互作用可以用静电场描述。电通量密度满足高斯定律，即

$$\nabla D(x,y,z)=\rho(x,y,z) \tag{2.2}$$

式中，∇ 为散度算子；$D(x,y,z)$ 为电通量密度；$\rho(x,y,z)$ 为体积电荷密度。$D(x,y,z)$ 可表示为

$$D(x,y,z)=\varepsilon(x,y,z)E(x,y,z)=-\varepsilon(x,y,z)\nabla\varphi(x,y,z) \tag{2.3}$$

其中，$\varepsilon(x,y,x)$ 为介电常数；$E(x,y,z)$ 为电场强度；$\varphi(x,y,z)$ 为电势。

静电传感器内部的静电场控制方程及狄利克雷(Dirichlet)边界条件可以表示为

$$\begin{cases}\nabla(\varepsilon(x,y,z)\nabla\varphi(x,y,z))=-\rho(x,y,z)\\ \varphi(x,y,z)\big|_{(x,y,z)\in\Gamma_{\mathrm{P}}}=0\\ \varphi(x,y,z)\big|_{(x,y,z)\in\Gamma_{\mathrm{S}}}=0\\ \varphi(x,y,z)\big|_{(x,y,z)\in\Gamma_{\mathrm{E}}}=0\end{cases} \tag{2.4}$$

式中，Γ_{P}、Γ_{S}、Γ_{E} 分别为管线、屏蔽罩和传感器电极的边界。电极表面 S 上的感应电荷可表示为

$$q=\int_S D(x,y,z)\mathrm{d}S \tag{2.5}$$

从上述数学模型可以看出：在静电传感电极的敏感空间内，已知介电常数分布、电荷密度分布和边界条件，即可计算出电极上的感应电量的大小。目前还无法获得上述数学模型的解析解，而是采用有限元软件模拟的方法计算感应电量。

2. 静电传感器测量电路

图2.5为静电传感器的等效电路模型。图2.6是与静电传感器连接的接口电路。

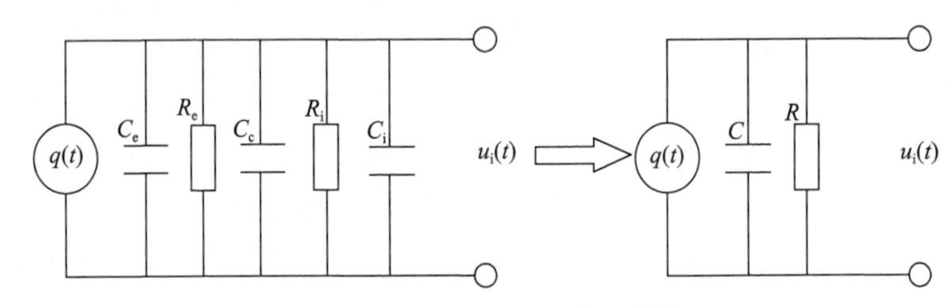

图 2.5　静电传感器的等效电路模型

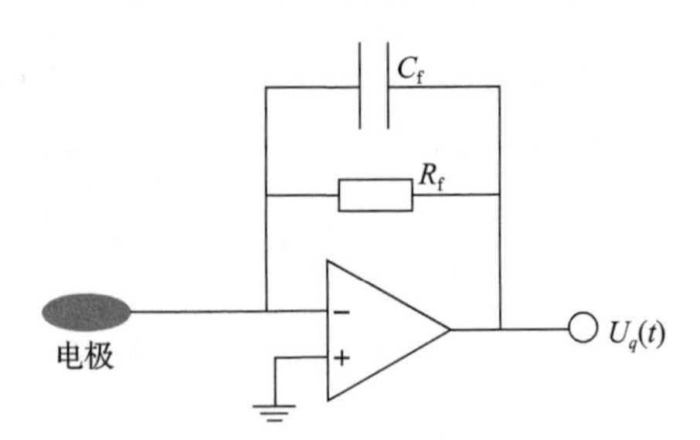

图 2.6　与静电传感器连接的接口电路

根据基尔霍夫电流定律得

$$\frac{\mathrm{d}q(t)}{\mathrm{d}t}=C\frac{\mathrm{d}u_{\mathrm{i}}(t)}{\mathrm{d}t}+\frac{u_{\mathrm{i}}(t)}{R} \tag{2.6}$$

式中，$q(t)$为电极上的感应电量；$R=R_{\mathrm{e}}\cdot R_{\mathrm{i}}/(R_{\mathrm{e}}+R_{\mathrm{i}})$；$C=C_{\mathrm{e}}+C_{\mathrm{i}}+C_{\mathrm{c}}$。$C_{\mathrm{e}}$、$R_{\mathrm{e}}$分别是电极的等效电容和绝缘阻抗；$C_{\mathrm{i}}$、$R_{\mathrm{i}}$分别是接口电路的等效输入电容和输入阻抗；$C_{\mathrm{c}}$为电缆的分布电容。若初始条件$q(0)$为零，对式(2.6)进行拉普拉斯变换可得

$$\frac{U_{\mathrm{i}}(s)}{Q(s)}=\frac{sR}{1+sRC} \tag{2.7}$$

式中，$U_{\mathrm{i}}(s)$为接口电路输入电压 $u_{\mathrm{i}}(t)$的拉普拉斯变换；$Q(s)$为静电传感器感应电荷$q(t)$的拉普拉斯变换。令$s=\mathrm{j}\omega$，ω为角频率。下面分3种情况进行讨论。

(1)若满足条件$|\mathrm{j}\omega RC|\ll 1$，则式(2.7)可简化为

$$U_{\mathrm{i}}(\mathrm{j}\omega)=\mathrm{j}\omega RQ(\mathrm{j}\omega) \tag{2.8}$$

则时域响应为

$$u_{\mathrm{i}}(t)=R\frac{\mathrm{d}q(t)}{\mathrm{d}t} \tag{2.9}$$

式(2.9)表明接口电路的输入电压与电极上感应电荷对时间的变化率(感应电流)成正比，因此接口电路为电阻性。

(2)若满足条件$|\mathrm{j}\omega RC|\gg 1$，则：

$$U_{\mathrm{i}}(\mathrm{j}\omega)=Q(\mathrm{j}\omega)/C \tag{2.10}$$

则时域响应为

$$u_{\mathrm{i}}(t)=\frac{q(t)}{C} \tag{2.11}$$

可见，接口电路的输入电压与电极上感应电荷成正比，与等效电容成反比，接口电路为电容性。

(3)若$|\mathrm{j}\omega RC|$与 1 数量级相当，则有：

$$u_{\mathrm{i}}(t)=\mathrm{e}^{-\frac{t}{RC}}\left(\frac{1}{C}q(t)\mathrm{e}^{\frac{t}{RC}}-\frac{1}{RC^2}\int q(t)\mathrm{e}^{\frac{t}{RC}}\mathrm{d}t+C^*\right) \tag{2.12}$$

此时，接口电路的输入电压与电极上感应电荷及其积分值有关，C^*为常数，电路为阻容性。

通常静电传感器电极输出信号频率很低，一般小于 2000Hz。如果电路设计合理，等效电容 C 较小，$|sRC|\ll 1$ 容易满足，那么接口电路为电阻性，即满足第一种情况。通常采用图 2.6 所示的接口电路对静电传感器输出的电荷信号进行检测，则电路输出电压可表示为

$$U_q(t)=-\frac{R_{\mathrm{f}}}{\mathrm{j}\omega_q R_{\mathrm{f}}C_{\mathrm{f}}+1}\cdot\frac{u_{\mathrm{i}}(t)}{R}=-\frac{1}{\mathrm{j}\omega_q C_{\mathrm{f}}+1/R_{\mathrm{f}}}\cdot\frac{\mathrm{d}q}{\mathrm{d}t} \tag{2.13}$$

式中，$U_q(t)$为电路输出电压；R_{f}、C_{f}分别为电路的反馈电阻和反馈电容；ω_q为静电信号角频率。

2.3　静电传感器的传感特性

2.3.1　灵敏度的定义

静电传感器的灵敏度定义为[8]：在敏感空间内，在某一位置上单位点电荷作

用下，电极上的感应电量的绝对值。从静电传感器的模型可知，点电荷在敏感空间内某一位置上时，电极上的感应电量仅仅与点电荷所在的敏感空间位置(x, y, z)有关，所以静电传感器的灵敏度可表示为

$$s(x,y,z)=\left|\frac{Q}{q(x,y,z)}\right| \tag{2.14}$$

式中，q为点电荷带电量；Q为点电荷带电量为q时，电极上的感应电量。

静电传感器的灵敏度求解主要是依靠数值方法，如边界有限元法、有限差分法、有限元法和蒙特卡罗法。电磁场计算软件使计算更加简单，如软件Ansoft以及COMSOL，可以完成传感器内部静电场和极片上感应电量的计算，在此基础上即可得到灵敏度。

2.3.2　圆环状静电传感器的传感特性

1. 灵敏度分布及影响因素分析

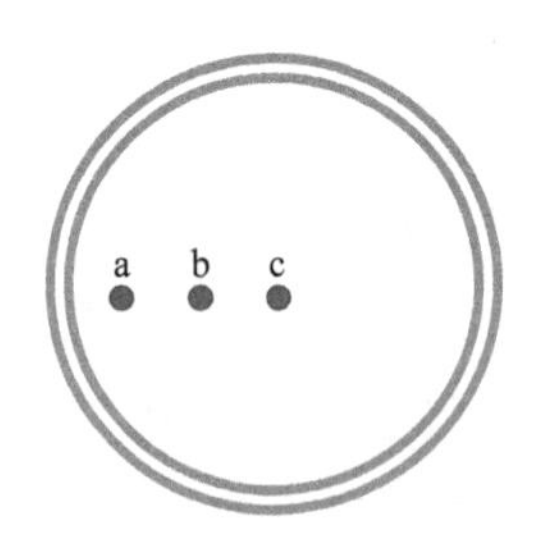

图 2.7　点电荷的运动流线位置示意

在Ansoft仿真模型中建立圆环状静电传感的三维模型，如图2.2所示，其结构参数为：管道内径R_1=5mm，外径R_2=10mm，电极轴向长度W_e=10mm，电极材料为金属铜，点电荷对应的带电颗粒的相对介电常数ε=3.75。根据灵敏度的定义，某一位置处的灵敏度大小在数值上等于该处有一个单位点电荷时感应在电极上的电量。同时，依据圆环状静电传感器的结构特点，其灵敏度分布仅与轴向位置z和径向位置r有关。所以，在仿真模型中设计三条点电荷的运动流线(记为a、b、c，见图2.7)，当点电荷移动到流线的某一位置时，计算出来的感应电荷即为该位置的灵敏度[9]。以此三条流线上的灵敏度值变化来表征圆环状静电传感器的灵敏场分布特性。流线在径向方向上等间隔(2mm)分布，c过圆点。a、b、c三条流线的径向位置r分别为4mm、2mm和0mm。

图2.8为圆环状静电传感器灵敏度分布。从圆环状静电传感器灵敏度沿轴向分布来看，当电荷远离中心截面位置，即轴向位置$|z|$变大时，灵敏度变小，$|z|$超过一定值时，灵敏度可以忽略。电荷流线离电极越近，其上的灵敏度沿轴向方向变化越快。另外，在电极轴向长度(W_e=10 mm)之外的空间，静电传感器的灵敏度并不为零，说明静电传感器的灵敏空间要大于它的几何结构空间。从中心截面(z=0)上的灵敏度分布可以看出圆环状静电传感器在中心截面上的灵敏度呈中心对称分布。灵敏度值与r有关，r越大，灵敏度值越大。

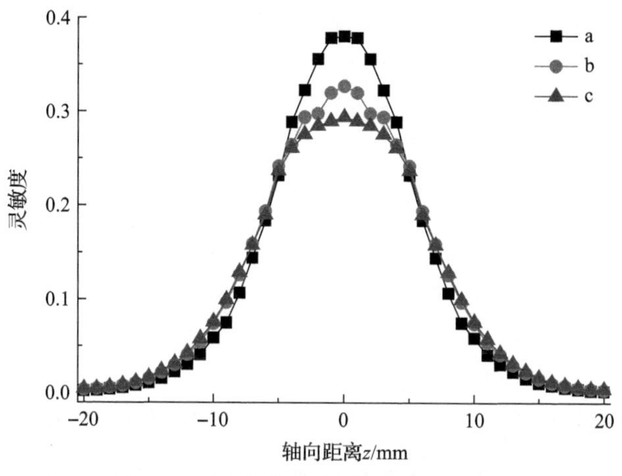

图 2.8　圆环状静电传感器灵敏度分布

灵敏度受多种因素的影响，因此利用有限元法分析了电极轴向长度(W_e)、绝缘管段的相对介电常数、绝缘管段厚度(R_2-R_1)等因素对静电传感器灵敏场分布特性的影响。

1) 电极轴向长度的影响

图 2.9 为不同电极轴向长度的静电传感器灵敏度沿径向分布曲线。图 2.10 为不同电极轴向长度，静电传感器灵敏度沿轴向分布曲线。电极轴向长度 W_e 分别为 3mm、5mm 和 7mm。可以看出：无论是在径向还是轴向上，电极轴向长度越大，灵敏度越高，电极所确定的轴向敏感区间越长，但中心处的敏感区域明显较壁面处小。随着静电传感器轴向长度增大，中心截面平均灵敏度相对变高，而且截面灵敏度变化参数变小，说明在敏感区间内灵敏度相对更均匀，见表 2.1。

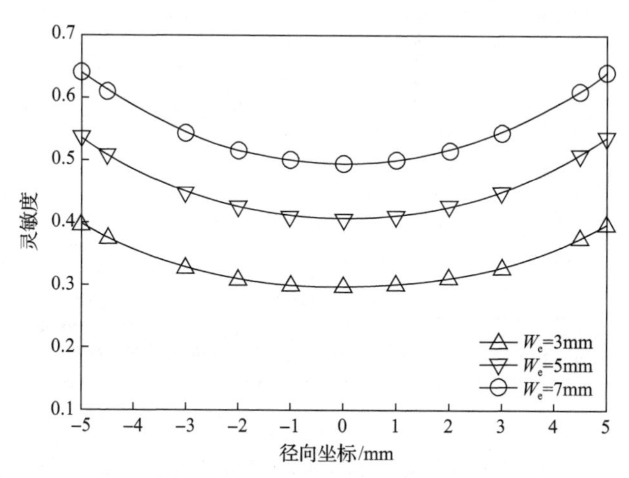

图 2.9　不同电极轴向长度下，静电传感器灵敏度沿径向分布(z=0)

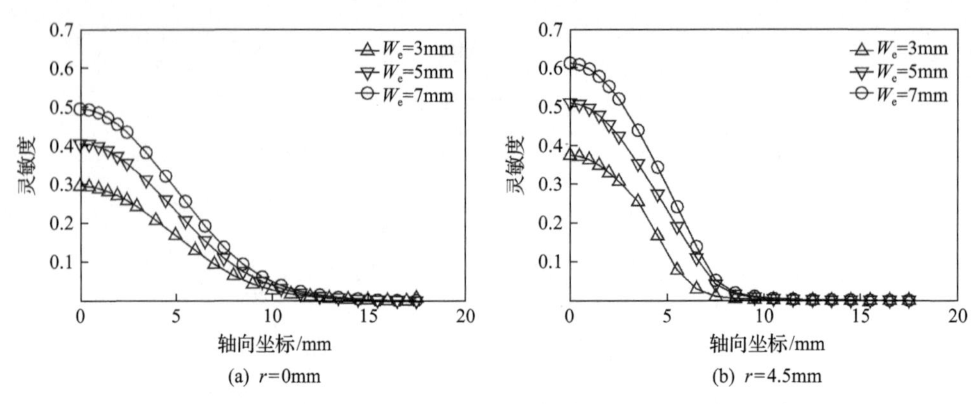

图 2.10　不同电极轴向长度，静电传感器灵敏度沿轴向分布

表 2.1　不同电极轴向长度下，中心截面平均灵敏度及灵敏度变化参数

电极轴向长度/mm	平均灵敏度	灵敏度变化参数
7	0.5647	0.0825
5	0.4679	0.0890
3	0.3432	0.0931

2) 绝缘管段相对介电常数的影响

绝缘管段用于隔离气力输送颗粒和感应电极，其相对介电常数对静电传感器敏感空间内电势及电场分布会产生影响。本节对绝缘管段相对介电常数范围在 1.0～12.0 的静电传感器灵敏度分布进行了定量分析。中心截面的灵敏度沿径向分布以及平均灵敏度(svp)和灵敏度变化参数(savg)的计算结果见图 2.11 和图 2.12。

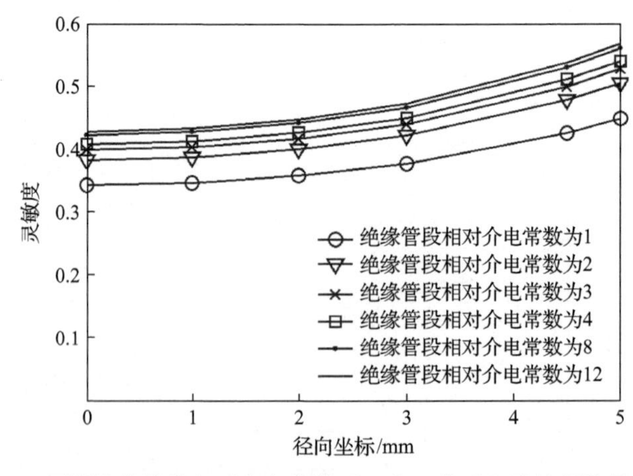

图 2.11　不同绝缘管段相对介电常数下，中心截面上灵敏度沿径向变化

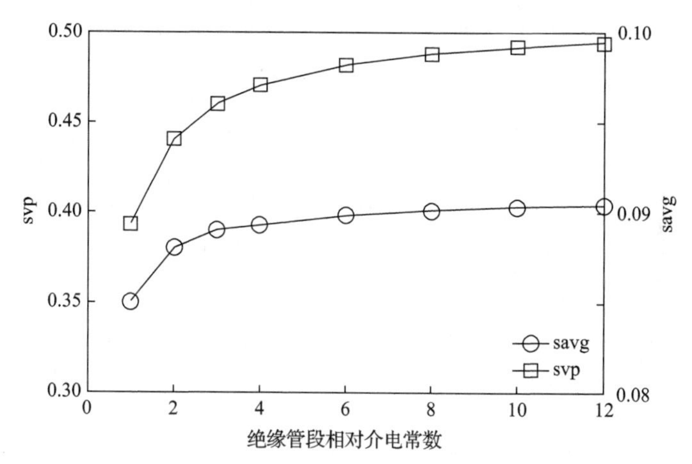

图 2.12　不同绝缘管段相对介电常数下，中心截面上平均灵敏度及灵敏度变化参数

从图 2.11 可以看出：在静电传感器中心截面上各点的灵敏度值随绝缘管段相对介电常数的增加而增大，但是并不成正比，这一点在图 2.12 上体现得更加明显。起初，随着绝缘管段相对介电常数的增加，平均灵敏度值增加较快，随后，随着相对介电常数的增加，平均灵敏度变化较小，趋于一恒定值。中心截面上灵敏度变化参数也具有类似的规律。因此，增加绝缘管段相对介电常数，可以增大静电传感器的绝对灵敏度，但同时也增加了截面上灵敏度分布的不均匀性。但绝缘管段相对介电常数对静电传感器灵敏场轴向敏感空间的大小几乎没有影响，见图 2.13。

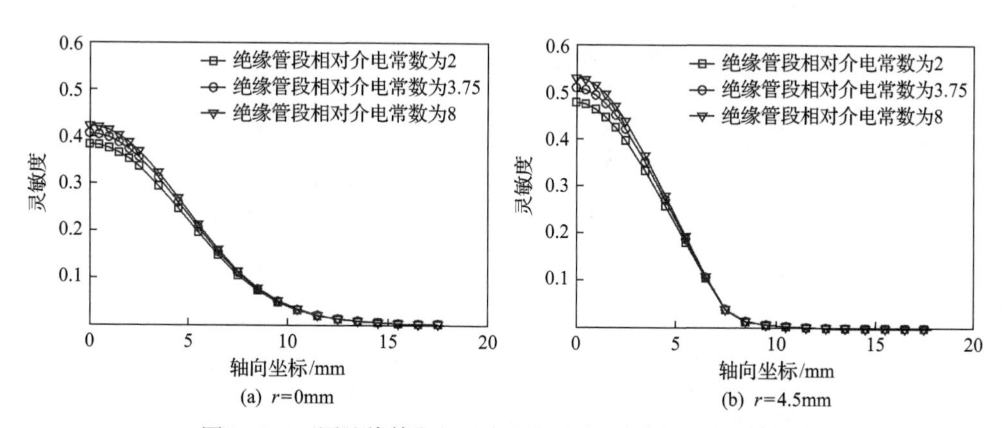

(a) r=0mm　　(b) r=4.5mm

图 2.13　不同绝缘管段相对介电常数下，灵敏度沿轴向变化

3) 绝缘管段厚度的影响

敏感空间内电介质的分布影响静电场的分布，因此绝缘管段的厚度将对静电传感器的灵敏场分布产生影响。本节对绝缘管段的厚度 (R_2-R_1) 分别为 3mm、

5mm、8mm、10mm 的静电传感器灵敏场分布特性进行了计算。图 2.14 为不同厚度的绝缘管段，中心截面上灵敏度沿径向的变化。可以看出：随着绝缘管段厚度的增加，各径向位置上的灵敏度在减小，尤其是在厚度较小时，变化较大，随后变化较为平缓，中心截面上平均灵敏度也有类似的变化规律，见图 2.15。此外，随厚度的增加，中心截面上灵敏度变化参数逐渐减小，说明灵敏度趋于均匀。图 2.14 和图 2.15 综合表明：厚度的增加，有助于截面上灵敏度的均匀性，但却以降低传感器的绝对灵敏度为代价。从轴向灵敏度分布图 2.16 可以看出：绝缘管段厚度对轴向灵敏度的分布影响较大。敏感区间内，厚度越小，对应轴向位置上的灵敏度越高，灵敏度轴向分布越不均匀，但各径向位置上，敏感区间绝对长度几乎相同。

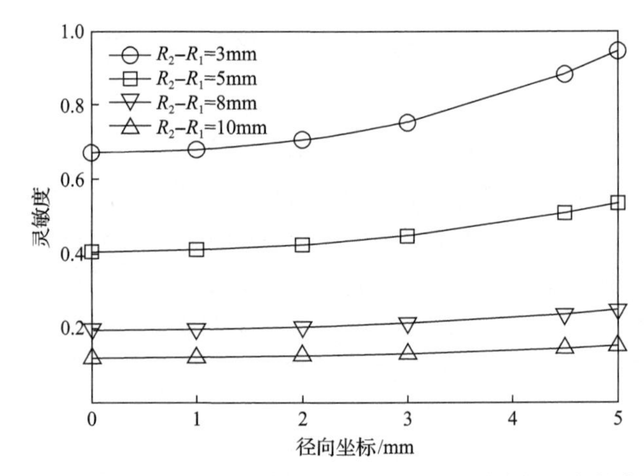

图 2.14　不同厚度的绝缘管段，中心截面上灵敏度沿径向的变化

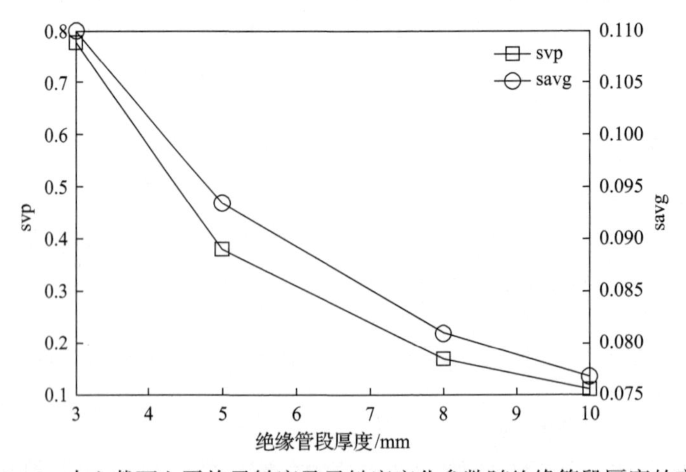

图 2.15　中心截面上平均灵敏度及灵敏度变化参数随绝缘管段厚度的变化

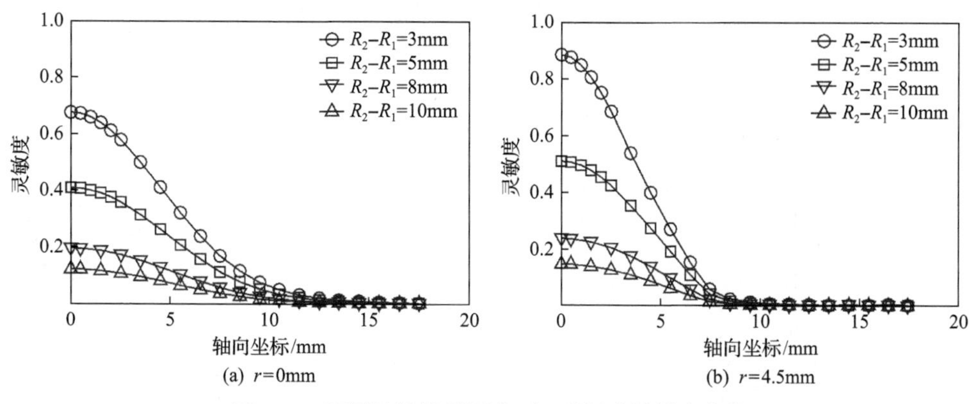

图 2.16 不同绝缘管段厚度下，灵敏度沿轴向变化

2. 动态响应特性

式(2.13)表明，当满足$|\mathrm{j}\omega RC| \ll 1$条件时，静电传感器输出信号是电极上感应电量的变化，因此在单位点电荷激励下的静电传感器的动态响应曲线(或输出信号)，可以由灵敏度分布对时间求导而得到[9]。将灵敏度分布曲线的横坐标转化为时间(假设电荷轴向速度 v_z=1m/s)，求导之后即得到圆环状静电传感器的动态响应曲线，如图 2.17 所示，从图中可以看出，响应曲线类似于交流信号，并且电荷运动的流线位置越靠近电极，曲线波动幅度越大。响应曲线经时频转换得到其频域特性，如图 2.18 所示。可以看出，电荷移动的流线位置越靠近电极，频带越宽，但峰值频率没有变化。对频域曲线做归一化处理，如图 2.19 所示。

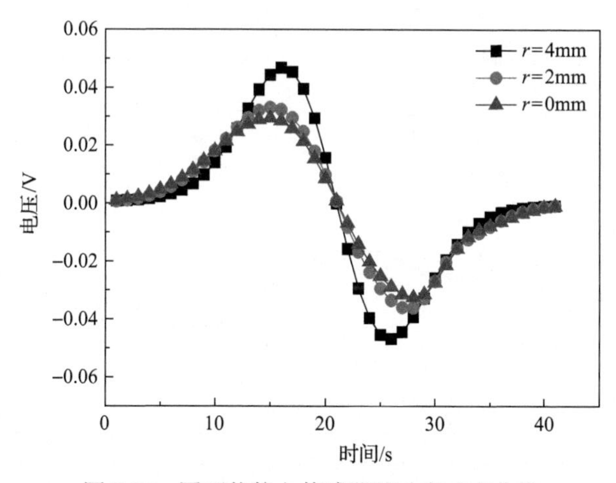

图 2.17 圆环状静电传感器的动态响应曲线

当点电荷沿中心轴线 r=0mm，分别以不同的轴向速度(1m/s、2m/s 和 4m/s)经过静电传感器时，圆环状静电传感器输出信号如图 2.20 所示，从图中可以看出，

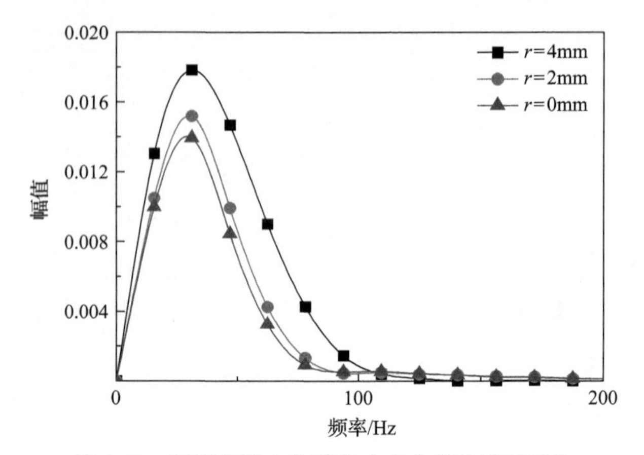

图 2.18　圆环状静电传感器响应曲线的频域特性

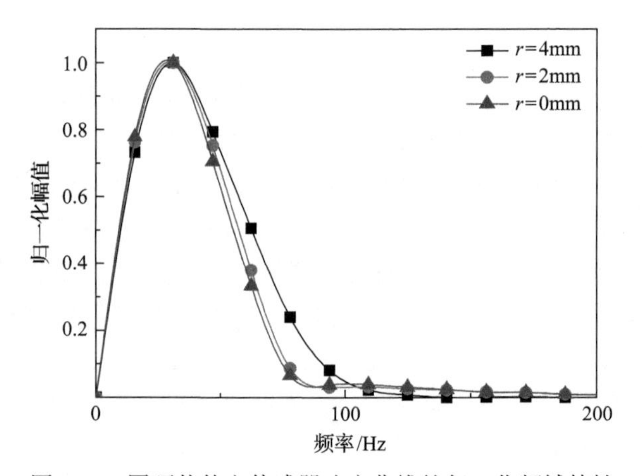

图 2.19　圆环状静电传感器响应曲线的归一化频域特性

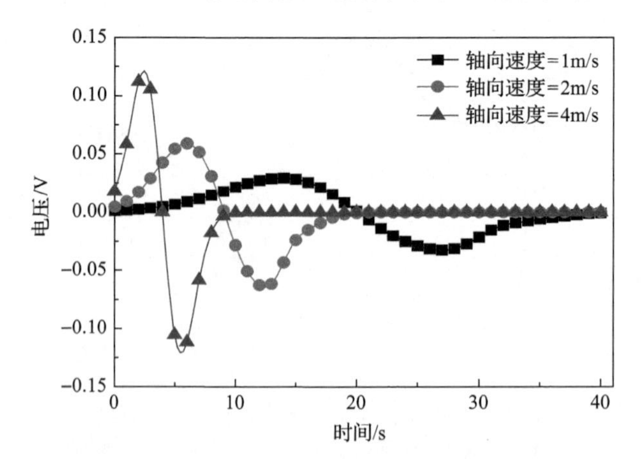

图 2.20　点电荷以不同轴向速度移动时圆环状静电传感器的动态响应曲线

点电荷移动速度对传感器的动态响应特性有显著影响：点电荷移动速度增大，则周期变短，点电荷移动速度为 4m/s 时的周期是速度为 1m/s 时的 1/4。与此同时，幅值也会增大，点电荷移动速度为 4m/s 时的幅值是点电荷移动速度为 1m/s 时的 4 倍。频域响应特性如图 2.21 所示。可以看出，点电荷移动速度越大，频带越宽，峰值频率右移。点电荷移动速度为 1m/s、2m/s 和 4m/s 时的峰值频率分别为 31.25Hz、62.5Hz 和 125Hz，表明峰值频率随点电荷移动速度的增大而增大，并且两者之间存在正比关系。

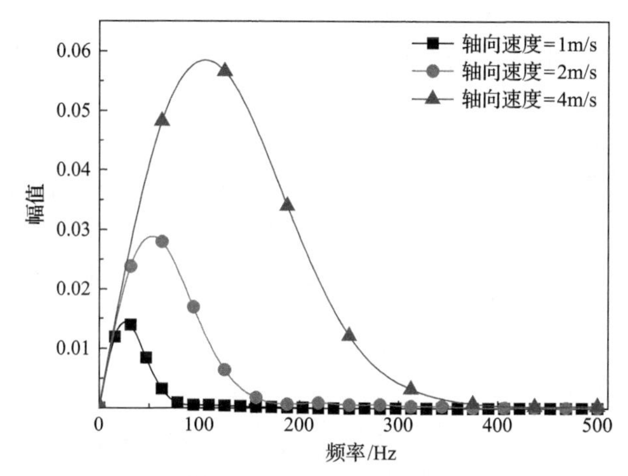

图 2.21　点电荷以不同轴向速度移动时圆环状静电传感器频域响应特性

2.3.3　阵列式静电传感器的传感特性

1. 灵敏度分布及影响因素分析

如图 2.22 所示的 8 电极阵列式检测电极的结构参数为：管段内径 R_1=5mm，外径 R_2=10mm，电极轴向长度 W_e=10mm，电极材料为金属铜，点电荷的相对介电常数为 3.4。在 Ansoft 仿真模型中建立此 8 电极阵列式检测电极的三维模型，

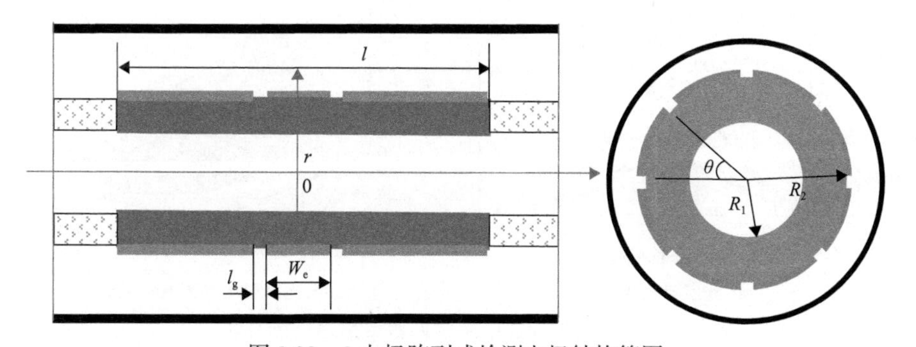

图 2.22　8 电极阵列式检测电极结构简图

由于阵列式静电传感器具有轴对称分布特性，电极的敏感场分布中只有一种类型，因此只需计算一个电极的灵敏场分布，其他电极的敏感场分布可通过旋转的方法得到。

本节选取了 7 条较有代表性的点电荷流线(记为 a、b、c、d、e、f、g)，如图 2.23 所示。图 2.24 为典型流线上，电极 1 的灵敏度分布。图 2.24(a)为灵敏度沿轴向上的分布情况，图 2.24(b)为中心截面(z=0)上的灵敏度分布。可见，阵列式静电传感器中的各电极的灵敏场在截面和轴向上均表现出不均匀性。在某一平面位置(x, y)上，电荷远离中心截面位置，即轴向位置$|z|$变大时，静电传感器阵列的灵敏度在逐步减小，即敏感场由强至弱。在传感器中心截面(z=0)不同的位置(x, y)上，越靠近电极，灵敏度越大。沿轴向位置$|z|$增大时，非轴线上灵敏度变化较轴线(r=0)灵敏度变化快。图 2.24(b)中电极 1 的敏感区域包含了由电极 1、2 和 8 构成的扇形区域，电极在周向上的灵敏场空间也要大于电极的张角，但值得注意的是 a、f、g 等几个流线位置上，阵列式静电传感器灵敏度较低，颗粒静电对电极 1 的输出可以忽略不计，主要的敏感区域仍然是在靠近电极的张角区域。在敏感区域内，电极对近壁面处较为敏感，而中心位置和远离电极张角覆盖范围外，灵敏度较小。静电传感器电极的传感区域不仅包括自己电极角度范围，还包括相邻电极一半区域，即相邻电极之间存在交叉敏感特性，因此，实际设计阵列式静电传感器时，应尽量降低电极敏感区域交叉，以及明确电极各自的敏感空间[10]。

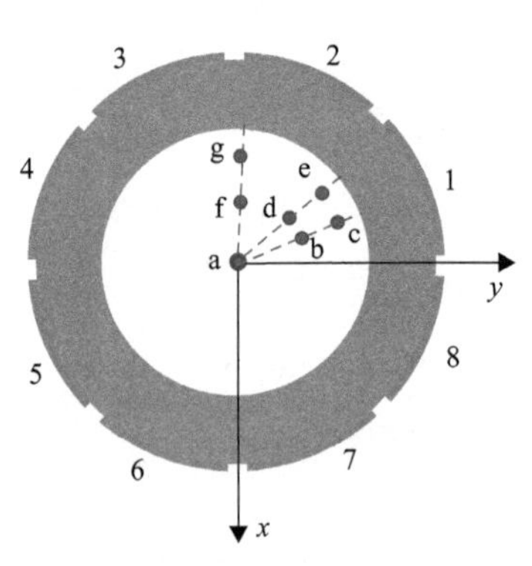

图 2.23　点电荷流线位置示意

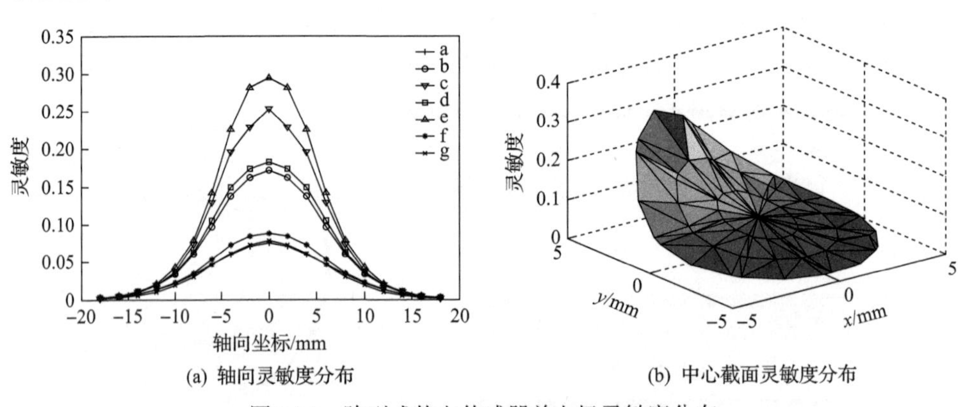

图 2.24　阵列式静电传感器单电极灵敏度分布

本节利用有限元法分析了电极轴向长度、电极张角、绝缘管段的相对介电常数以及绝缘管段厚度等因素对阵列式静电传感器灵敏场分布特性的影响。

1) 电极轴向长度的影响

以流线 a、d、e 为例，进行轴向灵敏度分布的比较。其中数字 5、10、15 分别表示电极轴向长度(W_e)为 5mm、10mm、15mm。图 2.25 为不同电极轴向长度的阵列式静电传感器电极灵敏度沿轴向分布。图 2.26 为不同电极轴向长度下，阵列式静电传感器电极在中心截面(z=0)上的灵敏度散点分布图。无论是长电极还是短电极，壁面区域灵敏度都明显高于其他敏感区域。电极轴向长度越长，阵列式传感器截面和轴向上对应空间位置上的灵敏度越高，电极所确定的截面和轴向敏感范围越大。

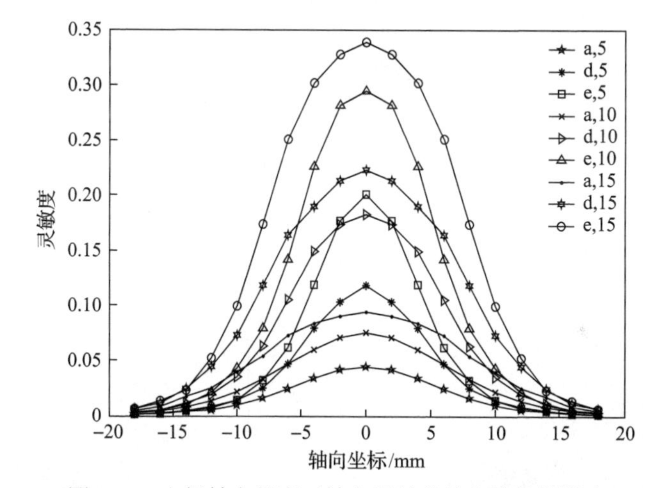

图 2.25　电极轴向长度对轴向灵敏度分布特性的影响

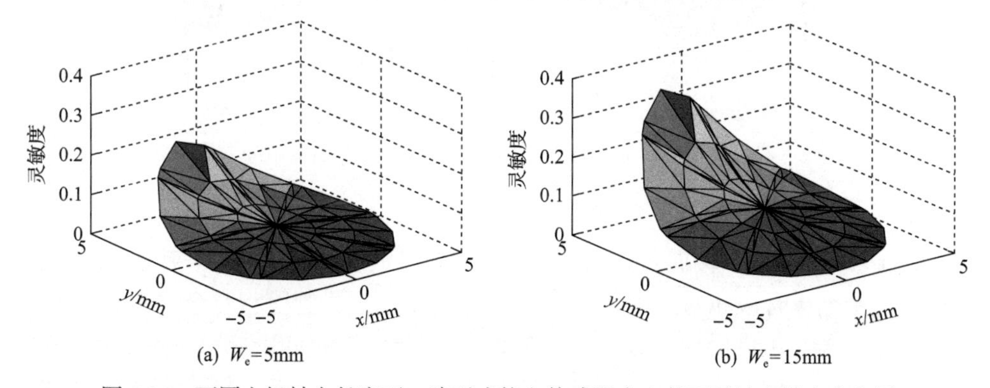

图 2.26　不同电极轴向长度下，阵列式静电传感器中心截面灵敏度散点分布图

2) 电极张角的影响

以流线 a、d、e 上轴向分布为例，进行轴向灵敏度分布的比较。其中数字 20、

30、40 分别表示电极张角(θ)为 20°、30°和 40°。图 2.27 为不同电极张角的阵列式静电传感器电极灵敏度沿轴向分布。图 2.28 为不同电极张角下，阵列式静电传感器电极在中心截面(z=0)上的灵敏度分布图。电极张角越大，截面和轴向上对应空间位置上的灵敏度越高，电极所确定的截面敏感范围越大，但轴向敏感区域几乎是一致的。

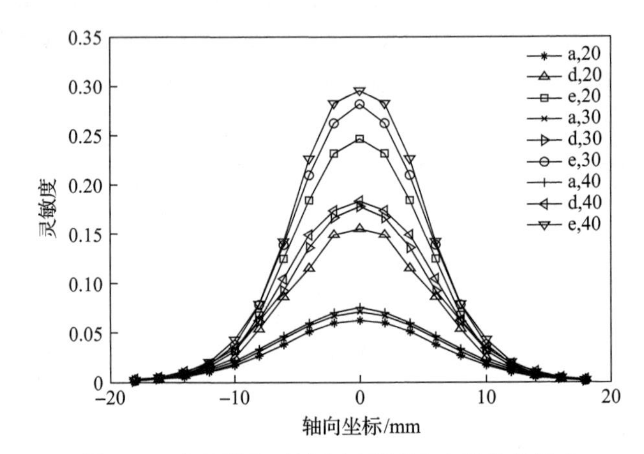

图 2.27 电极张角对轴向灵敏度分布特性的影响

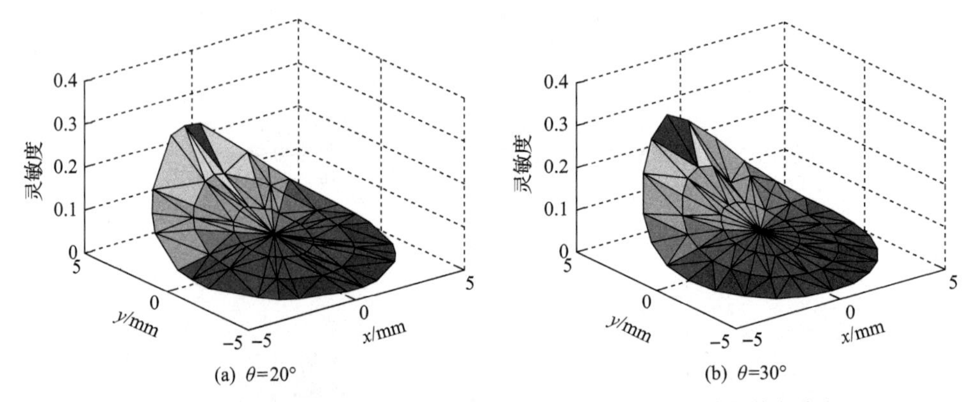

图 2.28 不同电极张角下，阵列式静电传感器中心截面灵敏度散点分布图

3) 绝缘管段相对介电常数的影响

以流线 a、d、e 上轴向分布为例，进行轴向灵敏度分布的比较。其中数字 1.5、3.4、8 表示绝缘管段相对介电常数。图 2.29 为不同绝缘管段相对介电常数的阵列式静电传感器灵敏度沿轴向分布。图 2.30 为不同绝缘管段相对介电常数下，阵列式静电传感器在中心截面(z=0)上的灵敏度分布图。可以看出：随着绝缘管段的相对介电常数的增加，轴向及中心截面上的灵敏度增大，并且靠近壁面处增加得更明显，但是并不成正比，起初随相对介电常数的增加，灵敏度值增加较快，随后，

随相对介电常数的增加，灵敏度变化较小。因此增加绝缘管段的相对介电常数，可以增大阵列式静电传感器的绝对灵敏度，但对阵列式静电传感器灵敏场轴向敏感空间的大小没有影响。

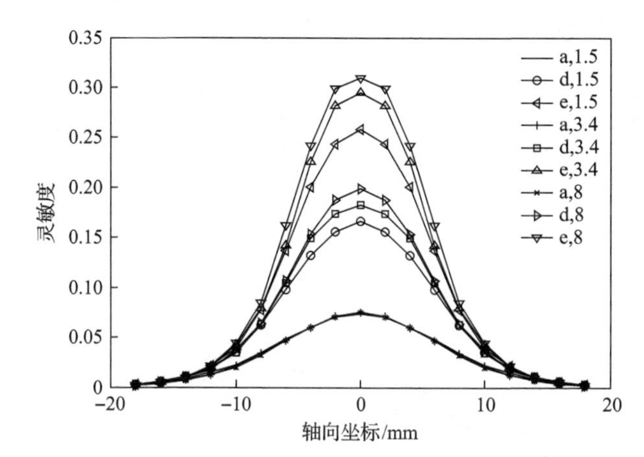

图 2.29　绝缘管段相对介电常数对轴向灵敏度分布特性的影响

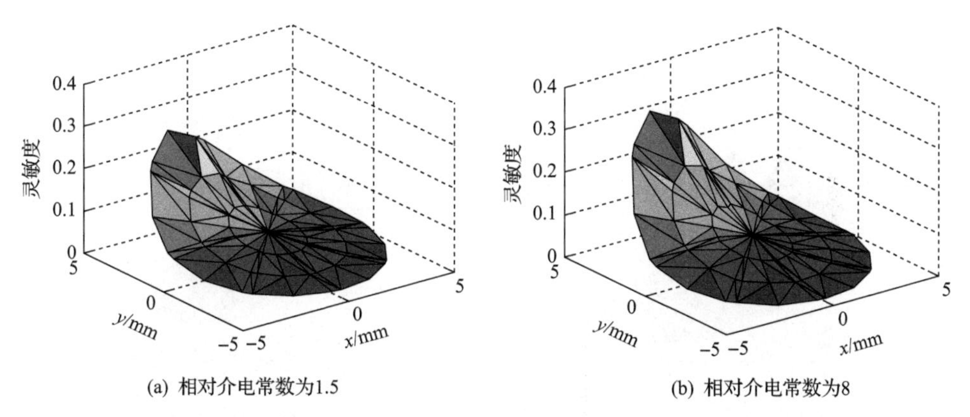

图 2.30　不同绝缘管段相对介电常数下，阵列式静电传感器中心截面灵敏度分布图

4) 绝缘管段厚度的影响

敏感空间内电介质的分布影响静电场的分布，因此绝缘管段的厚度将对静电传感器的灵敏场分布产生影响。本节对绝缘管段的厚度 (R_2-R_1) 分别为 3mm、5mm、6.5mm 的阵列式静电传感器灵敏场分布特性进行了计算。径向灵敏度分布的比较，以流线 a、d 和 e 上轴向分布为例，其中数字 3、5、6.5 表示绝缘管段的厚度。图 2.31 为不同厚度的绝缘管段中心截面上，灵敏度沿径向的变化。可以看出：随着绝缘管段厚度的增加，各径向位置上的灵敏度值在减小，尤其是在厚度较小时，灵敏度变化得较大，随后变化得较为平缓，中心截面上平均灵敏度也有类似的变化规律。此外，随绝缘管段厚度的增加，中心截面上灵敏度变化参数

逐渐减小，说明灵敏度趋于均匀。综合表明：绝缘管段厚度的增加，有助于截面灵敏度的均匀性，但却以降低传感器的绝对灵敏度为代价。从中心截面上灵敏度分布(图 2.32)可以看出：绝缘管段的厚度对中心截面上灵敏度的分布影响较大。敏感区间内，绝缘管段厚度越小，对应中心截面上的灵敏度越高。

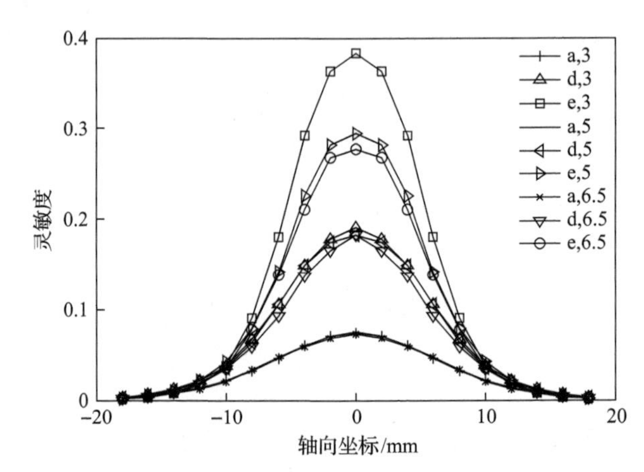

图 2.31　绝缘管段厚度对径向灵敏度分布特性的影响

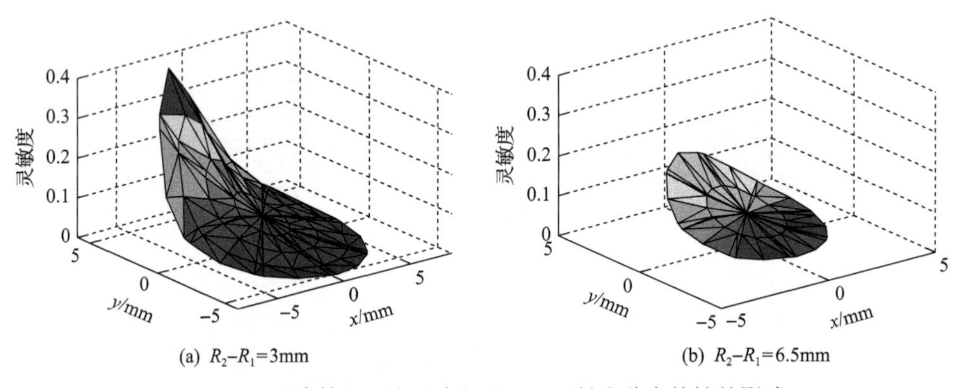

图 2.32　绝缘管段厚度对中心截面上灵敏度分布特性的影响

2. 灵敏度无量纲化计算模型

阵列式静电传感器的灵敏场计算结果均是在特定的几何模型条件下获得的，那么如何将该结果推广到与之相类似的几何模型上，以扩大模型的普适性？相似性理论为解决这样的问题提供了依据。两种静电场分布相似涉及的物理量包括模型的几何尺寸、材料的介电常数、介质的分布等。几何相似是指静电场分布的几何空间相似，即形成此空间任意两线段夹角相同，任意相应线段长度保持一致比例。相似模型条件下，材料的介电常数一致。介质分布相似，主要是指点电荷所在空间位置几何相似。满足上述物理量的相似，即可保证扩展模型给定点上的灵敏度与原模型中相应点上的灵敏度的一致性。

满足上述相似条件时，阵列式静电传感器的灵敏度分布取决于传感器的无量纲尺寸，包括电极张角(θ)、电极轴向长度(W_e/R_2)、绝缘管段厚度$(R_2-R_1)/R_2$、绝缘管段长度(l/R_2)、屏蔽罩内径(R_3/R_2)、接地保护电极与电极间隔(l_g/R_2)。在保证上述无量纲参数相同的条件(表 2.2)下，相似模型灵敏度特性比较及相对误差见图 2.33。可见，两种模型尺度下，阵列式静电传感器灵敏度的轴向分布是一致的，随着无量纲轴向坐标(z/R_2)变化，各相对坐标点上灵敏度相对误差在±12%以内，证实了阵列式静电传感器的灵敏度与相似模型的无量纲尺度有关，而独立于管道的实际尺寸。因此，当上述参数保持不变时，基于不同的管道尺寸的阵列式静电传感器的灵敏度及其分布将保持不变，模型尺寸的无量纲化使得系统间具有相似性，拓展了灵敏度分布模型的普适性。

表 2.2　模型几何相似条件

模型	电极轴向长度(W_e/R_2)	电极张角(θ)	绝缘管段厚度$(R_2-R_1)/R_2$	绝缘管段长度(l/R_2)	屏蔽罩内径(R_3/R_2)	接地保护电极与电极间隔(l_g/R_2)
m1	10/10	40	(10-5)/10	45/10	15/10	1/10
m2	15/15	40	(15-7.5)/15	67.5/15	22.5/15	1.5/15

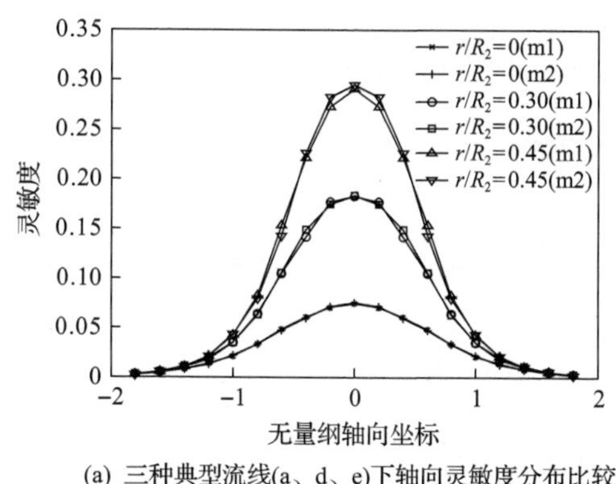

(a) 三种典型流线(a、d、e)下轴向灵敏度分布比较

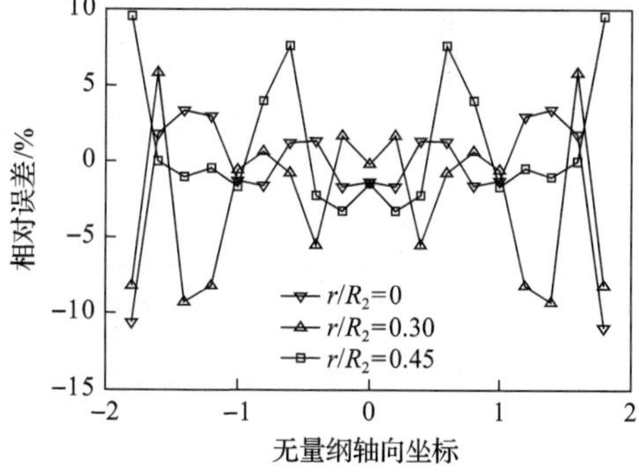

(b) 三种典型流线下轴向灵敏度分布相对误差

图 2.33　相似模型轴向灵敏度分布比较

从灵敏度无量纲计算结果(图 2.34)上，可以看出曲线的形状与正态分布类似，因此利用高斯分布曲线对灵敏度特性进行了拟合，并定义无量纲坐标 $x_0=x/R_2$、$y_0=y/R_2$、$z_0=z/R_2$，即

$$s(z_0) = A(x_0, y_0)\mathrm{e}^{-(z_0/B(x_0,y_0))^2} \tag{2.15}$$

式中，A、B 为待定的拟合系数，与阵列式静电传感器的几何无量纲尺度以及点电荷在传感器内的相对位置(x_0, y_0)有关。图 2.34 是阵列式静电传感器在无量纲尺度(W_e/R_2=1, θ=40, $(R_2-R_1)/R_2$=0.5, l/R_2= 0.45, R_3/R_2=1.5, l_g/R_2=0.1)下、典型流线位置(x_0, y_0)上，灵敏度沿轴向无量纲坐标 z_0 的拟合结果。曲线拟合系数和拟合精确度见表 2.3。在典型流线位置上，拟合曲线的拟合精度值大于或等于 0.9981，表明基于高斯函数的拟合曲线与有限元计算的离散数据点之间具有较好的一致性。对于阵列式静电传感器电极，所有流线上灵敏度的轴向分布可由一组拟合系数(A, B)表征。基于高斯函数的灵敏度拟合曲线给出了相似模型灵敏度通用的无量纲计算公式，提高了阵列式静电传感器灵敏度分布无量纲计算模型的普适性。

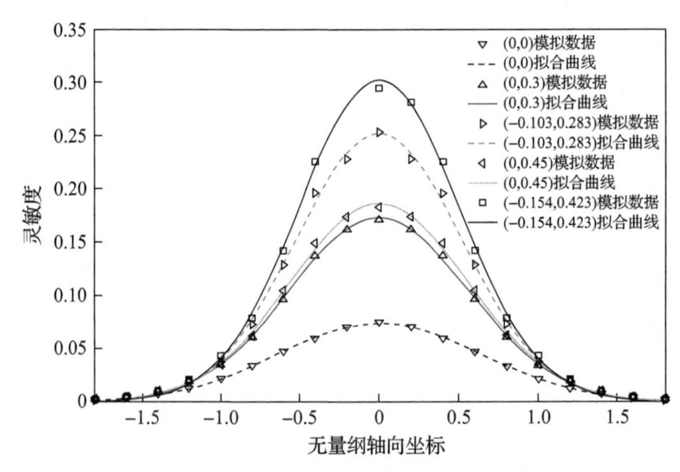

图 2.34　灵敏度沿轴向变化时的拟合曲线

表 2.3　拟合系数 A, B 及拟合精度

(x, y)	A	B	拟合精度
(0, 0)	0.7384	0.9046	0.9991
(0, 0.3)	0.1732	0.7931	0.9991
(0, 0.45)	0.2522	0.7348	0.9981
(–0.103, 0.283)	0.1867	0.7867	0.9984
(–0.154, 0.423)	0.3028	0.7056	0.9983

2.3.4　矩阵式静电传感器的传感特性

矩阵式静电传感器的仿真模型采用图 2.4 的结构，绝缘管段内径 R_1=9.5mm、外径 R_2=12.5mm，屏蔽罩内径 D_S=25mm，电极轴向长度 W=2mm，电极轴向间隔 p=20mm。由于矩阵式静电传感器电极分布的对称性，仅选取了较有代表性的点电荷流线，分别记为 a、b、c、d、e、f、g，来表征传感器的灵敏度特性，如图 2.35 所示，图中，θ 为电极张角，S1～S8 为传感器的 8 个阵列。选定线性电极阵列 S1 进行分析。

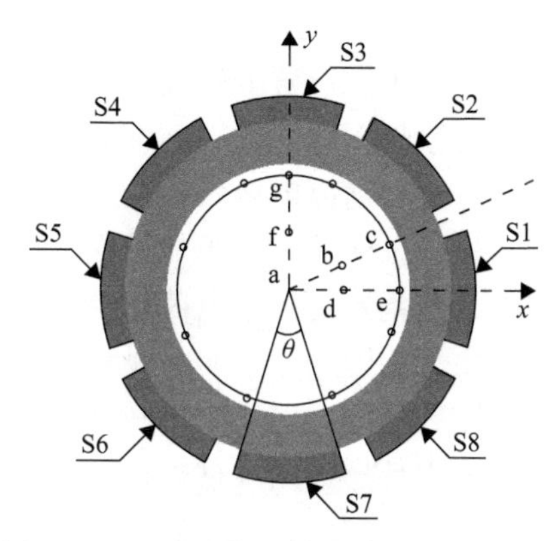

图 2.35　矩阵式静电传感器横截面示意图

图 2.36 为线性电极阵列 S1 的中心截面灵敏度分布。可以看出，线性电极阵列 S1 的中心截面灵敏度分布极不均匀，S1 的敏感区域主要是 S1 的扇形区域以及 S2 和 S8 的部分扇形区域，电极阵列在中心截面上的灵敏场空间要大于电极的张角。但值得注意的是在 a、f、g 等几个流线位置上，线性电极阵列 S1 的灵敏度较低，该区域附近的颗粒静电对传感器的输出可以忽略不计，主要的敏感区域仍然是靠近电极的张角区域。与阵列式静电传感器类似，线性电极阵列敏感区域不仅包括自己的电极角度范围，也包括相邻电极的部分区域，即相邻电极阵列之间存在交叉敏感特性，因此实际设计矩阵式静电传感器时，应尽量降低电极敏感区域

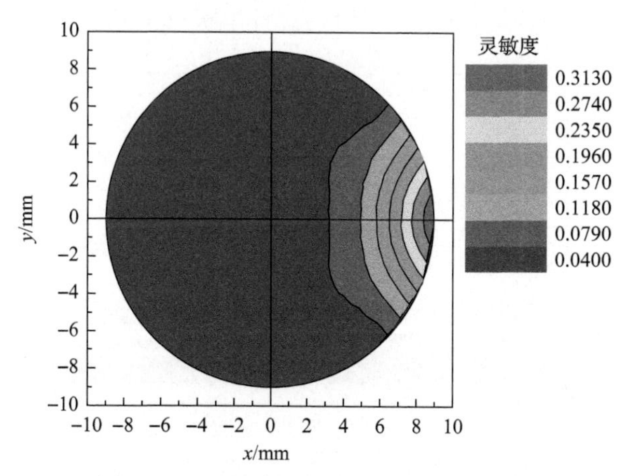

图 2.36　S1 的中心截面(z=0)灵敏度分布

交叉，以及明确电极阵列的各自的敏感空间[11,12]。

图 2.37 为线性电极阵列 S1 的轴向灵敏度分布。可见矩阵式静电传感器电极沿轴向分布的周期性导致各线性电极阵列的灵敏度在轴向上也具有周期性。然而，在不同流线位置上，虽然电极阵列 S1 的灵敏度沿着轴向分布的波形相同，但峰值幅度有较大差异。当带电粒子在不同位置上经过传感器时，电极相对于电荷的立体角越大，电极上的感应电荷量越大，从而周期性灵敏度幅值越大。因此在电极壁面处灵敏度较大，而中心位置和远离电极张角覆盖范围处，灵敏度较小，甚至对传感器的输出没有影响。另外，在靠近电极的壁面区域，灵敏度分布函数峰值变得尖锐，而谷值较为圆滑，这主要是由于电荷靠近电极时比远离电极时电极的立体角随电荷位置的变化率要大。因此，在实际设计矩阵式静电传感器时，应恰当设计电极轴向长度和电极轴向间隔，以避免灵敏度函数严重偏离余弦分布。在某一流线位置(r,θ)，矩阵式静电传感器的线性电极阵列上的灵敏度分布函数可由余弦函数表示[12]：

$$s(z)=B(r,\theta)+A(r,\theta)\cos(2\pi\cdot z/p),\quad -Z/2<z<Z/2 \tag{2.16}$$

式中，$Z=n\cdot p$ 为矩阵式静电传感器电极轴向灵敏区域长度，n 为线性电极阵列的电极数目。式(2.16)表明矩阵式静电传感器输出信号由两个部分叠加组成：幅度为$B(r,\theta)$的直流基底信号，在固定流线上，$B(r,\theta)$为常数；幅度为$A(r,\theta)$、周期为 p 的余弦信号，主要是矩阵式静电传感器电极沿轴向的周期性布置对带电颗粒的周期性调制的结果。在图 2.36 所示的灵敏度分布结构下，不同径向位置上灵敏度的拟合系数和拟合精度见表 2.4。可见越靠近电极的流线，拟合精度值越小，说明利用余弦函数拟合灵敏度分布函数的精度降低。这表明电极轴向间隔对不同径向位置上灵敏度分布函数影响较大，需恰当设计电极轴向长度和电极轴向间隔。

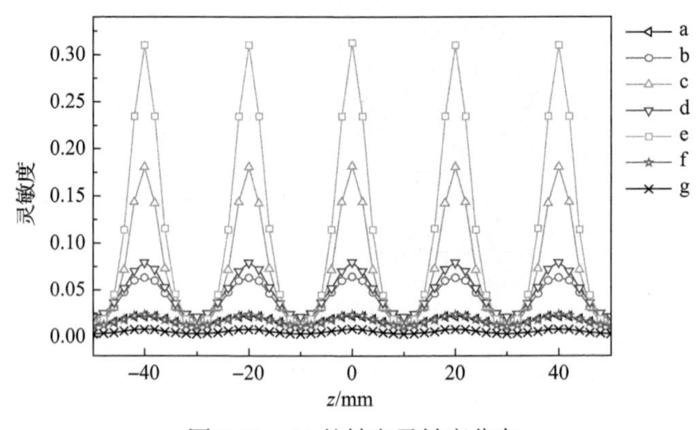

图 2.37　S1 的轴向灵敏度分布

表 2.4　拟合系数 $A(r,\theta)$、$B(r,\theta)$ 及拟合精度

流线	$A(r,\theta)$	$B(r,\theta)$	拟合精度
a	0.004516	0.01718	0.9907
b	0.02302	0.04030	0.9941
c	0.07985	0.07160	0.9134
d	0.02852	0.04700	0.9861
e	0.137100	0.11580	0.9011
f	0.006000	0.01718	0.9915
g	0.002484	0.00556	0.9792

本节利用有限元法分析了电极轴向长度、电极轴向间隔以及电极张角等因素对灵敏度分布特性的影响。

1) 电极轴向长度对灵敏度的影响

以流线 a、d、e 上轴向灵敏度分布为例，进行轴向灵敏度分布的比较。图 2.38 为不同电极轴向长度的矩阵式静电传感器的线性电极阵列 S1 的灵敏度沿轴向分布，其中数字 2、5、8 分别表示电极轴向长度(W)为 2mm、5mm、8mm。图 2.39 为不同电极轴向长度下，矩阵式静电传感器线性电极阵列 S1 在中心截面(z=0)上的灵敏度分布图。可以看出：对于不同的电极轴向长度，近壁面区域灵敏度明显高于其他敏感区域；电极轴向长度越大，截面和轴向对应空间位置上的灵敏度越高，电极所确定的截面敏感范围越大。

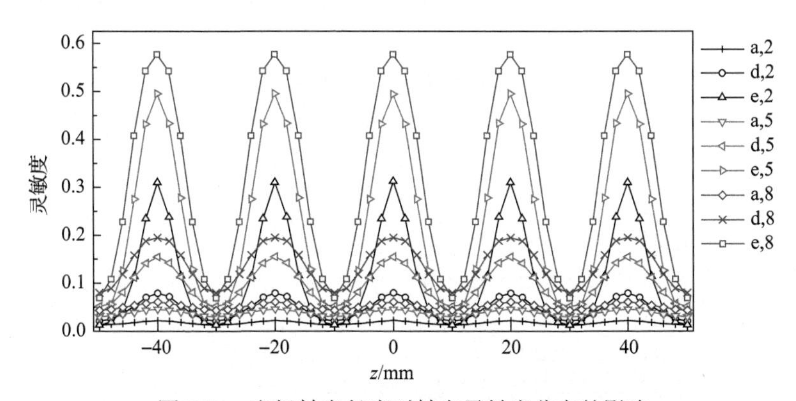

图 2.38　电极轴向长度对轴向灵敏度分布的影响

2) 电极轴向间隔对灵敏度的影响

以流线 a、d、e 上轴向灵敏度的分布为例，进行轴向灵敏度分布的比较。图 2.40 为不同电极轴向间隔的矩阵式静电传感器线性电极阵列 S1 的灵敏度沿轴向分布。

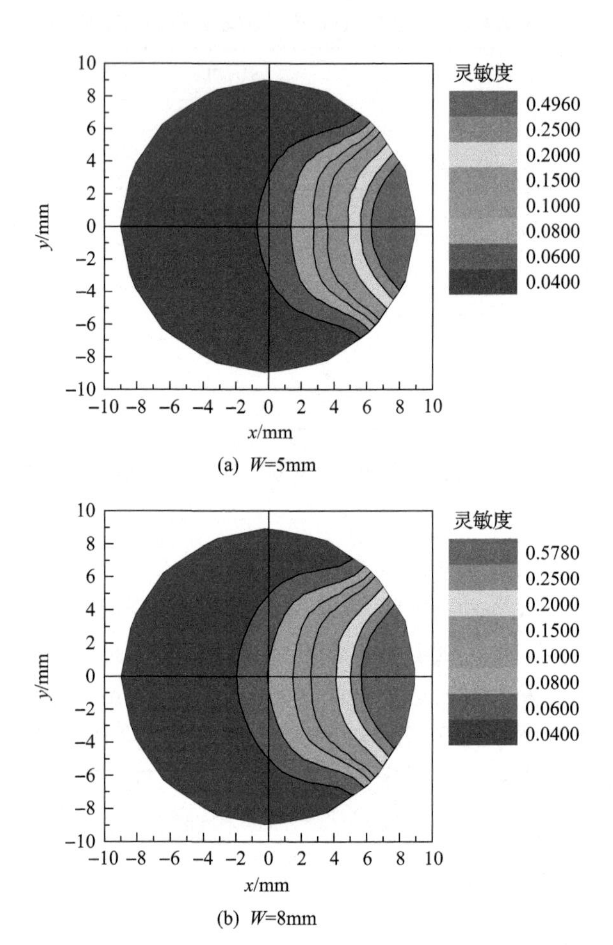

(a) W=5mm

(b) W=8mm

图 2.39　不同电极轴向长度下，S1 的中心截面灵敏度分布

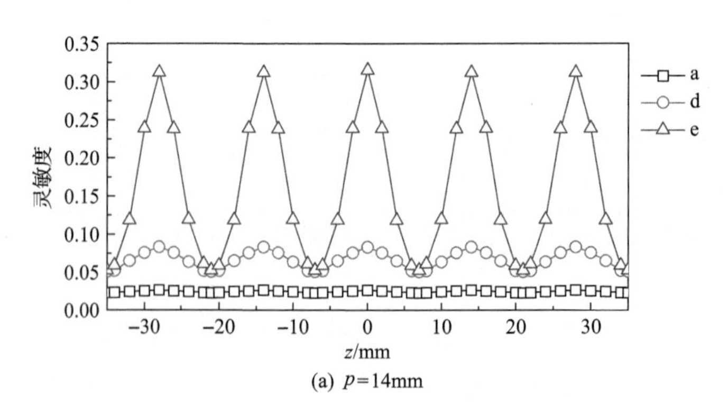

(a) p=14mm

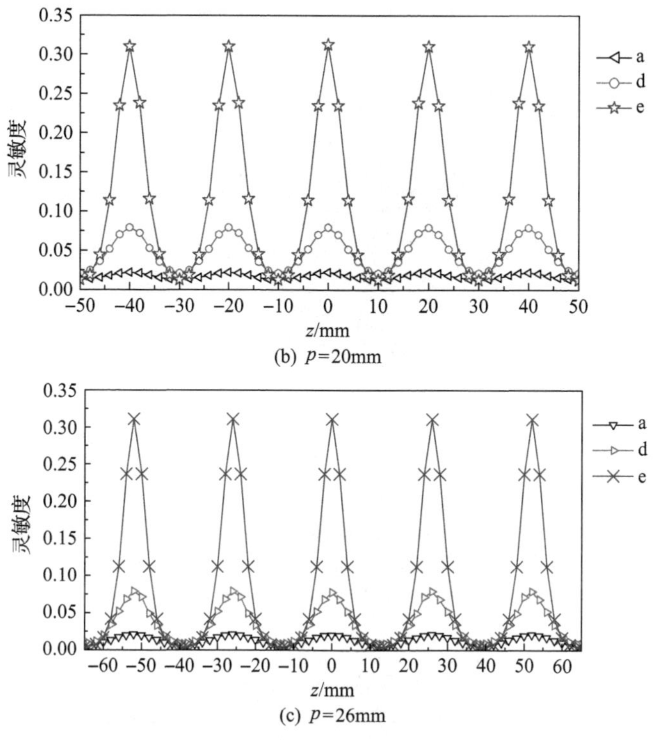

(b) p=20mm

(c) p=26mm

图 2.40　电极轴向间隔对轴向灵敏度分布的影响

图 2.41 为不同电极轴向间隔下，矩阵式静电传感器线性电极阵列 S1 在中心截面 (z=0) 上的灵敏度分布图。可以看出：对于不同的电极轴向间隔，传感器矩阵的轴向灵敏度在传感器矩阵的中心截面和轴向对应空间位置上基本一致，电极所确定的截面敏感范围也基本不变。实际上，当电荷位于两相邻电极中间位置时，尤其是当电极轴向间隔很大时，灵敏度几乎为零。图 2.42 为电极轴向间隔为 50mm 时的 S1 的中心截面灵敏度分布。虽然此时灵敏度仍然明显存在周期性，但已不能使用余弦曲线对其进行拟合。另外此时两端的灵敏度峰值明显大于中间的三个峰值，这主要是传感器电极数量的有限性引起的，这一现象称为传感器的边缘效应。在实际测量中，电极轴向间隔应尽可能小，所以余弦曲线拟合是可行的，并且通常采用差分形式的传感器结构来提高信噪比，同时可以去除传感器的边缘效应。

3) 电极张角对灵敏度的影响

以流线 a、d、e 上轴向分布为例，进行轴向灵敏度分布的比较。图 2.43 为不同电极张角的矩阵式静电传感器线性电极阵列 S1 的灵敏度沿轴向分布，其中数字 20、30、40 分别表示电极张角 θ 为 20°、30°和 40°。图 2.44 为不同电极张角下，矩阵式静电传感器线性电极阵列 S1 在中心截面 (z=0) 上的灵敏度分布图。电极张角越大，中心截面和轴向对应空间位置上的灵敏度越高，电极所确定的截面敏感范围也越大，但电极张角对灵敏度沿轴向的余弦分布影响较小。

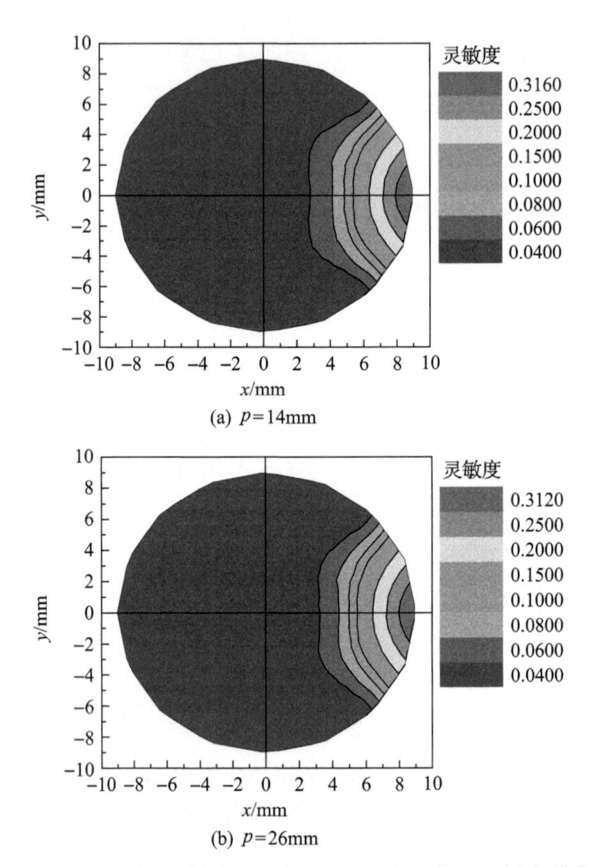

图 2.41　不同电极轴向间隔时，S1 的中心截面灵敏度分布

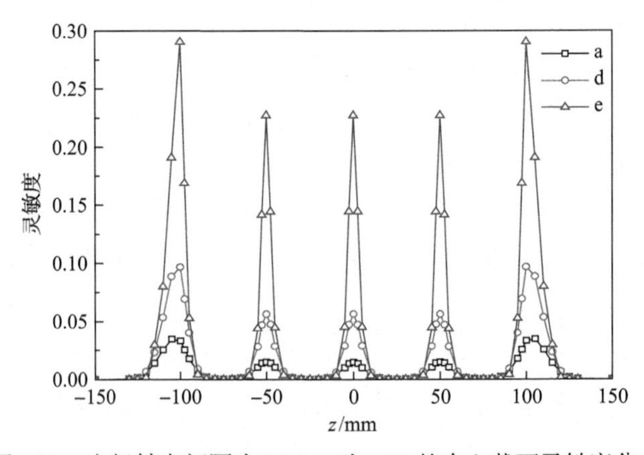

图 2.42　电极轴向间隔为 50mm 时，S1 的中心截面灵敏度分布

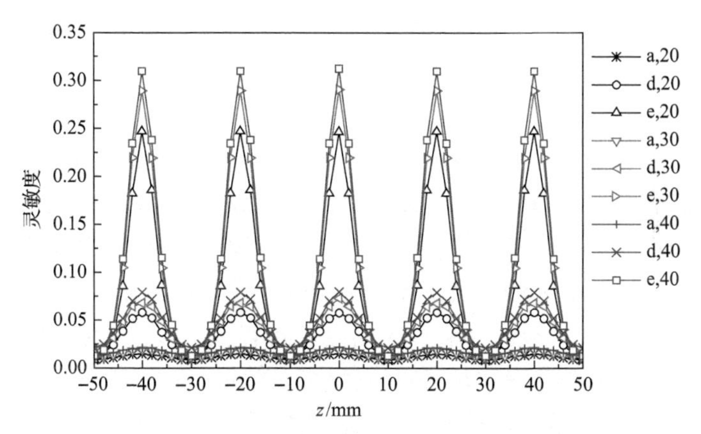

图 2.43　电极张角对轴向灵敏度分布的影响

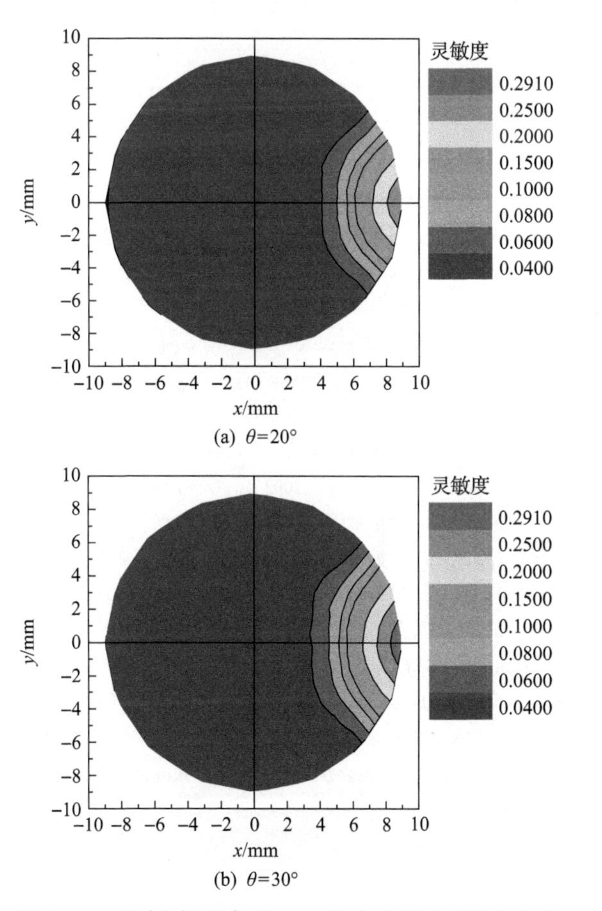

(a) θ=20°

(b) θ=30°

图 2.44　不同电极张角时，S1 的中心截面灵敏度分布

2.4 本 章 小 结

本章首先简要地分析了粉体输送过程中粉体颗粒的带电特性，讨论了影响气力输送颗粒静电量的主要因素，介绍了目前已有的静电传感器的类型，并以圆环状、阵列式和矩阵式静电传感器为重点，详细介绍了其结构和工作原理。静电传感器的灵敏度是一个重要的参数，体现了对颗粒带电的感知能力。灵敏度的计算可通过数值分析软件来完成，在软件中建立了静电传感器的三维静电场数学模型，进而计算灵敏度的大小并得到其空间分布，也系统地分析了静电传感器结构参数，包括电极轴向长度、电极张角等对其灵敏场分布特性的影响。这些为深入理解静电传感器机理与传感特性、静电传感器的优化设计以及应用提供了有益的理论依据。

参 考 文 献

[1] 刘尚合，武占成. 静电放电及危害防护. 北京：北京邮电大学出版社, 2004.

[2] Matsusaka S, Masuda H. Electrostatics of particles. Journal of Electrostatics, 2003, 14: 143-166.

[3] 许传龙. 气固两相流颗粒荷电及流动参数检测方法研究. 南京：东南大学, 2006.

[4] Nifuku M, Katoh H. A study on the static electrification of powders during pneumatic transportation and the ignition of dust cloud. Powder Technology, 2003, 135: 234-242.

[5] Woodhead S R, Armour-Chélu D I. The influence of humidity, temperature and other variables on the electric charging characteristics of particulate aluminium hydroxide in gas-solid pipeline flows. Journal of Electrostatics, 2003, 58(3): 171-183.

[6] Armour-Chélu D I, Woodhead S R. Comparison of the electric charging properties of particulate materials in gas-solids flows in pipelines. Journal of Electrostatics, 2002, 56(1): 87-101.

[7] 张祖寿. 导体达到静电平衡所需时间的数量级估计. 物理与工程, 2003, 12(2): 20-22, 30.

[8] Xu C L, Wang S M, Yan Y. Spatial selectivity of linear electrostatic sensor arrays for particle velocity measurement. IEEE Transactions on Instrumentation and Measurement, 2013, 62(1): 167-176.

[9] 付飞飞. 基于多源信息分析的加压密相气力输送颗粒流动特性研究. 南京：东南大学, 2013.

[10] Xu C L, Li J, Gao H M. Investigations into sensing characteristics of electrostatic sensor arrays through computational modelling and practical experimentation.Journal of Electrostatics, 2012, 70(1): 60-71.

[11] 李健，许传龙，王式民. 矩阵式静电传感器灵敏度特性. 工程热物理学报, 2012, 33(12): 2108-2111.

[12] 李健. 气固两相流动参数静电与电容融合测量方法研究. 南京：东南大学, 2016.

第3章　气固两相流动参数静电检测技术

3.1　静电互相关法气固两相流速度检测

3.1.1　静电互相关法基本原理

静电传感器结合互相关技术已经成功应用于颗粒速度测量[1-3]，其基本原理如图 3.1 所示。

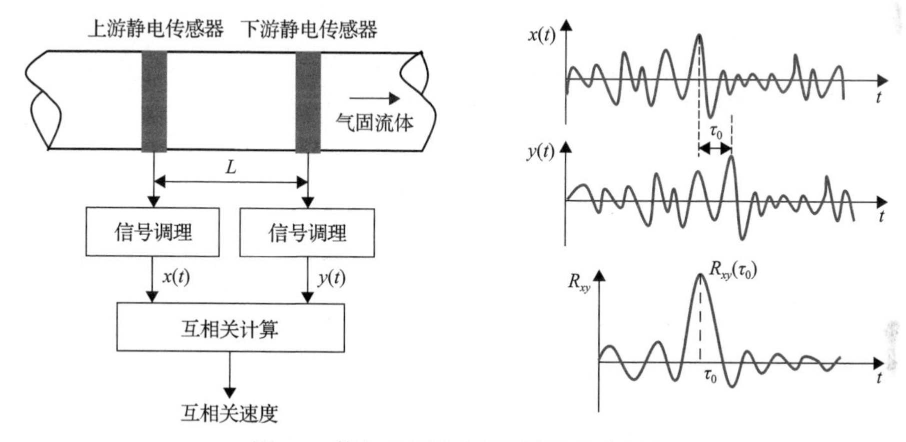

图 3.1　静电互相关速度测量原理示意图

在流动方向上以一定间隔设置两个完全相同的静电传感器，当带电颗粒流经测量区域时，会在传感器上感应出电荷，经过放大滤波后形成静电信号。如果颗粒分布及其带电量在流经测量区域过程中不变，那么获得的两个静电信号高度相似，只是在时域上存在一定的时间差，即

$$x(t) = y(t + \tau_0) \tag{3.1}$$

式中，$x(t)$ 和 $y(t)$ 分别为上游和下游静电传感器输出的静电信号；τ_0 为带电颗粒流经上下游传感区域的时间，即渡越时间。两静电信号的互相关函数为

$$R_{xy}(\tau) = \lim_{T \to \infty} \frac{1}{T} \int_0^T x(t) y(t + \tau) \mathrm{d}t \tag{3.2}$$

式中，T 为积分时间；τ 为时间偏移量。

将式(3.1)代入式(3.2)，可得

$$R_{xy}(\tau)=\lim_{T\to\infty}\frac{1}{T}\int_0^T x(t)x(t+\tau-\tau_0)\mathrm{d}t=R_{xx}(\tau-\tau_0) \tag{3.3}$$

由互相关函数原理可知：当 $\tau=\tau_0$ 时，互相关函数 $R_{xy}(\tau)$ 取得最大值。因此，τ_0 就是互相关函数值 $R_{xy}(\tau)$ 达到最大值时所对应的 τ 值。

在实际测量过程中，静电信号以离散数据的形式进入数字处理器进行互相关计算处理。对于以采样频率 f_s(采样周期为 T_s) 在积分时间 T_0 内采集到的两个静电信号离散序列 x_i 和 y_i，其互相关函数可写为

$$R(n)=\frac{1}{N}\sum_{i=0}^{N-1}x_i y_{i+n} \tag{3.4}$$

式中，$N=T/f_s$，为采样点数；n 为偏移点数。与连续信号的互相关计算类似，存在使两离散信号互相关函数达最大值的偏移点数 n_0，则

$$\tau_0=\frac{n_0}{f_s} \tag{3.5}$$

当两个检测电极之间的距离为 L 时，颗粒在上下游静电传感器之间的互相关速度 v_c 为

$$v_c=\frac{L}{\tau_0}=\frac{Lf_s}{n_0} \tag{3.6}$$

利用静电互相关法计算颗粒速度时，通常使用互相关系数这一参数作为评价速度测量可靠性的依据，其表达式为

$$\mathrm{cc}=\frac{\sum_{i=1}^{N-n_0}(x_i-\overline{x})(y_{i+n_0}-\overline{y})}{\sqrt{\sum_{i=1}^{N-n_0}(x_i-\overline{x})^2\sum_{i=1+n_0}^{N}(y_i-\overline{y})^2}} \tag{3.7}$$

式中，$\overline{x}$ 和 $\overline{y}$ 分别为信号 x 和 y 的平均值。互相关系数值在 0～1，其值越大，表示两检测信号相似性高，静电互相关速度测量结果也更可靠。

在理想流动状态下，气固流体符合“凝固”流动，被测气固流体平均速度 v_m 可用互相关速度来表示，即

$$v_m=v_c \tag{3.8}$$

如果气固流动存在速度分布，由于静电传感器灵敏场固有的不均匀性，高灵敏度区域的流体的速度将会对互相关速度结果产生较大贡献，这意味着互相关速度和气固流体平均速度之间会存在一定差异。因此，一般引入速度校正系数 k 来表征互相关速度和气固流体平均速度之间的关系：

$$v_{\mathrm{m}}=kv_{\mathrm{c}}=\frac{kL}{\tau_0}=\frac{kLf_{\mathrm{s}}}{n_0} \tag{3.9}$$

3.1.2　速度测量影响因素分析

由以上静电互相关速度测量的基本原理可知，影响互相关速度 v_{c} 测量结果的因素主要是速度校正系数 k、两个检测电极之间的距离 L 和渡越时间 τ_0。其中，k 和 τ_0 的影响相对来说比 L 要大得多。而对于 τ_0 而言，合理选取静电互相关处理系统的采样频率 f_{s} 和积分时间 T 是准确获取渡越时间的关键[4]。

1. 速度校正系数的影响

在实际测量过程中，影响速度校正系数的因素较多，如固相速度分布、浓度分布、电荷分布、传感器灵敏度分布等。Yan 等[1]的研究表明，对于浓度均匀的对称型速度场而言，采用圆环状静电传感器测量颗粒流动速度时，速度校正系数可以根据理论计算得到，且在电极宽度和直径比大于 1/25 时，速度校正系数的相对变化不超过±3%。而对于其他情况，通过理论计算速度校正系数难度较大，可进一步结合具体的应用场景通过实验标定的方式确定。

2. 采样频率的选取

根据采样定理，为了使信号采样后不失真，采样频率必须大于或等于信号最高频率的 2 倍。考虑静电传感器的空间滤波效应、颗粒分布和尺寸等，静电信号的实际带宽 B 可表示为

$$B=K_{\mathrm{b}}v/W \tag{3.10}$$

式中，K_{b} 为比例系数；v 为颗粒运动速度；W 为电极轴向长度。K_{b} 可通过实验测定，Yan 等[1]通过实验研究得出在中心流情况下，K_{b}=0.05～0.07。因此，根据采样定理，$f_{\mathrm{s}}\geqslant 2B$。

在数字处理器中，互相关运算只能根据离散时间点上互相关函数的最大值估计渡越时间，而实际的峰值可能并不在离散时间点上，因此带来估计误差。互相关函数峰值位置估计产生的最大误差为 $\pm 1/2T_{\mathrm{s}}$，对应的渡越时间相对误差为

$$\frac{\Delta\tau_0}{\tau_0} = \pm\frac{\frac{1}{2}T_s}{n_0 T_s} = \pm\frac{1}{2n_0} \tag{3.11}$$

当互相关函数峰值位置固定，即渡越时间为定值时，采样频率越高，采样周期就越小，n_0 的值将越大，根据式(3.11)，此时渡越时间的相对误差越小。实际测量过程中，n_0 的大小取决于渡越时间的大小，测量流速达上限时，渡越时间最小，对应的渡越时间相对误差最大。因此，设计静电互相关测速系统时应保证在预计的最大流速测量值 v_{max} 下渡越时间的相对偏差不超过阈值 δ，即

$$\frac{\Delta\tau_{0,v_{max}}}{\tau_{0,v_{max}}} = \pm\frac{1}{2n_{0,v_{max}}} \leqslant \pm\delta \tag{3.12}$$

式中，$\tau_{0,v_{max}}$ 和 $\Delta\tau_{0,v_{max}}$ 分别为最大流速测量值对应的渡越时间和渡越时间相对误差；$n_{0,v_{max}}$ 为最大流速测量值时渡越时间所对应的采样点数，$n_{0,v_{max}} \approx \frac{L}{v_{max}T_s}$，因此，有

$$T_s \leqslant \frac{2L\delta}{v_{max}} \tag{3.13}$$

即采样频率需满足

$$f_s \geqslant \frac{v_{max}}{2L\delta} \tag{3.14}$$

静电互相关信号采样频率的选取应同时满足采样定理和渡越时间相对误差阈值限制对这两方面的要求，因此，有

$$f_s \geqslant \max\left(2B, \frac{v_{max}}{2L\delta}\right) \tag{3.15}$$

3. 积分时间的选取

积分时间会对相关运算结果产生影响，实际当中的积分时间不可能为无限大，因此仅能得到相关运算的估计值。为了得到准确且稳定的互相关速度测量结果，根据相关理论[5, 6]，积分时间的选取条件为 $T \geqslant 10\tau_0$。

相关计算要求的点数越多，一次相关运算所需时间越长，从而影响系统的实时性，并对硬件性能提出更高的要求。相关理论对积分时间的要求比较苛刻，在应用过程中，可根据实际情况，考虑积分时间对渡越时间计算稳定性的影响，对积分时间进行合理选取。

渡越时间的标准偏差可反映渡越时间值计算的稳定性，可表示如下[5]：

$$\sigma(\tau_0) \approx \left[\frac{3}{8\pi^2 TB^3} \left(\frac{1}{cc^2} - 1 \right) \right]^{1/2} \tag{3.16}$$

可以看出，渡越时间的标准偏差主要与信号带宽、积分时间和互相关系数有关。在相同条件下，主要可通过传感器和信号调理电路设计提高互相关系数。积分时间越短或信号带宽越窄，渡越时间的标准偏差就越大，其中信号带宽对渡越时间标准偏差的影响更为明显。故应主要考虑带宽对渡越时间标准偏差的影响，在带宽最小的情况下，确定满足要求的积分时间。

从式(3.10)可以看出：颗粒速度越快，静电信号带宽越宽，因此积分时间的选取要以最低速(即带宽最小)时满足要求为准。只要最低速时积分时间满足要求，其在整个速度范围内就都能满足要求。在具体的测量过程中，可通过实验观察测量速度下限时测量值标准偏差的变化趋势确定积分时间。

3.2 静电感应空间滤波法气固两相流速度检测

3.2.1 基于圆环状静电传感器的空间滤波颗粒速度测量

1. 测量原理

对于仅包含单个圆环状电极的静电传感器，其点电荷沿某径向位置的灵敏度分布可表示为[7,8]

$$s(z) = a\exp(-bz^2) + c\exp(-dz^2) \tag{3.17}$$

式中，a、b、c 和 d 为常数，与传感器结构尺寸和点电荷在传感器内的径向位置有关。其傅里叶变换为

$$S(f_z) = \frac{a\sqrt{\pi}}{\sqrt{b}} \exp\left[-\frac{(\pi f_z)^2}{b} \right] + \frac{c\sqrt{\pi}}{\sqrt{d}} \exp\left[-\frac{(\pi f_z)^2}{d} \right] \tag{3.18}$$

式中，f_z 为空间频率。

假设点电荷在某径向位置处沿轴向运动速度为 v，传感器的输出信号的功率谱可以近似表示为

$$s_u(f) = k_0 (2\pi f)^2 \frac{1}{v} \left| S\left(\frac{f}{v} \right) \right|^2 \tag{3.19}$$

式中，k_0 为常数；f 为频率。联合式(3.18)和式(3.19)，可得

$$s_{\mathrm{u}}(f)=k_0(2\pi f)^2\frac{1}{v}\left|\frac{a\sqrt{\pi}}{\sqrt{b}}\exp\left[-\frac{(\pi f)^2}{bv^2}\right]+\frac{c\sqrt{\pi}}{\sqrt{d}}\exp\left[-\frac{(\pi f)^2}{dv^2}\right]\right|^2 \tag{3.20}$$

在功率谱曲线的峰值位置，式(3.20)的一阶导数为 0，即

$$\frac{a}{\sqrt{b}}\left[1-\frac{2(\pi f)^2}{bv^2}\right]\exp\left[-\frac{(\pi f)^2}{bv^2}\right]+\frac{c}{\sqrt{d}}\left[1-\frac{2(\pi f)^2}{dv^2}\right]\exp\left[-\frac{(\pi f)^2}{dv^2}\right]=0 \tag{3.21}$$

可以看出，在某径向位置处，如果引入几何特征常数 g_r，式(3.21)的解可表示为

$$\frac{v}{f_{\max}}=g_r \tag{3.22}$$

式中，g_r 为几何特征常数，与传感器的几何形状及径向位置有关；$f_{\max}$ 为输出信号频谱的尖峰频率值。

实际气力输送过程中，由于颗粒分布是未知的，而且速度分布也是非均匀的，因此考虑了固体分布、速度分布、粒子大小、流体的均匀性、颗粒的荷电特性及传感器探头几何结构等因素的影响，一般引入速度校正系数 k，式(3.22)可改写成

$$v_{\mathrm{m}}=kg_0f_{\max} \tag{3.23}$$

式中，g_0 为中心轴线上的几何特征常数。因此，获得了 $f_{\max}$ 即可确定出颗粒的平均速度。

2. 影响因素分析

式(3.23)中可以认为 k、g_0、$f_{\max}$ 是彼此无关的，g_0 由静电传感器敏感元件的几何形状确定，可以认为颗粒平均速度测量误差与 g_0 无关。下面分别讨论 k 与 $f_{\max}$ 的影响[9, 10]。

1) 速度校正系数 k

速度校正系数 k 与被测流体在管道截面上的浓度和速度分布曲线、静电流动噪声检测的非线性机理以及传感器在被测流体中形成的敏感体积的几何形状有关。此外，不同颗粒尺寸、不同材料的物质在管道中传输时颗粒静电特性不一样，对 k 值的变化也有一定的影响。k 值的波动范围决定了 v_{m} 的测量值相对于真实平均速度曲线的离散程度。作为一个工业流量测量方法，希望 k 在整个流量测量范

围内尽可能地保持稳定。为了分析方便，将 k 表示成四项因子 k_1、k_2、k_3、k_4 的乘积，即

$$k = k_1 k_2 k_3 k_4 \tag{3.24}$$

式中，k_1 为静电传感器几何形状影响因子；k_2 为颗粒截面速度分布影响因子；k_3 为颗粒截面浓度分布影响因子；k_4 为颗粒尺寸、材料属性、流动均匀性等其他因素的影响因子。

(1) 静电传感器几何形状的影响。图 3.2 表示内径为 100mm、轴向长度 (W) 分别为 10mm 和 20mm 电极的几何特征常数随径向位置的变化关系。可以看出：几何特征常数随径向位置的增大而减小，而且边缘处与中心处相差较大，这与靠近壁面处，传感器的频带较宽是相一致的。几何特征常数的不一致，实质上是圆环状静电传感器敏感元件的传感器机理的非线性造成的，即敏感区间的不同位置对静电传感器输出信号的贡献不同，对于这一点只能通过优化传感器结构，来降低传感器的灵敏度分布不均匀性与非线性。此外，也可以看出电极轴向长度越小，其对应位置上的几何特征常数相对就越小，意味着相同的颗粒速度下，电极轴向长度较小的传感器，输出信号频率特性最大幅度值右移，$f_{\max}$ 相对越大，信号频带范围相对加宽。但不同径向位置处，g_r 变化仍然较大。

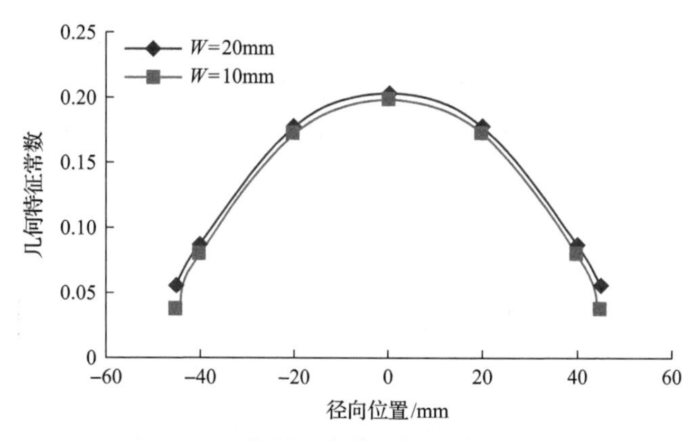

图 3.2　几何特征常数随径向位置的变化

(2) 颗粒截面速度分布的影响。单相流体在管内流动时，由于管内壁的粗糙度和流体内部黏滞力的影响，流体在管道截面上各点处的轴向速度是不相同的。对于气固两相流体而言，由于相界面的相互作用，系统内部不同区域各相速度分布存在较大差异，即使是稳态流动，系统内部不同区域间的相浓度分布、相速度分布也不是均匀的，因此，要想得出相速度、相浓度分布的通解是不可能的。目前，就相速度分布的研究方法是通过分析推导引进修正系数，来建立对多相流体相速度分布、相浓度分布的理性认识。为简化颗粒截面速度分布对 k 值影响的分析，

假设颗粒截面速度分布是轴对称分布的并且满足功率模型，即

$$v(x,y)=v(r)=v_{\max}\left(1-\frac{r}{R}\right)^{1/\alpha} \tag{3.25}$$

式中，R 为传感器半径；$v_{\max}$ 为管道轴线处颗粒速度；r 为径向位置；α 为功率模型指数，表示颗粒截面速度分布曲线形状与管道的粗糙度和雷诺数有关。如果认为颗粒浓度沿轴向保持不变，那么，截面上颗粒平均速度可表示为

$$\overline{v}=\frac{\iint c(x,y)v(x,y)\mathrm{d}x\mathrm{d}y}{\iint c(x,y)\mathrm{d}x\mathrm{d}y}=\frac{2\alpha^2}{(\alpha+1)(2\alpha+1)}v_{\max} \tag{3.26}$$

式中，$c(x,y)$ 为截面上颗粒的浓度分布，且假设为均匀分布。

静电传感器测得的颗粒平均速度 v_{s} 实质上是管道截面上颗粒速度的加权平均，可表示为

$$v_{\mathrm{s}}=\frac{\iint c(x,y)v(x,y)s(x,y)\mathrm{d}x\mathrm{d}y}{\iint c(x,y)s(x,y)\mathrm{d}x\mathrm{d}y}=\frac{\int_0^R rv(r)s(r)\mathrm{d}r}{\int_0^R rs(r)\mathrm{d}r} \tag{3.27}$$

式中，$s(x,y)$ 为静电传感器中心截面上的灵敏度分布。

结合式(3.25)～式(3.27)，颗粒截面速度分布影响因子 k_2 可表示为

$$k_2=\frac{\overline{v}}{v_{\mathrm{s}}}=\frac{2\alpha^2}{(\alpha+1)(2\alpha+1)}\frac{\int_0^R rs(r)\mathrm{d}r}{\int_0^R r\left(1-\frac{r}{R}\right)^{1/m}s(r)\mathrm{d}r} \tag{3.28}$$

式中，m 为速度分布指数。

图 3.3 为内径为 100mm、电极轴向长度分别为 10mm 和 20mm 的静电传感器的颗粒截面速度分布影响因子随速度分布指数的变化情况。可以看出，对于几何形状确定的静电传感器，颗粒截面速度分布影响因子 k_2 对于不同的 m 几乎为一常数，但不同电极轴向长度传感器的 k_2 值不同。但切记上述结论是在颗粒均匀分布且速度是轴对称分布基础上建立的，对于其他条件，可能不适用。

(3) 颗粒截面浓度分布的影响。静电传感器敏感部件具有一定的几何形状和尺寸。由于边缘效应，静电传感器敏感区间范围略大于其几何形状，在工作时，只有在敏感体积的那一部分带电颗粒流才能对传感器输出的感应信号做出贡献，

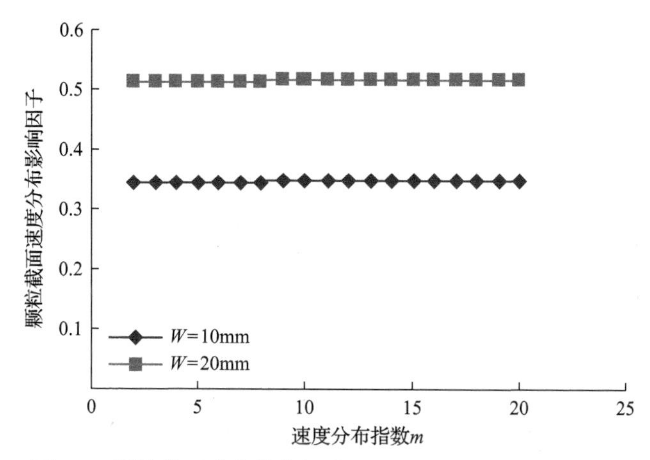

图 3.3　颗粒截面速度分布影响因子随速度分布指数的变化

而且敏感空间内各点对静电传感器输出信号的贡献是不同的。从式(3.27)可以看出，如果在截面上各点颗粒速度是相等的，那么空间滤波测得的颗粒速度平均值与真实值是相同的，但是根据多相流体动力学理论，即使是稳态流动，系统内部不同区域间的相浓度分布、相速度分布也不是均匀的，因此，空间滤波法测得的颗粒平均速度实质上是颗粒截面浓度分布和静电传感器截面灵敏度分布乘积的加权平均。要减小颗粒截面浓度分布不均带来的误差(可用修正系数 k_3 表示)，一是尽量使颗粒浓度在截面上弥散均匀，二是降低静电传感器敏感元件的灵敏度的非均匀性。

(4)其他因素的影响。粉体气力输送过程中，颗粒静电化影响因素非常复杂，带电量的大小和符号不仅与颗粒本身的属性(颗粒的形状、尺寸、粗糙度、相对湿度、功函数、容积电阻、介电常数等)有关，而且与管道的材料和布置、颗粒在管道中的输送条件等有关。即使属性完全相同的颗粒，在流动过程中，其也完全有可能带上不同量电荷，甚至极性相反。如前所述，静电传感器检测的静电感应信号实质上是敏感区间内正负电荷加权之和的综合反映，此外，对于不同尺寸，即使具有相同的颗粒速度，颗粒在敏感区间内的滞留时间也是不同的，而且在流动过程中并非仅仅沿轴向运动，颗粒的径向运动甚至回流等都将对输出信号的大小和频率特性有很大的影响，此部分误差包含在 k_4 中，显然，单从理论上建立 k_4 的模型非常困难。

从上述分析可以清楚地看出，速度校正系数 k 的影响因素较多。由于气固两相流动过程相浓度和相速度分布的复杂性、随机性和颗粒静电流噪声的随机性以及静电传感器的传感机理的非线性，很难单纯从理论计算来确定以上各因素对速度校正系数 k 的影响。因此，速度校正系数 k 只能在实验装置上通过多次重复性实验予以测定。同时，为了保证测量结果的可靠性，速度测量系统需要有恰当的安装方式。

2）峰值位置 f_{max} 的影响

空间滤波法速度测量方法是通过检测静电传感器输出信号的幅频特性的峰值，确定被测颗粒的平均流速。频率的分辨率是引起峰值位置 f_{max} 测量误差的主要原因，静电感应空间滤波法中，由频谱特性的峰值位置 f_{max} 确定误差所引起的流速测量相对误差：

$$\frac{dv_m}{v_m}=\frac{df_{max}}{f_{max}} \tag{3.29}$$

峰值位置的误差直接取决于数据采集系统的频率 f_s，若频率的峰值位置正好处于频率 nf_s 和 $(n+1)f_s$（n 为电极数目）之间，则峰值位置确定时产生的最大可能绝对误差为 $\pm 1/2f_s$，速度测量的相对误差为

$$\frac{\Delta v_m}{v_m}=\pm\frac{1/2f_s}{nf_s}=\pm\frac{1}{2n} \tag{3.30}$$

可以看出，颗粒速度一定时，测量系统的采样频率越高，频率特性的峰值位置所对应的 n 值将越大，速度的测量精度就越高。但是，值得注意的是，通过提高测量系统的采样频率来提高测量精度的同时，势必增加系统的计算工作量，尤其是颗粒速度较高时，测量系统的实时性将变差。

3. 信号处理方法

由于振动、流体脉动、电子干扰等的存在，静电传感器输出信号中含有大量的噪声，在功率谱特性曲线上，表现为各点离散程度较大，波峰不明显，甚至被其他的波峰掩盖，这为峰值的精确确定带来困难，影响颗粒流动速度的准确测量。为此，可将多项式拟合、小波变换等数据分析方法应用于频谱特性曲线的平滑处理。以小波变换为例，静电传感器输出信号的处理过程如下：首先，估计出静电传感器输出信号的功率谱，然后，利用尺度函数的低通特性，通过小波变换对功率谱进行多尺度分解，由此提取频谱信号的趋势项，再从趋势项中确定 f_{max}。

图 3.4 是一组静电传感器输出信号及其处理结果[9]。其中，图 3.4（a）为静电传感器输出的原始采集信号，图 3.4（b）为输出信号的快速傅里叶变换（FFT）频谱分析结果。在频谱特性曲线上，出现了多个局部尖峰值，f_{max} 难以确定。图 3.4（c）为基于小波变换的多分辨率分析的趋势项的提取结果，可以准确地确定频谱尖峰频率为 36Hz，有效地减小由尖峰值确定误差而带来的测量误差。处理过程中，选用了三阶小波，尺度函数 $\phi(t)$ 和小波函数 $\psi(t)$ 分别为

$$\phi_3^{\mathrm{D}}(t)=\frac{1+\sqrt{3}}{4\sqrt{2}}\phi_3^{\mathrm{D}}(2t)+\frac{3+\sqrt{3}}{4\sqrt{2}}\phi_3^{\mathrm{D}}(2t-1)+\frac{3-\sqrt{3}}{4\sqrt{2}}\phi_3^{\mathrm{D}}(2t-2)+\frac{1-\sqrt{3}}{4\sqrt{2}}\phi_3^{\mathrm{D}}(2t-3) \tag{3.31}$$

$$\psi_3^{\mathrm{D}}(t)=\frac{1-\sqrt{3}}{4\sqrt{2}}\psi_3^{\mathrm{D}}(2t+2)-\frac{3-\sqrt{3}}{4\sqrt{2}}\psi_3^{\mathrm{D}}(2t+1)+\frac{3+\sqrt{3}}{4\sqrt{2}}\psi_3^{\mathrm{D}}(2t)-\frac{1+\sqrt{3}}{4\sqrt{2}}\psi_3^{\mathrm{D}}(2t-1) \tag{3.32}$$

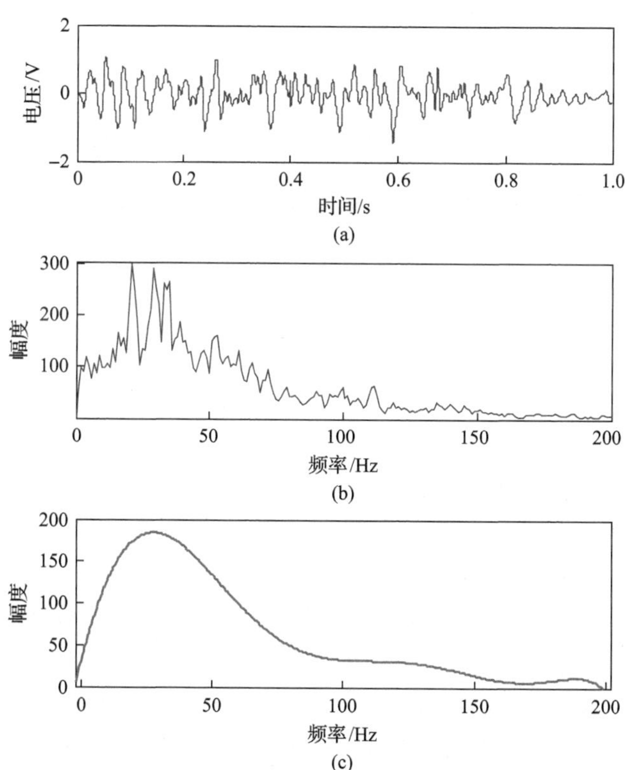

图 3.4　静电传感器输出信号及其处理结果

3.2.2　基于阵列/矩阵式静电传感器的空间滤波颗粒速度测量

1. 测量原理

假设单个带电颗粒沿某一固定轴向流线 (r,θ) 以恒定速度 v 通过阵列/矩阵式静电传感器，则带电颗粒的轴向位置 z 和速度有如下关系：

$$z = vt \tag{3.33}$$

阵列/矩阵式静电传感器的灵敏度分布可表示为[11,12]

$$s(z)=B(r,\theta)+A(r,\theta)\cos(2\pi\cdot z/p),\quad -Z/2<z<Z/2 \tag{3.34}$$

结合式(2.9)和式(2.14)，可得出传感器的输出信号：

$$s_{\mathrm{d}_t}(t)=R\frac{\mathrm{d}(Q\cdot s(z))}{\mathrm{d}t}=RQ\cdot\frac{\mathrm{d}z}{\mathrm{d}t}\cdot\frac{\mathrm{d}(s(z))}{\mathrm{d}z}=k_s\cdot\frac{\mathrm{d}(s(z))}{\mathrm{d}z} \tag{3.35}$$

式中，$k_s=R\cdot Q\cdot \mathrm{d}z/\mathrm{d}t$；$Q$ 为颗粒带的电荷量。如果不考虑颗粒的径向速度对颗粒速度测量的影响，那么 $\mathrm{d}z/\mathrm{d}t=v$，$k_s$ 可以看成常数。故传感器的输出主要由传感器的灵敏度特性的微分形式决定，即

$$s_{\mathrm{d}}(z)=\frac{\mathrm{d}(s(z))}{\mathrm{d}z}=-2\pi/p\cdot A(r,\theta)\sin(2\pi\cdot z/p),\quad -Z/2<z<Z/2 \tag{3.36}$$

式(3.36)表明传感器的输出主要由传感器的灵敏度特性决定，其功率谱密度函数 $S_p(f_z)$ 可表示为

$$\begin{aligned}S_p(f_z)&=\left|F(s_{\mathrm{d}}(z))\right|^2\\&=\left|\int_{-Z/2}^{Z/2}\big(-2\pi/p\cdot A(r,\theta)\cos(2\pi\cdot z/p)\big)\exp(-\mathrm{j}2\pi f_z z)\mathrm{d}z\right|^2\\&=\left|\frac{\pi A}{p}\left\{\frac{\sin[\pi(f_z-1/p)Z]}{\pi(f_z-1/p)}+\frac{\sin[\pi(f_z+1/p)Z]}{\pi(f_z+1/p)}\right\}\right|^2\end{aligned} \tag{3.37}$$

式中，$F(\cdot)$ 为傅里叶变换；f_z 为空间频率。

对应图 2.35 中 c、d、e 三条流线上灵敏度的功率谱密度函数 $S_p(f_z)$ 及其归一化函数如图 3.5 所示。可以看出，功率谱密度函数具有中心频率为 $f_{z0}=1/p=50\ \mathrm{m}^{-1}$ 的周期性分量。尽管信号的幅度是不一样的，但归一化后的功率谱密度函数对不同的流线是相同的，所以阵列/矩阵式静电传感器可以看成一个中心频率为 $f_{z0}=1/p$ 的窄带滤波器。另外，空间频率亦可表示为

$$f_z=1/p=1/(vt)=f/v \tag{3.38}$$

式(3.38)表明只要确定了信号的时域中心频率 $f_0=v/p$，即可计算出颗粒速度。

2. 空间滤波特性

空间滤波法中，颗粒速度信息包含在阵列/矩阵式静电传感器提取的窄带周期性信号中，因此可以通过时域内周期性信号的中心频率来确定颗粒速度。时域内阵列/矩阵式静电传感器输出信号的质量一方面与带电颗粒所形成的静电流噪声在传感器敏感空间内的时空分布特点有关，另一方面又受到阵列/矩阵式静电传感

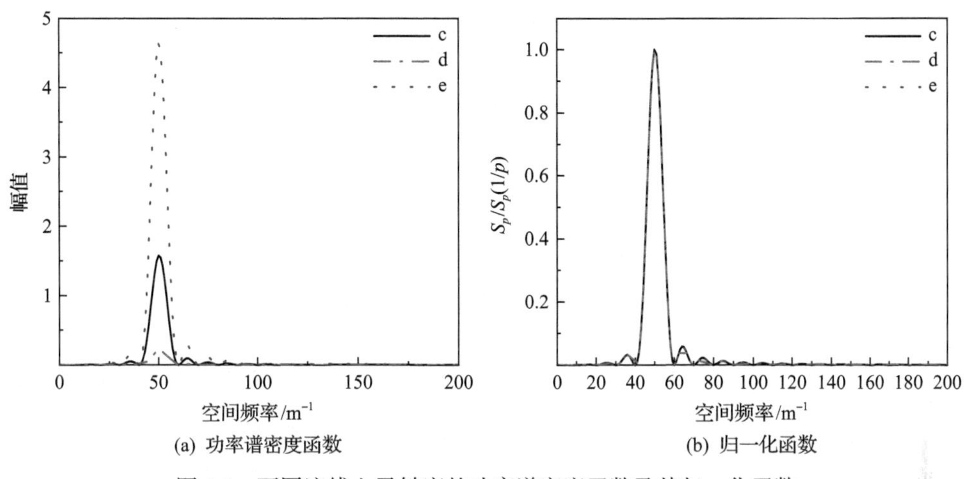

图 3.5　不同流线上灵敏度的功率谱密度函数及其归一化函数

器的窄带空间滤波特性的影响。阵列/矩阵式静电传感器的空间滤波特性主要体现在空间滤波器的有效灵敏度和中心频率的频带宽度[11,12]。

1）有效灵敏度

由式(3.36)可知，传感器的空间功率谱特性主要由两个参数决定：拟合系数 A 和轴向灵敏区域长度 Z。A 由传感器的结构参数(电极轴向长度 W、电极轴向间隔 p 和电极张角 θ)决定，而 Z 由电极数目 n 和电极轴向间隔 p 决定。如果电极数目确定，则传感器的空间滤波效应主要由 A 决定。所以将灵敏度分布的最大值 $s_{\max}$ 和最小值 $s_{\min}$ 的差定义为传感器的有效灵敏度：

$$E = s_{\max} - s_{\min} = 2A \tag{3.39}$$

对应图 2.37 中不同流线的有效灵敏度如表 3.1 所示。表 3.2～表 3.4 分别列出了电极轴向长度、电极轴向间隔和电极张角对有效灵敏度的影响。可以看出，靠近矩阵式静电传感器中线性电极阵列区域的有效灵敏度较大，电极轴向长度、电极轴向间隔或者电极张角的增加都会导致有效灵敏度的增大，并且电极轴向长度对有效灵敏度的影响要大于电极轴向间隔和电极张角。

表 3.1　对应图 2.37 中不同流线的有效灵敏度

流线	a	b	c	d	e	f	g
有效灵敏度	0.0099	0.0454	0.1711	0.0586	0.2996	0.0119	0.0052

尽管较大的电极轴向长度会导致传感器的有效灵敏度增大，但其受到电极轴向间隔的限制。在实际测量中，为了提高信噪比通常采用差分形式的传感器结构，这将使传感器电极轴向间隔减半。另外为了防止电极之间的互相干扰，电极轴向

表 3.2　电极轴向长度对有效灵敏度的影响

电极轴向长度/mm	流线		
	a	d	e
2	0.0099	0.0586	0.2996
5	0.0159	0.1031	0.4570
8	0.0174	0.1157	0.5079

表 3.3　电极轴向间隔对有效灵敏度的影响

电极轴向间隔/mm	流线		
	a	d	e
14	0.0036	0.0322	0.2626
20	0.0099	0.0586	0.2996
26	0.0137	0.0694	0.3074

表 3.4　电极张角对有效灵敏度的影响

电极张角/(°)	流线		
	a	d	e
20	0.0063	0.0442	0.2379
30	0.0081	0.0559	0.2800
40	0.0099	0.0586	0.2996

间隔也不能太小。所以建议电极轴向长度和电极轴向间隔的比应小于 0.25。流线 e 上，当电极轴向间隔从 20mm 增加到 26mm 时，有效灵敏度从 0.2996 增加到 0.3074，变化已经非常小，进一步增加电极轴向间隔基本不会再影响有效灵敏度的大小，且在实际应用中，电极轴向间隔应尽可能小，故建议电极轴向间隔和管道外径的比不应超过 2。

2) 中心频率的频带宽度

当传感器电极的参数确定后，传感器的空间滤波特性主要受到传感器轴向灵敏区域长度的影响，即受到电极数目的影响。图 3.6 给出了不同电极数目下归一化的功率谱密度函数。可以看出：电极数目越大，功率谱密度函数的中心频率 $f_{z0}=1/p=50\ \text{m}^{-1}$ 处的带宽越窄。值得注意的是，在电极数目为 2 时中心频率有一个小的偏移，但是这个现象只在电极数目小于 4 时才会发生。

为了评估中心频率的谱宽度，定义了频带宽度 D：

$$D = B_{\text{half}} / f_{z0} = pB_{\text{half}} \tag{3.40}$$

式中，$f_{z0}=1/p$ 为传感器电极轴向间隔为 p 时的中心频率；B_{half} 为功率谱的半峰宽

度。根据式(3.37)和式(3.40)可以得出

$$D \approx 2.783/(n\pi) \tag{3.41}$$

可以看出，频带宽度和电极数目成反比。图 3.7 给出了频带宽度和电极数目的关系图。随着电极数目的增加，频带宽度在减小，这意味传感器的空间选择性在变强。由于频带宽度加大会限制传感器输出信号中心频率计算的精度，为了获得窄带功率谱特性，电极数目越大越好。但是当电极数目大于 10 时，D 的减小已经很缓慢，另外，较多的电极会导致传感器轴向长度较大，颗粒流动的不稳定性会导致传感器输出信号更加复杂，因此在设计传感器时要折中考虑这两个因素，建议电极数目为 5～10。

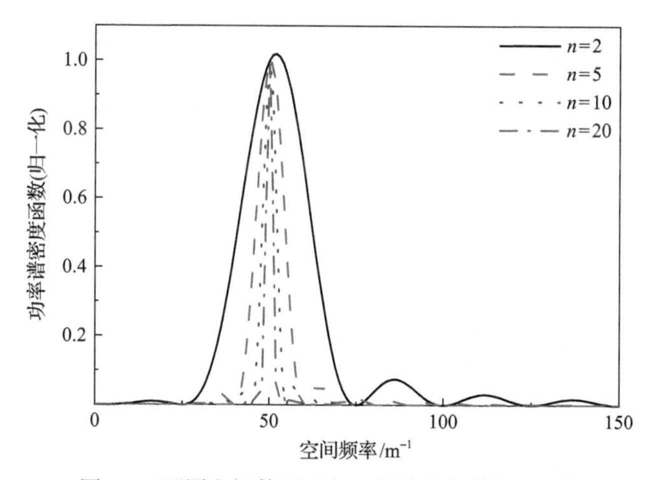

图 3.6　不同电极数目下归一化的功率谱密度函数

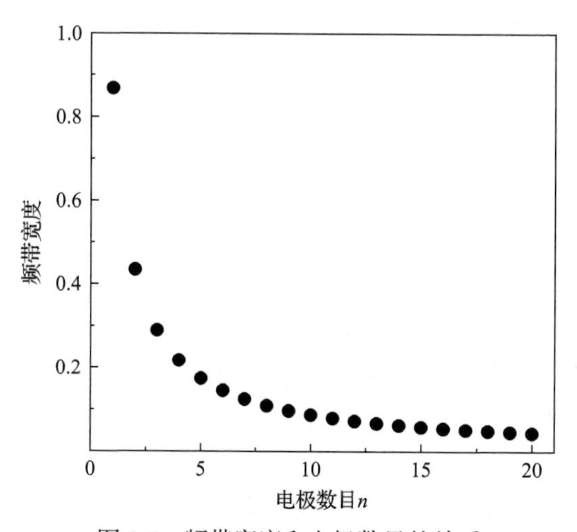

图 3.7　频带宽度和电极数目的关系

3. 空间滤波效应的单颗粒测量实验

本小节通过单颗粒在管道内自由下落实验来验证以上分析的正确性，单个颗粒从一定高度自由下落，垂直通过静电传感器。由于阵列式和矩阵式静电传感器的灵敏度特性和空间滤波效应有很大相似之处，这里采用以图 2.4 中结构参数设计的矩阵式静电传感器进行实验分析。在实验中很难保证颗粒沿管道中心通过传感器，所以这里只分析颗粒沿管道边壁位置通过传感器时的情况，但这并不影响对理论分析的验证。

当颗粒从高度 h 为 70cm 处自由落下通过传感器时，线性电极阵列 1、2 和 3 的输出信号和功率谱如图 3.8 所示。可以看出，由于颗粒沿管道边壁流过传感器，因此各线性电极阵列的输出信号幅值有很大差异，这表明每个线性电极阵列的灵敏场分布具有明显的不均匀性。但是它们具有同样的周期性，从功率谱可以看出线性电极阵列 1、2 和 3 具有相同的峰值频率 f_0=182Hz。电极轴向间隔 p 为 20mm，故可计算颗粒的速度为 $v=pf_0$=3.64m/s，这和颗粒自由落体速度 $\sqrt{2gh}$ =3.7m/s 一致。再者，线性电极阵列 1、2 和 3 输出信号的频带宽度分别为 0.17、0.19 和 0.18，和由式(3.41)计算得到的理论值 0.177 一致。

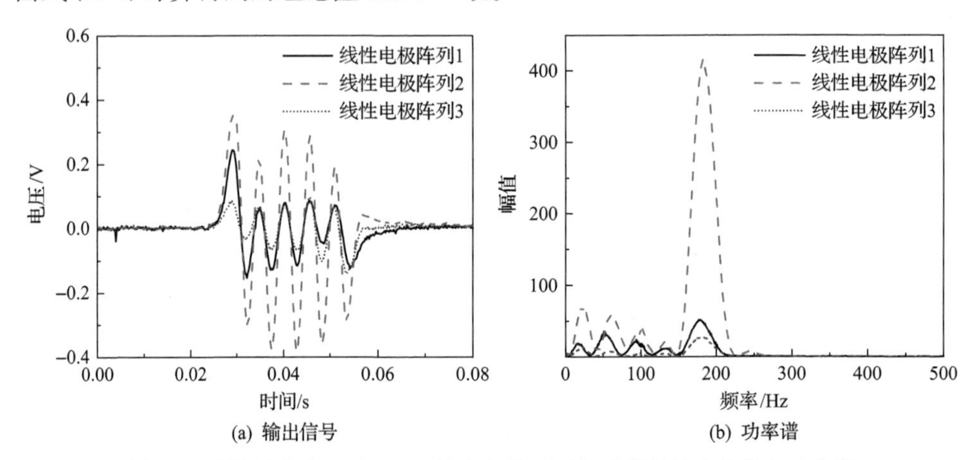

图 3.8　颗粒从高度 h 为 70cm 处自由落下时传感器的输出信号和功率谱

图 3.9 为电极轴向长度为 20mm 和 50mm 时线性电极阵列 2 的输出信号和功率谱，此时两个矩阵式静电传感器电极按照差分形式进行排列，以保证颗粒通过传感器时具有相同的状态。可以看出，电极轴向长度较大的信号的幅值也较大，但两信号的中心频率基本相同，分别为 183Hz 和 185Hz，信号的频带宽度也和理论值一致，分别为 0.180 和 0.189。

图 3.10 为不同下落高度下线性电极阵列 2 输出信号的功率谱，具体的计算参数比较见表 3.5。可以看出测量速度和自由落体速度一致，并且频带宽度和理论值

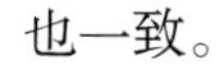
也一致。

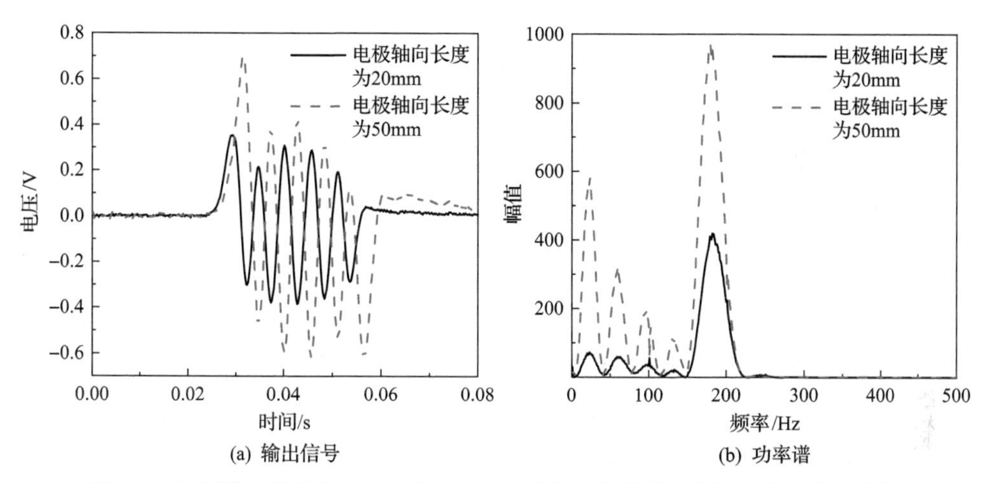

(a) 输出信号　　(b) 功率谱

图 3.9　电极轴向长度为 20mm 和 50mm 时线性电极阵列 2 的输出信号和功率谱

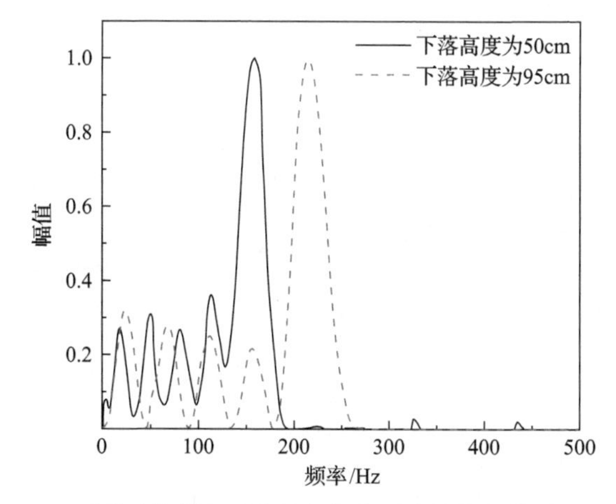

图 3.10　不同下落高度下线性电极阵列 2 的输出信号的功率谱

表 3.5　不同下落高度下计算参数比较

下落高度/cm	峰值频率/Hz	测量速度/(m/s)	自由落体速度/(m/s)	频带宽度
50	158	3.16	3.13	0.190
95	214	4.28	4.32	0.182

以上实验结果表明，传感器的输出信号的中心频率和颗粒速度成正比，并且信号的功率谱中心频率的频带宽度和理论值一致，验证了空间滤波理论的正确性。

4. 颗粒速度实验测量

在实际测量中，通常采用差分技术来提高信噪比，这里仍以矩阵式静电传感器为例进行介绍[11]。基于矩阵式静电传感器的差分测量技术是利用两个矩阵式静电传感器按照间距为 $p/2$ 的相对位置进行布置。由于两个矩阵式静电传感器的相对位置相差电极轴向间隔的一半，带电颗粒经过两个矩阵式静电传感器时，每组线性电极阵列上将产生相位差为 π 的两个输出信号。

1) 测量系统

矩阵式静电传感器空间滤波颗粒速度测量系统主要由检测电极、差分放大电路和基于计算机的数据采集与处理系统组成，如图 3.11 所示。差分放大电路布置在抗电磁屏蔽的金属盒内，输出信号通过数据采集器与计算机连接。差分放大电路的结构如图 3.12 所示。检测电极结构尺寸具体的设计参数为：电极沿管道圆周共分为 8 组，每组电极的数目为 10，电极轴向长度为 2mm，电极轴向间隔为 10mm，绝缘管道相对介电常数为 3.75，绝缘管道内径为 9.5mm，绝缘管道外径为 12.5mm，屏蔽罩内径为 20mm，每路采样频率为 5000Hz。

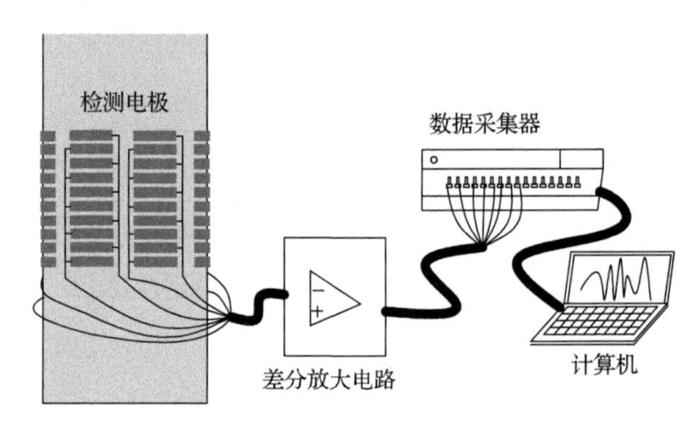

图 3.11　矩阵式静电传感器空间滤波颗粒速度测量系统

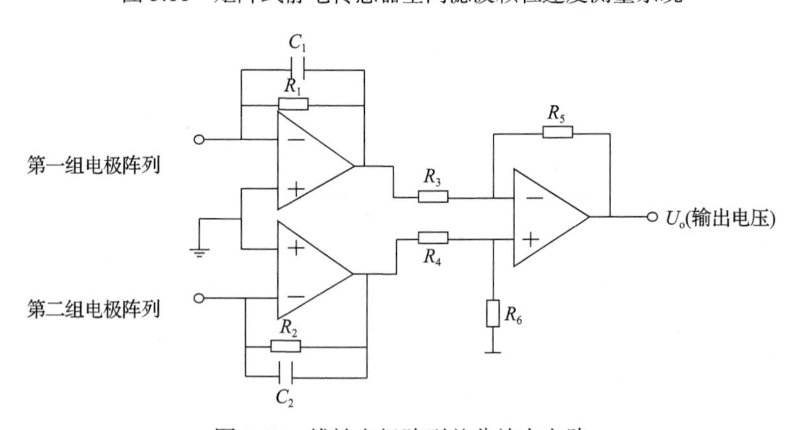

图 3.12　线性电极阵列差分放大电路

重力输送颗粒流实验用来评价测量系统的性能，如图 3.13 所示，重力输送颗粒流装置分为垂直管道和倾斜 45°管道两种情况。由于缺乏可靠的标定仪器，将颗粒从静止开始运动的位置到传感器中心的垂直高度所对应的自由落体速度作为滤波法速度测量的参考值。当管道垂直放置时颗粒相对于传感器位置的高度(h)及参考速度见表 3.6。当管道倾斜 45°角时，颗粒在管内流过的距离(d)及参考速度见表 3.7，重力输送实验中物料为玻璃珠和石英砂，物料特性参数见表 3.8。

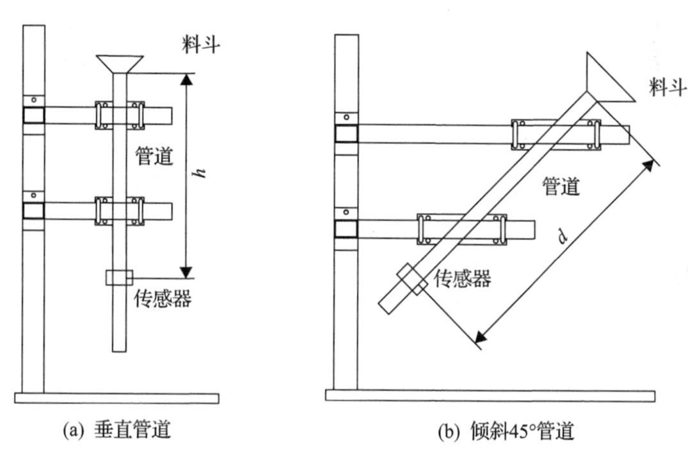

图 3.13　重力输送颗粒流装置

表 3.6　管道垂直安装时传感器位置高度及参考速度

h/m	0.25	0.75	1.25	1.75
参考速度/(m/s)	2.21	3.83	4.95	5.86

表 3.7　管道 45°安装时传感器安装位置及参考速度

d/m	0.50	1.0
参考速度/(m/s)	2.21	3.13

表 3.8　输送物料特性参数

材料	平均直径/mm	密度/(kg/m^3)	形状因子	电阻率/(Ω·m)
石英砂	0.53	2650	0.64	2.3×10^{12}
大玻璃珠	3	2760	1	3.5×10^{12}
小玻璃珠	1	2760	1	3.5×10^{12}

2) 实验结果

管道垂直布置时，颗粒在下落过程中分布于整个管道截面上。图 3.14 为小玻璃珠在垂直管道中距离传感器 25cm 自由下落时，矩阵式静电传感器输出的原始信号，图 3.15 为对应图 3.14 矩阵式静电传感器输出信号的频谱特性。可以看出各电极阵列输出信号在时域上幅值有较大差距，这主要是颗粒在管内流动时浓度分布不均匀造成的，所以其频谱也存在差异。单颗粒经过矩阵式静电传感器时，各线性电极阵列的输出信号应为正弦/余弦波，这主要是由矩阵式静电传感器空间分布的周期性决定的。但由图 3.14 可见，颗粒流经过矩阵式静电传感器时，矩阵式静电传感器的输出信号是一连串的幅度随机变化的包络信号，并且包络信号不是连续的，有时出现一个包络，有时没有出现包络，在出现的包络信号中，包络中所包含的信号的主要周期是一致的，这些主要依赖于颗粒荷电量、颗粒速度及浓度分布、各电极阵列的结构及其灵敏区域等。测量体中多颗粒的存在会引起相位噪声和振幅的随机脉动，它不一定能增加信号的强度，却可能导致振幅相抵消，影响信噪比。从图 3.14 可以看出，除了有振幅的抵消作用外，重叠部分的静电感应电荷信号波形相位也发生了随机变化，相位的随机起伏以颗粒速度脉动必然引起输出信号频率的随机起伏，这就是高频相位噪声。矩阵式静电传感器实际应用时，测量体内存在多个带电颗粒，各颗粒在测控区域中穿过时的位置又不相同，此外颗粒静电机理复杂，粉体荷电量的影响因素众多，如颗粒尺寸与形状、化学组分、表面状况、接触前荷电量、周围环境温度和湿度、系统运行条件，再加上气固流动的复杂性和随机性，所以矩阵式静电传感器的输出信号极为复杂。从图 3.15 可见，各线性电极阵列的输出信号均具有一个明显的窄带尖峰频率，但频带仍然较宽，将给颗粒速度测量带来较大的不确定性。矩阵式静电传感器输出信号的频带加宽主要来源于矩阵式静电传感器电极数目的有限性和管内颗粒的流动特性。此外，由于振动、流体脉动、干扰等的存在，矩阵式静电传感器输出信号中含有大量的噪声。为了有效地克服以上因素的影响，并提高速度测量精度和稳定性，可采用多项式拟合的方法，实现对频谱特性曲线趋势项的提取(见图 3.15 中的黑线)。

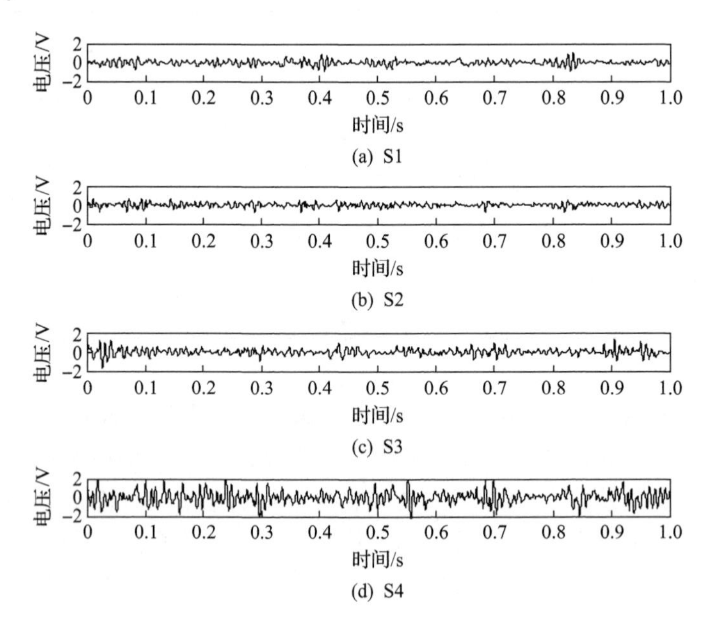

(a) S1

(b) S2

(c) S3

(d) S4

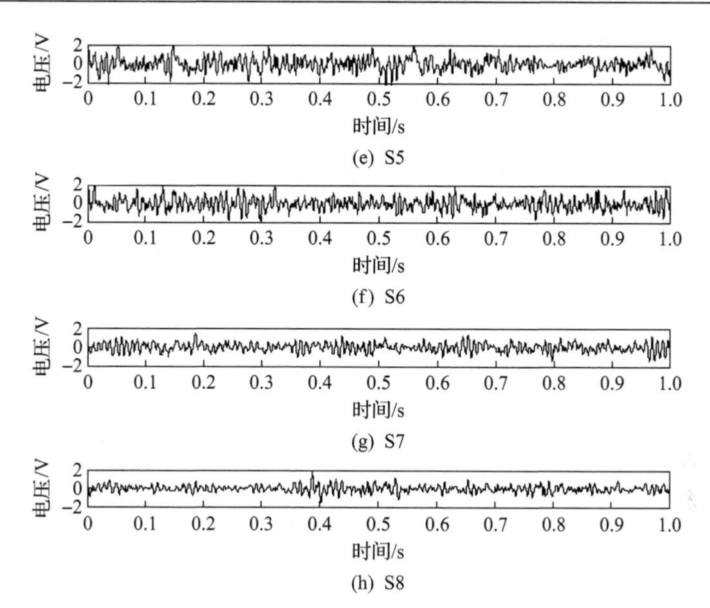

图 3.14　小玻璃珠在 25cm 高度自由下落时，矩阵式静电传感器输出的原始信号

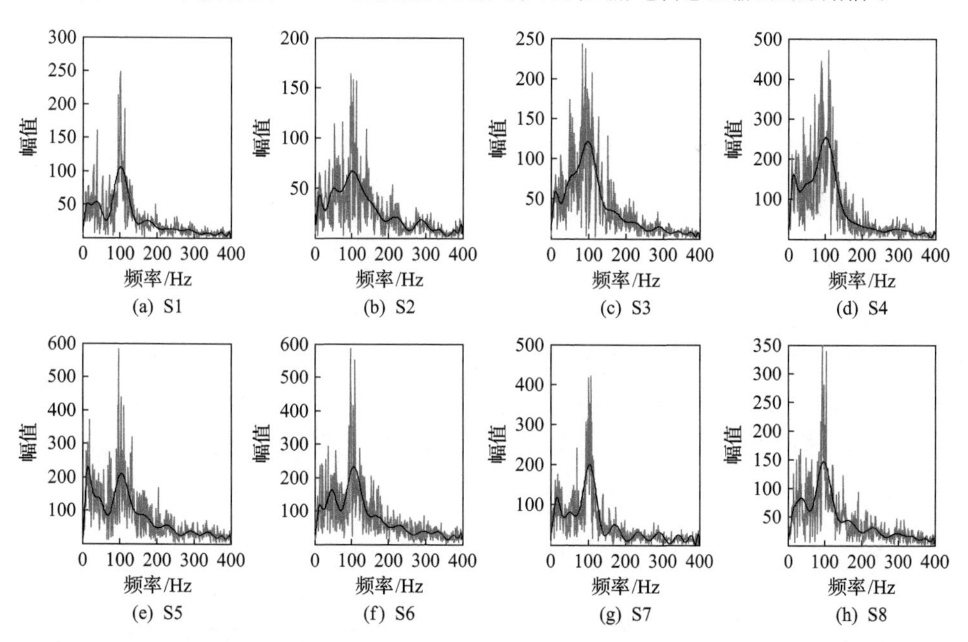

图 3.15　小玻璃珠在 25cm 高度自由下落时，矩阵式静电传感器输出信号的频谱特性

图 3.16 为小玻璃珠在垂直管道内不同高度下落时，传感器阵列 S1～S8 速度测量结果比较。可见，在同样高度下，各电极阵列 S1～S8 所测量的速度值一致性较好，并随着下落高度的增加，电极阵列的速度测量值增大。由于缺乏可靠的标定设备，滤波法速度测量精度无法确认，但在上述测试条件下，石英砂、大玻

璃珠和小玻璃珠的速度测量结果的相对标准偏差分别在 3.2%～9.3%、3.6%～9.8%和 2.5%～11.1%。测量系统的重复性较线性环状阵列要低，这主要是由于弧状电极较环状电极而言要小很多，传感器灵敏度下降，因此实际设计差分放大电路时，需尽量降低噪声的干扰。此外，矩阵式静电传感器测量的是管道内的局部颗粒速度，气固流动的局部不稳定性也是重复性变差的一个主要原因。因此，矩阵式静电传感器速度测量结果的相对标准偏差要小于 11%。

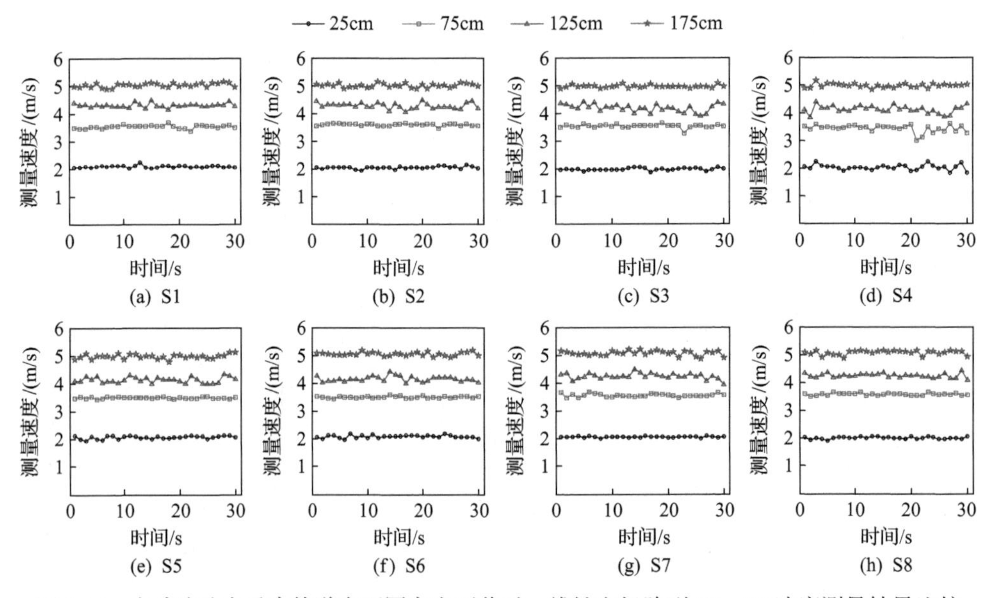

图 3.16　小玻璃珠在垂直管道内不同高度下落时，线性电极阵列 S1～S8 速度测量结果比较

图 3.17 为不同物料在垂直管道内自由下落时空间滤波法测量速度与自由落体速度的比较。由于流动阻力以及颗粒之间和颗粒与管壁之间的碰撞等作用，因此颗粒速度降低，从而矩阵式静电传感器空间滤波法获得的颗粒测量速度应该低于颗粒自由落体速度，并且随着下落高度的不断增加，颗粒受到的阻力增加，因此

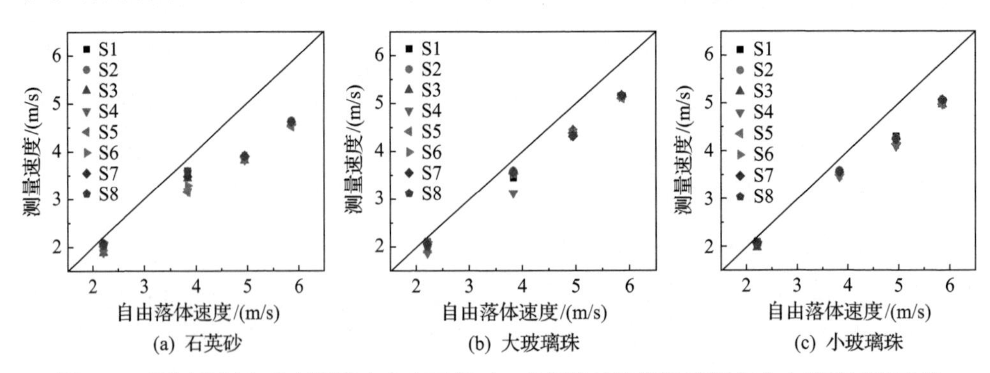

图 3.17　不同物料在垂直管道内自由下落时，空间滤波法测量速度与自由落体速度比较

颗粒下落速度与自由落体速度的差值增大，这均与图示结果相一致。显然，空间滤波法测得的速度接近于颗粒流动实际速度。

管道呈 45°布置时，可以控制颗粒沿着管道内侧的边壁区域流动，实验中颗粒控制在 S1 和 S8 的敏感空间内。图 3.18 为绝缘管道倾斜 45°时小玻璃珠从距离传感器 50cm 处落下时，传感器的输出信号。可以看出：由于颗粒分布的不均匀性，电极阵列 S1～S8 的输出信号有较大差异，距离颗粒流较近的电极阵列的输出信号是高密度波信号，而距离电极信号较远的电极阵列输出信号属于低密度波信号，且前者的信号强度比后者要高得多。这主要是由颗粒的分布不均以及各线性电极阵列的敏感区域不同而引起的。线性电极阵列对于其敏感区域内的静电荷的灵敏度较高，输出信号能够反映敏感区域内的静电情况，而对于其敏感区域以外的静电荷的灵敏度却很低，但是当静电信号足够强时在传感器上也可输出一定强度的信号，从而出现了图 3.18 中所示的周期信号的低密度情况。图 3.19 为对应图 3.18 矩阵式静电传感器输出信号的频谱特性(灰线为通过多项式拟合得到的趋势项)。从图 3.19 中可以看出：对于 S1 和 S8，由传感器结构决定的主要频率信号所占的能量比重较大，而对于 S2 和 S7，由于敏感区域的交叉性，主要频率也可以较为明显地表现出来。但是对于其他电极阵列，由于颗粒不在其敏感区域内流动，速度信号与噪声的能量在同一水平上，在图中已无法分辨。在不同的下落距离和不同的材料(大玻璃珠和石英砂)下，均观测到了一致的实验结果。因此，矩阵式静电传感器中每一个线性电极阵列都具有局部敏感区域，可实现颗粒局部速度测量。

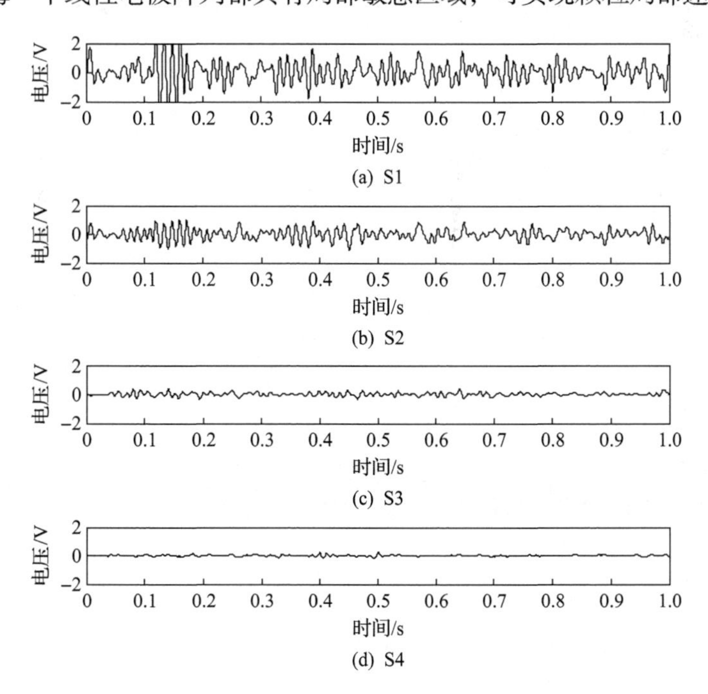

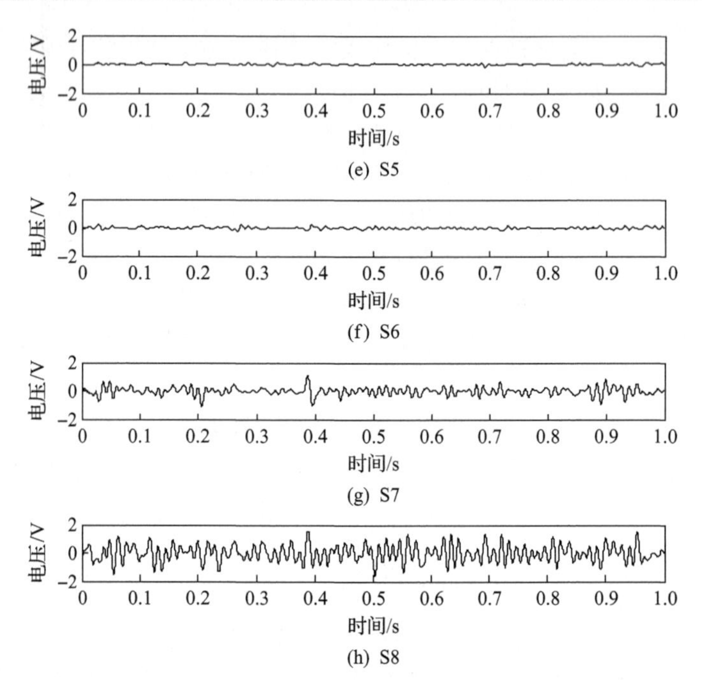

图 3.18　管道倾斜 45°时小玻璃珠从距离传感器 50cm 处落下时，传感器的输出信号

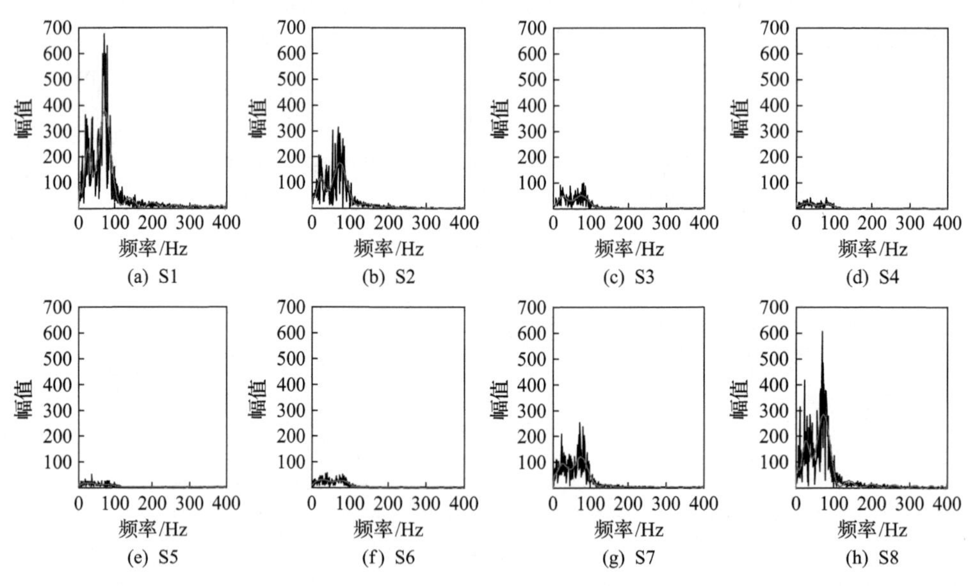

图 3.19　管道倾斜 45°时小玻璃珠从距离传感器 50cm 处落下时，传感器输出信号的频谱特性

5. 自相关算法

对于基于静电感应原理结合空间滤波法提出的颗粒速度静电空间滤波测量方

法，前面已从理论和实验两方面论证了使用功率谱信号分析方法对于气固两相流速度测量的可行性。然而由于颗粒静电信号的复杂性和随机性，直接对实际获得的静电信号进行谱分析很难直接获得速度信号频率，仍需借助其他数据处理手段进行趋势项提取，如多项式拟合、小波分析等，进而确定峰值频率并计算颗粒速度，但是分析耗时、算法较为复杂，对于离线分析或者基于计算机的在线测量是可以接受的，但是如果要设计用于工业现场的嵌入式连续在线测量系统，由于嵌入式系统采用的数据处理芯片的性能远不及计算机，进行复杂的数据计算耗时过大，因此测量系统的动态响应能力将会下降，不利于颗粒速度的在线连续测量。

自相关分析是一种时域分析方法，具有高抗噪性能，且不需要任何关于信号与噪声的谱分布和概率分布的先验知识。第 2 章基于有限元法对阵列式和矩阵式静电传感器的灵敏度特性进行了数值模拟，并根据模拟结果采用余弦函数对灵敏度函数进行了拟合，如果忽略传感器边缘效应的影响，可得到管道内固定流线(r, θ)上的灵敏度函数均可用式(3.34)表示。数值模拟方法实际得到的是电极上的感应电荷信号，且是静态情况下得到的，而在实际测量时一般都是配接相应的接口电路将电荷信号提取出来，基于电荷转移形成电流这一基本原理，若忽略传感器的电荷泄漏，那么传感器输出到接口电路的信号实际是电流信号，即传感器输出的应是电荷信号的微分形式，即式(3.35)。在将电流转换为电压信号进行处理时，其本质就是将电流信号放大了一定的倍数，因此在进行理论分析时只需对电流信号进行分析即可[12]。

电流信号的自相关函数可表示为

$$\begin{aligned} R(\tau_z) &= \int_{-\infty}^{\infty} s_{\mathrm{d}}(z)\cdot s_{\mathrm{d}}(z-\tau_z)\mathrm{d}z \\ &= \int_{-Z/2}^{Z/2}\left[-2\pi/p\cdot A\sin(2\pi\cdot z/p)\right]\cdot\left[-2\pi/p\cdot A\sin(2\pi\cdot(z-\tau_z)/p)\right] \end{aligned} \tag{3.42}$$

式中，τ_z为平移距离。

自相关函数必是偶函数，因此只需讨论$\tau_z \geqslant 0$的情况，即只需讨论$0 \leqslant \tau_z \leqslant Z/2$的自相关函数，又因为$Z=n\cdot p$，根据式(3.42)可求得$0 \leqslant z \leqslant Z/2$时的$R(\tau_z)$：

$$R(\tau_z) = \frac{(\pi A)^2}{2p^2}\left[4(p-\tau_z)\cos\left(\frac{2\pi}{p}\tau_z\right) + \frac{p}{\pi}\sin\left(\frac{2\pi}{p}\tau_z\right) + \frac{p}{\pi}\sin\left(\frac{6\pi}{p}\tau_z\right)\right] \tag{3.43}$$

图 3.20 为电极数目为 5 时灵敏度函数的自相关谱线。可以看出，在 0、p、$2p$、$3p$ 时，自相关函数均取得极大值，且在 0 点处极值最大，向两侧逐渐衰减，这主要是传感器电极数目有限引起的，但值得注意的是两相邻极值点横坐标之间均相差 p。颗粒运动时，有

$$v = p/\tau_{\mathrm{m}} \tag{3.44}$$

式中，τ_{m}为颗粒以速度 v 经过距离 p 所需的时间；p 由传感器尺寸决定。从静电传感器输出信号的自相关谱线中读出渡越时间 τ_{m}，即可进一步计算出颗粒速度。

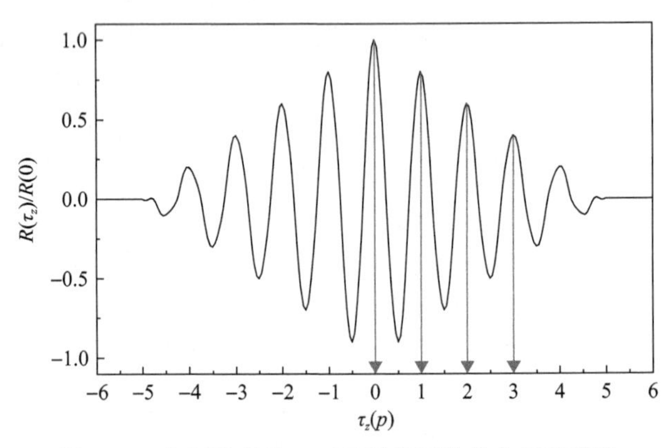

图 3.20　电极数目为 5 时灵敏度函数的自相关谱线

在重力输送实验装置上，管道内径为 32mm、外径为 40mm，静电传感器电极轴向长度为 2mm，电极轴向间隔 p 为 20mm，电极数目为 5，采样频率为 20kHz。当单颗粒从距离传感器中心为 0.65m 垂直下落时，其静电信号如图 3.21 所示。可以看出，信号呈周期性变化，且表现出 5 个峰值，这是由传感器电极数目决定的。但是第一个和最后一个峰值却与其他相差较大，这主要是由电极数目的有限性决定的，在带电颗粒即将进入和离开传感器敏感空间时，传感器上的感应电荷并不是按照近似余弦曲线逐渐减小到零，这种边缘效应在实际中无法避免，模拟中为了简化模型并使用余弦函数进行曲线拟合而忽略了这一变化过程，直接假设在传感器敏感空间范围($-Z/2<z<Z/2$)之外的空间内电极上的感应电荷为零。尽管如此，通过自相关分析仍然可以得到类似于图 3.20 所示的自相关谱线(图 3.22)，虽然极值点幅值衰减程度要比图 3.20 中高得多，但其极大值点 $P_0(0, 1)$、$P_1(0.00565, 0.32424)$、$P_2(0.0115, 0.16974)$、$P_3(0.0173, 0.1356)$仍然可以清晰地辨别出来，这样通过其横坐标的值可以确定渡越时间并进一步获得颗粒通过的速度。但是值得注意的是，传感器轴向敏感空间长度为 $n\cdot p$=10cm，颗粒在这一过程中加速运动，这样势必引起速度测量误差，可采用式(3.45)求渡越时间以减小测量误差：

$$\tau_{\mathrm{m}} = \frac{1}{3}\left(\tau_{P_0P_1} + \frac{1}{2}\tau_{P_0P_2} + \frac{1}{3}\tau_{P_0P_3}\right) \tag{3.45}$$

式中，$\tau_{P_0P_i}$ 为第 i 个极值点与零点之间的时间差。通过式(3.45)可确定渡越时间为

0.005722s，由 p=20mm 可求得颗粒速度为 3.495m/s。取重力加速度 g=9.8m/s^2，则颗粒下落 0.65m 对应的自由落体速度为 3.569m/s，略高于测量值，但这并不影响测量值的正确性。

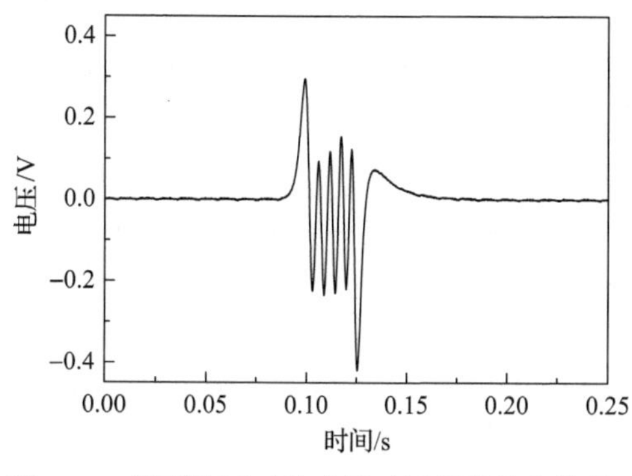

图 3.21　单颗粒通过传感器时测得的静电信号

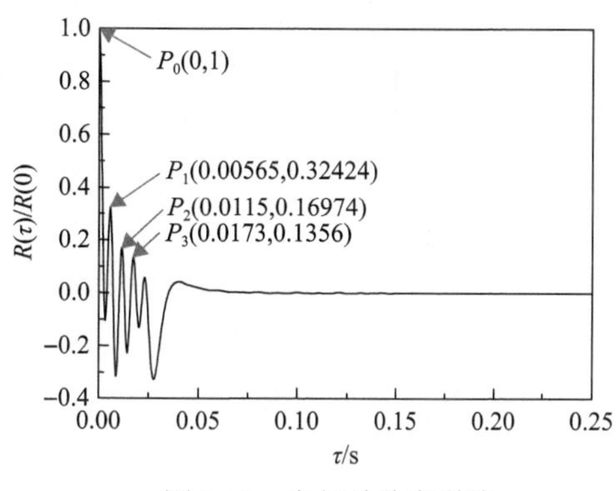

图 3.22　自相关分布谱线

3.3　静电法气固两相流质量流量检测

粉体颗粒静电化过程复杂，带电量的大小和符号不仅与颗粒本身的属性有关，而且与管道的材料和布置、颗粒在管道中的输送条件等有关，因此静电传感器给出的仅仅是颗粒流量的相对值，定量建立颗粒质量流量、浓度与颗粒静电量之间的机理模型尚需深入的理论与实验研究。另外，流型变化是影响静电传感器应用的一个重要因素，如果预先知道或者能够实时检测流动形式，将流动形态考虑到测量仪表中，将大大提高多相流流量计的精度和扩大应用场合。近些年发展起来的软测量技术为复杂工业过程中难以用传统仪表直接测量的参数提供了一种有效的解决方法。软测量技术也是未来多相流测试领域的一个重要发展方向。这里介绍一种基于模糊规则的多模型颗粒质量流量测量软模型[13]。首先，应用静电传感器采集大量数据，经预处理后，提取信号特征，利用模糊聚类将特征数据划分为 c 类，对每一类数据选择泛化能力较好的径向基函数(radial basis function，RBF)神经网络进行拟合，再通过模糊原则将各子模型综合给出整个模型的输出。实质上，特征数据的聚类体现了流型对传感器输出的影响，因此该模型在给出颗粒质量流量绝对值的同时，也有效地将流型的影响融合到软测量模型中，提高了测量精度。

3.3.1　静电传感器输出信号特征提取

带电颗粒形成的“静电流噪声”含有丰富的流动参数信息，但由于影响颗粒静电的因素较多，气固两相管道截面上的颗粒浓度和速度分布不均匀，再加上静电传感器的非线性，单纯地通过静电传感器输出信号的有效值尚不能获得颗粒质量流量绝对测量值，只能给出相对指示值，因此仪表的传统数据处理方法已不能满足多相流测试的需求。实际采集的静电信号随机性很大，难以直接获得颗粒的流量信息。现代信号分析处理方法和智能自动化技术正在全面渗入仪器仪表工业，为仪器仪表的数据分析与处理提供了崭新的方法[11]，同时也为多相流流量计信号分析提供了借鉴，可以对静电传感器输出信号在时域和频域内提取一系列特征参数，建立一种软测量模型，实现颗粒质量流量的绝对测量。

在时域和频域内对静电传感器输出信号共提取了 8 个特征量。时域内静电传感器输出信号的统计特征包括：均方根、均值、标准差、偏度系数、峰度及一个测量周期内整流值的均值。

均方根(RMS)是指在一个数据采集周期内的等效电压值，其数学表达式为

$$\text{RMS}=\sqrt{\frac{1}{N-1}\sum_{i=1}^{N}x_i^2} \tag{3.46}$$

式中，x_i 为采集的离散数据点；N 为数据点的个数。

均值 $\overline{x}$ 反映了波动信号中的直流成分。对于静电感应法，原则上直流成分是不存在的，但气固两相流动过程中，颗粒不仅在轴向上运动，而且在径向上也会产生运动，甚至有回流现象。此外，颗粒在经过静电传感器时，速度可能发生改变，这些都将导致输出信号变化，因此静电传感器输出信号并非一个均值为零的交流信号，其直流成分也反映了颗粒的流动特性。直流成分用 $\overline{x}$ 表示：

$$\overline{x}=\frac{1}{N-1}\sum_{i=1}^{N}x_i \tag{3.47}$$

标准差(S)反映了测量数据的离散程度：

$$S=\sqrt{\frac{1}{N-1}\sum_{i=1}^{N}\left(x_i-\overline{x}\right)^2} \tag{3.48}$$

偏度系数(S_s)反映了以均值为中心的数据分布的不对称程度。如果偏度系数为负，说明左侧的数据较右侧数据分散；反之，则右侧数据较左侧数据分散。

$$S_\text{s}=\frac{1}{N-1}\sum_{i=1}^{N}\left(x_i-\overline{x}\right)^3 \Big/ S^3 \tag{3.49}$$

峰度(S_k)表示与正态分布相比，数据分布的尖锐度或平坦度。

$$S_{\mathrm{k}}=\frac{1}{N-1}\sum_{i=1}^{N}\left(x_i-\overline{x}\right)^4\Big/S^4-3 \tag{3.50}$$

输出信号整流值的均值$|x|$可表示为

$$|x|=\frac{1}{N-1}\sum_{i=1}^{N}|x_i| \tag{3.51}$$

为了表征信号的功率谱密度函数分布特征，在频域内提取了熵和形状因子。信号的概率密度函数(d_j)定义为

$$d_j=\frac{p_j}{\sum_{j=1}^{J}p_j} \tag{3.52}$$

式中，p_j为对应第j个离散频率的功率密度；J为功率谱分析中获得的离散频率点总数。信息熵(E)表示功率谱密度分布测度：

$$E=-\sum_{j=1}^{J}d_j\log_2 d_j \tag{3.53}$$

功率谱形状因子(SF)定义如下：

$$\mathrm{SF}=\frac{1}{\overline{p}}\sqrt{\frac{1}{J-1}\sum_{j=1}^{J}(p_j-\overline{p})^2} \tag{3.54}$$

式中，$\overline{p}$为功率谱的平均值：

$$\overline{p}=\frac{1}{J-1}\sum_{j=1}^{J}p_j \tag{3.55}$$

基于不同的信息处理技术，如信息熵、混沌、分形理论及小波分析等，提取的信号特征是不同的，因此对于一个信号的表征也是多种多样的。选取信号特征的原则就是能够反映两相流动特性，对流动参数的变化敏感，所以实际应用时，应根据实验数据恰当地提取信号特征。

3.3.2　基于模糊规则的多模型颗粒流量软测量模型

1. 模型的定义

气固两相流动过程中呈现出的不同流型是影响两相流参数准确测量的一个重要因素。这是因为大多数多相流流量计都存在灵敏度分布不均匀问题，这样即使

浓度相同，但在灵敏区内颗粒的分布不同，传感器的输出会有很大变化，静电传感器也是如此。因此，对于多相流流量计，研究流动过程流型的变化及流型在线识别并将其引入流量计中对模型进行在线修正，可减少流型和传感器非线性传感机理对测量结果的影响，提高多相流流量计的测量精度。考虑到在静电传感器空间灵敏场内，不同的颗粒分布对应的传感器输出信号不同，因此传感器的输出信号中必然含有颗粒空间分布的信息。为此，本节提出一种新的解决方案，即提取静电传感器输出信号的特征信息，考虑数据之间的联系和差异，建立不同聚类中心的软测量模型，以局部简单的线性或非线性模型，通过模糊推理实现整个系统的非线性建模，进而减小甚至消除流型对测量结果的影响。

基于模糊规则的多模型软测量模型定义：可以认为模型是一个多输入单输出的非线性系统，软测量模型结构见图 3.23。若系统的输出(即颗粒流量)为 y，模糊规则的输入向量为静电传感器输出信号的特征向量 x=[RMS $\overline{x}$ S S_s S_k $|x|$ E SF]，则非线性系统可用如下 c 条模糊规则的集合表示：

$$\text{如果 } x \in (q_i), \text{则} y_i = f_i(x), \quad i = 1,2,\cdots,c \tag{3.56}$$

式中，(q_i)为第 i 个局部数据输入区域，q_i为其聚类数据中心；c 为模糊规则数，即整个输入向量空间所划分的局部输入区域数；y_i 为第 i 条规则对应的输出；$f_i(x)$为对应的局部输出子模型。

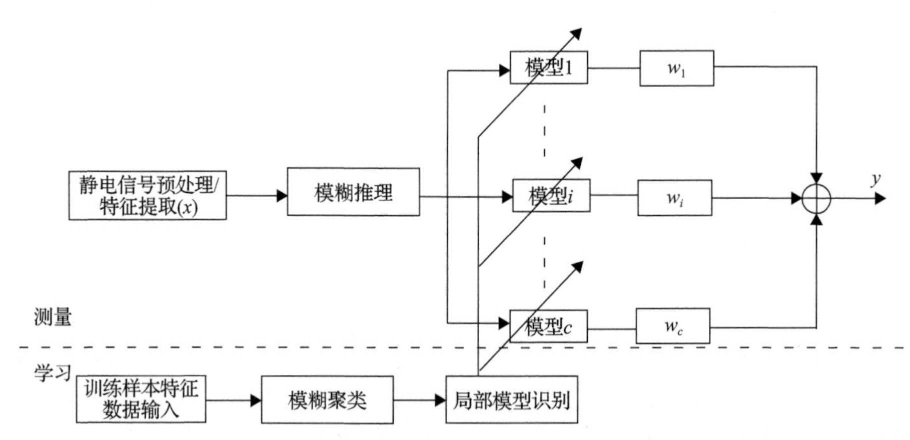

图 3.23　基于模糊规则的多模型软测量模型结构

基于模糊推理的整个非线性模型输出为

$$y = \frac{\sum_{i=1}^{c} w_i y_i}{\sum_{i=1}^{c} w_i} \tag{3.57}$$

式中，c 为模型总数；w_i 为输入 x 属于第 i 个模型的程度，可由高斯函数计算：

$$w_i = \exp\left[-\frac{(x-q_i)^{\mathrm{T}}(x-q_i)}{S_i^2}\right] \tag{3.58}$$

其中，S_i 为高斯函数的宽度。

2. 模型参数辨识

模型参数辨识就是根据一组输入输出的训练数据来确定模型中的参数，即各局部数据输入区域的中心 q_i、高斯函数的宽度 S_i 及局部输出子模型 $f_i(x)$。

1) 局部数据输入区域辨识

局部数据输入区域的辨识就是按照样本相似性准则将整个样本空间的输入数据划分到各个局部输入区域。聚类方法有多种，如 C-均值聚类、迭代自组织分析聚类等，这些传统的聚类分析是一种硬划分，它把每个待辨识的对象严格地划分到某个类中，具有非此即彼的性质。但对于气固两相流动过程，不同流动状态之间的界限是很难明确划分的，而且状态之间互相重叠，因此采用模糊聚类可更有效地刻画流动状态。采用模糊 C-均值聚类法(fuzzy C-means algorithm，FCM)[14]，静电传感器输出 m 组待聚类信号特征样本，可用如下集合表示：

$$X = \{x_1, x_2, \cdots, x_m\} \tag{3.59}$$

集合中每个样本点 x_j 用含有 8 个信号特征值的向量表示：

$$x_j = \begin{bmatrix} \mathrm{RMS}_j & \overline{x}_j & s_j\,(S_{\mathrm{s}})_j & (S_{\mathrm{k}})_j & |x|_j & E_j & \mathrm{SF}_j \end{bmatrix}, \quad j = 1, 2, \cdots, m \tag{3.60}$$

FCM 根据指定的聚类数 c，以样本与聚类中心的距离为目标函数计算隶属度实现对数据的分类，通常采用迭代算法近似地获得目标函数的最优值，进而获得最优的聚类中心 $Q=[q_1, q_2,\cdots, q_c]$ 和隶属度矩阵 $U=[u_{ij}]$，$i=1,\cdots, c$，$j=1,\cdots,m$，u_{ij} 表示样本集合中的元素 x_j 属于第 i 个聚类的程度。计算出 Q 和 U 后，不同聚类中心 q_i 中的数据按最大隶属原则进行确定。

S_i 可采用最邻域启发算法确定[15]：

$$S_i = \left[\frac{1}{L}\sum_{l=1}^{L}(p_l - q_1)^{\mathrm{T}}(p_l - q_1)\right]^{1/2} \tag{3.61}$$

式中，$p_l\,(l=1,2,\cdots,L)$ 为第 i 个聚类中的元素；L 为第 i 个聚类中样本的个数。

2）基于改进 RBF 神经网络的局部非线性模型辨识

静电传感器输出信号的特征集与流量间并不存在确定的函数关系，信号集与质量流量之间是一个复杂的非线性映射，这决定了基于静电传感技术的流量测量的难度和复杂性。人工神经网络为描述这种映射关系提供了有效的工具。它通过对各种标准信号的处理和标准样本的学习，将处理和学习过程以权值和阈值模式集中存储和记忆在网络中，这样就可以通过网络的联想能力实现从信号特征空间到质量流量的非线性映射，从而实现颗粒质量流量测量。RBF 神经网络是以函数逼近理论为基础而构造的一类前向网络，这类网络的学习等价于在多维空间中寻找训练数据的最佳拟合平面。可将 RBF 神经网络作为局部子模型的预估模型，见图 3.24。输入层共有 8 个特征输入量，输出层为颗粒的质量流量。隐含层包含一系列径向基函数，输出层采用线性函数。

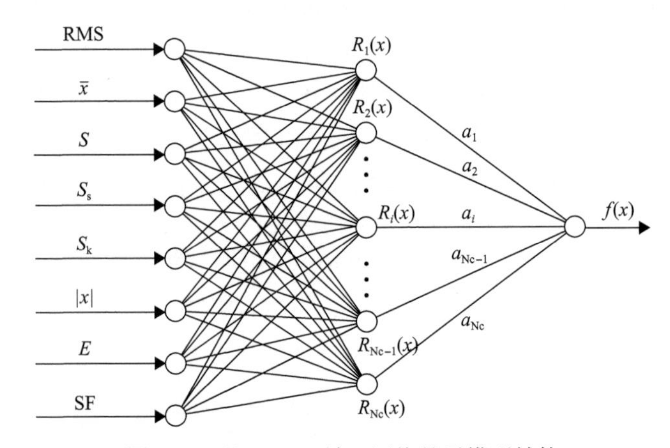

图 3.24　基于 RBF 神经网络的子模型结构

选用高斯函数作为径向基函数：

$$R_r(x)=\exp\left[-\frac{\|x-c_r\|^2}{2\sigma_r^2}\right] \tag{3.62}$$

式中，x 为 8 维输入向量；c_r 为第 r 个基函数的中心，是与 x 具有相同维数的向量；σ_r 为第 r 个基函数的宽度。输入层实现从 $x\rightarrow R_r(x)$ 的非线性映射，输出层实现从 $R_r(x)\rightarrow f(x)$ 的线性映射，即

$$f(x)=\sum_{r=1}^{\mathrm{Nc}}a_r R_r(x)+a_0 \tag{3.63}$$

式中，$f(x)$ 为输出层的输出；a_r 为第 r 个隐含层单元到输出层单元的连接权；a_0 为输出层单元的阈值；Nc 为隐含层节点的个数。

RBF 神经网络的学习过程分为两个阶段。第一阶段，根据各局部区域训练样本利用减聚类学习算法[14]确定隐含层神经元数目 Nc、径向基函数的中心值 c_r 以及径向基函数宽度 σ_r；第二阶段，隐含层参数确定后，输出层的连接权 a_r 可由训练样本，通过有监督的误差校正学习算法确定。

3.3.3　颗粒流量测量实验研究

实验工作是在东南大学的干煤粉高压密相气力输送实验台上进行的，实验系统如图 3.25 所示。系统工作原理如图 3.26 所示：首先输送气体 8 进入缓冲罐 7，使缓冲罐压力维持在 4MPa 左右，之后气体分别向系统提供充压风 4、流化风 5 和补充风 6。料罐 3 底部通入流化风使物料流化，在出口通入补充风以增强输送能力，而在顶部通入充压风可维持料罐内的压力恒定。一个料罐里的物料离开后即进入输送管道，最终被带回另一个料罐，即完成了物料的气力输送过程。不锈钢输送管的内径为 10mm，粉体物料为煤粉。

图 3.25　高压密相气力输送实验系统图

通过改变系统的总输送风量、系统的运行压力、系统压差以及流化风及充压风和补充风的配比等运行条件，对粉体颗粒的静电特性进行了实验研究，煤粉颗粒特性见表 3.9。实验中，颗粒浓度范围在 6.72%～33.04%，质量流量为 83.21～200.63g/s，共采集了 200 组颗粒流静电感应信号并记录下相应的颗粒质量流量。质量流量采用称重法确定。采集的信号经降噪、滤波、平滑以及提取特征值后，随机选取其中的 160 组用于模型训练，剩余 40 组用于模型泛化检验。

表 3.9　煤粉颗粒特性

输送材料	颗粒尺寸 d_s/μm	密度 ρ_s/(kg/m^3)	形状系数
煤粉	39.22	1350	0.63

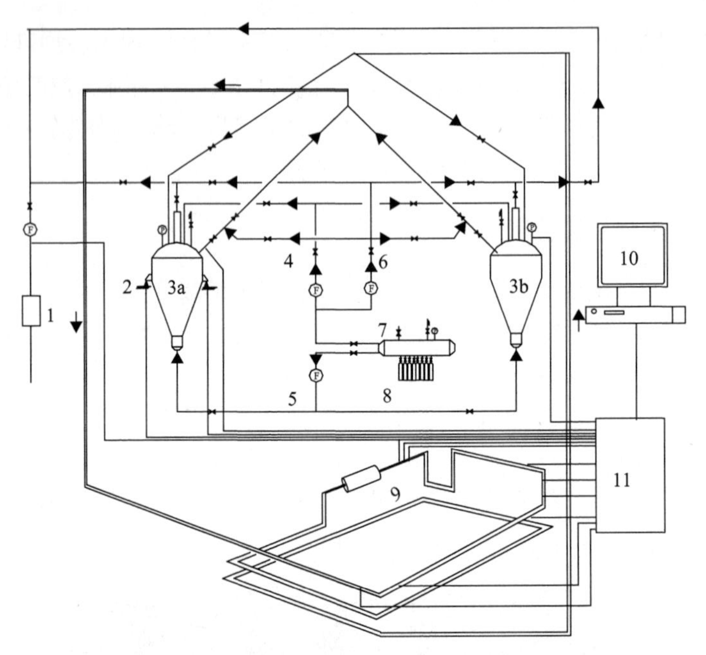

1-电动调节阀；2-质量传感器；3a,3b-料罐；4-充压风；5-流化风；6-补充风；
7-缓冲罐；8-高压气瓶；9-测试段；10-计算机；11-数据采集系统

图 3.26　高压密相气力输送实验系统工作原理图

实际应用模糊 C-均值算法进行聚类时，聚类个数 c 的确定是非常重要的。从辨识精度的角度，定义如下性能指标，以确定最佳聚类个数 c：

$$P_{\mathrm{er}}=\sqrt{\frac{1}{200}\sum_{l=1}^{150}\left(y(l)-y_{\mathrm{m}}(l)\right)^{2}} \tag{3.64}$$

式中，$y(l)$ 为第 l 组实测质量流量值；$y_{\mathrm{m}}(l)$ 为第 l 组模型输出值。经计算发现：当局部输入区域取 4 时，模型的辨识精度较高。值得注意的是，聚类个数 c 增多，模型精度不一定增高，一个主要原因是总的训练样本数一定时，c 增大将导致局部子模型训练样本数的减小，进而局部模型辨识精度变差。聚类数 c 取 4 时，相应的局部聚类中心分别为

$$q_1=[0.3011\ 0.2390\ -0.0162\ 0.3007\ 0.2638\ 3.768\ 3.8591\ 3.4066]^{\mathrm{T}}$$
$$q_2=[0.4966\ 0.3963\ -0.0028\ 0.4966\ 0.2107\ 3.009\ 4.0525\ 3.0529]^{\mathrm{T}}$$
$$q_3=[0.3973\ 0.3171\ 0.0015\ 0.3973\ 0.1061\ 3.0610\ 3.9676\ 3.1861]^{\mathrm{T}}$$
$$q_4=[0.7672\ 0.6001\ 0.0243\ 0.7668\ 0.3390\ 3.4859\ 4.1960\ 2.8097]^{\mathrm{T}}$$

其中，以 q_1 为中心的局部输入区域有 37 个样本，以 q_2 为中心的局部输入区

域有 45 个样本，以 q_3 为中心的局部输入区域有 51 个样本，以 q_4 为中心的局部输入区域有 27 个样本。在各局部输入区域内，利用 RBF 神经网络进行子模型辨识，再利用模糊规则进行综合，可获得颗粒流量的预测值。图 3.27 是子模型的流量预测值与测量值的比较。最终的计算结果中仅有 3 组相对误差在 15%以上，但小于 20%，证明了该软测量模型具有较好的预测效果。

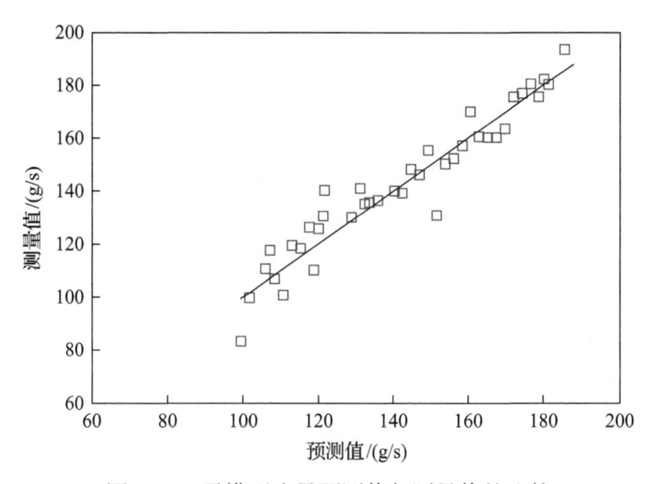

图 3.27　子模型流量预测值与测量值的比较

3.4 本章小结

本章主要介绍了基于静电法的气固两相流检测方法。首先介绍了静电互相关气固两相流速度检测基本原理，并对速度测量结果影响因素进行了分析；然后阐述了基于圆环状、阵列式、矩阵式静电传感器的空间滤波气固两相流颗粒速度测量方法，阐述了其空间滤波特性、信号处理方法、实验验证等内容；最后对基于静电信号的气固两相流质量流量检测方法进行了介绍，着重描述了基于模糊规则的多模型颗粒流量软测量模型以及在干煤粉高压密相气力输送实验台上的颗粒流量测量结果。

参考文献

[1] Yan Y, Byrne B, Woodhead S, et al. Velocity measurement of pneumatically conveyed solids using electrodynamic sensors. Measurement Science and Technology, 1995, 6(5): 515-537.

[2] Zhang W B, Wang C, Wang Y L. Parameter selection in cross-correlation-based velocimetry using circular electrostatic sensors. IEEE Transactions on Instrumentation and Measurement, 2010, 59(5): 1268-1275.

[3] Li J, Xu C L, Wang S M. Velocity characterization of dense phase pneumatically conveyed solid particles in horizontal pipeline through an integrated electrostatic sensor. International Journal of Multiphase Flow, 2015, 76:

198-211.

[4] 李良, 王朝, 张文彪, 等. 气固两相流静电相关测速参数选取方法. 化工学报, 2009, 60(3): 615-618.

[5] 徐苓安. 相关流量测量技术. 天津: 天津大学出版社, 1988.

[6] 李海青, 黄志尧. 特种检测技术与应用. 杭州: 浙江大学出版社, 2000.

[7] 许传龙. 气固两相流颗粒荷电及流动参数检测方法研究. 南京: 东南大学, 2006.

[8] Xu C L, Tang G H, Zhou B, et al. The spatial filtering method for solid particle velocity measurement based on an electrostatic sensor. Measurement Science and Technology, 2009, 20(4): 045404.

[9] 许传龙, 汤光华, 杨道业, 等. 静电感应空间滤波法测量固体颗粒速度.中国电机工程学报, 2006, 27(26): 84-89.

[10] 许传龙, 汤光华, 黄健, 等. 基于静电感应空间滤波效应的颗粒速度测量. 化工学报, 2007, 58(1): 67-74.

[11] 李健. 气固两相流动参数静电与电容融合测量方法研究. 南京: 东南大学, 2016.

[12] Xu C L, Li J, Wang S M. A spatial filtering velocimeter for solid particle velocity measurement based on linear electrostatic sensor array. Flow Measurement and Instrumentation, 2012, 26: 68-78.

[13] 许传龙, 汤光华, 杨道业. 基于模糊规则的多模型固相质量流量软测量研究. 化工学报, 2007, 58(9): 2225-2231.

[14] 高新波. 模糊聚类分析及其应用. 西安：西安电子科技大学出版社,2004.

[15] Moody J, Darken C J. Fast learning in networks of locally-tuned processing units. Neural Computation, 1989, 1(1): 281-294.

第 4 章　气固两相流动参数电容检测技术

4.1　两相混合物的等效介电常数理论

多相混合物是由多种均匀物质经物理方式混合而成的。多相混合物每一个物性参数都是经过相应的均一化处理而得到的。对于电磁的均一化，就是将混合物等效为具有等效电磁参数的均匀物质，从而替换实际混合物，从而达到简化计算的目的。通常把均一化的电磁参数定义为等效电磁参数，如等效介电常数。

假设背景介质为各向同性、均匀的，介电常数为 ε_e，其中随机分布着多种介质，各介质的介电常数为 ε_i，体积分数为 f_i。电磁均一化采用如下公式[1]：

$$\frac{\varepsilon_{\mathrm{eff}}-\varepsilon_{\mathrm{e}}}{\varepsilon_{\mathrm{eff}}+2\varepsilon_{\mathrm{e}}}=\sum_{i=1}^{n}f_i\frac{\varepsilon_i-\varepsilon_{\mathrm{e}}}{\varepsilon_i+2\varepsilon_{\mathrm{e}}} \tag{4.1}$$

式中，$\varepsilon_{\mathrm{eff}}$ 为电磁均一化后介质所表现出的等效介电常数；n 为介质的种类。

对于含有固体(介电常数为 ε_s)和气体(介电常数为 ε_g)的两相混合物，式(4.1)可表示为

$$\frac{\varepsilon_{\mathrm{eff}}-\varepsilon_{\mathrm{e}}}{\varepsilon_{\mathrm{eff}}+2\varepsilon_{\mathrm{e}}}=f\frac{\varepsilon_{\mathrm{s}}-\varepsilon_{\mathrm{e}}}{\varepsilon_{\mathrm{s}}+2\varepsilon_{\mathrm{e}}}+(1-f)\frac{\varepsilon_{\mathrm{g}}-\varepsilon_{\mathrm{e}}}{\varepsilon_{\mathrm{g}}+2\varepsilon_{\mathrm{e}}} \tag{4.2}$$

式中，f 为固体的体积分数。

细管径的气力输送管道中的气固两相流只有输送载气和固体颗粒两种物质。输送载气近似看作各向同性，视为背景介质，即 $\varepsilon_e=\varepsilon_g$，代入式(4.2)中，即得到洛伦兹-洛伦茨公式(Lorentz-Lorenz formula)[2]：

$$\varepsilon_{\mathrm{eff}}=\frac{2\varepsilon_{\mathrm{g}}+\varepsilon_{\mathrm{s}}-2f(\varepsilon_{\mathrm{g}}-\varepsilon_{\mathrm{s}})}{2\varepsilon_{\mathrm{g}}+\varepsilon_{\mathrm{s}}+2f(\varepsilon_{\mathrm{g}}-\varepsilon_{\mathrm{s}})} \tag{4.3}$$

若视固体颗粒为背景介质，即 $\varepsilon_e=\varepsilon_s$，代入式(4.2)中，即得到麦克斯韦-加尼特(Maxwell-Garnett)公式[3]：

$$\varepsilon_{\mathrm{eff}}=\varepsilon_{\mathrm{s}}\frac{2\varepsilon_{\mathrm{s}}+\varepsilon_{\mathrm{g}}-2(1-f)(\varepsilon_{\mathrm{s}}-\varepsilon_{\mathrm{g}})}{2\varepsilon_{\mathrm{s}}+\varepsilon_{\mathrm{g}}+(1-f)(\varepsilon_{\mathrm{s}}-\varepsilon_{\mathrm{g}})} \tag{4.4}$$

对于任意气固两相混合物，其物性非各向同性，混合物等效介电常数的确定仍然是一个难题，其等效介电常数计算目前还缺乏准确的通用公式。

4.2 电容法气固两相流动参数检测原理

4.2.1 电容法测量的基本原理

1. 电容传感器的数学模型

电容测量系统对测量区域施加的信号频率通常在1MHz数量级，相应的电磁辐射的波长为300m，远大于传感器的尺寸(通常小于1m)，因此电容传感器内部的电势分布可用静电场来描述[4]。假设传感器内部静电荷密度为零，电容传感器的两个电极分别充当激励电极和检测电极。对激励电极施加激励电压时，检测电极电压设为0，则静电场控制方程及其边界条件可以表示为

$$\begin{cases}\nabla(\varepsilon(x,y,z)\nabla\varphi(x,y,z))=0\\ \varphi(x,y,z)\big|_{(x,y,z)\in\Gamma_{\mathrm{E1}}}=U_{\mathrm{E}}\\ \varphi(x,y,z)\big|_{(x,y,z)\in\Gamma_{\mathrm{E2}}}=0\\ \varphi(x,y,z)\big|_{(x,y,z)\in\Gamma_{\mathrm{S}}}=0\end{cases}\tag{4.5}$$

式中，Γ_{E1}、Γ_{E2}、Γ_{S}分别为激励电极、检测电极和屏蔽罩的边界；U_{E}为激励电极上施加的电压。检测电极表面S上的感应电荷q可由式(4.6)计算得到：

$$q=\int_S D(x,y,z)\mathrm{d}S\tag{4.6}$$

式中，$D(x,y,z)$为电通量密度。

获得感应电荷后，即可计算电容值C：

$$C=\left|\frac{q}{U_{\mathrm{E}}}\right|\tag{4.7}$$

2. 颗粒浓度和传感器电容的关系

电容法测量颗粒浓度的基本原理是：气固两相流的气相和固相介质具有不同的介电常数，当气固混合流体通过电容极板形成敏感场时，流体混合物浓度(即等效介电常数)的变化将引起两电极间电容值的变化，因此固相浓度测量问题将转化

为检测电容值的问题。

结构尺寸确定的电容传感器应用于气固两相流动检测时，等效电容值 C_e 和传感器电极间气固混合物的等效介电常数 ε_e 存在以下关系[5]：

$$C_e = C_{e0} f(\varepsilon_e) \tag{4.8}$$

式中，C_{e0} 为传感器内充满气相介质时的等效电容；$f(\cdot)$ 为函数。C_{e0} 主要由传感器的几何结构决定。但是对于不同结构的传感器，$f(\cdot)$ 的表达式通常是不同的。另外，混合物等效介电常数的确定也是一个难题，其主要由气相和固相介质的介电常数以及固相介质的体积浓度分布所决定，可表示为

$$\varepsilon_e = g(\varepsilon_g, \varepsilon_s, C_V(x, y, z)) \tag{4.9}$$

式中，ε_g 和 ε_s 分别为气相和固相介质的介电常数；$C_V(x,y,z)$ 为固相介质的体积浓度分布；$g(\cdot)$ 为函数。

综合式 (4.8) 和式 (4.9) 可得

$$C_e = C_{e0} h(\varepsilon_g, \varepsilon_s, C_V(x, y, z)) \tag{4.10}$$

式中，$h(\cdot)$ 为函数。在电容传感器结构已知的情况下，气固两相流动中气相和固相介质的介电常数通常是已知的，所以传感器的等效电容由颗粒的体积浓度分布决定。

4.2.2　电容传感器的结构

在应用电容传感器测量两相流相浓度的研究中，一个重要的工作是优化传感器结构[6]，其目标是设计一个具有均匀灵敏场分布的传感器，从而减小相浓度分布对管道截面平均浓度测量的影响。典型的电容传感器结构如图 4.1 所示，尽管对气液两相流的研究表明，双螺旋结构具有最好的线性度，但是对于不同介电常数的两相混合物，传感器的结构仍需进一步优化设计以获得均匀的灵敏场分布。此外，为了保证颗粒浓度测量的准确性，在设计传感器时还需要考虑电容测量的稳定可靠性、电容传感器的温度漂移特性等。

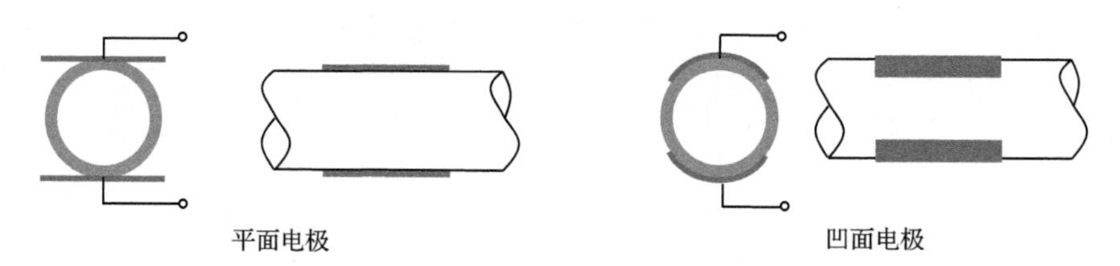

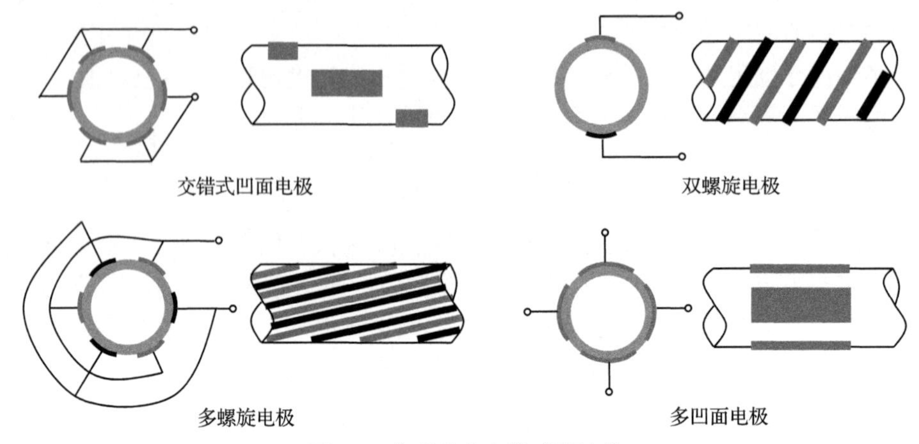

图 4.1　典型的电容传感器结构

4.3　抗静电的微弱电容检测技术

当电容法用于气固两相流动测量时，颗粒静电现象将会导致传感器电极上感应出一定的电荷，从而在测量电路中产生一定的电压输出，会给电容测量带来一定的影响，有时甚至会使测量系统失效。因此，对于电荷对电容测量的影响需结合检测电路进行深入研究，并开发对颗粒静电免疫的微弱电容检测技术[7]。

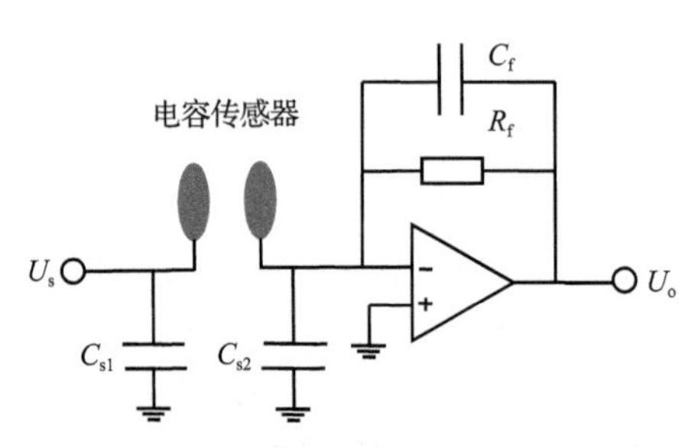

图 4.2　交流法电容检测原理图(C/V 转换)
C/V 转换表示电容转换为电压

交流法电容检测电路采用高频交流信号激励被测电容，其基本原理如图 4.2 所示。图中 U_s 为激励电压，输出电压 U_o 可以表示为

$$U_o = -\frac{j\omega R_f C_x}{j\omega R_f C_f + 1} U_s \tag{4.11}$$

式中，R_f 和 C_f 分别为反馈电阻和反馈电容；C_x 为传感器内插入物体时的电容值；ω 为信号的角频率。电路不受电极对杂散电容 C_{s1} 和 C_{s2} 的影响，具有较强的抗杂散电容能力。

当 $|j\omega R_f C_f| \gg 1$ 时，式(4.11)可表示为

$$U_o = -\frac{C_x}{C_f} U_s \tag{4.12}$$

当 $|j\omega R_f C_f| \ll 1$ 时，有

$$U_{\mathrm{o}} = -\mathrm{j}\omega R_{\mathrm{f}} C_x U_{\mathrm{s}} \tag{4.13}$$

当传感器电极间存在电荷时，由于静电感应作用，在检测电极上将有感应电荷 q 产生，此时电极作为静电传感器，在图 4.2 所示的转换电路中形成电流，若忽略传感器的电荷泄漏，其静电检测等效电路如图 4.3 所示。电极 2 上的感应电流 I 等于流过 R_{f} 和 C_{f} 的电流之和，即

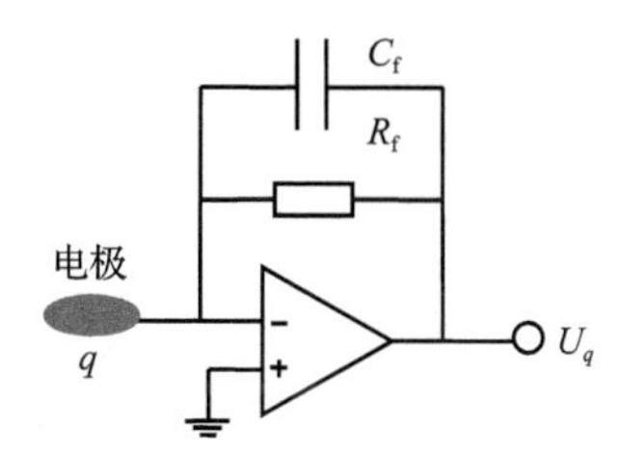

图 4.3　静电检测等效电路原理图（E/V 转换）
E/V 转换表示电荷转换为电压

$$I = -\left(\frac{U_{\mathrm{o}}(t)}{\dfrac{1}{\mathrm{j}\omega_q C_{\mathrm{f}}}} + \frac{U_{\mathrm{o}}(t)}{R_{\mathrm{f}}} \right) \tag{4.14}$$

式中，$I=\mathrm{d}q/\mathrm{d}t$；$\omega_q$ 为静电信号的角频率。进一步整理可得

$$U_{\mathrm{o}} = -\frac{R_{\mathrm{f}}}{\mathrm{j}\omega_q R_{\mathrm{f}} C_{\mathrm{f}} + 1} \times I = -\frac{1}{\mathrm{j}\omega_q C_{\mathrm{f}} + 1/R_{\mathrm{f}}} \times I \tag{4.15}$$

从式(4.15)可以看出，感应电荷引起的输出电压除了和电极上电荷的变化有关，还和 R_{f}、C_{f} 以及静电信号的频率有关。

根据电路叠加定理，当应用电容传感器测量气固两相流中固相介质体积浓度时，传感器信号检测电路输出电压 U 等同于静电检测等效电路输出 U_q 和电容检测电路输出 U_{o} 的叠加，即

$$U = U_{\mathrm{o}} + U_q \tag{4.16}$$

为了便于描述，将 U_{o} 称为电容信号，U_q 称为静电信号。

为了研究电荷对电容测量的影响，沿管道表面布置了两组螺旋电极传感器，并由一接地电极隔开，如图 4.4 所示，一组作为电容传感器，配接 C/V 转换电路，另外一组作为静电传感器，配接 E/V 转换电路，其输出电压由管内电荷决定。交流法电容检测电路中的激励信号 $U_{\mathrm{s}}(t)$ 的频率为 500kHz，峰峰值 $U_{\mathrm{P\text{-}P}}$ 为 20V，C_{f}=22pF。为了研究静电对电容检测的影响，实验中取 R_{f} 为 2MΩ 和 20MΩ 进行比较，对应的 $\left|\mathrm{j}\omega R_{\mathrm{f}} C_{\mathrm{f}}\right|$ 分别等于 138.2 或者 1382，可认为均满足远大于 1 的条件。

在皮带轮装置上，研究电荷对电容传感器相浓度测量的影响，实验系统如图 4.5(a)所示，主要包括传动轮、皮带、传感器、测量电路和示波器等。该系统

中传动轮的直径 D 为 320cm，通过调节传动轮的转速 r 可改变皮带的速度。在传动轮转动过程中，由于皮带和传动轮的摩擦，皮带会带有一定的电荷，用于模拟颗粒荷电的情况。皮带的材质为聚氨酯，截面形状为梯形，如图 4.5(b)所示。皮带的截面积为 80.7mm^2，占管道截面约 14.6%。皮带速度可由式(4.17)估计：

$$v_{\mathrm{B}} = \pi D r \tag{4.17}$$

传动轮转速及皮带速度如表 4.1 所示。

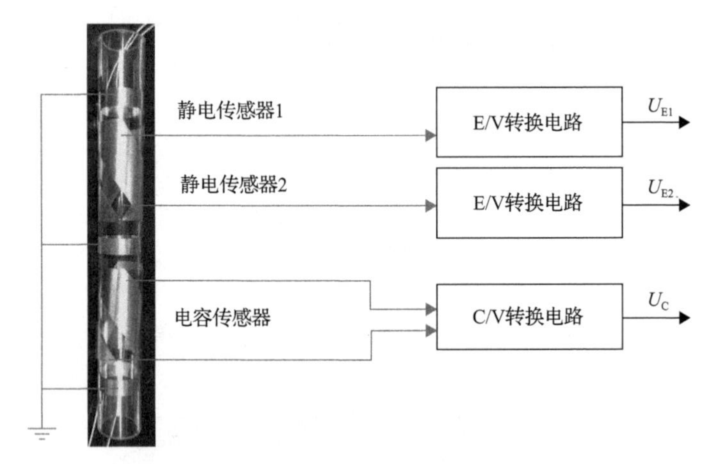

图 4.4　两组螺旋电极传感器及电路检测系统

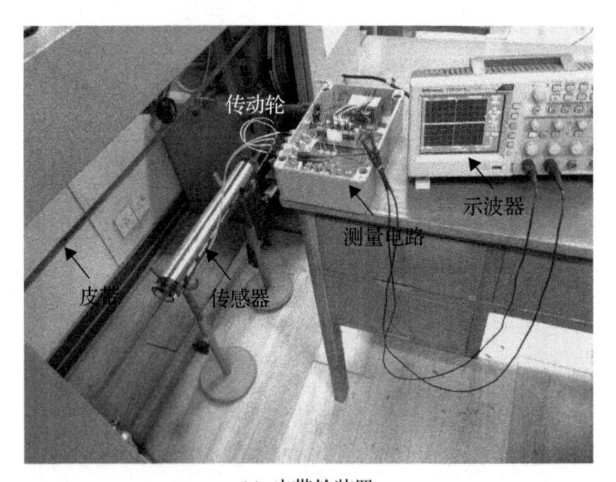

(a) 皮带轮装置

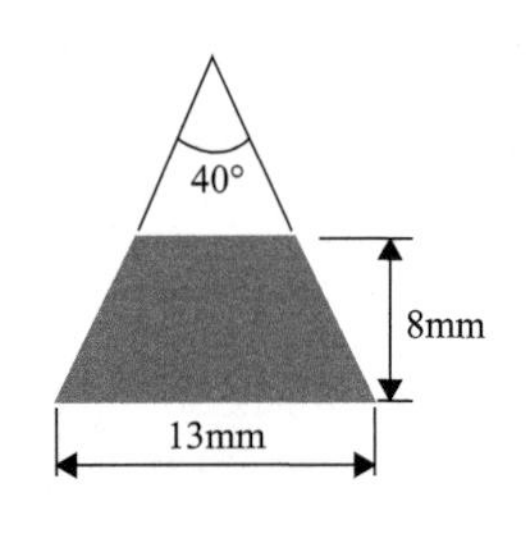

(b) 皮带截面尺寸

图 4.5　皮带轮实验系统图

表 4.1　传动轮转速与皮带速度

r/(r/min)	400	800	1200
v_{B}/(m/s)	6.7	13.4	20.1

尽管皮带的运动和颗粒流动具有明显不同的特性，但是其所带的电荷对传感器电极产生的静电感应现象在本质上与颗粒电荷感应是相同的，所以皮带轮装置可以用于研究电荷对电容测量的影响。另外，皮带占据的管道截面的面积百分比是固定不变的，所以在测量过程中电容是基本不变的，这对研究电荷对电容测量的影响也是非常有利的。由前面章节的模拟可知电极对距离近的电荷具有较强的灵敏度，故对皮带位于管道中心(0, 0)和靠近检测电极位置(0, –15mm)两种情况进行了实验。

图 4.6 为 R_f =2MΩ 情况下空管状态和皮带静止在管道中心位置时，C/V 转换电路的原始输出信号。两信号的频率和激励信号频率 500kHz 相同，反馈电阻引起电路的漂移以及示波器测量过程中带来的干扰导致信号的波峰和波谷的绝对值存在偏差，但是信号的峰峰值仍可以从图 4.6 中的峰值位置均值线确定，分别为 0.723V 和 0.763V。根据式(4.13)可以求出空管和皮带位于管道中心时电容的测量值约为 0.7953pF 和 0.8393pF，电容的相对变化率为 5.53%。寄生电容是恒定的，在实际电容测量相浓度时，考虑的是电容相对于空管时的变化，在对传感器进行标定后，寄生电容并不影响相浓度测量。

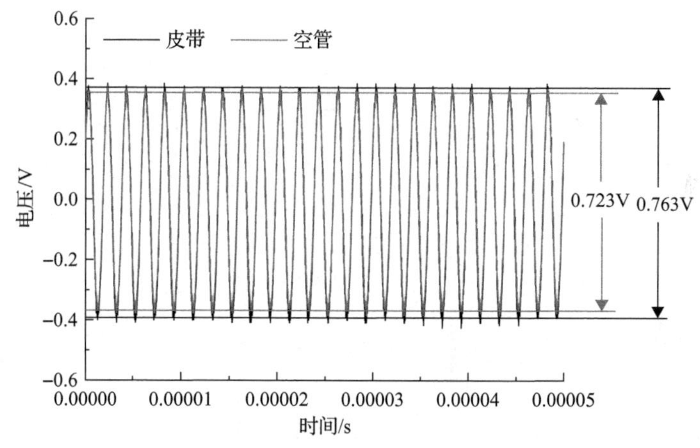

图 4.6　空管状态和皮带静止于管道中心位置时，C/V 转换电路的原始输出信号

f_s=500kHz，U_{P-P}=20V，C_f=22pF，R_f=2MΩ

不同转速下，E/V 转换电路的输出信号如图 4.7 所示。图 4.8 为不同转速下，E/V 转换电路输出信号的功率谱。可以看出，无论 R_f 等于 2MΩ 还是 20MΩ，随着转速的增加，E/V 转换电路的信号强度均在增加，静电信号的频带范围在拓宽，尖峰频率右移。但是在相同转速下，静电信号的频谱特性相似，信号频率低于 200Hz。此时，由式(4.15)可知，在感应电荷变化相同的情况下，R_f 的增加会导致 E/V 转换电路的输出强度增加，这与图 4.7 所示的测量结果是一致的。图 4.9 为不同转速下，C/V 转换电路的输出信号。由理论分析可知，实际测量时，C/V 转换

电路的输出实质是颗粒内无电荷时电容检测输出信号和 E/V 转换电路输出信号的叠加，故与图 4.7 中两种转换电路输出信号之间存在一定的差异，但由于电容信号的幅值只有 0.763V，因此两种电路输出信号的幅值整体差距不大。

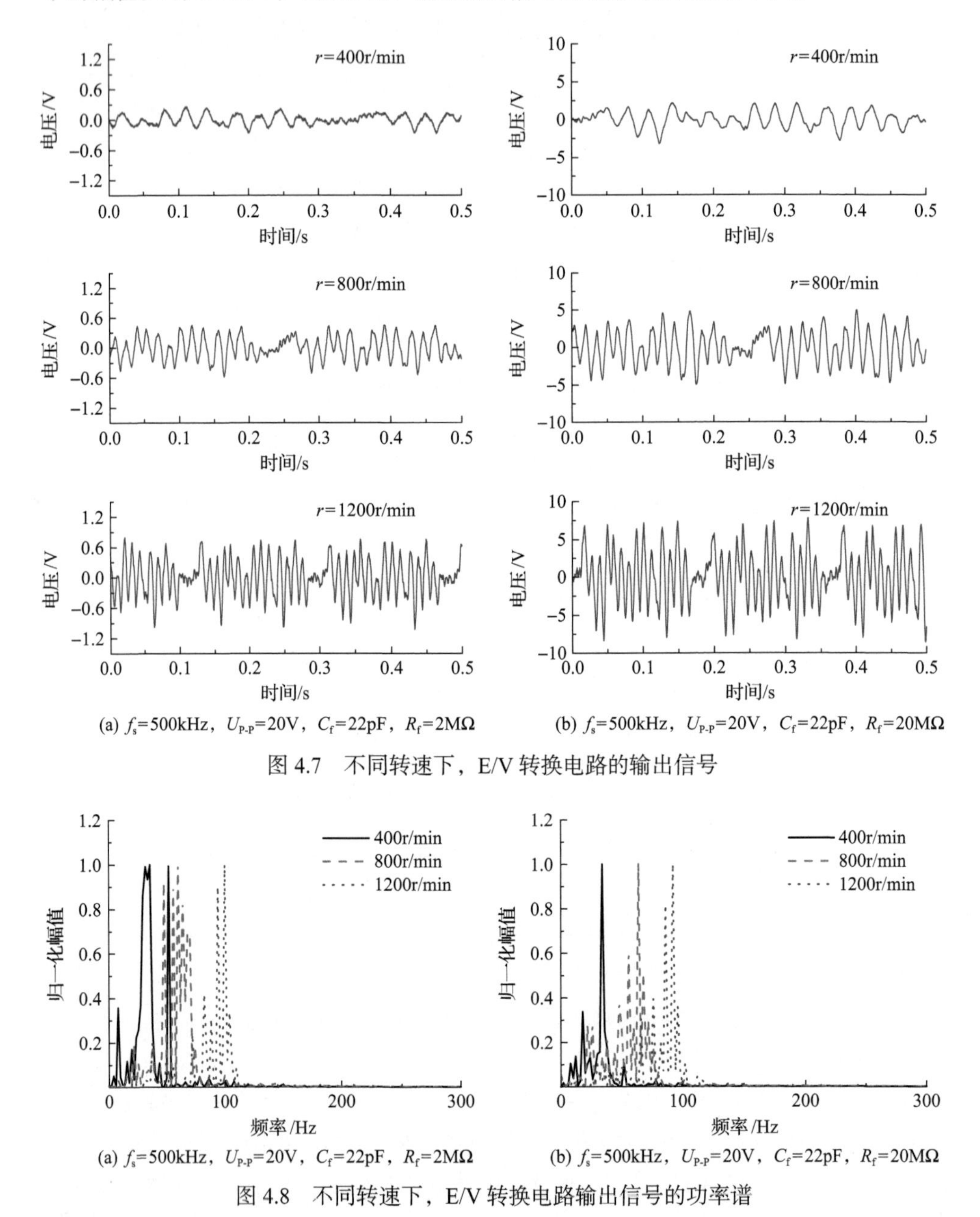

(a) f_s=500kHz，$U_{P\text{-}P}$=20V，C_f=22pF，R_f=2MΩ　　(b) f_s=500kHz，$U_{P\text{-}P}$=20V，C_f=22pF，R_f=20MΩ

图 4.7　不同转速下，E/V 转换电路的输出信号

(a) f_s=500kHz，$U_{P\text{-}P}$=20V，C_f=22pF，R_f=2MΩ　　(b) f_s=500kHz，$U_{P\text{-}P}$=20V，C_f=22pF，R_f=20MΩ

图 4.8　不同转速下，E/V 转换电路输出信号的功率谱

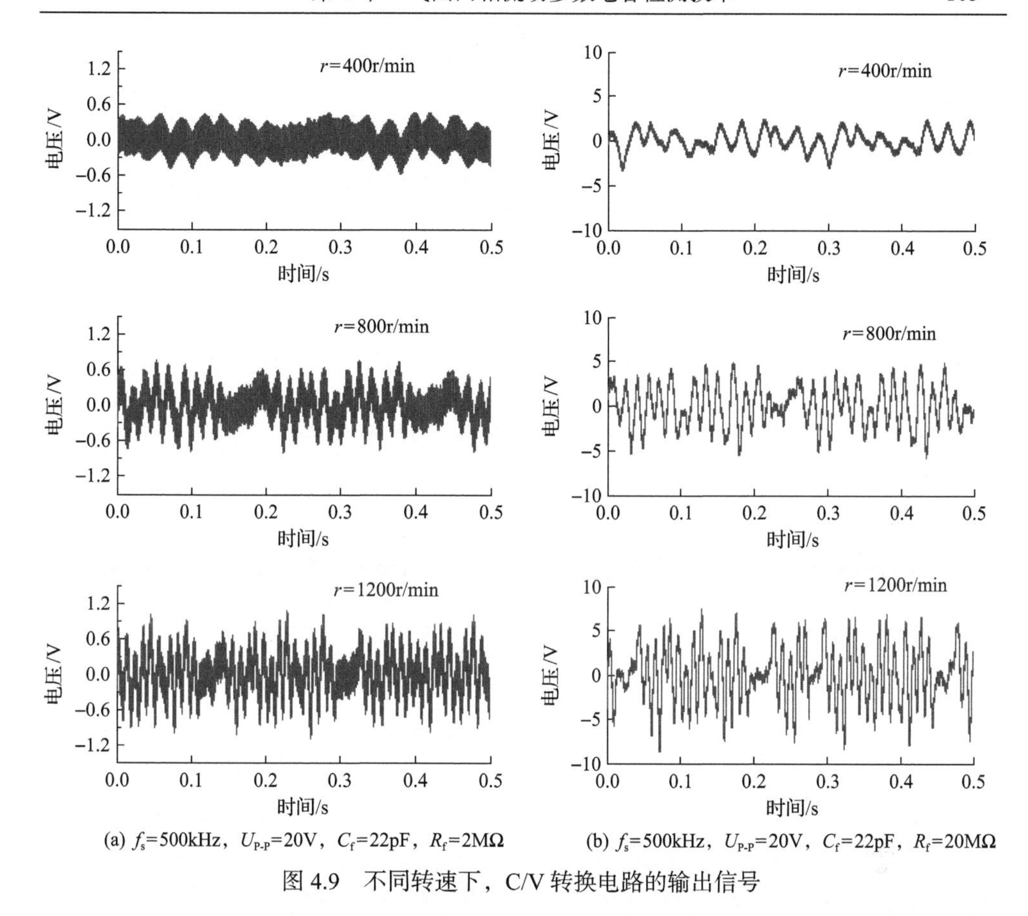

(a) f_s=500kHz，U_{P-P}=20V，C_f=22pF，R_f=2MΩ　(b) f_s=500kHz，U_{P-P}=20V，C_f=22pF，R_f=20MΩ

图 4.9　不同转速下，C/V 转换电路的输出信号

在 C/V 转换电路后加一个增益为 1、中心频率为 500kHz 的带通滤波器得到的信号如图 4.10 所示。结合图 4.6 可以看出，滤除皮带静电感应信号后得到了和皮带静止时具有相同幅值的信号，表明通过滤波可消除静电对电容检测的影响，这也证明了在有电荷存在的场合，C/V 转换电路的输出其实是静电信号和电容信号的叠加。消除静电影响后，可进一步利用模拟乘法器和低通滤波器进行信号调制，可获得和电容成正比的电压信号，如图 4.11 所示。

实验中皮带在运行中会抖动，皮带处于近检测电极位置(0，–15mm)，以保证皮带在运行中不会接触到管道内壁。当 R_f 为 2MΩ 时，除了静电信号幅值有所差异外，电容信号的测量结果和皮带位于中心位置时基本一致，故这里没有重复给出实验结果。下面主要介绍 R_f 为 20MΩ 时的测量结果。

图 4.12 为不同转速下 E/V 和 C/V 转换电路的输出信号。由于电极对附近区域的灵敏度高，E/V 转换电路输出的静电信号幅值比在管道中心位置时(图 4.7(b))要大。随着转速的增加，信号的幅值进一步增大，在转速为 800r/min 时，信号已经出现超出电路最大允许输出范围(±10V)的情况，当转速增加到 1200r/min 时信

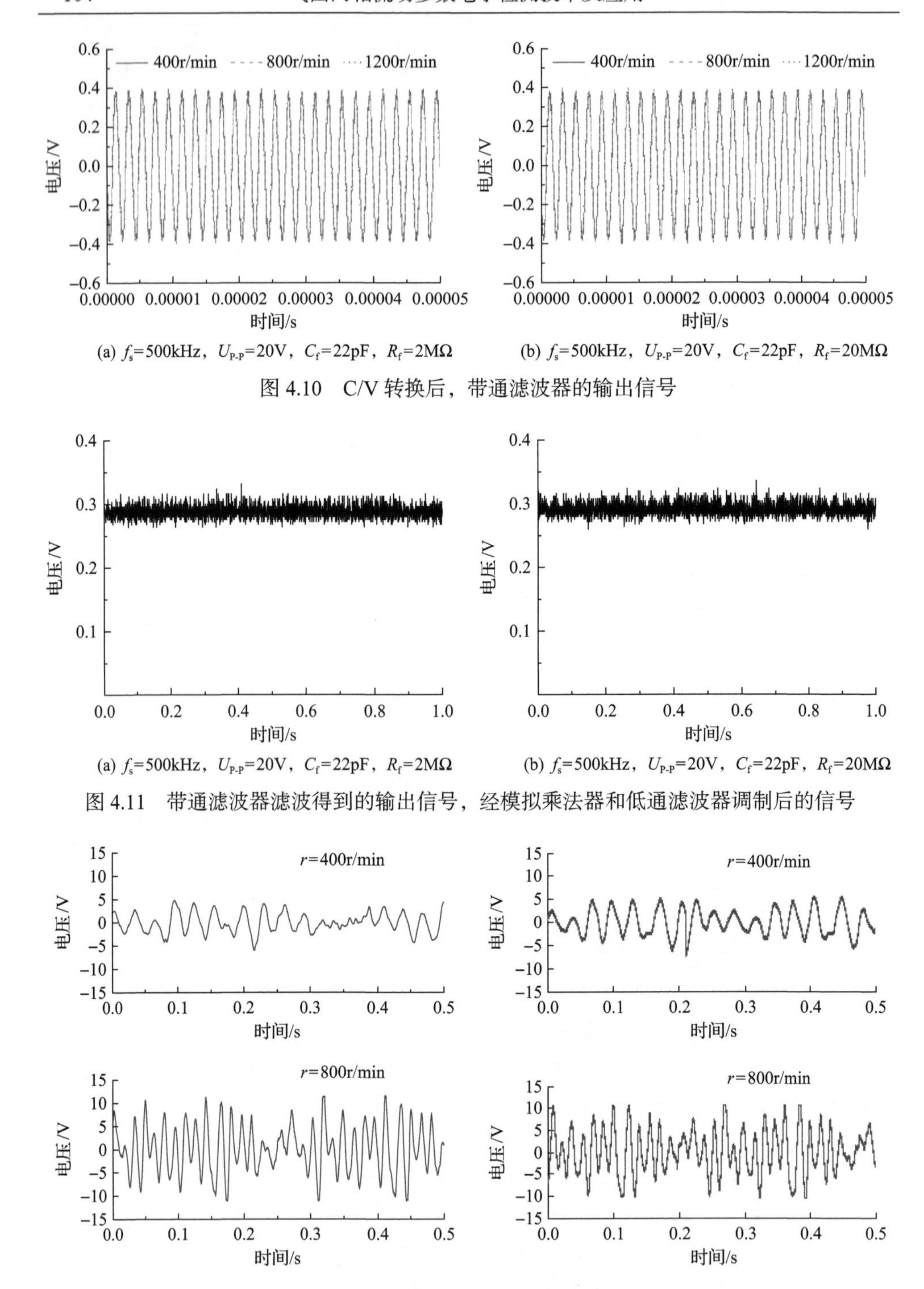

(a) f_s=500kHz，U_{P-P}=20V，C_f=22pF，R_f=2MΩ　　(b) f_s=500kHz，U_{P-P}=20V，C_f=22pF，R_f=20MΩ

图 4.10　C/V 转换后，带通滤波器的输出信号

(a) f_s=500kHz，U_{P-P}=20V，C_f=22pF，R_f=2MΩ　　(b) f_s=500kHz，U_{P-P}=20V，C_f=22pF，R_f=20MΩ

图 4.11　带通滤波器滤波得到的输出信号，经模拟乘法器和低通滤波器调制后的信号

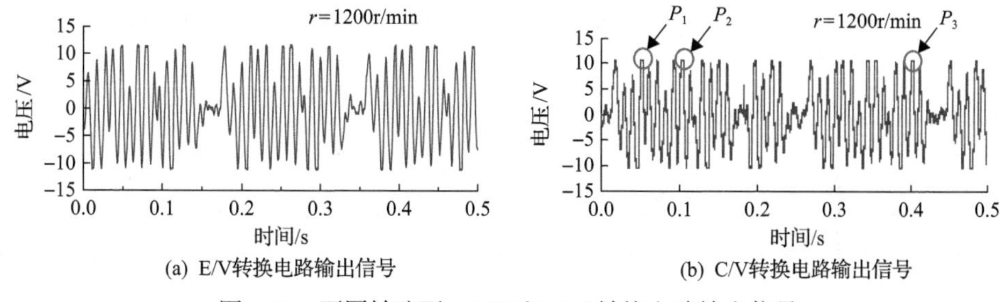

图 4.12　不同转速下，E/V 和 C/V 转换电路输出信号

号超限情况频率增加。此时，应用带通滤波器来获取电容信号时，必然会出现电容信号丢失的情况。对于典型的超限时刻(图 4.12 中的 P_1、P_2、P_3)，其 C/V 转换后再经带通滤波器的输出信号如图 4.13 所示。因此，在后续的经模拟乘法器和低通滤波器调制后的信号中，将得不到恒定的和电容大小相对应的电压信号，如图 4.14 所示。很显然，静电信号的干扰导致 C/V 转换电路输出信号出现超限情况，致使电容信号的部分或全部丢失，从而引起输出信号突变为 0，即导致电容测量的间歇性失效。

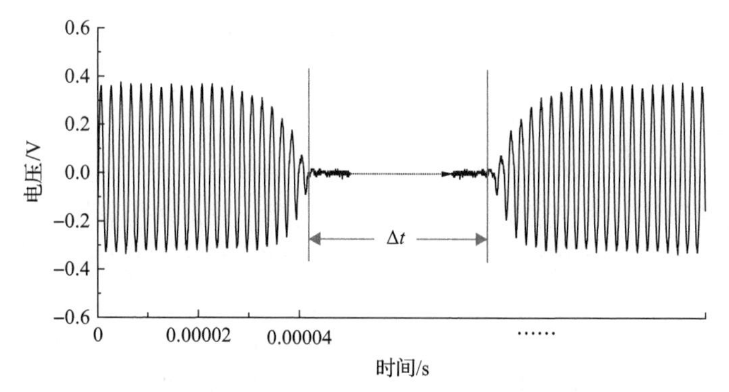

图 4.13　超限时刻(P_1、P_2、P_3)下带通滤波器的输出信号

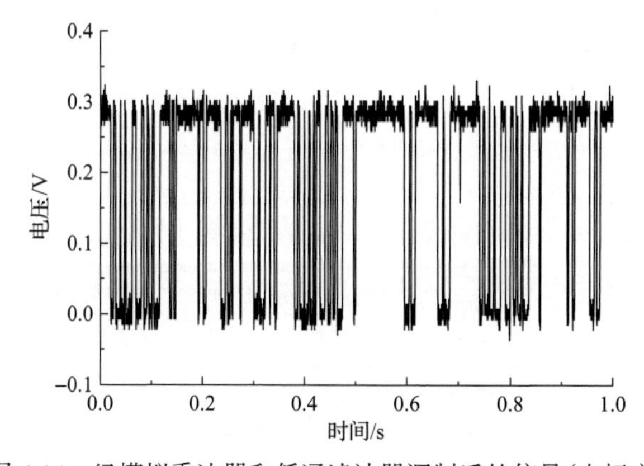

图 4.14　经模拟乘法器和低通滤波器调制后的信号(未标定)

根据静电场叠加理论，电容传感器检测电极上的感应电荷是激励电极上激励电压和管道内颗粒电荷各自在检测电极上产生的感应电荷的和，进而根据电路叠加原理，电容转换电路的输出是静电信号和电容信号的叠加。由皮带在管道中心位置的实验结果可知，与电容信号(500kHz)相比，静电信号的频率很低，所以通过一个带通滤波器可将静电信号从 C/V 转换电路的输出信号中滤除，从而获得准确的电容信号。从皮带在管道近电极位置的实验结果可知，造成电容测量误差或者失效的根本原因是在信号调制过程中，静电信号的干扰，导致输出信号超出电路的允许电压范围，因此要保证电容测量的可靠性，关键问题是要保证 C/V 转换电路输出信号不超限，此时通过带通滤波器才可获得完整的电容信号，从而消除静电干扰对电容测量电路的影响。

对于一个确定的电容测量系统，传感器的固有电容是确定的，并且电容的大小基本是可以预测的，根据式(4.12)，在满足$\left|\mathrm{j}\omega R_{\mathrm{f}}C_{\mathrm{f}}\right|\geqslant 1$的情况下合理选择 R_{f}和C_{f}可使 C/V 转换电路具有合理的电压输出范围，通常 C_{f}在 10pF 数量级。由式(4.15)可知，C/V 转换电路输出信号中静电信号的大小与反馈电容、反馈电阻、感应电流以及频率有关。通常静电传感器输出信号的频率不超过 2kHz。如果管内颗粒电荷情况相同，静电信号的大小主要由 R_{f}决定，且随着 R_{f}的增大而增大，故为了保证 C/V 转换电路输出信号不超限，静电信号应尽可能小，即 R_{f}应尽可能小。另外，传感器的电极大小要适中，从而使 $\mathrm{d}q/\mathrm{d}t$ 不至于过大。R_{f}和 C_{f}的选择也可以根据式(4.13)来进行，减小 R_{f}的取值，从而使静电信号的幅值降低。当然，提高测量电路允许的电压输出范围也是一种可采取的措施，但是效果有限。

总体来说，在 C/V 转换电路输出信号没有超出电路允许的电压输出范围时，采用一个带通滤波器可非常有效地滤除静电信号，从而使电容测量不受颗粒静电干扰的影响。在实际测量中，通常测量的是由介质浓度变化引起的电容变化值。考虑静电干扰，本节提出一种改进的交流法电容检测电路，其结构如图 4.15 所示。带通滤波器必须连接到 C/V 转换电路之后，以防止在后续的信号放大过程中出现信号超限情况。数-模转换器用于产生一个偏置电压来平衡测量系统的固有电容，主要包括传感器的固有电容、电极引线和印制电路板引起的电容，从而保证只有介质浓度变化引起的电容变化在电路的最终输出中体现出来。当$\left|\mathrm{j}\omega R_{\mathrm{f}}C_{\mathrm{f}}\right|\geqslant 1$时，测量电路的输出可表示为

$$U_{\mathrm{c}}=\frac{k_1k_2k_3k_4AA_{\mathrm{r}}}{2SC_{\mathrm{f}}}(C_x-C_0)=\frac{k_1k_2k_3k_4AA_{\mathrm{r}}}{2SC_{\mathrm{f}}}\Delta C \tag{4.18}$$

式中，$\Delta C=C_x-C_0$，C_0为传感器内未插入物体时的电容值；A 和 A_{r}分别为激励电压 U_{s}和参考电压 U_{r}的幅值；S 为模拟乘法器的转换因子；k_1、k_2、k_3和 k_4分别为带通滤波器、信号放大器、低通滤波器和差分放大器的增益。图 4.16 为在不同转

速下，采用改进的电容检测电路对皮带在近检测电极位置电容变化的连续测量结果。可以看出，没有出现电容检测失效的现象，表明改进的电路具有较好的抗静电干扰性能。

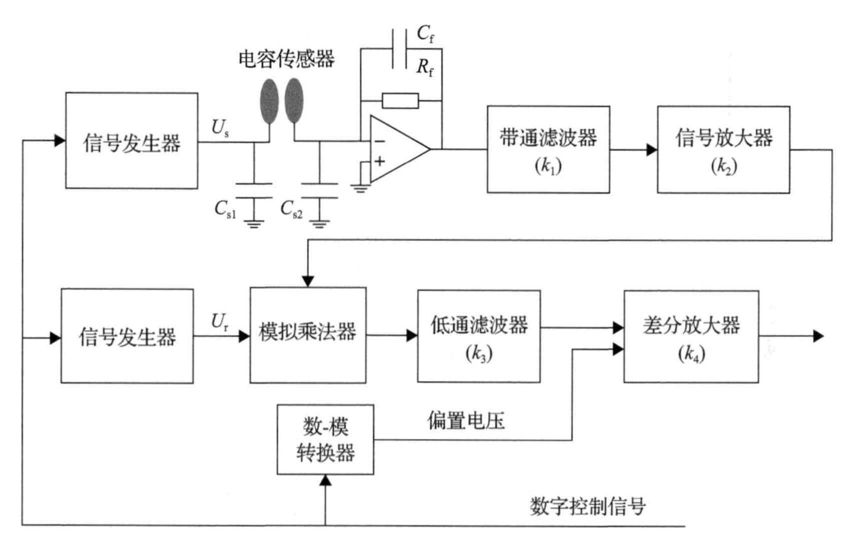

图 4.15　改进的抗静电干扰的交流法电容检测电路

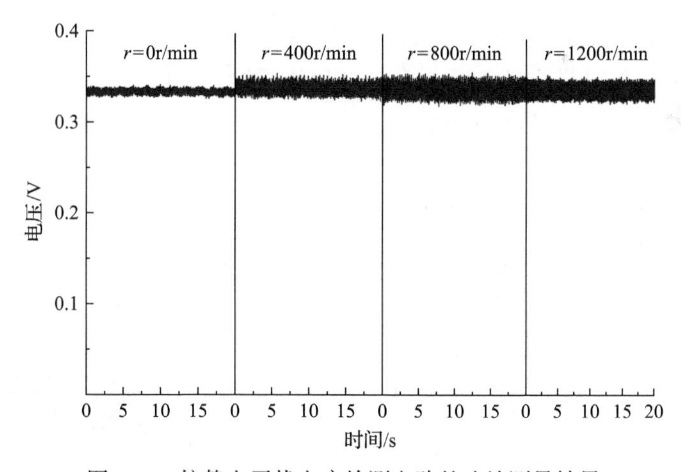

图 4.16　抗静电干扰电容检测电路的连续测量结果

4.4　电容传感器的传感特性

4.4.1　电容灵敏度的定义

对于一个电容传感器，评价它的指标有灵敏度及其均匀性等参数。灵敏度指的是电容传感器对流经其敏感区域多相流的灵敏程度，主要从电容的绝对变化量和相对变化量对其进行表征，相对变化量越大表明电容灵敏度越高。均匀性用来评价电容传感器内不同区域灵敏度的均匀程度，均匀性越好，表明电容传感器内的灵敏场分布越均匀，有利于测量多相流中离散相的浓度。

电容灵敏度可以定义为

$$S = \left|\frac{C_x - C_0}{C_0}\right| \Big/ \beta \tag{4.19}$$

式中，β 为传感器内物体的体积浓度；S 为传感器的电容灵敏度，即每单位体积浓度的电容变化率。

4.4.2　螺旋电极电容传感器的传感特性

1. 传感器结构

螺旋电极电容传感器的结构如图 4.17 所示，一对金属电极贴在绝缘管道外侧构成一个电容传感器，并将整个传感器置于金属屏蔽罩内以隔离外界电磁场的干扰[6]。R_1、R_2 分别为绝缘管道的内径和外径，D_S 为屏蔽罩的内径，P 为导程，即电极螺旋一圈的轴向长度，w 为电极宽度。对于所涉及的螺旋，电极的材料为紫铜，管道的材料为有机玻璃，屏蔽罩的材料为黄铜，其他结构参数为：R_1=25mm、R_2=30mm、D_S=38mm、P=120mm。

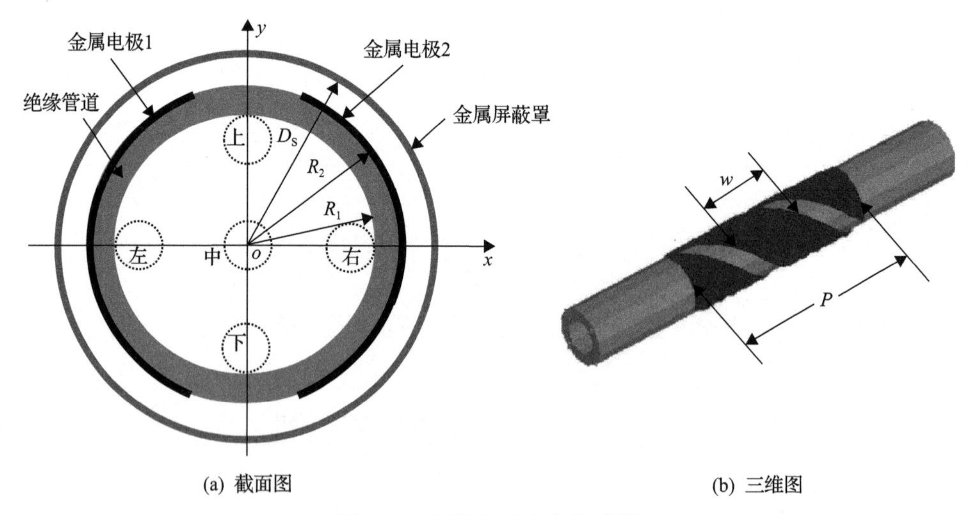

图 4.17　螺旋电极电容传感器

2. 介质对螺旋电极电容传感器结构优化的影响

1) 有机玻璃材料

本节对螺旋电极电容传感器的灵敏度特性进行了实验研究，并分析了不同介质对传感器结构参数优化的影响。抗静电干扰电容检测电路的参数设置为：$k_1=k_2=k_3=1$、$k_4=10$。对于螺旋电极电容传感器，其结构参数的优化最主要是优化电极宽度 w 和电极的导程 P。为了保证螺旋电极电容传感器电极的对称性，传感器的轴向长度应取半导程的整数倍，从而使传感器在同一半径的圆周上具有相同的灵敏度。在传感器轴向长度确定的情况下，电容传感器灵敏度均匀特性主要由电极宽度决定。实验中传感器的导程为π×60mm，电极沿管道螺旋一圈，电极宽度分别为 2cm、4cm、6cm 和 8cm，在有机玻璃和玻璃两种材料下，对螺旋电极电容传感器进行了结构参数优化实验研究。

将直径为 10mm 的有机玻璃棒与管道轴线平行放置于管道内来研究电容传感器的灵敏度分布特性，有机玻璃棒截面占管道流通截面的 4%。图 4.18 为不同电极宽度下，有机玻璃棒在典型位置时电容检测电路的输出电压。可以看出：对于相同位置，输出电压随着电极宽度的增加而增加。这主要是由于电极宽度的增加导致其面积加大，从而传感器电容增大。当电极宽度为 2cm 时，有机玻璃棒处于管道中心位置时电路输出电压明显大于 4 个边缘位置上的输出电压；当电极宽度变为 4cm 时，中心位置的输出电压仍然大于其他 4 个边缘位置上的输出电压，但相对偏差缩小；当电极宽度增加到 6cm 时，5 个典型位置的输出电压基本一致；进一步增加电极宽度到 8cm，中心位置的输出电压变得小于边缘位置上的输出电压。综上所述，随着电极宽度的增加，中间位置的灵敏度逐渐由大于边缘位置的灵敏度，向小于边缘位置灵敏度的方向发展。因此，可以通过确定最佳的电极宽度，使传感器在中间位置和边缘位置具有基本相同的灵敏度，从而获得较为均匀的灵敏场分布。

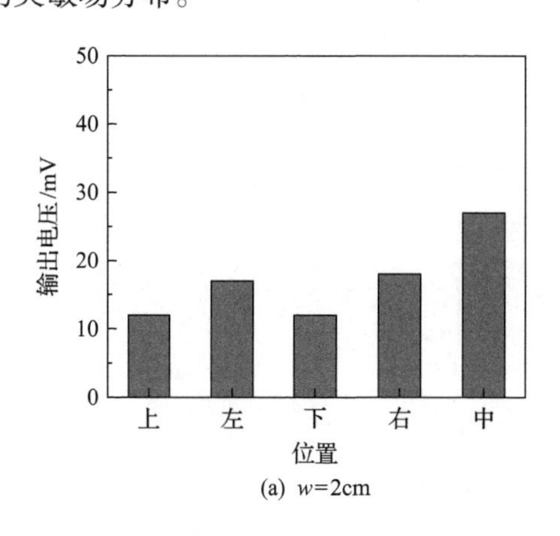

(a) w=2cm

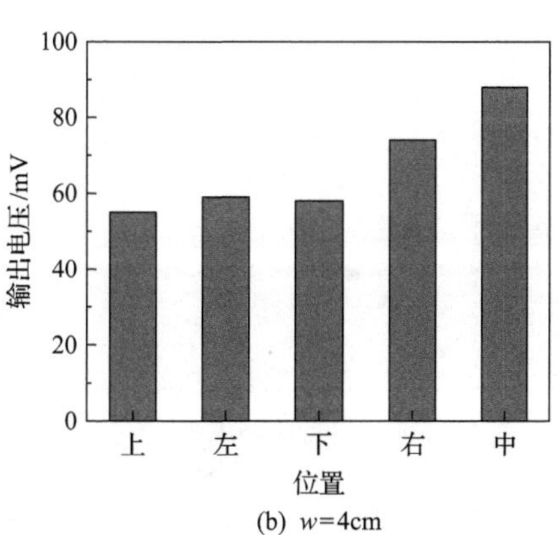

(b) w=4cm

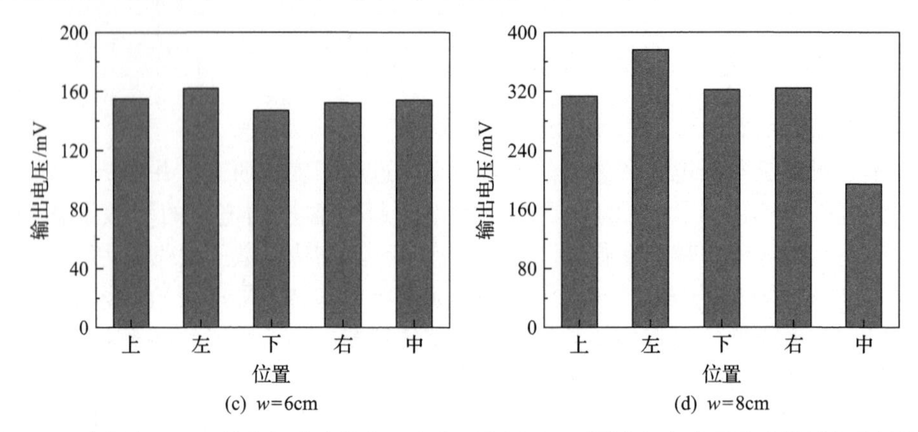

(c) w=6cm　　(d) w=8cm

图 4.18　直径为 10mm 的有机玻璃棒在 5 个典型位置时，不同电极宽度下电容检测电路的输出电压

图 4.19 为不同数量的直径为 10mm 的有机玻璃棒置于管道中心位置时，电容检测电路的输出电压。可以看出随着体积浓度的增加，检测电路输出电压增加。

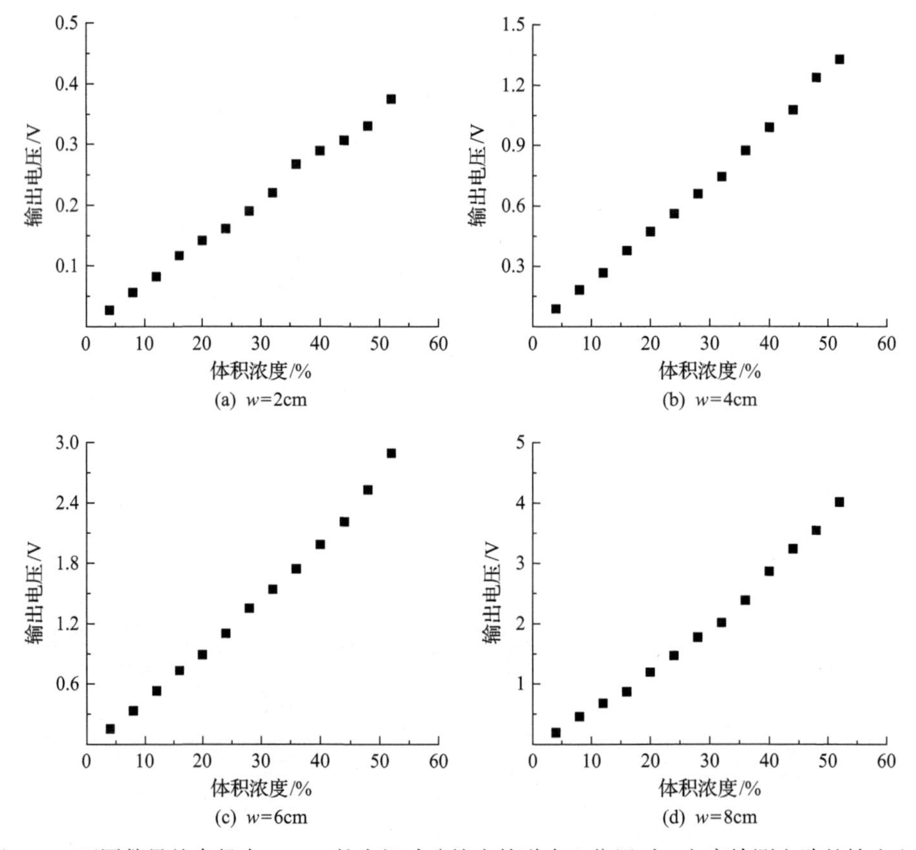

(a) w=2cm　　(b) w=4cm

(c) w=6cm　　(d) w=8cm

图 4.19　不同数量的直径为 10mm 的有机玻璃棒在管道中心位置时，电容检测电路的输出电压

当然，在相同体积浓度下，宽电极传感器的输出电压要大。对于电极宽度为 2cm 和 4cm 的传感器，电容检测电路的输出电压和有机玻璃棒的体积浓度基本呈线性关系；而对于灵敏度较为均匀的电极宽度为 6cm 的传感器，电容检测电路的输出电压和有机玻璃棒的体积浓度之间的线性度较差，用二次多项式拟合效果较好。这表明灵敏场均匀的传感器不一定具有良好的线性度，但是检测电路输出电压和体积浓度之间是单调递增关系，在经过标定后并不影响浓度测量准确度。

图 4.20 为不同数量的直径为 10mm 的有机玻璃棒在管道内任意位置时，检测电路的输出电压与中心位置输出电压的最大相对偏差。当电极宽度为 2cm 和 4cm 时，由于中心位置的灵敏度要明显大于边缘位置的灵敏度，在低体积浓度时最大相对偏差较大，但随着体积浓度的增加，最大相对偏差在向零靠近。同理，当电极宽度为 8cm 时，由于中心位置的灵敏度要小于边缘位置的灵敏度，所以在低体积浓度时最大相对偏差较大，并且随着体积浓度的增加，最大相对偏差也在向零靠近。当电极宽度为 6cm 时，由于传感器的灵敏场分布较为均匀，最大相对偏差

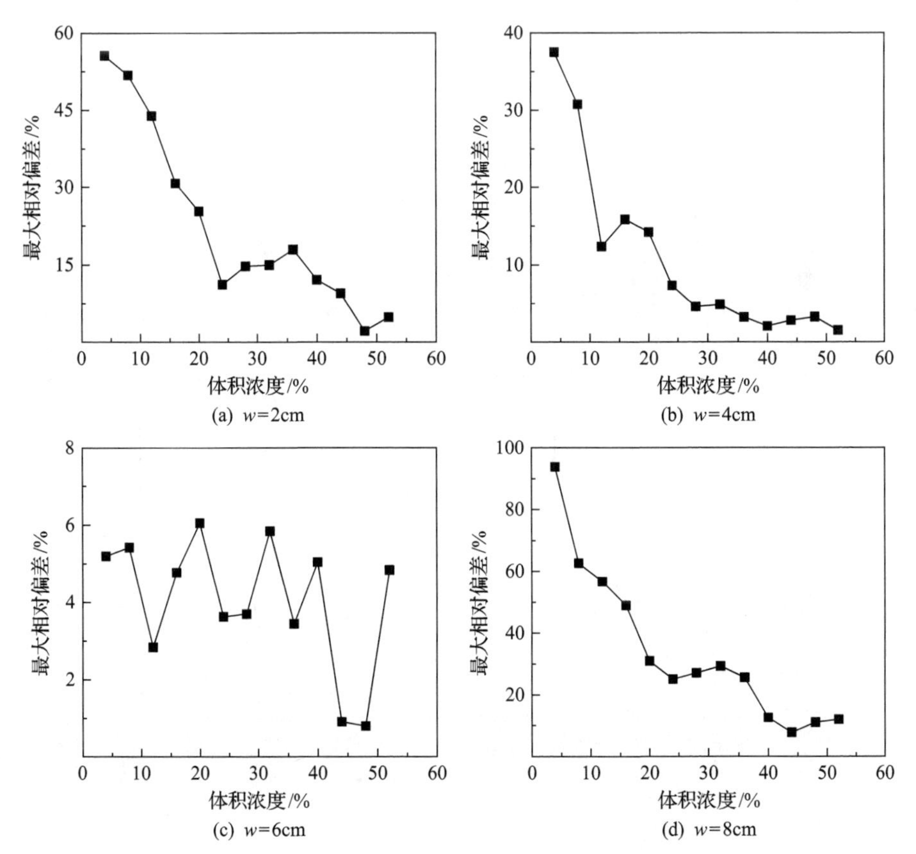

图 4.20　不同数量的直径为 10mm 的有机玻璃棒在管道内任意位置时，检测电路的输出电压与中心位置输出电压的最大相对偏差

基本维持在 6%以内，这表明均匀的灵敏场使传感器电容基本不受有机玻璃棒位置的影响，因此颗粒浓度测量时流型的影响将会降低，从而保证测量的准确性。

2）玻璃材料

与有机玻璃材料的实验方法类似，将直径为 10mm 的玻璃棒与管道轴线平行放置于管道内，分析电容传感器的灵敏度分布特性，玻璃棒体积浓度为 4%。图 4.21 为不同电极宽度下，玻璃棒在典型位置时电容检测电路的输出电压。可以看出：对于相同位置，输出电压随着电极宽度的增加而增加，这主要是由于电极宽度的增加导致其面积加大，从而使传感器电容增大。随着电极宽度的增加，中间位置的灵敏度呈现由大于边缘位置上的灵敏度，逐渐向小于边缘位置上的灵敏度的方向变化，这与采用有机玻璃获得的实验结果是一致的。但是值得注意的是，玻璃材料对应的最优电极宽度和有机玻璃材料对应的最优电极宽度是不同的，有机玻璃材料的最优电极宽度是 6cm，而由图 4.21 可知，玻璃材料的最优电极宽度应该介于 4cm 和 6cm，最优值约为 5.5cm。另外，对于相同的电容传感器及相同的截面位置，采用玻璃材料时电容检测电路的输出电压要大于有机玻璃材料下的输出

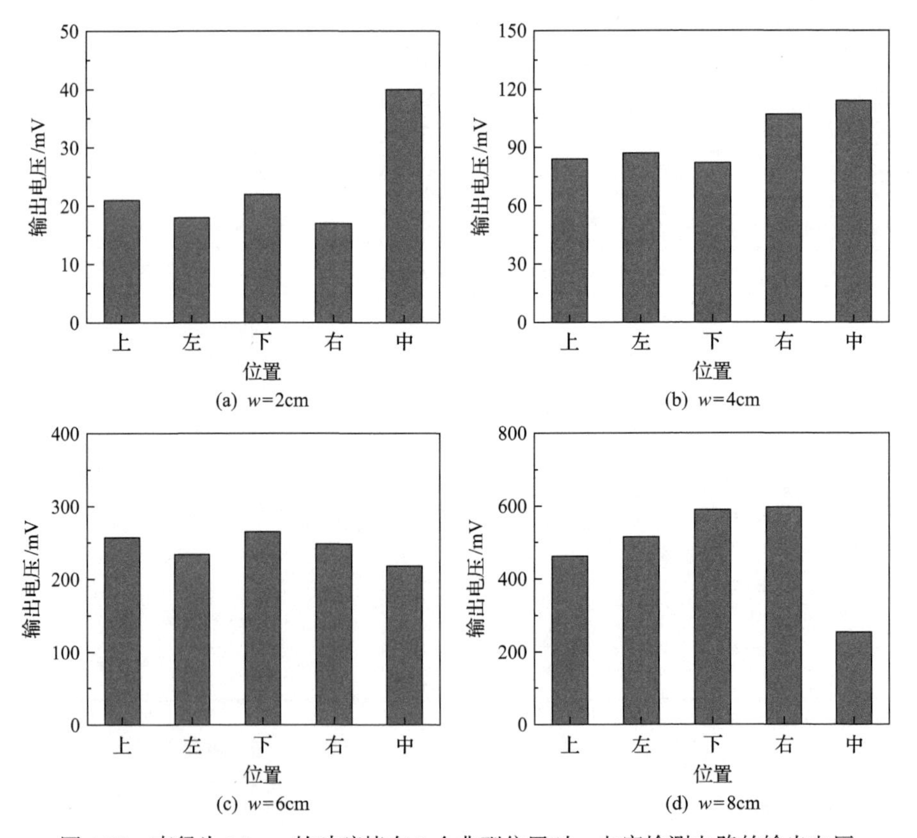

(a) w=2cm (b) w=4cm (c) w=6cm (d) w=8cm

图 4.21 直径为 10mm 的玻璃棒在 5 个典型位置时，电容检测电路的输出电压

电压，这主要是由于玻璃的介电常数比有机玻璃大，从而导致电容传感器敏感区域内介质的等效介电常数较大，即传感器的等效电容增大。

图 4.22 为将不同数量的直径为 10mm 玻璃棒置于管道中心位置时，电容检测电路的输出电压。这里只比较了与最优电极宽度接近的 4cm 和 6cm 电极宽度两种情况。可以看出随着体积浓度的增加，输出电压增加。当然，在相同体积浓度下，电极较宽的传感器输出电压更大。电容检测电路的输出电压和玻璃棒的体积浓度之间呈现明显的非线性，进一步表明，灵敏场均匀的传感器结构不一定具有良好的线性度。图 4.23 为不同数量的直径为 10mm 的玻璃棒在管道内任意位置时，检测电路的输出电压相对于中心位置的最大偏差。总体来看，随着体积浓度的增加，最大相对偏差趋于零，表明高体积浓度有利于提高测量准确性。

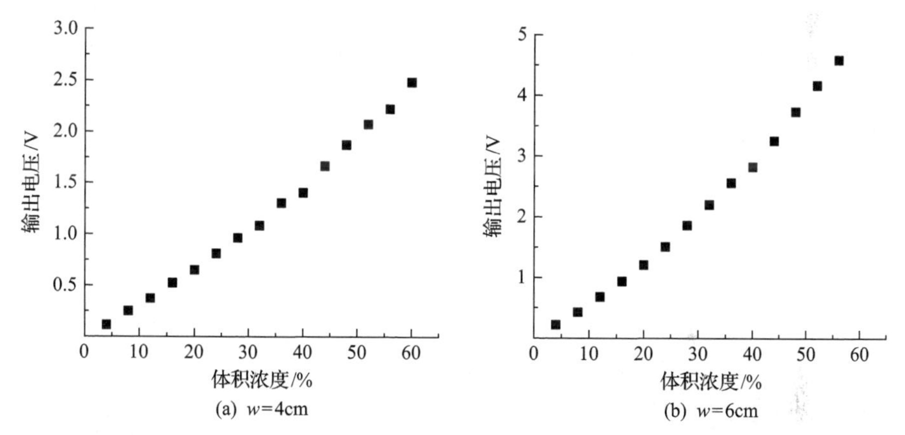

图 4.22　不同数量直径为 10mm 的玻璃棒在管道中心位置时，电容检测电路的输出电压

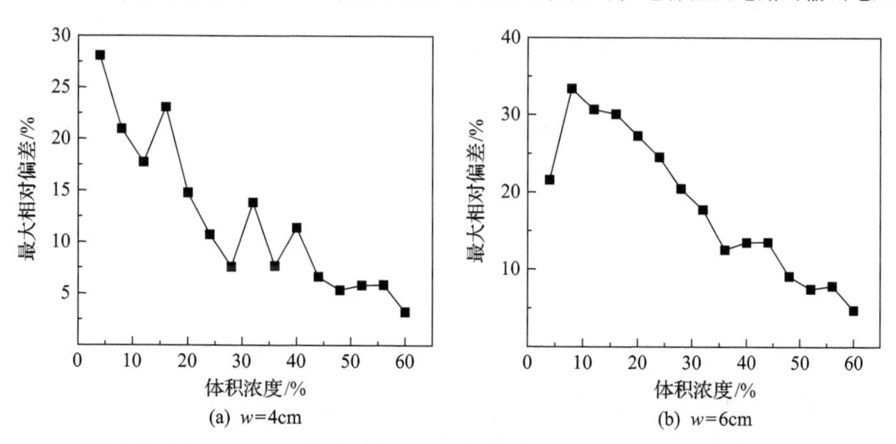

图 4.23　不同数量直径为 10mm 的玻璃棒在管道任意位置时，检测电路的输出电压与中心位置输出电压的最大相对偏差

从实验结果可知，电极宽度对传感器的灵敏场的均匀性有非常重要的影响，

对于实验中采用的有机玻璃和玻璃两种材料，随着电极宽度的增大，管道中间位置的灵敏度均呈现由大于边缘位置的灵敏度，逐渐向小于边缘位置的灵敏度的方向发展，所以在确定螺旋电极导程之后，只需要调节电极宽度值即可确定最优的电极轴向宽度，从而实现螺旋电极电容传感器结构参数的优化。对于有机玻璃和玻璃两种材料，最优的电极宽度是不同的，玻璃的介电常数要大于有机玻璃，而其最优电极宽度为 5.5cm，要小于有机玻璃的最优电极宽度 6cm，所以介电常数较大的介质所对应的最优电极宽度较小。这也表明，当介质变换后，传感器结构参数需要重新优化。

4.4.3　环状电极电容传感器的传感特性

图 4.24 为环状电极电容传感器的结构示意图及三维图[8,9]，该传感器由电极、绝缘环和屏蔽罩三个部分组成，电极包括一个激励电极和两个检测电极，激励电极和检测电极由保护电极隔开，两个检测电极的输出信号结合互相关信息处理技术用于实现颗粒的速度测量。R_1、R_2 和 R_3 分别为绝缘管道的内径、外径和屏蔽罩内径，W 和 W_1 分别为检测电极和保护电极轴向长度。

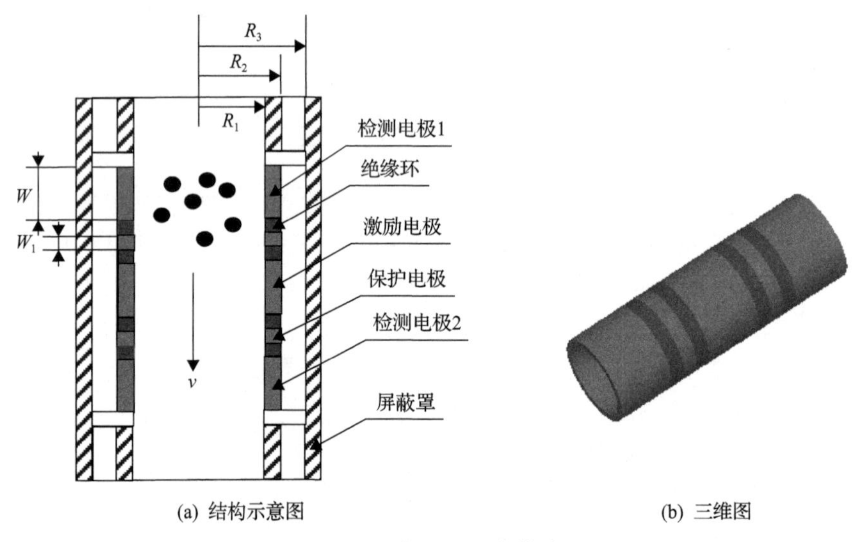

(a) 结构示意图　　(b) 三维图

图 4.24　环状电极电容传感器

利用有限元分析软件对环状电极电容传感器进行仿真模拟，在仿真计算中，在传感器模型内插入不同相对介电常数(1、1.1、1.5、2、3)的物体来模拟电容值的变化，相对介电常数为 1 即表示传感器为空管。这里假设传感器内物体的相对介电常数是均匀分布的，且插入时传感器处于满管状态，即体积浓度为 100%。通过改变有无保护电极、保护电极厚度和轴向长度、检测电极轴向长度、金属屏蔽罩内径等仿真参数对环状电极电容传感器的电容灵敏度特性的影响。由于环状电极电容传感器的对称性，选定检测电极 1 进行分析。

1. 有无保护电极的影响

图 4.25 为有无保护电极对传感器电容灵敏度的影响。由图分析可知：对于不同相对介电常数的颗粒，有保护电极时，传感器的电容灵敏度明显变大，表明加入保护电极有利于提高传感器的电容灵敏度。

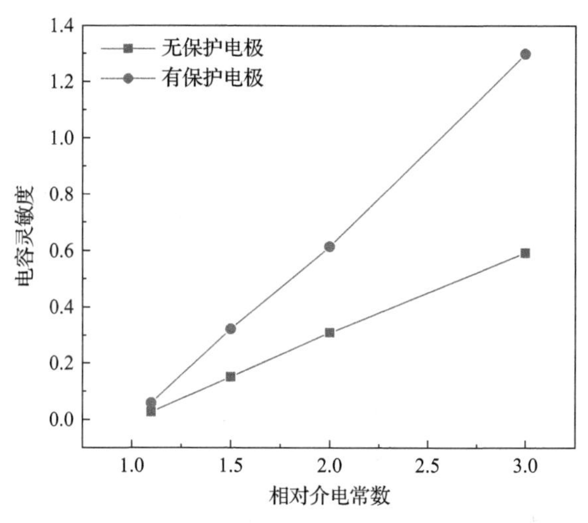

图 4.25　有无保护电极对传感器电容灵敏度的影响

图 4.26 为有无保护电极及绝缘环参数变化对传感器空管电容的影响。从图 4.26(a)可以看出：没有保护电极时，绝缘环相对介电常数变化，传感器的空管电容是增大的；有保护电极时，传感器的空管电容基本不受绝缘环相对介电常数变化的影响。图 4.26(b)为有保护电极且绝缘环轴向长度(W_3)不同时，其相对介电常数变化对传感器空管电容的影响。对其分析可知绝缘环轴向长度一定时，它的相对介电常数变化对传感器空管电容的影响不大。相对介电常数与温度密切相关，温度发生变化时，绝缘环的相对介电常数也会发生变化，因此，保护电极的设计可以有效抑制传统电容传感器的温度漂移特性。

2. 保护电极厚度的影响

图 4.27 为保护电极厚度对传感器电容灵敏度的影响。可以看出，随着保护电极厚度的增大，检测电极所能检测到的电荷量是降低的，在厚度为 25mm 以上时，检测到的电荷量趋于平稳，而保护电极厚度对同一相对介电常数的电荷绝对变化量影响不大。传感器的电容灵敏度则是随着保护电极厚度的增大而增大，在厚度为 35mm 时，达到最大值，且此时保护电极与外部屏蔽罩相切。在传感器结构设计时既要保证检测电极检测到的电荷量不至于太小而导致检测困难，又要保证传

感器对电容的变化足够灵敏。

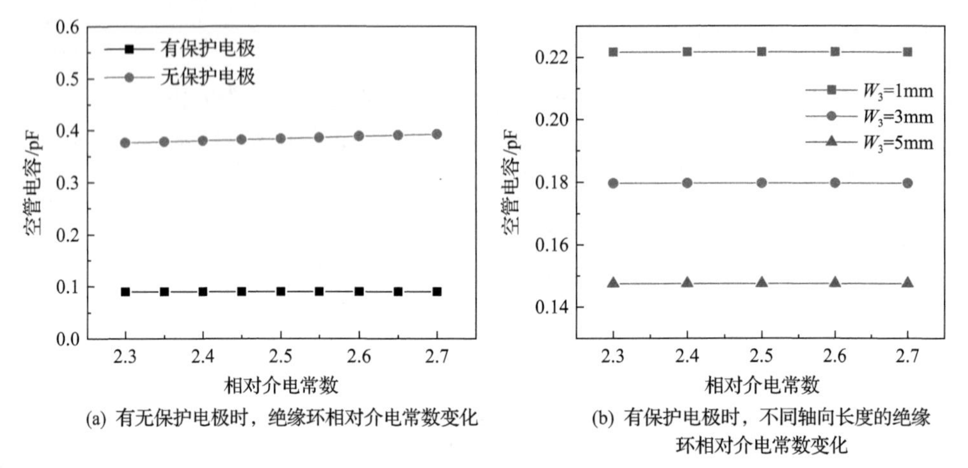

(a) 有无保护电极时，绝缘环相对介电常数变化

(b) 有保护电极时，不同轴向长度的绝缘环相对介电常数变化

图 4.26　有无保护电极及绝缘环参数变化对传感器空管电容的影响

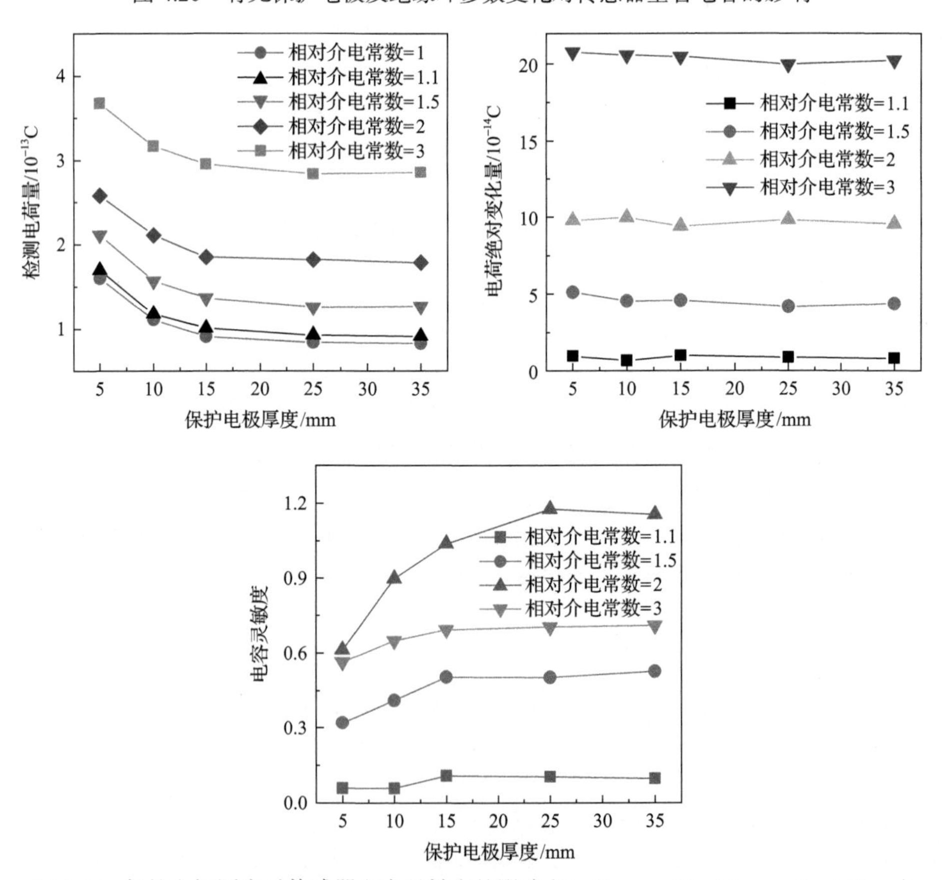

图 4.27　保护电极厚度对传感器电容灵敏度的影响(W=40mm，W_1=10mm，R_3=120mm)

3. 保护电极轴向长度的影响

图 4.28 为保护电极轴向长度对传感器电容灵敏度的影响。随着保护电极轴向长度的增大，检测电极检测到的电荷量和电荷绝对变化量是不断减小的，电容灵敏度则是稍微增大后减小的，结合三张图，保护电极轴向长度设置为 10mm 最佳。

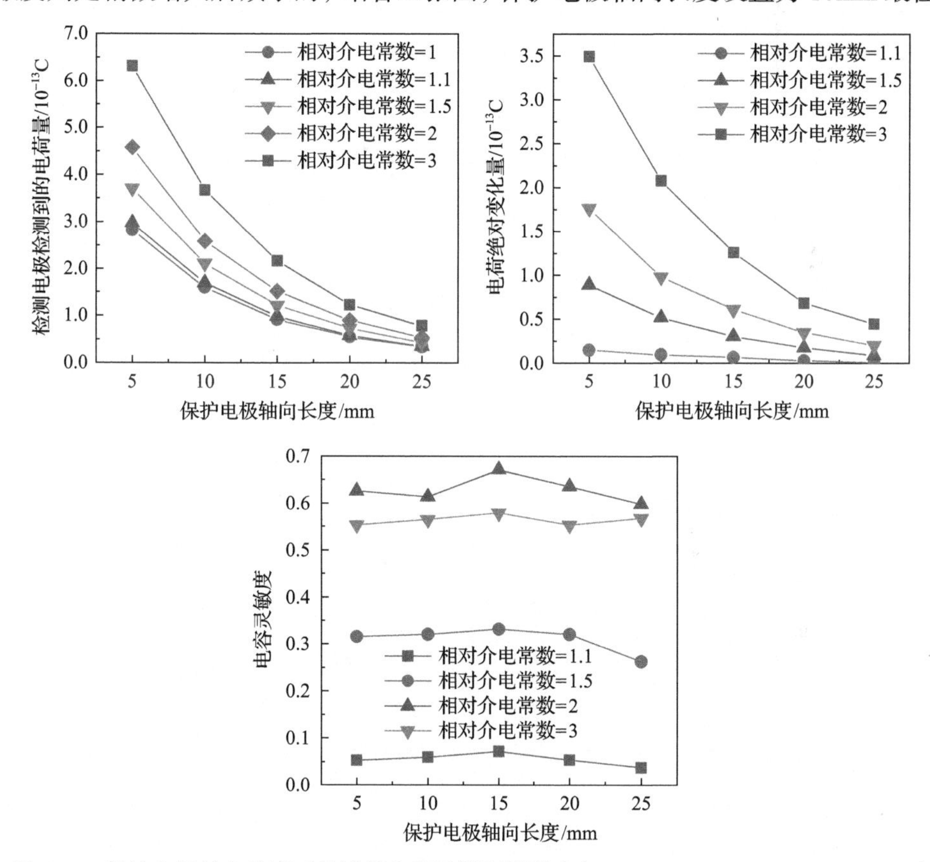

图 4.28　保护电极轴向长度对传感器电容灵敏度的影响（W=40mm，W_3=5mm，R_3=120mm）

4. 检测电极轴向长度的影响

图 4.29 为检测电极轴向长度对传感器电容灵敏度的影响。可以看出，检测电极检测到的电荷量随着检测电极轴向长度的增大是增大的，在 40mm 时达到最大值，之后趋于平稳。而传感器的电容灵敏度变化不大。考虑到电容值越大，越容易检测，检测电极轴向长度设置为 40mm 最佳。

5. 屏蔽罩内径的影响

图 4.30 是屏蔽罩内径对传感器电容灵敏度的影响。随着屏蔽罩内径的增大，

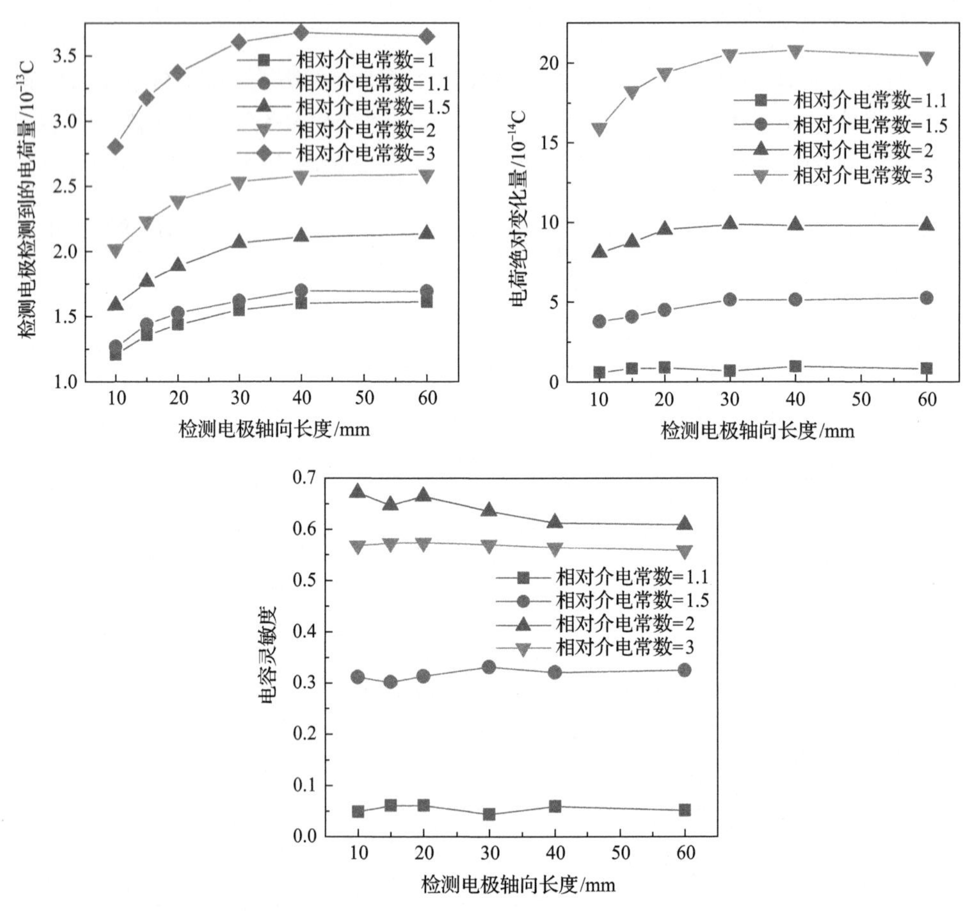

图 4.29　检测电极轴向长度对传感器电容灵敏度的影响(W_3=5mm，W_1=10mm，R_3=120mm)

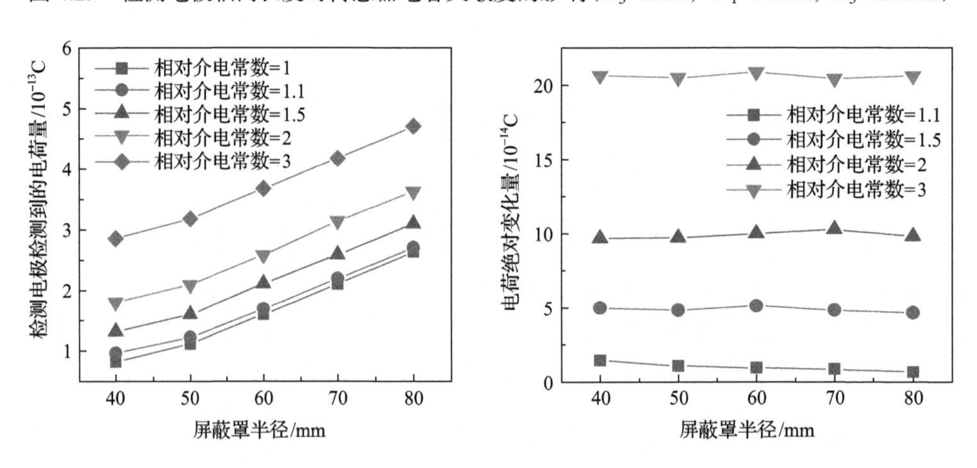

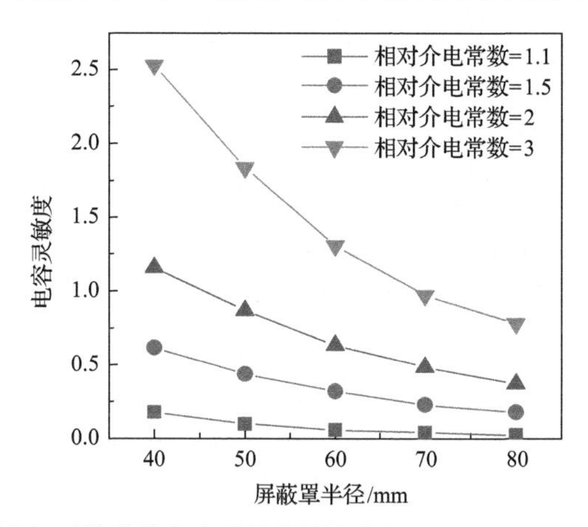

图 4.30　屏蔽罩内径对传感器电容灵敏度的影响(W=40mm，W_1=10mm，W_3=5mm)

理论上，检测电极检测到的电荷量是不断增大的，模拟结果也证明如此。而传感器的电容灵敏度是不断降低的。考虑电容灵敏度和检测电极检测到的电荷量大小，屏蔽罩内径设置为 60mm 最佳。

4.5　基于环状电极电容传感器的气固两相流动参数检测

4.5.1　传感器温漂

温漂实验系统(图 4.31)用于传感器的温漂特性测试，主要由温控箱、检测电路、传感器和计算机构成，其中计算机用于检测电路输出信号的采集[8]。实验开始前需将传感器连接到检测电路，并置于温控箱内，检测电路则置于温控箱外，温控箱的温度调节范围控制在 35～65℃，每隔 10℃调节一次，每种工况连续测试 25min。

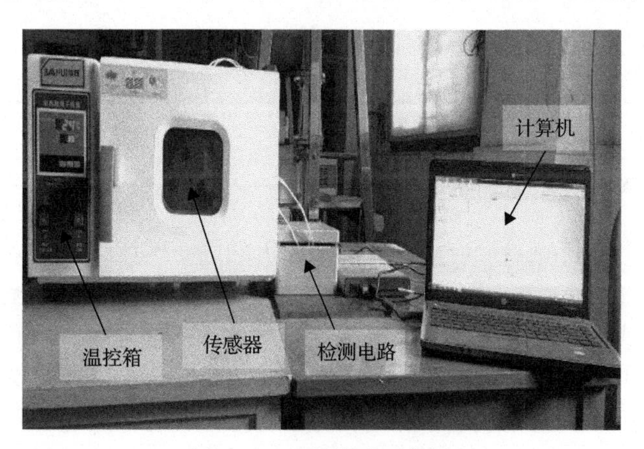

图 4.31　温漂实验系统图

传感器在温控箱内的温漂实验结果如图 4.32 所示，可以看到，随温度变化，输出电压的稳定性变化非常小，说明传感器的温漂非常小，即提出的新型传感器结构能够有效解决传感器侧的温漂问题。但印制电路板布线时，不能保证三个电极之间的连线距离一致，且元器件的性能也不完全相同，因此两电极之间的基准电容值也有所差别。但是颗粒的浓度导致的电容变化量是一致的，只需要根据颗粒浓度导致的电容检测电路输出电压的变化量进行标定即可。

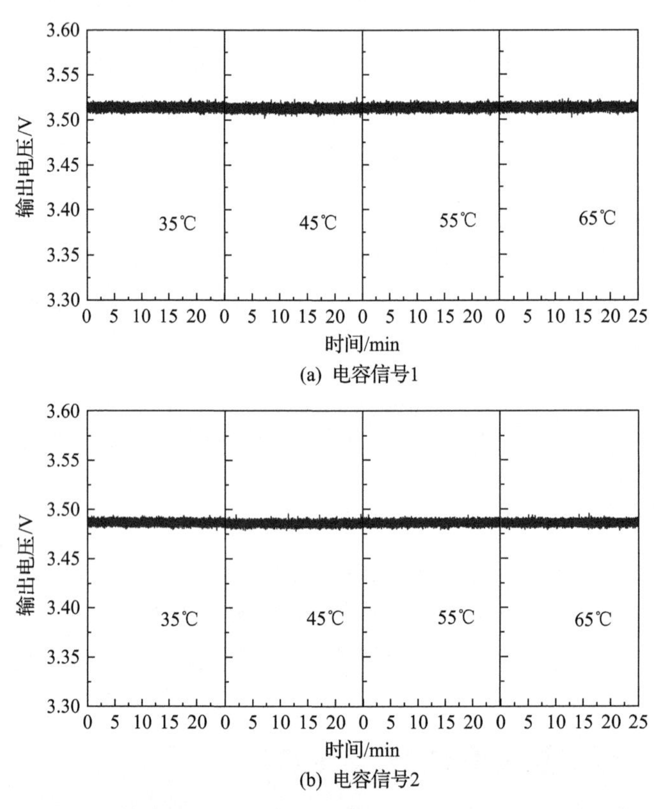

(a) 电容信号1

(b) 电容信号2

图 4.32　传感器在温控箱内时，输出电压随温度的变化规律

4.5.2　重力输送颗粒流量测量实验

环状电极电容传感器可应用于气固两相流的固相速度、浓度以及流量的测量中[8,9]。在重力输送颗粒实验台上进行颗粒速度、浓度以及流量的测试，实验台如图 4.33 所示。输送颗粒采用玻璃珠，先将玻璃珠放入漏斗，打开阀门，玻璃珠在重力作用下自由下落至环状电极电容传感器的测量管道中，玻璃珠的质量流量可以通过改变阀门开度进行调节。实验台上设有称重传感器来记录料斗中颗粒的质量，并可计算各工况中颗粒的平均质量流量。实验中，颗粒的下落高度，即颗粒

从静止开始下落位置与环状电极电容传感器中心的距离分别为 31.5cm、51.5cm、61.5cm、71.5cm 和 91.5cm。每个工况条件下通过调节阀门改变颗粒的质量流量，从而获得不同速度和浓度下的测试结果。其中，下落高度为 51.5cm、71.5cm 和 91.5cm 的实验数据用于标定浓度与电压的关系，下落高度为 31.5cm 和 61.5cm 的实验数据用于标定结果的验证。

图 4.33　重力输送颗粒实验系统

图 4.34 为下落高度为 51.5cm 的典型工况下，检测电极输出电容信号去均值结果及其互相关函数，此时可知两个电容信号之间的相似性较好，信号之间有一个时间偏移，它们的互相关函数具有一个明显的峰值，其坐标为(0.02335, 0.619)。由于两个电容信号之间的距离为 0.07m，可计算出颗粒的速度值为 3.0m/s。

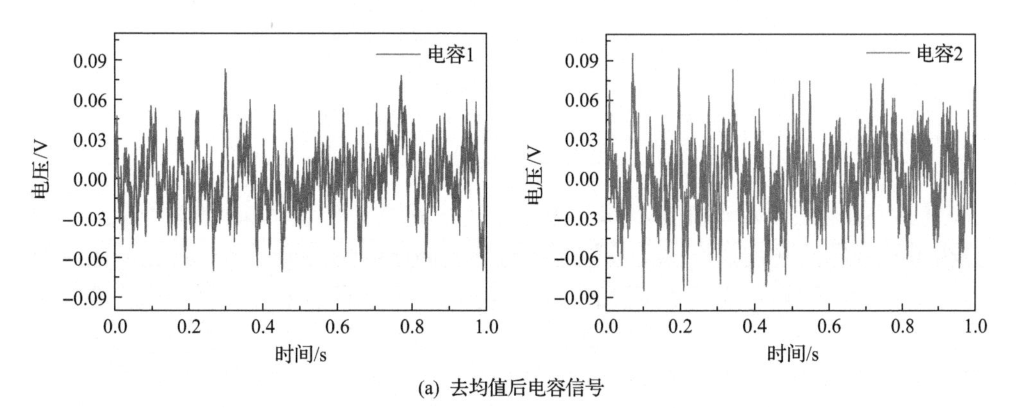

(a) 去均值后电容信号

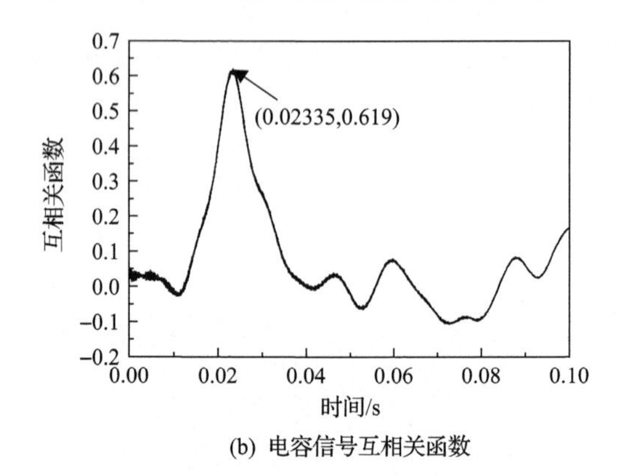

(b) 电容信号互相关函数

图 4.34　典型工况下，检测电极的电容信号去均值结果及其互相关函数

图 4.35 为该典型工况下，称重传感器得到的颗粒质量流量与时间的关系，线性度为 0.9973，拟合公式的斜率即为颗粒的质量流量变化率，故而得到颗粒的平均质量流量约为 0.199kg/s。图 4.36 为该典型工况下的颗粒速度和互相关系数的连续测量结果。分析可得：速度测量的稳定性较好，互相关系数在 0.6 左右，表明测量结果可靠。在此典型工况下，颗粒的平均速度为 2.982m/s，传感器的截面积为 0.002m^2，可计算出颗粒的浓度为 33.367kg/m^3。

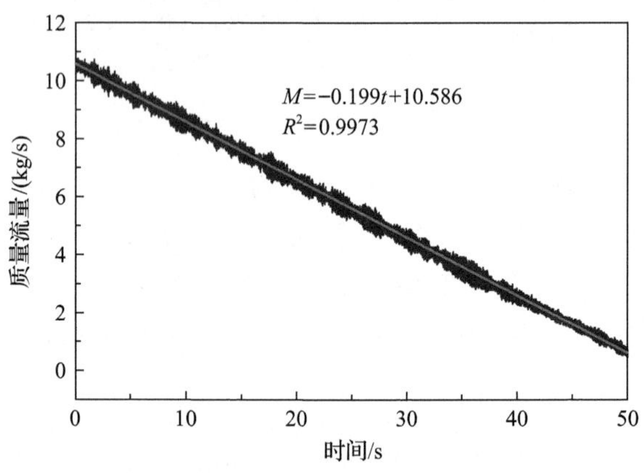

图 4.35　称重传感器测得的颗粒质量流量与时间的关系

M 表示质量流量；t 表示时间

图 4.37 给出了玻璃珠在不同下落高度条件下的平均速度多次测量结果，由图分析可知颗粒的平均速度测量值随着颗粒下落高度的增加而增大，在相同的工况下，系统测得的颗粒速度稳定性较好，其相对标准偏差小于 1.55%。比较颗粒在不同下落高度条件下平均速度测量值与参考速度值可知平均速度测量值均小于参考速度值，参考速度只考虑重力作用下的自由落体运动，但现实中颗粒下落时会受到空气阻力作用，并且颗粒与颗粒、颗粒与壁面之间的碰撞摩擦等因素都会导

致颗粒速度真实值小于参考速度。

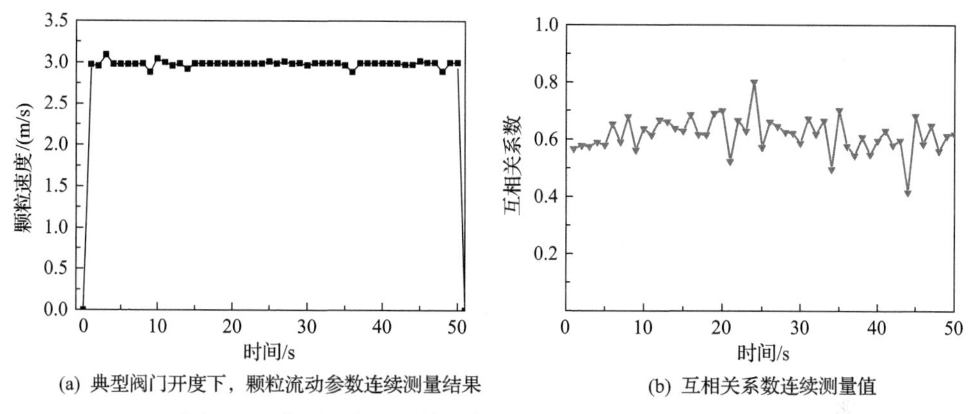

(a) 典型阀门开度下，颗粒流动参数连续测量结果　(b) 互相关系数连续测量值

图 4.36　典型工况下颗粒速度和互相关系数的连续测量结果

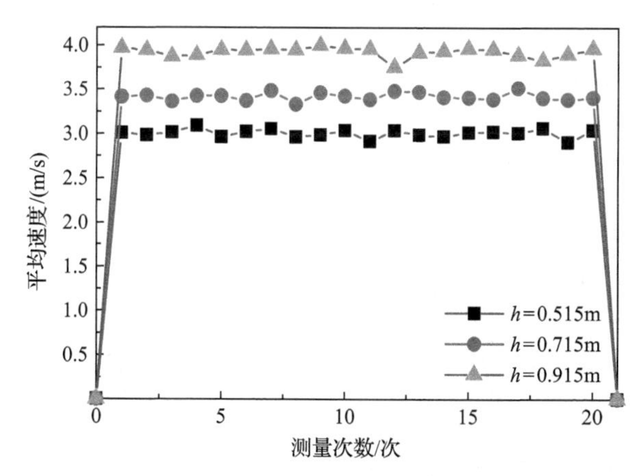

图 4.37　玻璃珠在不同下落高度条件下，平均速度多次测量结果

图 4.38 为颗粒在下落高度为 0.515m、0.715m 和 0.915m 时测量得到的一系列浓度与电容电压的测量点。对其拟合分析可以得知，颗粒浓度与电容电压之间呈线性关系，且拟合度 R^2 较高，为 0.992。此时颗粒的浓度与电容电压的关系式为：$\beta=kU_C=235.86(\pm1.16\%)U_C$，其中 β 为颗粒浓度，U_C 为颗粒浓度引起的电容测量电路输出电压变化量。

依据拟合的颗粒浓度与电容电压关系式，结合管道的横截面积($0.002m^2$)可以直接计算颗粒的质量流量。将下落高度为 31.5cm 和 61.5cm 时测得的固体颗粒的质量流量与称重传感器测得的质量流量进行了比较，由图 4.39 可知，测量系统测得的颗粒质量流量与称重传感器的结果吻合，表明了所开发的测量系统在颗粒质量流量测量方面的可行性。

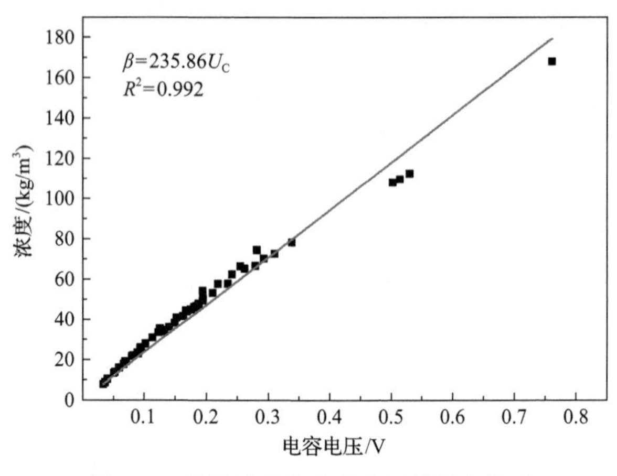

图 4.38　颗粒浓度与电容电压的拟合关系

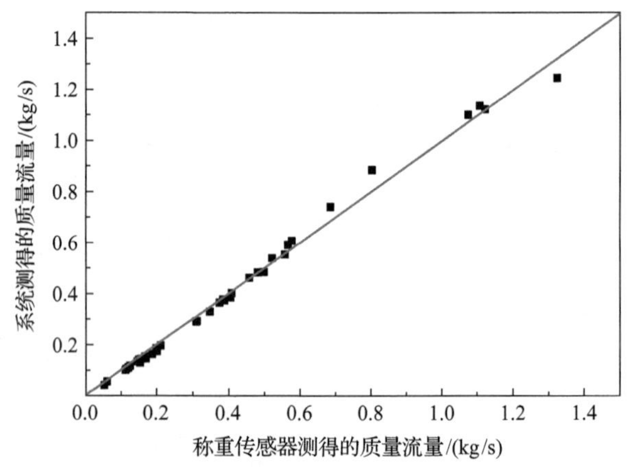

图 4.39　测量系统与称重传感器测得的质量流量比较

4.6　本章小结

本章首先简要介绍了电容传感器的基本原理以及目前已有的电容传感器的结构类型。然后，以螺旋和环状电极电容传感器为重点，详细介绍了其传感特性。对于螺旋电极电容传感器，电极宽度对灵敏场的均匀性有非常重要的影响；对于环状电极电容传感器，电极的轴向长度以及保护电极和屏蔽罩的尺寸等对灵敏场的均匀性均有影响，因此在传感器设计时需要优化确定最佳结构参数使得灵敏度、均匀性最优。最后，通过实验验证了环状电极电容传感器的低温漂性能，并在重力输送实验台上证实了环状电极电容传感器可以准确测量出颗粒速度、浓度和质量流量。

参 考 文 献

[1] Jannson R, Arwin H, Selection of the physically correct solution in the n-media Bruggeman effective medium approximation. Optics Communications,1994, 106 :133-138.

[2] Ersfeld B, Felderhof B V. Retardation correction to the Lorentz-Lorenz formula for the refractive index of a disordered system of polarizable point dipoles. Physical Review, 1998, E57 (1) : 1118-1126.

[3] Garnett J C M. Colors in metal glasses and in metallic films. Proceedings of the Royal Society of London, 1904, 73: 443-445.

[4] Dyakowski T, Jeanmeure L F C, Jaworski A J. Applications of electrical tomography for gas-solids and liquid-solids flows-a review. Powder Technology, 2000, 112 (3) : 174-192.

[5] Jaworek A, Krupa A, Trela M. Capacitance sensor for void fraction measurement in water/steam flows. Flow Measurement and Instrumentation, 2004, 15 (5-6) : 317-324.

[6] 李健. 气固两相流动参数静电与电容融合测量方法研究. 南京: 东南大学, 2016.

[7] Li J, Xu C L, Wang S M, et al. Influence of particle electrification on AC-based capacitance measurement and its elimination. Measurement, 2015, 76: 93-103.

[8] 王颢然, 李舒, 李健. 基于圆环状电容传感器的颗粒流动参数测量.节能技术, 2020, 38 (5) : 387-392.

[9] 王颢然. 基于静电耦合电容传感器的气固两相流动参数测量方法研究. 南京: 东南大学, 2020.

第 5 章　气固两相流动参数静电耦合电容检测技术

5.1　静电耦合电容传感器

5.1.1　静电耦合电容传感器原理

静电耦合电容传感器工作原理如图 5.1 所示[1,2]。当其被用于两相流动参数测量时，需要在激励电极上施加激励电压 U_{s}，当有带电量为 q 的颗粒通过电容传感器测量区域时，检测电极上会感应出与颗粒浓度成正比的电荷量。检测电极的感应电荷量与激励电压的比值就是激励电极与检测电极之间的电容值。同时，固体颗粒本身携带的静电荷也会使检测电极上感应出额外的电荷。

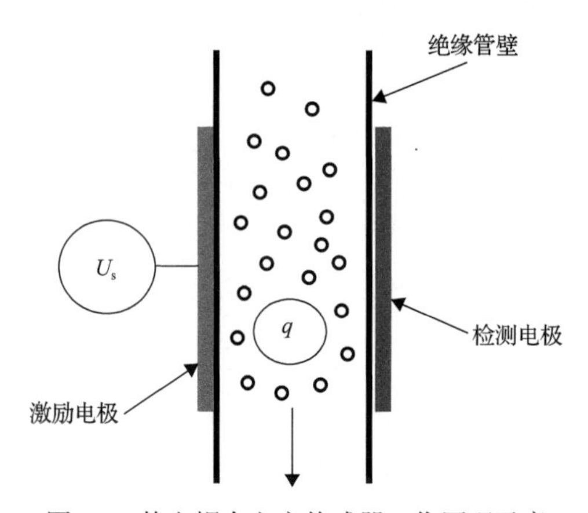

图 5.1　静电耦合电容传感器工作原理示意

传感器内部的电势分布可以通过静电场理论进行描述，根据高斯定理，可以得到以下关系式：

$$\nabla(D(x,y,z)) = -\nabla(\varepsilon(x,y,z)\nabla\varphi(x,y,z)) = \rho(x,y,z) \tag{5.1}$$

式中，∇ 为散度算子；$D(x,y,z)$ 为电通量密度；$\varepsilon(x,y,z)$ 为空间介电常数分布；$\varphi(x,y,z)$ 为电势分布；$\rho(x,y,z)$ 为粒子携带的电荷密度。其边界条件为

$$\begin{cases} \varphi(x,y,z)\,|_{(x,y,z)\in\Gamma_{\text{source}}} = U_{\mathrm{s}} \\ \varphi(x,y,z)\,|_{(x,y,z)\in\Gamma_{\text{detection}}} = 0 \\ \varphi(x,y,z)\,|_{(x,y,z)\in\Gamma_{\text{sheild}}} = 0 \end{cases} \tag{5.2}$$

式中，Γ_{source}、$\Gamma_{\text{detection}}$ 和 Γ_{sheild} 为激励电极、检测电极和屏蔽罩的边界；U_{s} 为施加在激励电极上的电压值。检测电极表面感应出的电荷量 Q 为

$$Q = \int_S D(x, y, z)\mathrm{d}S \tag{5.3}$$

在传感器结构内有两种引起电场的源，一种是施加在激励电极上的激发电压，另一种是颗粒静电荷。如果粒子不带任何电荷，即 $\rho(x, y, z) = 0$，则上述数学模型与传统电容传感器的数学模型相同；当激励电极接地（$U_{\text{s}} = 0$）时，它成为传统静电传感器测量带电粒子的模型。根据静电场的叠加原理，传感器内部的电场分布可以看作分别由激发电压和粒子电荷引起的电场的总和。因此，在检测电极上产生的电荷可以表示为

$$Q = Q_{\text{capa}} + Q_{\text{elec}} = -C_x U_{\text{s}} - \int q(x, y, z) S(x, y, z)\mathrm{d}x\mathrm{d}y\mathrm{d}z \tag{5.4}$$

式中，Q_{capa} 和 Q_{elec} 分别为由激发电压和颗粒静电荷引起的电荷；C_x 为激励电极和检测电极之间的电容值；$q(x, y, z)$ 为粒子电荷分布；$S(x, y, z)$ 为当检测电极用作传统静电传感器时的灵敏度分布。式(5.4)表明静电耦合电容传感器检测电极上的感应电荷量应该等于激励电压与颗粒静电荷引起的感应电荷量之和，即实际测量得到的检测信号是静电信号与电容信号的混合信号。

5.1.2　静电耦合电容传感器接口电路设计

检测电极上感应的电荷可以通过 I/V（电流转换为电压）电路转换为电压信号，如图 5.2 所示。对于理想的运算放大器，差分输入电压为零。由于非反相输入接地，反相输入和反馈信号的接点是虚拟地。根据基尔霍夫电流定律，可以得到以下方程：

$$I_1 + I_2 = -\frac{\mathrm{d}Q}{\mathrm{d}t} + \frac{U_{\text{o}}}{R_{\text{f}} // C_{\text{f}}} = 0 \tag{5.5}$$

式中，I_1 为从检测电极流入的电流；I_2 为反馈电流；R_{f} 和 C_{f} 分别为反馈电阻和电容；U_{o} 为 I/V 转换电路的输出电压；$R_{\text{f}} // C_{\text{f}}$ 为反馈电阻和电容的并联阻抗。

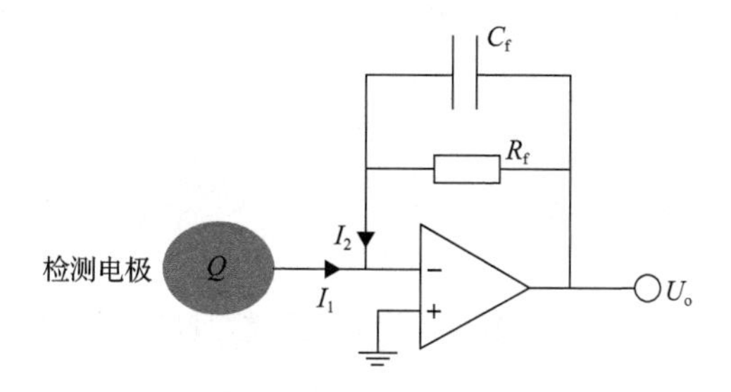

图 5.2　I/V 转换电路

根据式(5.4)和式(5.5)，I/V 转换电路的输出电压为

$$U_{\mathrm{o}}=-(R_{\mathrm{f}}//C_{\mathrm{f}})C_x\frac{\mathrm{d}U_{\mathrm{s}}}{\mathrm{d}t}-(R_{\mathrm{f}}//C_{\mathrm{f}})\frac{\mathrm{d}\left(\int q(x,y,z,t)S(x,y,z)\mathrm{d}x\mathrm{d}y\mathrm{d}z\right)}{\mathrm{d}t} \tag{5.6}$$

可以看出，电路输出电压由两个部分组成。前者与激励电极和检测电极之间的电容有关，而后者取决于颗粒静电荷。它们分别表示为电容信号($U_{\mathrm{capacitance}}$)和静电信号($U_{\mathrm{electrostatic}}$)。因此，有[1]

$$\begin{cases}U_{\mathrm{capacitance}}=-(R_{\mathrm{f}}//C_{\mathrm{f}})C_x\dfrac{\mathrm{d}U_{\mathrm{s}}}{\mathrm{d}t}\\ U_{\mathrm{electrostatic}}=-(R_{\mathrm{f}}//C_{\mathrm{f}})\dfrac{\mathrm{d}\left(\int q(x,y,z,t)S(x,y,z)\mathrm{d}x\mathrm{d}y\mathrm{d}z\right)}{\mathrm{d}t}\end{cases} \tag{5.7}$$

为了确保传感器内部的电势分布可以通过静电场理论来描述，施加的激励电压U_{s}的频率通常在 1MHz 的数量级，而静电信号的频率高度依赖于传感器结构和带电粒子的运动状态，通常在 1kHz 数量级或以下。因此，电容信号和静电信号具有完全不同的频率特性，这为从 I/V 转换电路的输出中分解和提取这两个信号提供了基础。

如图 5.3 所示，本节设计并开发了用于静电耦合电容传感器信号调制的测量电路。使用信号发生器产生 1MHz 数量级的正弦波信号，作为施加在激励电极上的激励电压U_{s}。I/V 转换电路由宽带运算放大器实现，其反馈电阻和反馈电容分别为R_{f}和C_{f}。静电信号($U_{\mathrm{electrostatic}}$)通过具有 10kHz 数量级截止频率的低通滤波器从 I/V 转换电路的输出(U_{o})中提取并进一步放大。

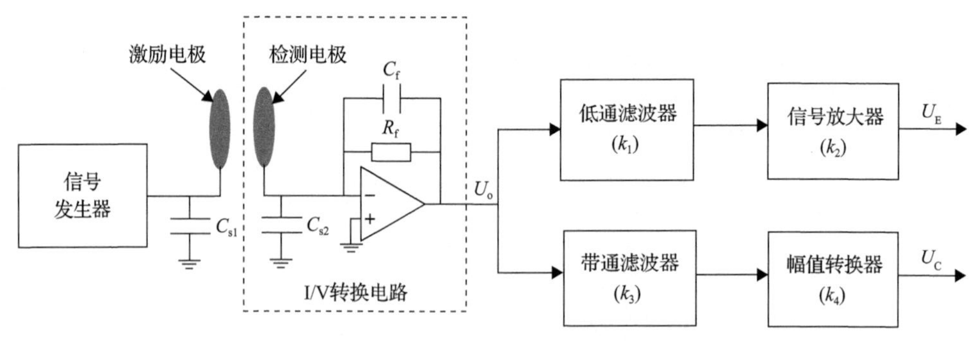

图 5.3　静电耦合电容传感器信号调制的测量电路

通过由运算放大器构成的低通滤波器和信号放大器，结果输出信号(U_{E})为

$$U_{\mathrm{E}} = -k_1 k_2 (R_{\mathrm{f}} // C_{\mathrm{f}}) \frac{\mathrm{d}\left(\int q(x,y,z,t) S(x,y,z) \mathrm{d}x\mathrm{d}y\mathrm{d}z\right)}{\mathrm{d}t} \tag{5.8}$$

式中，k_1 和 k_2 分别为低通滤波器和信号放大器的增益。

相应地，在 I/V 转换电路后并联一个中心频率与激励电压频率相同的带通滤波器，可对 I/V 转换电路输出信号(U_{o})中的电容信号进行滤波与提取。获得的电容信号进一步经过幅值转换器转换获得信号幅值，从而产生用于电容测量的直流电压信号。传感器的静态电容通过一个数-模转换器产生的偏移电压进行平衡，只留下由颗粒浓度引起的电容变化(ΔC)，并经过差分放大器进一步处理。差分放大器的输出(U_{C})为

$$U_{\mathrm{C}} = 2\pi k_3 k_4 f A \left| R_{\mathrm{f}} // C_{\mathrm{f}} \right| \Delta C \tag{5.9}$$

式中，f 和 A 为 U_{s} 的频率和振幅；k_3 和 k_4 分别为带通滤波器和差分放大器的增益；$|\cdot|$ 为复数的模。

在图 5.3 中，由激励电压引起的激励电极和地之间的杂散电容(C_{s1})不会影响激励电极上的电压，因此对检测信号的 I/V 转换没有影响。另外，由于运算放大器的反相输入端保持在虚地状态，所以通过检测电极和地之间的杂散电容(C_{s2})的电流几乎为零，因此也不影响 I/V 转换。综上所述，该电路在测量电容信号和静电信号时不受杂散电容的影响。

5.1.3 静电耦合电容传感器的数值分析

目前，静电场数学模型通常采用有限元法求解。模拟的传感器结构如图 5.4 所示，两个角度为 θ、长度为 L 的相同电极相对安装在内径和外径分别为 R_1 和 R_2 的有机玻璃管的外表面上，分别用作激励电极和检测电极。电极被封闭在内径为

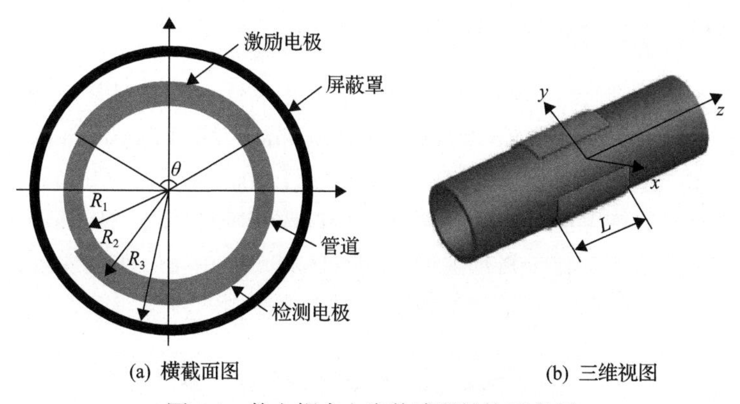

图 5.4　静电耦合电容传感器结构示意图

R_3 的金属屏蔽罩中，用于隔离外部电磁干扰。具体结构参数如下：R_1=25mm，R_2=30mm，R_3=35mm，θ=120°，L=40mm。

图 5.5 显示了当管道为空时，不同边界条件下检测电极上的感应电荷[1]。在传感器内放置净电荷(q_0)以模拟粒子充电。当 q_0=0pC 时，该模型变为传统的电容传感器模型，其中检测电极上的感应电荷与施加在激励电极上的电压呈比例。当净电荷(q_0=5pC)沿着中心流线(0mm，0mm，z)，即 z 轴移动时，不同 U_s 在检测电极上的感应电荷变化曲线几乎相同，但都是以 U_s 引起的电荷为基础。对于边缘流线(0mm，–20mm，z)也可以发现类似的现象，不同之处在于诱导电荷变化曲线比中心流线(0mm，0mm，z)更尖锐。在检测电极上感应的电荷是由激励电极上的激励电压引起的电荷和由粒子携带的电荷引起的电荷之和，验证了根据电场叠加原理得到的式(5.4)的正确性。换言之，检测电极上的感应电荷不仅反映激励电极和检测电极之间的电容，还反映粒子携带的电荷。因此，该传感器被称为“静电耦合电容传感器”[1]。

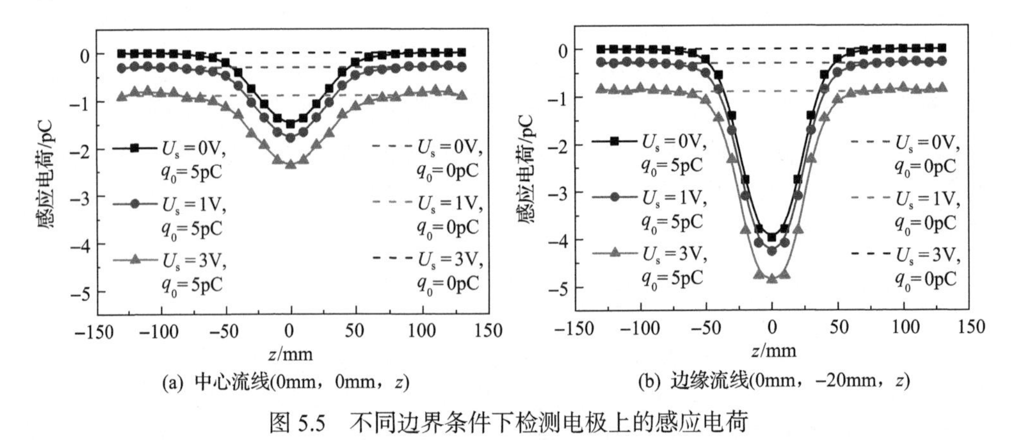

(a) 中心流线(0mm，0mm，z)　(b) 边缘流线(0mm，–20mm，z)

图 5.5　不同边界条件下检测电极上的感应电荷

5.1.4　静电耦合电容传感器的实验验证

为了验证静电耦合电容传感器数值分析的正确性，本节对其进行了单颗粒信号测量实验[1]。实验台如图 5.6 所示，直径为 15mm、高度为 10mm 的单个聚四氟乙烯(PTFE)圆柱体从 50mm 有机玻璃管的顶部自由落体，然后穿过传感区域。通过调节管道顶部到传感器中心的高度(h)，可以改变圆柱体经过传感器区域的下落速度。在重力作用下，粒子将加速通过传感区域，但由于下落高度远大于传感器长度，因此颗粒加速度对测量结果的影响很小。使用的传感器结构与图 5.4 中的结构相同。

图 5.7 显示了单个 PTFE 圆柱体沿着管道中心穿过静电耦合电容传感器时，获得的静电信号和电容信号。尽管圆柱体从 35cm 和 85cm 两个不同的高度坠落时通

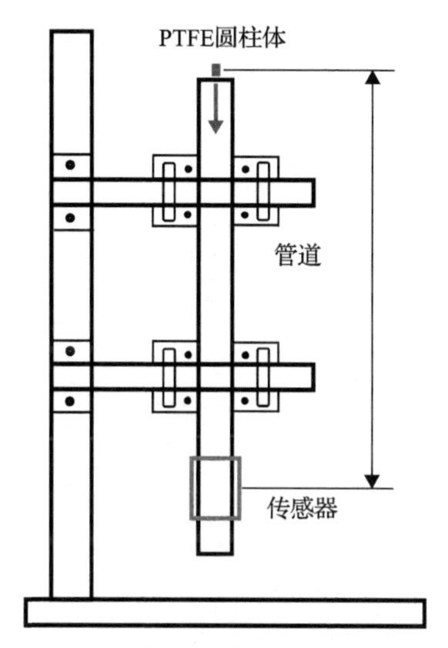

图 5.6　单颗粒信号测量实验台

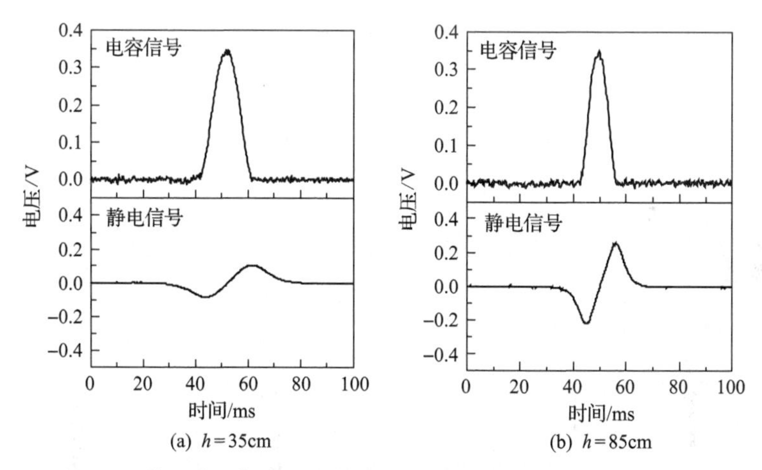

图 5.7　作为静电耦合电容传感器时获得的静电信号与电容信号

过传感器的速度不同，但电容信号的最大值都约为 0.34V。根据式(5.8)，静电信号与圆柱体携带电荷所感应的电流呈比例，导致在实验中获得的是正弦波状静电信号。图 5.8 绘制了电极仅作为静电传感器使用时的典型静电信号。显然，这些信号波形与作为静电耦合电容传感器时的波形相似，但由于颗粒携带的电荷在每次测试中会随机变化，因此两次测量的信号具有不同的振幅。然而，作为静电传感器时获得的归一化静电信号与作为静电耦合电容传感器时获得的相应静电信号相同，如图 5.9 所示。综上所述，从静电耦合电容传感器获得的静电信号与传统的静电传感器相同，这也进一步验证了使用静电耦合电容传感器同时获取颗粒静电信号与电容信号的可行性。

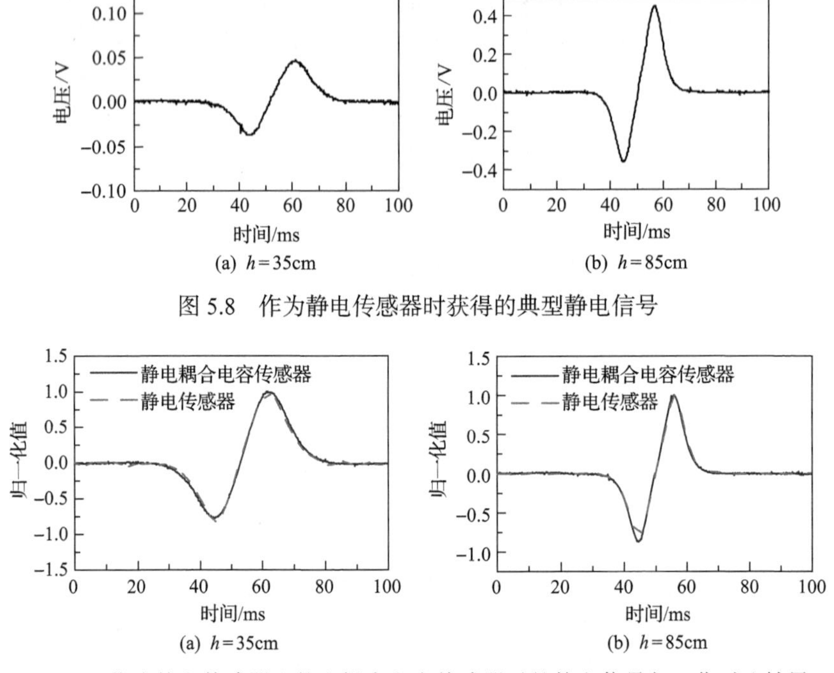

图 5.8　作为静电传感器时获得的典型静电信号

图 5.9　作为静电传感器和静电耦合电容传感器时的静电信号归一化对比结果

5.2　基于静电耦合电容传感器的气固两相流动参数测量

5.2.1　静电耦合电容传感器系统设计

基于静电耦合电容传感器原理，本节设计了如图 5.10 所示的静电耦合电容传感器测量系统结构，主要由检测电极、信号接口电路、数字信号处理器三部分组成。传感器检测电极在感知测量区域内流动颗粒携带的静电荷量以及区域内颗粒浓度分布的实时变化后，产生检测电流信号并传入信号接口电路。两路检测信号在信号接口电路内经过滤波、放大、积分等信号处理环节后，分离为两路静电信号与两路电容信号，分别记为 U_{E1}、U_{E2} 和 U_{C1}、U_{C2}。之后，静电信号与电容信号经过模-数转换变为数字信号，通过数字信号处理器算法处理计算，得到测量对象的速度与浓度参数[3-5]。

设计的非接触式圆环状静电耦合电容传感器结构如图 5.11 所示，其主要由法兰、激励电极、检测电极、隔离电极、绝缘层及屏蔽罩组成。其中，激励电极、检测电极与隔离电极均为圆环状电极，由黄铜材料制成，两侧法兰为 DN50 标准法兰，传感器电极之间的空隙由聚四氟乙烯材料进行填充隔离，同时也起到固定电极位置的作用。R_1、R_2 和 R_3 分别为电极内径、电极外径和屏蔽罩内径。W_1、

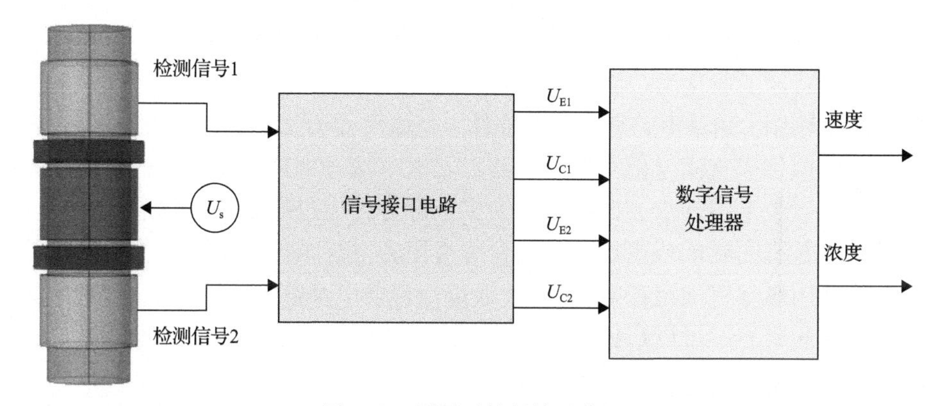

图 5.10　测量系统结构示意图

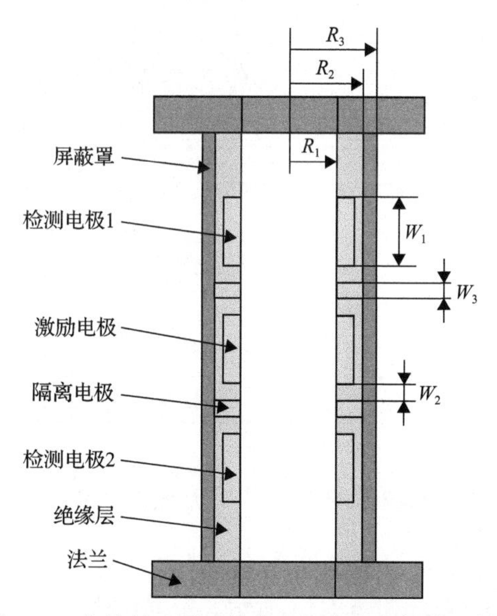

图 5.11　非接触式圆环状静电耦合电容传感器结构

W_2 和 W_3 分别为检测和激励电极宽度、激励电极与隔离电极之间的间隔、隔离电极的宽度。传感器具体结构参数如下：R_1=25mm，R_2=35mm，R_3=40mm，W_1=40mm，W_2=5mm，W_3=5mm。

由静电耦合电容传感器原理可知，从检测电极获得的检测信号包含了静电与电容双重信息，通过特定的电路设计可以分别准确提取二者的信息。由于使用的传感器有两个检测电极，因此在制作电路时设置了两个信号转换电路。在实际应用中，传感器系统的加工与使用在多方面都有一定要求。从功能性角度讲，测量系统的测量精度、稳定性、温度漂移等各方面指标需满足实际使用需求；从安全性角度讲，传感器的加工集成需要具有一定的耐压、耐磨以及耐高温能力，以满足在不同测量环境下以及测量不同对象时都具有较长的安全使用寿命；除此以外，从美观性角度讲，传感器的加工需要在满足测量需求的基础上进行一定程度的外观设计，以满足工业化生产以及审美需求。图 5.12 是自主设计的静电耦合电容传感器系统实物图。测量电路箱为空腔壳体，壳体尺寸为 220mm×140mm×90mm，测量电路箱内可竖直固定信号接口电路以及数字信号处理模块两块电路板。为满足实际加工以及走线需求，凸台设计为多个部分并通过螺纹与螺丝进行连接，且连接处均设置有密封圈或密封环。凸台竖直段为空管结构，平板段为槽结构，信号线一端使用螺丝钉固定在电极上后，通过凸台槽以及空管与测量电路进行连接。信号线连接完成后，可以在传感器空腔内注入密封胶，使传感器整体密封。

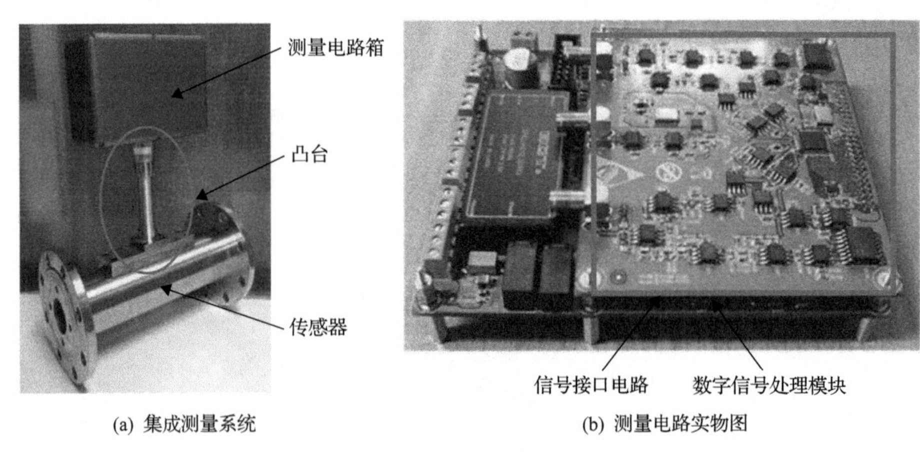

(a) 集成测量系统　　(b) 测量电路实物图

图 5.12　静电耦合电容传感器系统实物图

5.2.2　基于静电与电容信息融合的气固两相流速度检测

基于开发的静电耦合电容传感器系统，本节对负压气力输送颗粒速度进行了测量实验研究[4,5]。实验系统如图 5.13 所示，主要由螺旋给料机、料斗、输送管道与风机等组成。输送管道内径为 50mm，调节螺旋给料机与风机转速可以分别调整进入管道的颗粒流量及输送风速。实际实验时，通过记录进料斗的称重传感器以及风机出口处的涡街流量计数据可获得输送工况下的平均颗粒流量与输送风速，为静电耦合电容传感器颗粒速度测量结果提供参考数据。为研究颗粒含水率变化对静电与电容互相关速度测量结果的影响，实验中使用稻壳颗粒为输送物料，进行了 0%、10%、15%、20%、40%、50%六种含水率条件下的速度测量实验。

图 5.14 给出了在对干稻壳进行输送实验时获得的典型静电信号和电容信号及其对应的互相关函数曲线。可以看出：静电信号之间具有明显的相关性，静电信号互相关函数曲线具有明显的峰值，可用于颗粒输送速度测量；而由于干稻壳浓度低，电容信号非常微弱，两电容信号之间没有明显的相关性，其互相关函数曲线没有明显的峰值，因此无法获得准确的干稻壳流动速度。图 5.15 为该工况下利

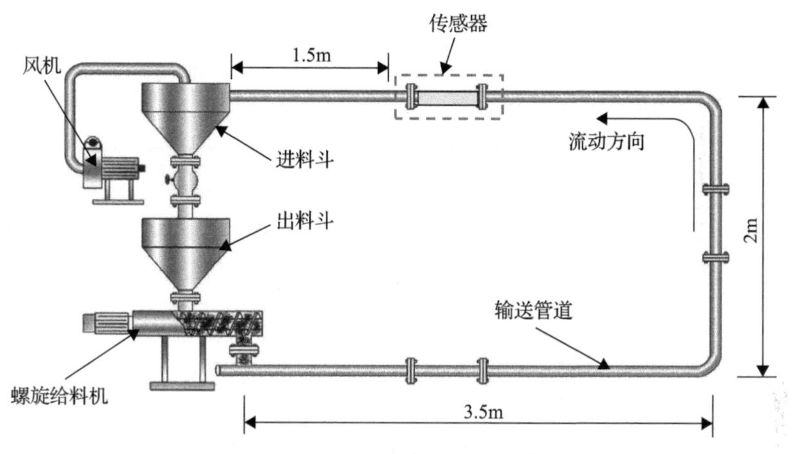

图 5.13　负压气力输送实验系统图

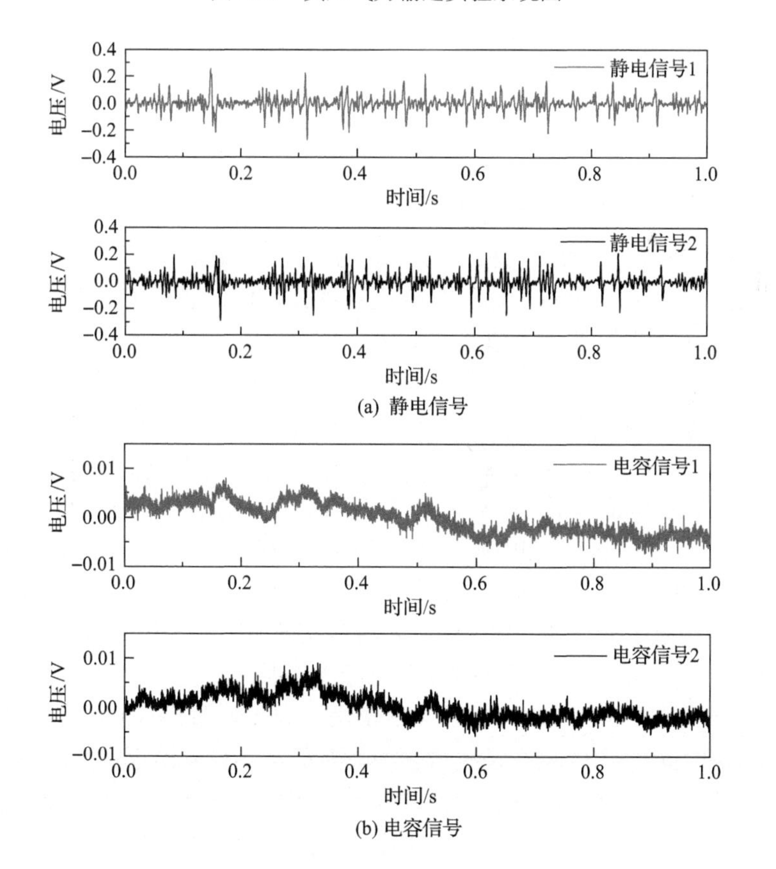

(a) 静电信号

(b) 电容信号

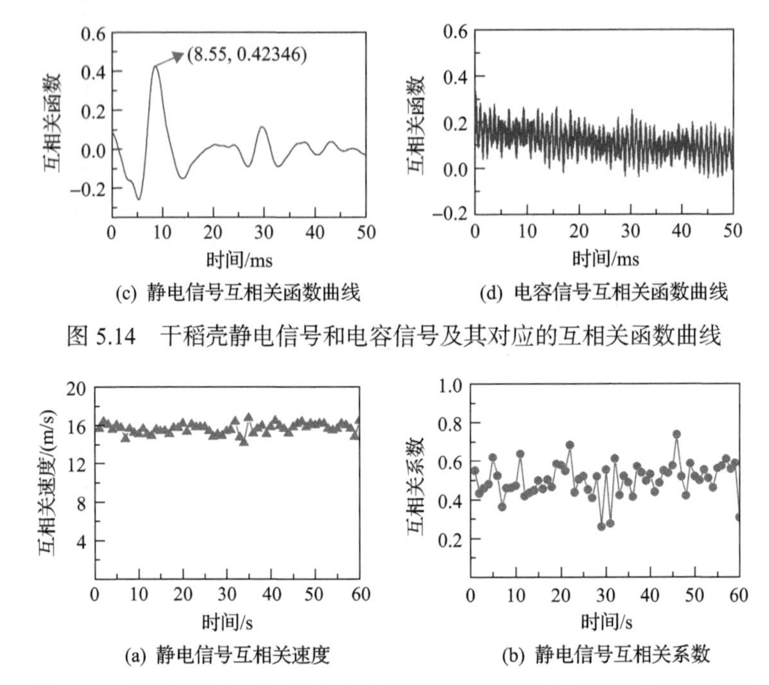

(c) 静电信号互相关函数曲线 (d) 电容信号互相关函数曲线

图 5.14 干稻壳静电信号和电容信号及其对应的互相关函数曲线

(a) 静电信号互相关速度 (b) 静电信号互相关系数

图 5.15 干稻壳静电互相关速度连续测量结果及静电信号的互相关系数

用静电信号获得的速度连续测量结果以及对应的互相关系数。实验时参考风速为20m/s，由于干稻壳与气流之间存在滑移，实际干稻壳流动速度与参考风速之间存在一定偏差。从测量结果看，通过静电信号结合互相关逻辑获得的速度结果较为稳定，且测量结果的互相关系数基本高于 0.4。

图 5.16 是在含水率为 40%条件下获得的典型静电信号与电容信号以及对应的互相关函数曲线。这里对信号进行了加窗分段处理，其中，静电信号分为 SE1、SE2、SE3、SE4 共 4 段，电容信号分为 SC1、SC2、SC3、SC4 共 4 段。可以看出：此时的颗粒静电信号明显减弱，尽管静电信号互相关函数曲线仍然存在明显的峰值，其信号的互相关系数却大幅降低，但仍可确定渡越时间为 8.85ms，对应的互相关速度为 15.81m/s。由于该工况颗粒含水率较高，电容信号明显增强，其互相关函数曲线也出现了明显的峰值，但其对应的渡越时间为 8.7ms，计算出来的互相关速度仅为 8.05m/s，与静电信号互相关结果差距甚大。究其原因，主要是电容信号出现了一个异常的尖峰(图 5.16(b)虚线框内)。从流动过程分析与实验观测发现，电容信号出现尖峰的原因是在输送过程中具有低速颗粒聚团存在，当颗粒聚团经过传感区域时，其引起的测量区域内的介电常数变化量远大于主流颗粒引起的变化量，从而导致电容信号出现尖峰。由于此时的颗粒含水率较高且影响聚团荷电量的因素较多，颗粒聚团对静电信号的影响相对较弱，尽管静电信号中也出现了一定的聚团信号(图 5.16(a)虚线框内)，但其不影响静电互相关速度测量结果。

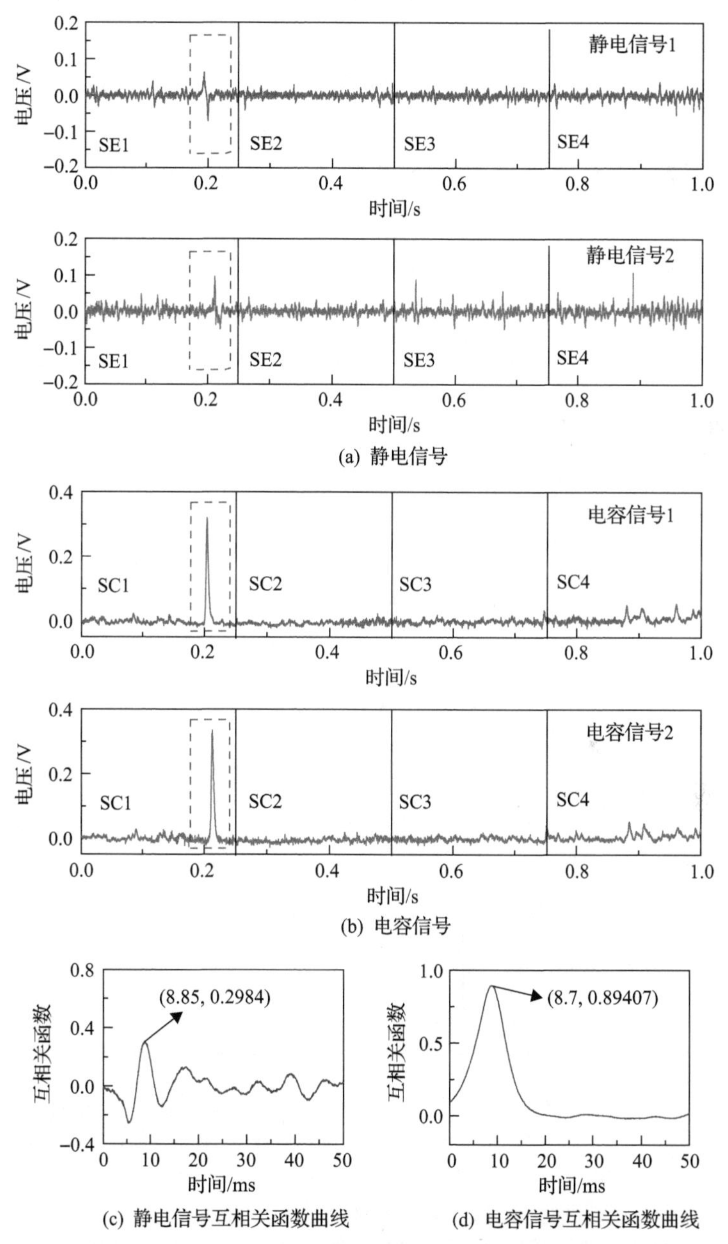

(a) 静电信号

(b) 电容信号

(c) 静电信号互相关函数曲线　(d) 电容信号互相关函数曲线

图 5.16　40%含水率时的静电信号与电容信号及其对应的互相关函数曲线

图 5.17 是将电容信号进行加窗处理后各段信号的互相关函数。可以看出：四段电容信号的渡越时间为 8.9ms、4.2ms、3.75ms、4.3ms，其互相关速度分别为 7.87m/s、16.67m/s、18.67m/s、16.28m/s。对于含有聚团信号的 SC1 信号段，其互

相关速度测量值实质上反映的是颗粒聚团的运动速度，而其余速度测量值对应的是颗粒流的主流平均速度。在将电容信号分段获得多个速度测量值后，去除聚团信号速度测量值，将剩余结果的平均值作为最终速度，可获得修正后的电容互相关速度测量结果。静电信号互相关速度测量结果与修正前后电容信号互相关速度测量结果以及互相关系数如图 5.18 和图 5.19 所示。可以看出：修正后的电容信号互相

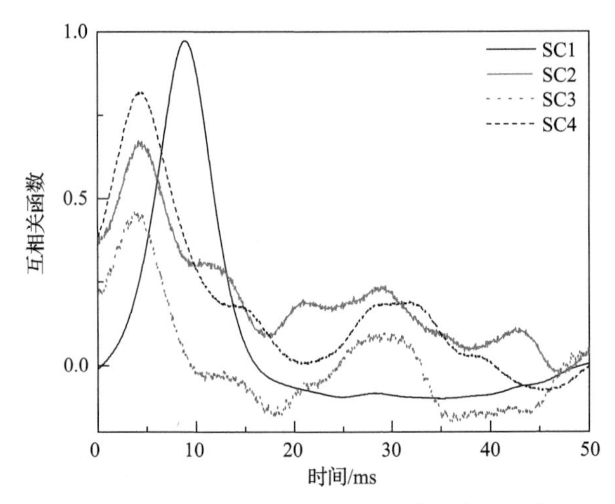

图 5.17　加窗处理后的电容信号的互相关函数

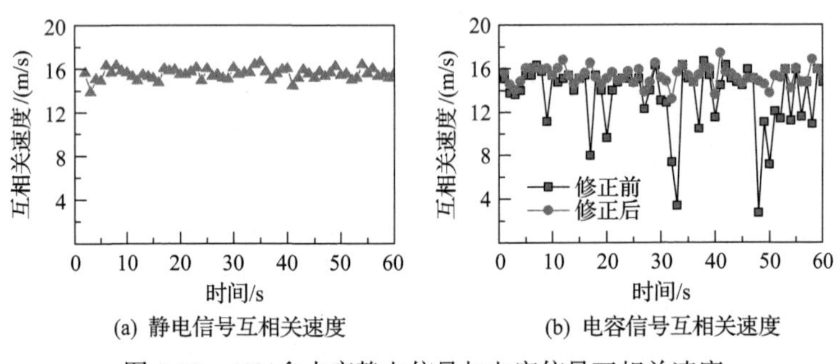

图 5.18　40%含水率静电信号与电容信号互相关速度

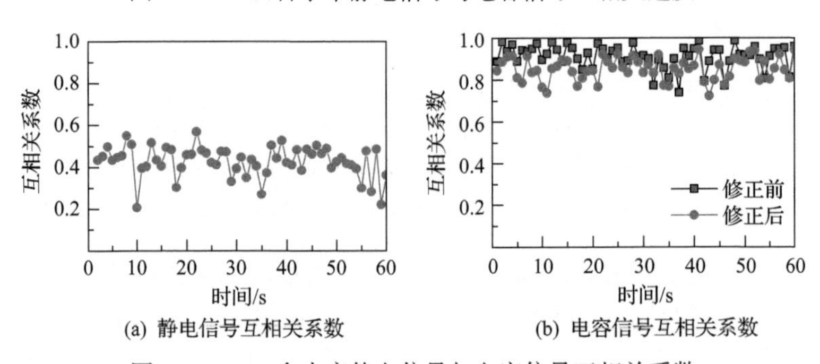

图 5.19　40%含水率静电信号与电容信号互相关系数

关速度测量结果稳定性相较于修正前有较大提高，且测量值的互相关系数较高。

为了分析颗粒含水率变化对速度测量的影响，本节比较了不同含水率下的静电信号和电容信号信噪比。从不同含水率工况下静电信号与电容信号的信噪比与互相关系数的变化曲线(图 5.20)可以看出：随着颗粒含水率上升，静电信号的信噪比总体呈下降趋势。在稻壳含水率低于 30%时，静电信号互相关系数保持在 0.4 以上，含水率为 50%时静电信号互相关系数在 0.3 以下，此时的静电互相关速度结果可靠性低。对于电容信号，在含水率为 0%时，尽管电容信号互相关系数平均值在 0.6 以上，但由于其速度测量结果完全偏离实际值，测量结果并不可用；当含水率在 10%以上时，电容信号信噪比逐渐增大，且互相关系数稳定在 0.8 以上，但值得注意的是，由于低速聚团的存在，电容信号的互相关系数并不能直接反映速度测量结果的可靠性，需要进行加窗处理才能获得可靠的颗粒输送速度和聚团速度。

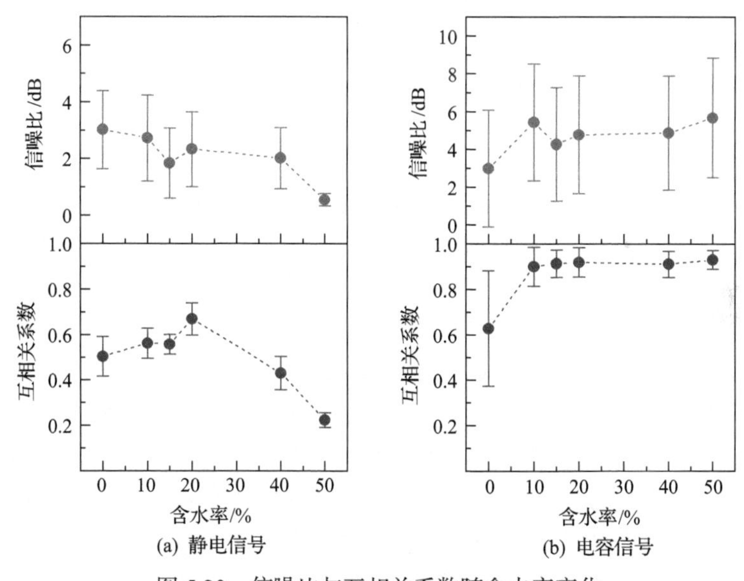

图 5.20 信噪比与互相关系数随含水率变化

不同含水率条件下静电信号与电容信号互相关速度测量结果如图 5.21 所示，含水率为 10%～40%时静电互信号相关速度与电容信号互相关主流速度测量结果相吻合，随着稻壳含水率上升，其主流颗粒速度呈减小趋势，这主要是由于含水率增加使得稻壳密度增加，输送过程中的跟随性变差。在含水率较高时，静电信号互相关速度测量结果稳定性有明显下降，电容信号互相关速度测量结果稳定性较好。从电容信号互相关的主流速度与聚团速度结果可以看出，聚团速度与主流速度相差较大，且随颗粒含水率上升，聚团速度也呈现减小趋势。

由以上结果可以看出，通过静电信号或者电容信号进行互相关运算都可以获

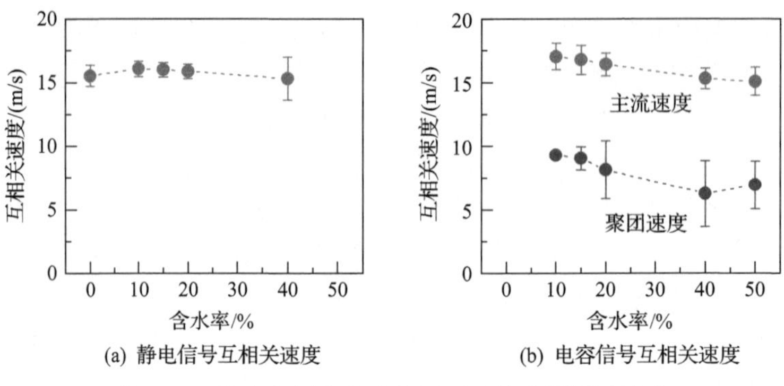

(a) 静电信号互相关速度　(b) 电容信号互相关速度

图 5.21　静电信号与电容信号互相关速度测量结果

得颗粒速度测量值，二者可进一步通过互相关系数进行数据融合。假设由静电信号互相关测得的颗粒速度值为 v_1，其互相关系数为 cc_1；由电容信号互相关测得的颗粒速度值为 v_2，其互相关系数为 cc_2，则颗粒的融合速度分以下情况进行计算：

若 $cc_m < cc_1 \leqslant 1$，$0 < cc_2 \leqslant cc_m$，则颗粒的速度值为 $v = v_1$。

若 $0 < cc_1 \leqslant cc_m$，$cc_m < cc_2 \leqslant 1$，则颗粒的速度值为 $v = v_2$。

若 $cc_m < cc_1 \leqslant 1$，$cc_m < cc_2 \leqslant 1$，则颗粒的速度值为 $v = \dfrac{cc_1}{cc_1 + cc_2} v_1 + \dfrac{cc_2}{cc_1 + cc_2} v_2$。

若 $0 < cc_1 \leqslant cc_m$，$0 < cc_2 \leqslant cc_m$，则表明颗粒速度的测量结果不可靠。

这里，cc_m 为互相关系数阈值。一般来说，当互相关系数大于阈值时才能认为速度测量结果是可靠的，cc_m 可以根据测量对象流动状态以及传感器结构进行确定，取值在 0.4～0.6。

静电耦合电容传感器相较于传统电学传感器在获取流动信息时具有较大优势。静电耦合电容传感器能够同时获得测量区域内流动颗粒的静电信号与电容信号，通过静电信号与电容信号除了可以同时测量不同的参数，也可利用两种信号各自的优劣，实现信号之间的优势互补从而提升传感器测量的准确性与稳定性。

从不同含水率条件下的稻壳颗粒测量结果看，使用静电信号与电容信号结合互相关测速的方法适用于不同的颗粒含水率范围。在稀相输送时，颗粒含水率越高，其静电信号强度越弱，因此静电信号适用于颗粒含水率较低的测量场合。与之相反，颗粒含水率越高，颗粒的介电常数越大，其引起的电容信号波动越明显，因此电容信号无法测量干颗粒的流动速度，却在颗粒含水率增加时具有较好的测量稳定性。利用静电信号与电容信号在不同含水率条件下的测量特性，使用静电耦合电容传感器结合静电电容信息融合测速方法，可以有效拓宽速度测量的含水率范围，并提高含水颗粒速度测量结果的可靠性。

对于五种含水率条件下的实验，0%含水率时的电容信号较弱，其信号互相关系数都低于 0.4，因此根据融合测速方法，在该含水率条件下可使用静电信号互相关结果作为最终的测量结果。50%含水率时的静电信号较弱，其互相关结果坏值较多，且互相关系数普遍低于 0.4，因此在该含水率条件下可使用电容信号互相关结果作为最终的测量结果。对于含水率为 10%、20%和 40%三种工况，可以通过静电信号与电容信号融合的方法对含水颗粒速度进行测量。当 cc_m 取 0.4 时，五种含水率实验条件下静电信号与电容信号融合速度测量结果如图 5.22 所示。可以看出融合速度连续测量的准确性和稳定性均较好。

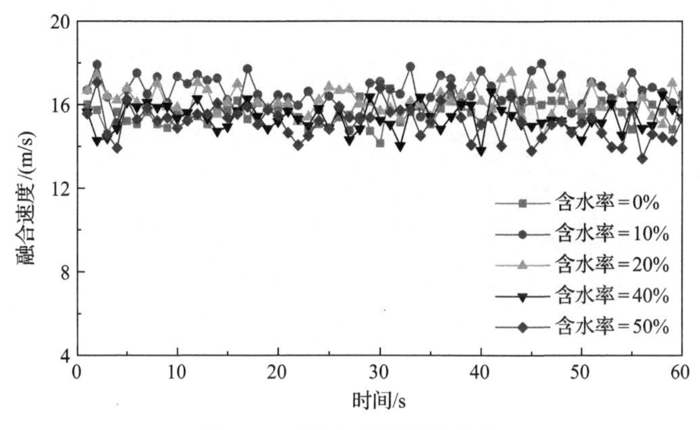

图 5.22　融合速度测量结果

5.2.3　气固两相流动参数测量实验研究

为了进一步研究颗粒水分对静电耦合电容传感器颗粒流动参数测量的影响，在重力输送实验装置上进行了进一步的测量研究[5]。如图 5.23 所示，实验时颗粒经过阀门与漏斗，在重力的作用下从一定高度下落并经过传感器。通过改变阀门开度与有机玻璃管高度，可以分别控制下落颗粒的质量流量与颗粒流经传感器的速度，颗粒下落的速度参考值为对应下落高度下的自由落体速度。由于实验时称重传感器信号噪声较大，无法通过称重传感器信号获得颗粒下落的瞬时质量流量，但平均质量流量参考值可以通过单次实验的颗粒质量除以单次测量的时间计算得到。

将微晶纤维素颗粒作为实验对象，其颗粒各项物理属性如表 5.1 所示。每次实验使用的颗粒总质量为 1.5kg，用雾化喷壶对颗粒进行加湿，将加湿颗粒密封至容器内并静置 10h，使颗粒含水率分布尽量均匀。进行了颗粒含水率分别为 0%、3%、6%、9%、12%，下落高度分别为 0.625m、0.825m、0.935m、1.015m、1.235m（记为 H_1～H_5），共计 25 个工况的实验。在每个工况下，需从小到大调整阀门开度从而调节颗粒质量流量，进行多种颗粒浓度下的测量实验，探究浓度测量结果修正方法。除此以外，还采集了 7%与 15%两种含水率颗粒在 0.625m、0.935m、1.235m

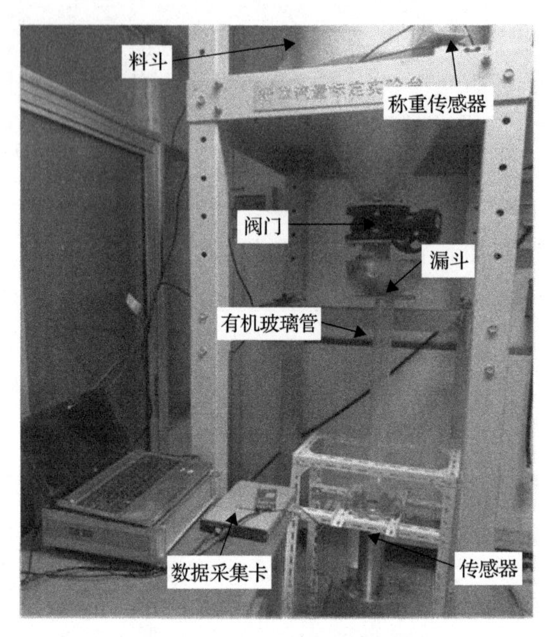

图 5.23　重力输送实验装置

表 5.1　微晶纤维素颗粒物理属性

粒径分布/μm	封装密度/(kg/m^3)	堆积密度/(g/cm^3)	相对介电常数
850～1000	1280	0.62	1.5～3

三种高度下的静电信号与电容信号数据，用于对浓度修正结果进行验证与评价。

图 5.24 为 6%含水率颗粒在 40%阀门开度与不同下落高度条件下测得的静电信号有效值与电容信号平均值变化的结果。从静电信号有效值测量结果看，在颗粒下落高度小于 0.935m 时，颗粒静电信号的有效值变化不大。随着下落高度的进

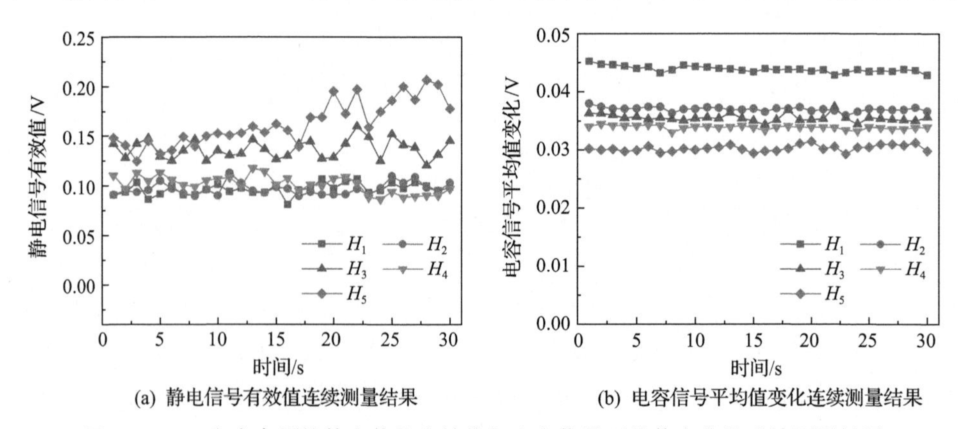

(a) 静电信号有效值连续测量结果　　(b) 电容信号平均值变化连续测量结果

图 5.24　6%含水率颗粒静电信号有效值与电容信号平均值变化的连续测量结果

一步增加，颗粒静电信号有效值明显增大。除高度为 1.235m 时的测量结果外，其余高度下的静电信号有效值测量结果较为稳定。从电容信号平均值变化的测量结果看，电容信号的测量结果都较为稳定，这也证明了实验过程中颗粒的流动都较为稳定。在阀门开度不变的情况下，颗粒浓度随颗粒下落高度的增加而减小，电容信号平均值变化量结果也随下落高度的增加而逐渐降低。对比静电信号与电容信号的测量结果可以看出，由于影响颗粒荷电量的因素较多，因此尽管在颗粒流动状况以及浓度都较为稳定的情况下，颗粒静电信号有效值也有可能存在较大波动。

图 5.25 分别为含水率为 0%颗粒的静电信号与电容信号的互相关函数。从互相关函数可以看出，静电信号与电容信号互相关获得的颗粒速度渡越时间分别为 46.3ms 和 21.5ms，其速度测量结果分别为 3.024m/s 和 3.256m/s。在高度为 0.625m 时，颗粒速度的参考值为 3.5m/s。在实际颗粒下落过程中，颗粒受到空气阻力影响，并且颗粒与其他颗粒以及下落管壁之间存在碰撞与摩擦等，因此实际速度测量值总会小于参考速度。从静电信号与电容信号互相关系数来看，对于干颗粒而言，静电信号的互相关速度测量结果比电容信号的互相关速度测量结果更可靠。

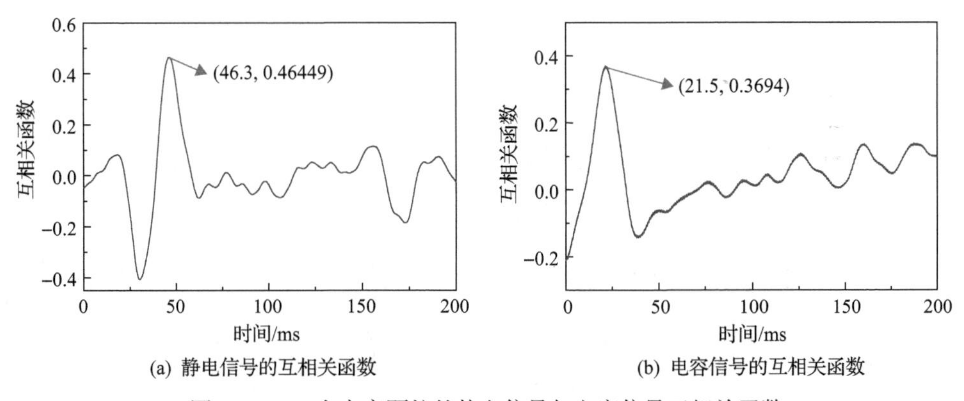

图 5.25　0%含水率颗粒的静电信号与电容信号互相关函数

图 5.26 为含水率为 12%颗粒的静电信号与电容信号的互相关函数。此时两种信号的渡越时间分别为 45.4ms 和 20.75ms，速度测量结果分别为 3.084m/s 与 3.373m/s，互相关系数分别为 0.18065 和 0.92005。此时的电容信号互相关系数远大于静电信号互相关系数，且在重力流中，不存在颗粒聚团对测量信号的影响，因此对于含水颗粒的重力流动过程而言，电容信号互相关速度测量结果的可靠性远超过静电信号。

图 5.27 是颗粒下落高度为 0.625m 时，不同含水率颗粒的互相关速度测量结果。在颗粒含水率为 0%时，由于颗粒浓度较低，其电容信号互相关速度测量结果

稳定性较差，随着颗粒含水率的升高，电容信号互相关速度测量结果稳定性明显提升。在实验的颗粒含水率范围内，静电信号互相关速度测量结果基本没有出现不稳定的情况。

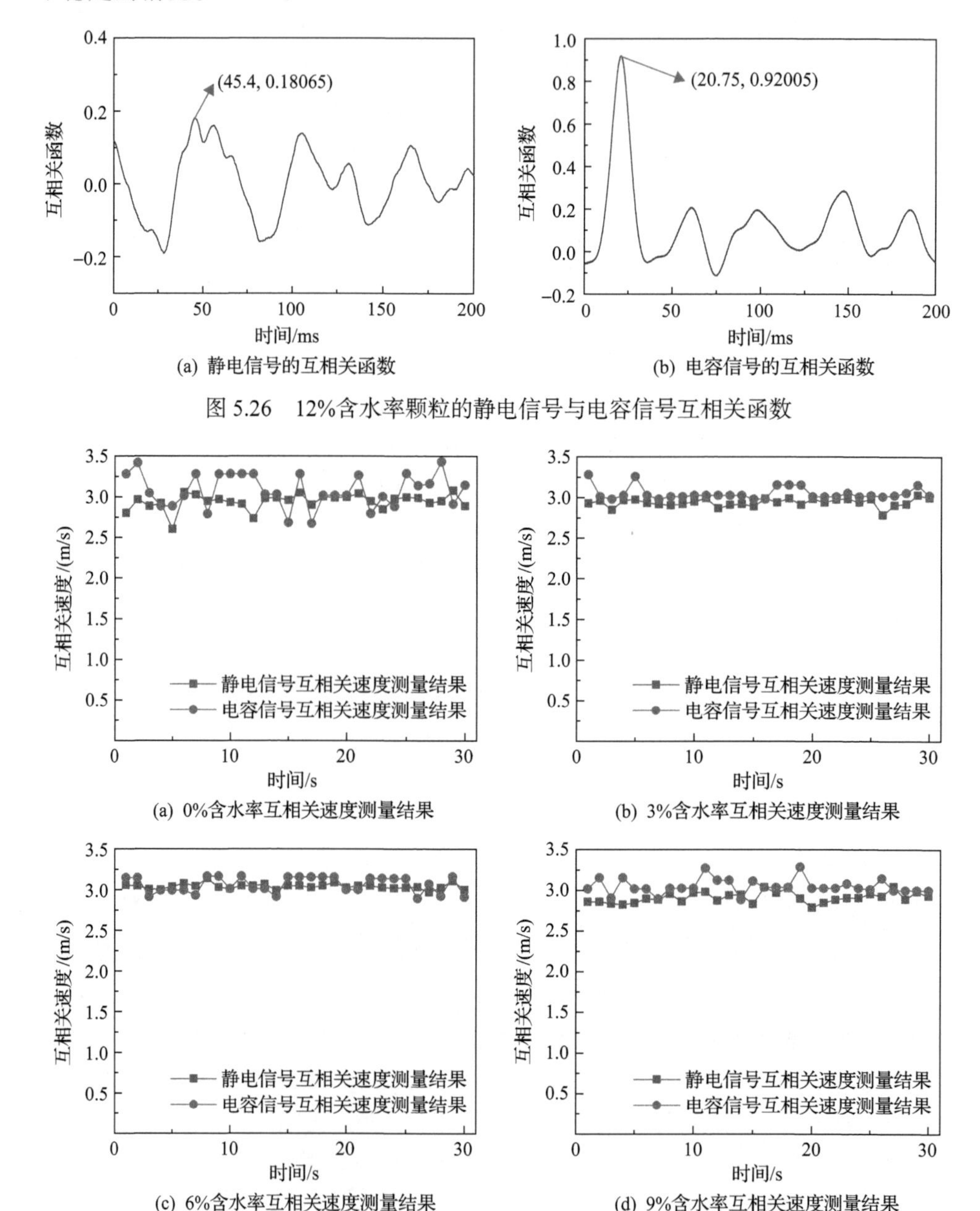

(a) 静电信号的互相关函数　　(b) 电容信号的互相关函数

图 5.26　12%含水率颗粒的静电信号与电容信号互相关函数

(a) 0%含水率互相关速度测量结果　　(b) 3%含水率互相关速度测量结果

(c) 6%含水率互相关速度测量结果　　(d) 9%含水率互相关速度测量结果

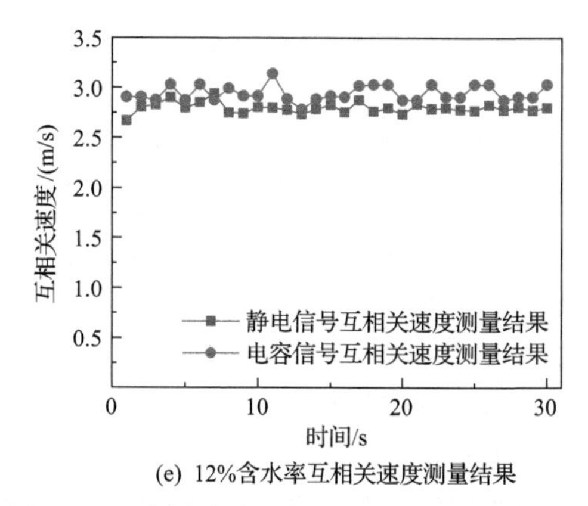

(e) 12%含水率互相关速度测量结果

图 5.27　不同含水率颗粒的互相关速度测量结果

图 5.28 为互相关速度测量结果与参考速度之间的比较，图中的对角线为对比参考线。可以看出，静电信号与电容信号互相关速度测量结果的平均值都小于参考速度。

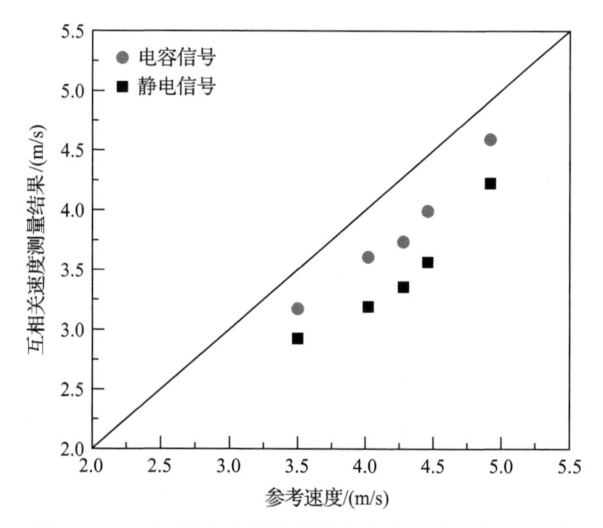

图 5.28　互相关速度测量结果与参考速度之间的比较

值得注意的是，在各种高度下，电容信号互相关速度测量结果都略高于静电信号互相关速度测量结果，这是由于互相关距离的大小对速度测量结果产生的影响。由于颗粒的荷电量以及颗粒流型会随流动发生改变，当两个检测电极之间的距离过远时，其信号之间的互相关性会大幅度减小，测量结果的可靠性也会明显降低。除此以外，由于互相关速度测量结果反映的是两个检测电极之间区域内颗粒的平均速度，对以竖直管内重力加速流动为代表的非匀速流动过程而言，检测电极之间的距离越大，互相关速度测量结果的平均效应越明显，其速度测量结果与瞬时速度之间的差异也会越大。静电信号之间的互相关距离为静电耦合电容传感器检测电极之间的距离，而电容信号之间的互相关距离为电容检测区域之间即两个接地电极之间的距离。静电信号的互相关距离是电容信号互相关距离的两倍，因此，电容信号互相关速度测量结果更接近于颗粒流经传感器中心的瞬时速度，而静电信号互相关速度在平均效应的作用下则会略低于电容信号的测量结果。

在工业过程中，浓度测量的实际需求是排除水分影响的“干”颗粒的浓度，因此在对数据进行分析以及对电容-质量浓度标定过程中使用的颗粒浓度都是减去水分质量的“干”颗粒的质量浓度数据。为探究不同含水率条件下电容信号平均值与颗粒质量浓度之间的具体关系，使用不同高度下测量得到的一系列电容电压与质量浓度数据点，对不同含水率下电容电压与颗粒质量浓度的关系进行了线性关系拟合，拟合结果如图 5.29 所示。从结果可以看出，在相同质量浓度情况下，颗粒含水率越高测量得到的电容电压信号越大。在颗粒含水率为 0%、3%、6%、9%及12%时，电容电压与质量浓度之间的正比系数分别为 0.00359、0.00415、0.00486、0.00570 及 0.00664，电容电压与质量浓度之间的线性度较好，其拟合精

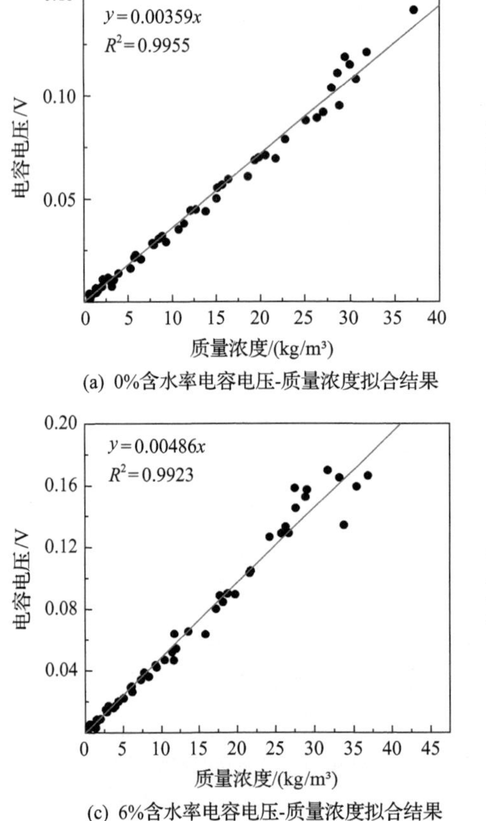

(a) 0%含水率电容电压-质量浓度拟合结果

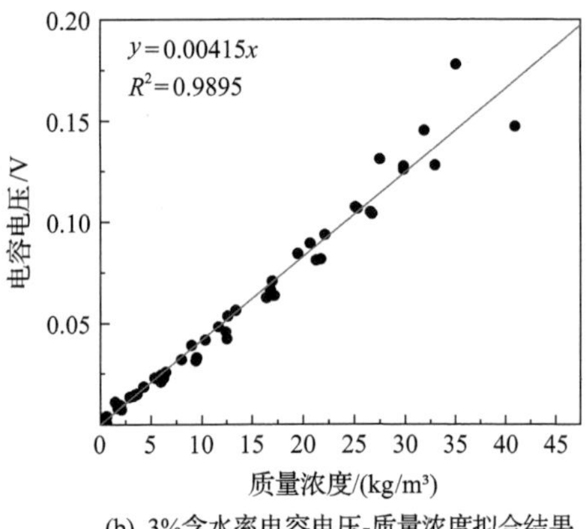

(b) 3%含水率电容电压-质量浓度拟合结果

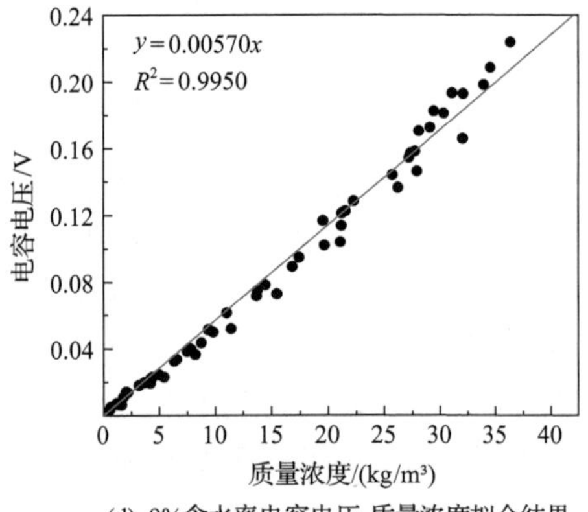

(c) 6%含水率电容电压-质量浓度拟合结果

(d) 9%含水率电容电压-质量浓度拟合结果

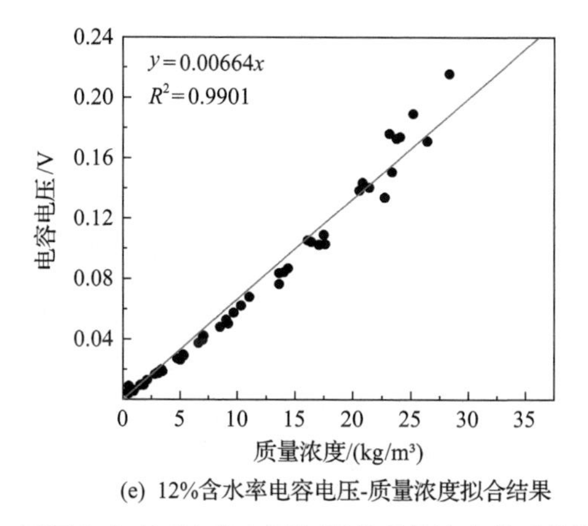

(e) 12%含水率电容电压-质量浓度拟合结果

图 5.29　不同含水率下电容电压与颗粒质量浓度关系的拟合结果

度大于或等于 0.9895。

受颗粒水分影响，不同含水率条件下拟合的电容电压-质量浓度关系系数存在较大差异。但从标定结果可以看出，颗粒电容电压与质量浓度之间的关系为正比例关系，而比例系数则是随含水率变化的，即

$$U_c = f(w_{water})C \tag{5.10}$$

式中，C 为颗粒的质量浓度；U_c 为电容信号平均值的变化量；w_{water} 为颗粒含水率；$f(\cdot)$ 为函数。

若在测量含水颗粒的质量浓度时，仍然使用干颗粒条件下标定的电容电压-质量浓度关系进行质量浓度计算，其质量浓度测量的相对误差可以通过式(5.11)进行计算：

$$\text{RE} = \frac{|C_w - C_0|}{C_w} = \frac{|U/k_w - U/k_0|}{U/k_w} = \frac{k_w}{k_0} - 1 \tag{5.11}$$

式中，RE 为浓度测量结果的相对误差；C_w 为通过含水颗粒电容电压-质量浓度标定结果计算得到的质量浓度测量值；C_0 为通过干颗粒电容电压-质量浓度标定结果计算得到的质量浓度测量值；U 为实际测量的电容信号值；k_w 和 k_0 分别为含水颗粒与干颗粒标定关系的比例系数。不同含水率条件下的质量浓度测量结果相对误差如图 5.30 所示。在实验的几种含水率条件下，其质量浓度测量相对误差分别为 15.60%、35.38%、58.77%、84.96%，误差较大，因此有必要对含水颗粒的质量浓度测量结果进行修正。

在实际测量中，由于颗粒物性以及储存条件的不同，颗粒含水率的分布并不是均匀的，而是动态变化的，因此只获得几种特定含水率条件下的标定关系是无

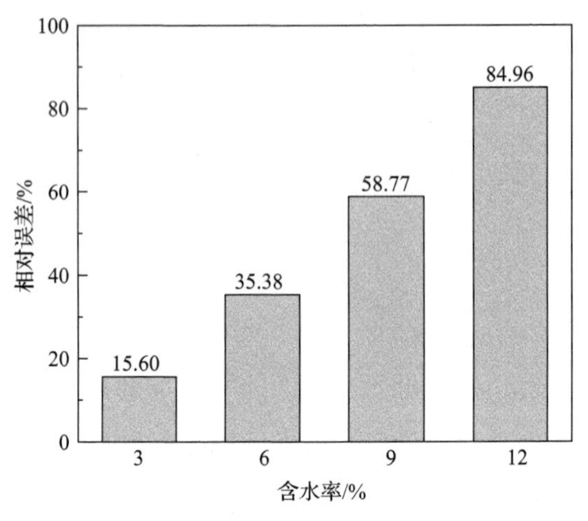

图 5.30　不同含水率条件下的质量浓度测量结果相对误差

法实现含水颗粒质量浓度的动态测量的。本节在几种含水率颗粒电容电压-质量浓度标定实验的基础上，进一步对电容电压-质量浓度的比例系数与颗粒含水率之间的关系进行了拟合，确定了电容电压、质量浓度、含水率三者之间的数学关系，从而可以对任意含水率条件下的电容电压-质量浓度关系进行预测，实现不同含水率条件质量浓度测量的修正。

获得的电容电压-质量浓度比例系数与含水率之间的关系如图 5.31 所示，将该关系代入式(5.10)可得到颗粒质量浓度、电容电压及颗粒含水率三者之间的关系为

$$C=\frac{U_{\mathrm{c}}}{k_{\mathrm{w}}}=\frac{U_{\mathrm{c}}}{5.59524\times10^{-6}w_{\mathrm{water}}^{2}+1.85214\times10^{-4}w_{\mathrm{water}}+0.00357} \tag{5.12}$$

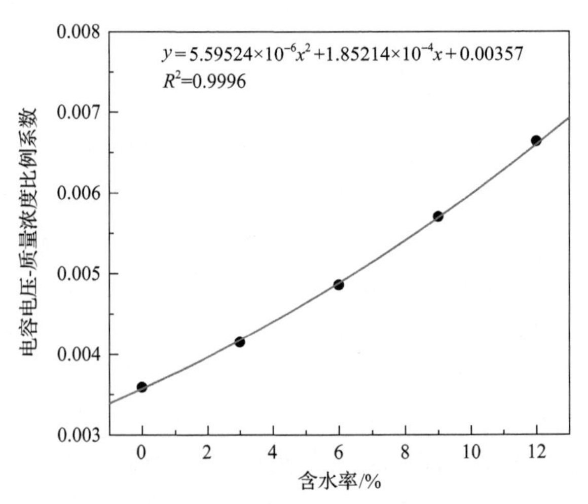

图 5.31　电容电压-质量浓度比例系数与含水率的关系

在已知颗粒含水率的条件下，通过式(5.12)可以修正颗粒质量浓度与电容电压之间的关系，继而可以消除含水率对质量浓度测量的影响，并实现含水颗粒质量浓度测量结果的修正。在获得了颗粒在不同含水率下的电容电压-质量浓度修正关系后，本节设计了 7%以及 15%两种静态含水率颗粒的重力输送参数测量实验，对含水颗粒质量浓度测量的修正方法进行了验证与评价。

颗粒含水率为 7%的分析结果如图 5.32 所示。在颗粒含水率为 7%时，系统测得的颗粒质量流量结果与参考质量流量结果基本吻合，修正前测量结果最大相对误差为 69.79%，修正后测量结果最大相对误差为 18.58%，平均相对误差从修正前的 37.64%降低为 8.97%。本节使用的阀门为蝶阀，在阀门开度逐渐增大的过程中，颗粒主要的流动区域从管道边缘逐渐变化为管道中心。由于圆环状静电耦合电容传感器中心与边缘电容灵敏度区别较大，本节标定的电容电压-质量浓度关系与真实值之间存在一定偏差，因此质量流量测量结果的误差仍然较大。但与修正前质量流量测量结果相比，修正后测量结果的准确性有了明显提升，且修正结果与参考值一致性更好，表明了通过该方法对颗粒质量流量测量结果进行修正的可行性。

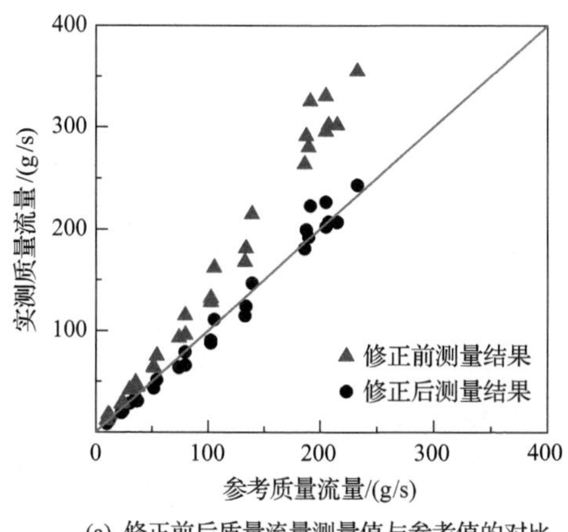

(a) 修正前后质量流量测量值与参考值的对比

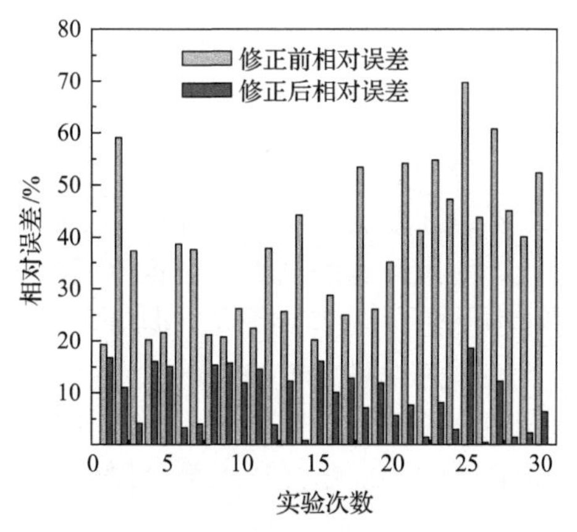

(b) 修正前后质量流量测量结果相对误差对比

图 5.32　7%含水率颗粒质量流量测量结果

图 5.33 是颗粒含水率为 15%条件下，颗粒质量流量测量值与参考值之间的对比结果及相对误差分析。对于 15%含水率条件下的测量实验，其质量流量修正后测量结果比修正前测量结果的准确性有了更为明显的提升，修正前质量流量测量结果的相对误差最大为 133.94%，平均相对误差为 86.57%。修正后质量流量测量结果的相对误差最大为 22.83%，平均相对误差为 12.74%。

尽管修正后测量结果的准确性比修正前有了大幅提高，但修正后的颗粒质量流量测量结果相对误差仍然较大，其主要原因可能有两点：①静电耦合电容

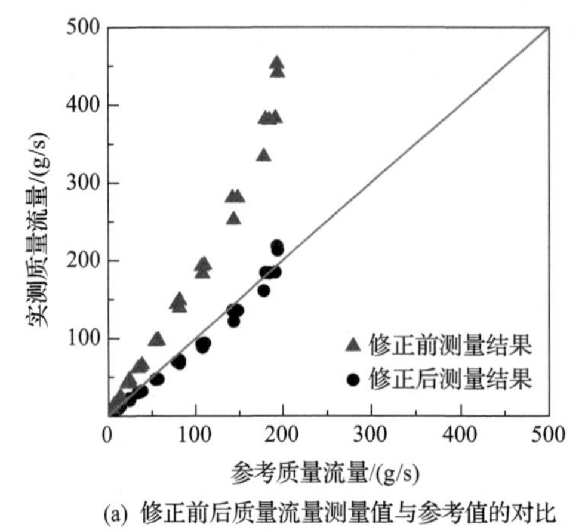

(a) 修正前后质量流量测量值与参考值的对比

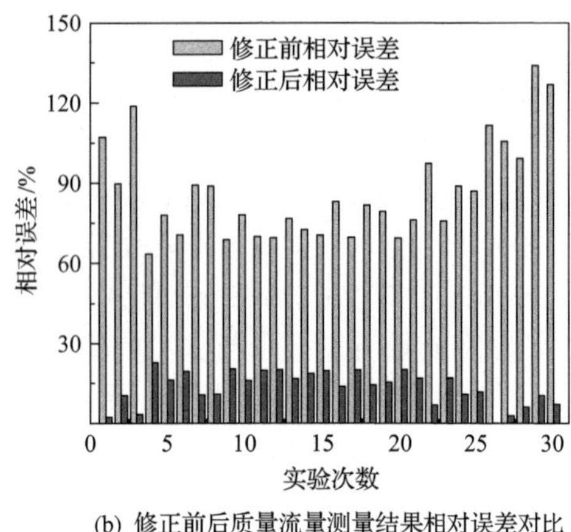

(b) 修正前后质量流量测量结果相对误差对比

图 5.33　15%含水率颗粒质量流量测量结果

传感器电容灵敏度分布不均，导致标定结果与真实的电容电压-质量浓度关系之间存在误差；②含水颗粒电容电压-质量浓度关系并非简单的线性关系，在颗粒含水率达到 15%时，其电容电压-质量浓度关系呈现出非线性趋势。针对这一非线性问题还需要继续进行研究。

5.3　本 章 小 结

本章在介绍静电耦合电容传感器原理、接口电路设计、数值和实验验证的基础上，对圆环状静电耦合电容传感器系统进行了集成设计，对稀相气力输送颗粒速度测量进行了实验研究，提出了基于互相关系数加权平均的静电信号和电容信号互相关速度融合方法，可以有效提高复杂工况下颗粒速度测量的准确性。本章还通过实验研究了颗粒含水率对电容电压与颗粒质量浓度测量的影响，提出了基于颗粒含水率的质量浓度测量修正方法，并对所提修正方法的可行性进行了实验验证与评价。

参 考 文 献

[1] Li J, Xu S P, Tang Z, et al. Electrostatic coupled capacitance sensor for gas solid flow measurement. IEEE Sensors Journal, 2020, 20(21): 12807-12816.

[2] 李健, 许传龙. 同步获取气固两相流内电容和静电信号的测量装置及方法: CN109839412B. 2021-07-09.

[3] Ding H, Li J, Wang H R, et al. Development of ring-shaped electrostatic coupled capacitance sensor for the parameter measurement of gas-solid flow. Transactions of the Institute of Measurement and Control, 2021, 43(11): 2567-2576.

[4] 许世朋, 李健, 鲁端峰, 等. 基于静电耦合电容传感器的颗粒流动速度测量. 工程热物理学报, 2023, 44(5): 1290-1295.

[5] 许世朋. 气固两相流静电耦合电容传感器系统研制与实验研究. 南京: 东南大学, 2023.

第 6 章　气固两相流电容层析成像技术

6.1　电容层析成像基本原理

6.1.1　ECT 测量基本原理

电容层析成像(electrical capacitance tomography, ECT)是一种基于电学检测原理的断层扫描“场”测量方法，起源于医学计算机断层扫描(computed tomography, CT)技术，具有快速响应、非侵入、低成本和高安全性等优点[1]。目前，ECT 广泛应用于气固两相流动参数检测，其测量原理是，在管道或过程容器中流动的气固两相流，其相分布的变化导致多相流混合体的等效介电常数变化，从而引起安装在管道或容器外壁的电容传感器电极间的电容值变化。通过数据采集和控制系统获得各电极对的电容值，并结合图像重建算法，可以反演出管道或容器内的介电常数分布，从而获得介质分布图像[2]。

ECT 技术的理论基础可追溯到电磁场理论中的泊松方程：

$$\nabla(\varepsilon_0\varepsilon(x,y)\nabla\varphi(x,y))=0 \tag{6.1}$$

式中，ε_0 为真空介电常数；$\varepsilon(x,y)$ 为空间相对介电常数分布；$\varphi(x,y)$ 为空间电势分布。

在 n 电极 ECT 系统中，当 E_i 和 E_j ($i=1,2,\cdots,n-1$，$j=2,\cdots,n$，$j\neq i$) 分别为激励电极和检测电极时，根据高斯定律，E_j 上的感应电量 Q_{ij} 为

$$Q_{ij}=\int_S \varepsilon_0\varepsilon(x,y)\nabla\varphi^{(i)}(x,y)\mathrm{d}S \tag{6.2}$$

式中，$\varphi^{(i)}(x,y)$ 为 E_i 作为激励电极时的电势分布；S 为围绕 E_j 的闭合曲线。

通过式(6.2)计算出感应电量 Q_{ij}，即可得到 E_i 与 E_j 间的电容值 C_{ij}：

$$C_{ij}=\frac{Q_{ij}}{U_{\mathrm{c}}} \tag{6.3}$$

ECT 的研究主要涉及解决正问题和反问题[3]。正问题是通过式(6.1)和式(6.3)

计算各电极对之间的电容值 C_{ij} ，并根据电容值的变化确定 ECT 传感器的灵敏场分布。反问题则是利用测量得到的电容值作为投影数据，并结合传感器的灵敏场分布，重建管道内的相对介电常数分布。

在近 30 年的发展中，ECT 技术取得了显著进步。它能够提供被测流体的二维/三维可视化信息，实现对气固两相流动参数流型、流速和体积流量等的测量，为流动特性复杂多变的气固两相流领域提供了一种有效的在线测量方法。

6.1.2 ECT 系统

图 6.1 为一个典型的 8 电极 ECT 系统结构示意图。该系统由 ECT 传感器、电容检测电路、数据采集与控制系统以及成像计算机组成。ECT 传感器将管道内流体的相分布信息转化为相应的电容信息。电容检测电路用于捕捉传感器输出的电容信息，并将其转化为相应的电压信号。数据采集与控制系统主要实现数-模转换（digital to analog converter，DAC）反馈控制、模-数转换（analog to digital converter，ADC）数据采集控制、电极开关控制、电容检测控制以及数据通信等功能。成像计算机则用于实时重建并显示相应的相分布图像。

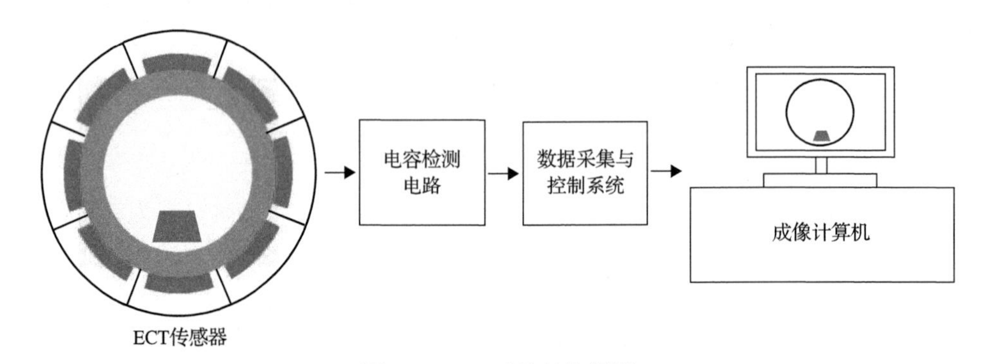

图 6.1 ECT 系统结构框图

6.2 ECT 传感器与抗静电电容检测技术

6.2.1 ECT 传感器的结构与种类

ECT 传感器是将气固两相流在传感器敏感空间内的相分布信息转换为相应的电容信息的关键组件。它具有高灵敏度、抗外界干扰和快速响应能力。一般而言，ECT 传感器由绝缘管道、检测电极、防护电极和屏蔽罩等部分组成。

图 6.2 展示了一个典型的 8 电极 ECT 传感器截面结构图。该传感器以某一电

极作为起点，并按顺序编号为 $E_1, E_2, \cdots, E_8$。每个电极都具有激励、检测和接地三种工作状态。在完整的测量过程中，首先将 E_1 设置为激励电极，分别以 $E_2, E_3, \cdots, E_8$ 作为检测电极，测量电极对 E_1 和 E_2, E_1 和 E_3, $\cdots$, E_1 和 E_8 之间的电容值。每次测量中，其他六个闲置电极都接地。然后，将 E_2 设置为激励电极，测量电极对 E_2 和 E_3, E_2 和 E_4, $\cdots$, E_2 和 E_8 之间的电容值。依次类推，直至测量到 E_7 和 E_8 之间的电容值。这样，8 电极 ECT 传感器总共可以获得 28 个独立的电容测量值。将这些测量得到的电容值作为投影数据，结合传感器的灵敏场分布，即可重建管道内的相对介电常数分布。

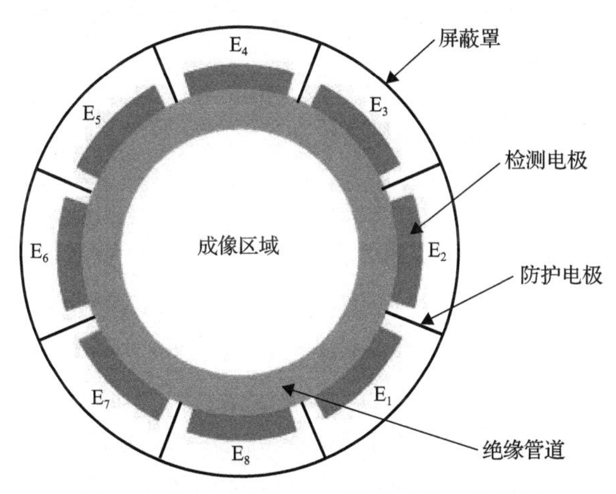

图 6.2　典型 8 电极 ECT 传感器截面结构图

在实际工业应用中，ECT 传感器设计需考虑许多因素，如是否需要径向保护电极、是否需要承受高温高压、传感器的形状及安装方式、传感器电极的大小和布置位置等。目前已经设计并成功应用的 ECT 传感器主要包括高温高压 ECT 传感器、双截面 ECT 传感器、方形 ECT 传感器和锥形 ECT 传感器、三维 ECT 传感器[4-10]。

1. 高压高温 ECT 传感器

Yang 等[4]设计了一种适用于高压环境的 ECT 传感器，如图 6.3(a)所示。该传感器被安装在内径为 16mm 的超声速湿气分离器上。为增加传感器的机械强度，采用了接地的铝外壳。传感器电极采用 3mm 厚的黄铜材料，并使用 0.5mm 厚的聚醚醚酮内护套进行隔离。屏蔽同轴电缆通过安装在铝壳上的射频转接头与电极相连。此外，Dyakowski 等[5]设计了一种适用于高温环境下聚合过程成像的 ECT 传感器，如图 6.3(b)所示。该传感器的电极采用耐高温的复合材料，由 80%的镍和 20%的铬制成，并采用陶瓷内衬与金属外壳隔离。

(a) 高压

(b) 高温

图 6.3　用于高压、高温环境的 ECT 传感器[4,5]

2. 双截面 ECT 传感器

双截面 ECT 传感器(图 6.4)通常用于测量管道内颗粒速度分布。其测量原理是通过上下游传感器阵列获得上下游颗粒的截面分布，并利用互相关算法进行相关计算，从而得到管道截面的速度分布[6-8]。双截面 ECT 传感器的优点是在于能够实时监测管道内颗粒的速度分布情况。它广泛应用于颗粒流动研究和工业过程监测等领域。在设计和使用双截面 ECT 传感器时，需要考虑管道尺寸、流体性质和测量精度等因素，以确保测量结果的准确性和可靠性。

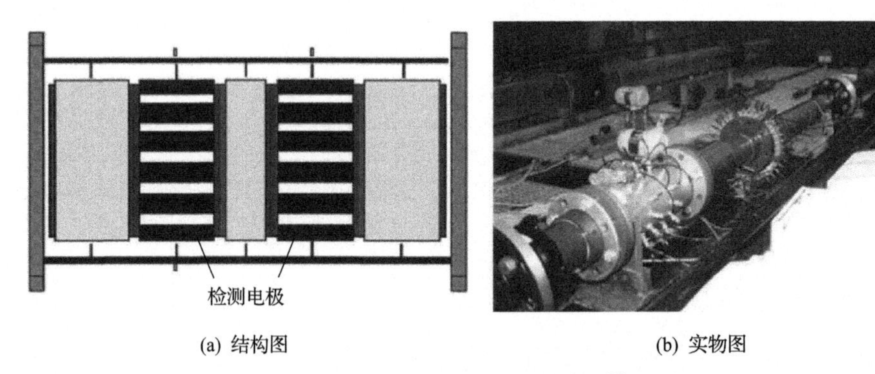

(a) 结构图　　(b) 实物图

图 6.4　双截面 ECT 传感器[7]

3. 方形 ECT 传感器和锥形 ECT 传感器

ECT 传感器形状结构一般取决于被测管道的形状。例如，大部分循环流化床采用方形结构，因而需要设计专门的方形 ECT 传感器用于循环流化床可视化测量。Cao 等[9]设计了一套基于 16 电极传感器的方形 ECT 系统，如图 6.5 所示，并证实了该系统测量气固两相流相分布的可行性。图 6.6 为 Ge 等[10]设计的一套基于锥形 ECT 传感器系统，该系统用于流化床干燥过程的在线监测，实验结果表明锥形 ECT 传感器可用于床料湿度和浓度分布测量。

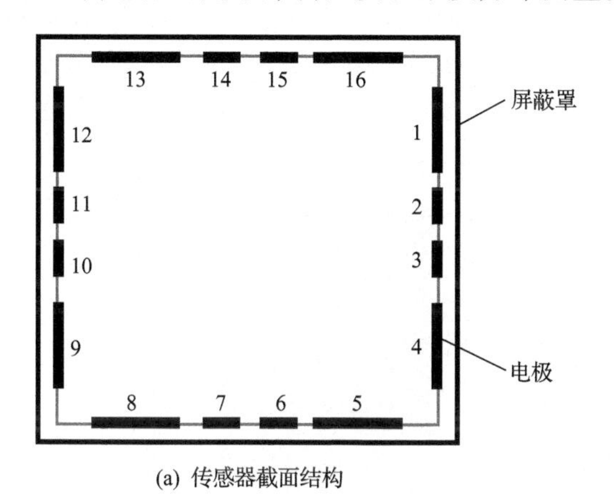

(a) 传感器截面结构

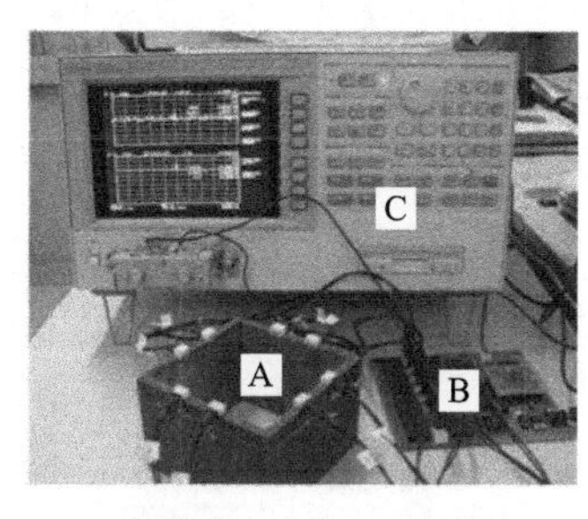

(b) 实物图(A-方形ECT传感器；B-切换开关电路；C-阻抗分析仪)

图 6.5　方形 ECT 传感器[9]

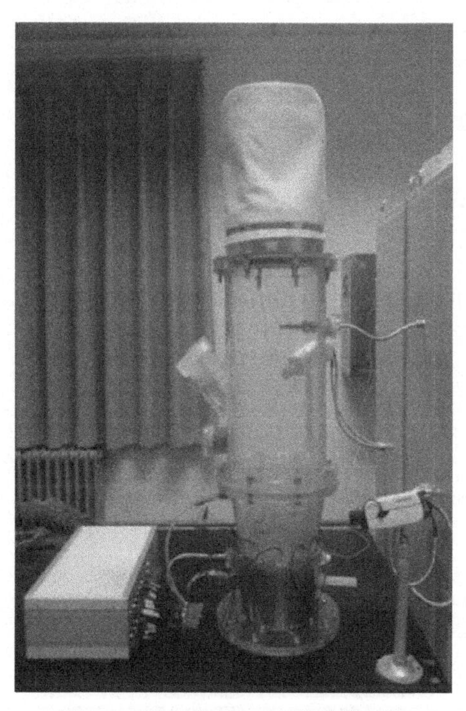

图 6.6　基于锥形 ECT 传感器系统

4. 三维 ECT 传感器

三维 ECT 传感器用于管道或者过程容器内被测物体的三维空间重建和监测[11]。该传感器通常由多层电容电极阵列组成，如图 6.7 所示。三维 ECT 传感器已经应用于流体力学研究、化工过程监测、医学成像和材料检测等领域。三维 ECT 传感器的优点包括非侵入性、三维成像、多参数测量以及对多种介质具有适用性。然而，由于电容测量的复杂性和数据处理的挑战，三维 ECT 传感器目前仍面临一些技术难题和局限性，如空间分辨率和准确性的限制。

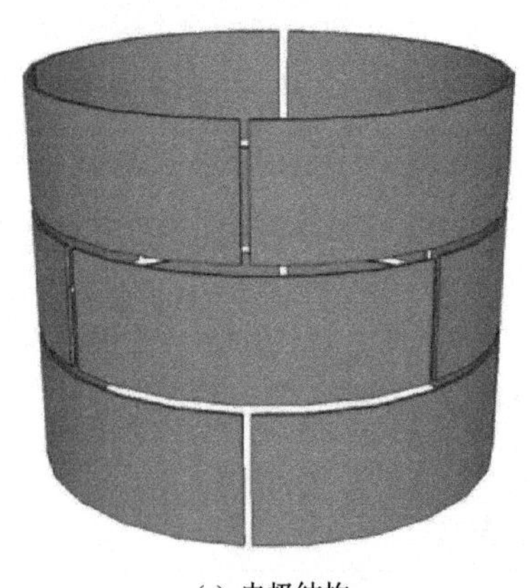

(a) 电极结构　　(b) 实物图

图 6.7　三维 ECT 传感器[11]

6.2.2　ECT 传感器的传感特性

ECT 传感器内部的电磁场可用静电场模型进行描述[12]。通过有限元方法对图 6.2 所示的 ECT 传感器电磁场的场域进行三角网格剖分，即可得到如图 6.8 所示的有限元场域剖分图。ECT 传感器的灵敏度实际上是指单个三角形单元面积上的物质从高相对介电常数 ε_{h} 变为低相对介电常数 ε_{l} 时，相应电极对间电容的变化率。假设电极 E_i 为激励电极，电极 E_j 为检测电极，可以用式(6.4)表示电极对 $\mathrm{E}_{i\text{->}j}$ 的灵敏场分布 $S_{ij}(k)$：

$$S_{ij}(k) = \frac{C_{ij}(k) - C_{ij}^{\mathrm{l}}}{(C_{ij}^{\mathrm{h}} - C_{ij}^{\mathrm{l}})(\varepsilon_{\mathrm{h}} - \varepsilon_{\mathrm{l}})} \mu_k \tag{6.4}$$

式中，$C_{ij}(k)$ 为第 k 个单元为 ε_{h} 相对介电常数材料，其他单元为 ε_{l} 相对介电常数材料时，电极 i 和电极 j 间的电容值；C_{ij}^{h} 和 C_{ij}^{l} 分别为管内充满 ε_{h} 相对介电常数材料和 ε_{l} 相对介电常数材料时的电容值；μ_k 为与第 k 个单元面积有关的修正系数。

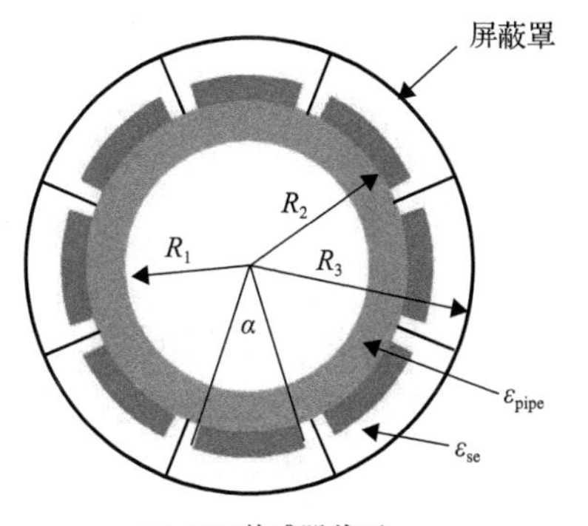

(a) ECT传感器截面

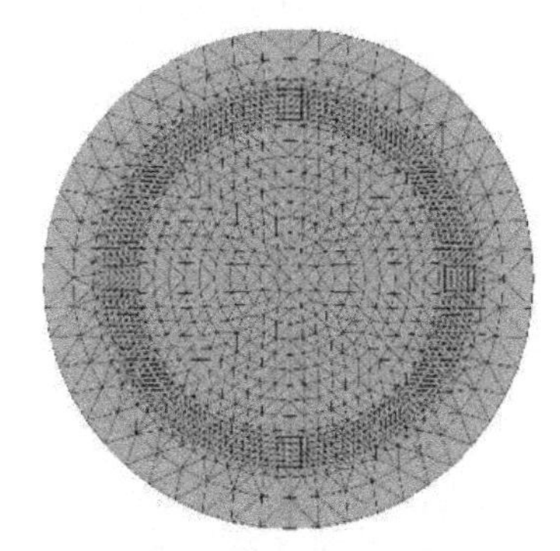

(b) ECT传感器有限元场域剖分

图 6.8　ECT 传感器截面及有限元场域剖分

由于 ECT 传感器的结构具有对称性，8 电极 ECT 传感器存在 4 种代表性的电极对组合：$E_{1->2}$、$E_{1->3}$、$E_{1->4}$、$E_{1->5}$。通过有限元仿真的方法对这 4 种电极对下的灵敏场分布进行分析。仿真过程中涉及的传感器参数主要包括管道内径 R_1、外径 R_2、屏蔽罩内径 R_3、电极覆盖角 α、管道相对介电常数 ε_{pipe} 及填充层相对介电常数 ε_{se}（图 6.8(a)）。其中，ε_{pipe}=4.0，ε_{se}=2.5。管内两相高相对介电常数 ε_h 设为 4.0，低相对介电常数 ε_l 设为 1.0。

为了验证 ECT 传感器有限元仿真的准确性，首先比较了管道从空管状态到满管状态时各电极对归一化电容变化的模拟值和实测值（其中 α=31.87°，R_1=25mm，R_2=30mm）。实验数据结果如表 6.1 所示。观察表中的数据，可以发现归一化电容

表 6.1　空满管各电极对归一化电容变化的模拟值和实测值对照表

序号	电极对	模拟值	实测值	序号	电极对	模拟值	实测值
1	1->2	0.984	0.973	15	3->5	0.471	0.393
2	1->3	0.478	0.459	16	3->6	0.268	0.304
3	1->4	0.261	0.296	17	3->7	0.210	0.283
4	1->5	0.227	0.274	18	3->8	0.254	0.298
5	1->6	0.262	0.305	19	4->5	0.983	0.986
6	1->7	0.413	0.412	20	4->6	0.470	0.404
7	1->8	0.968	0.933	21	4->7	0.250	0.307
8	2->3	1.000	0.971	22	4->8	0.219	0.274
9	2->4	0.459	0.399	23	5->6	0.973	0.946
10	2->5	0.269	0.289	24	5->7	0.442	0.395
11	2->6	0.225	0.280	25	5->8	0.262	0.288
12	2->7	0.244	0.303	26	6->7	0.910	0.964
13	2->8	0.433	0.404	27	6->8	0.461	0.407
14	3->4	0.946	0.952	28	7->8	0.947	1.000

变化的模拟值与实测值趋势一致，且两者之间的绝对误差小于 0.078。这表明本书所建立的 ECT 传感器有限元模型及数值计算得到的各电极对的灵敏场是准确可靠的。基于以上准确性验证，将进一步分析不同传感器参数对灵敏场分布特性的影响。

1. 管道厚度的影响

在工业环境中的管道气力输送过程中，管道的厚度通常由输送压力和输送物料的特性所决定。然而，管道的厚度对于电容传感器的灵敏场分布特性具有重要影响[13]。因此，在传感器设计过程中，选取合适的管道厚度是必要的。使用径极比 ρ(即 $\rho=R_1/R_2$)来描述管道的厚度。图 6.9～图 6.12 分别展示了在管道相对介电常数 ε_{pipe}=3.5 和电极覆盖角 α=31.86°的情况下，不同管道厚度下电极对 $E_{1\text{->}2}$、$E_{1\text{->}3}$、$E_{1\text{->}4}$ 和 $E_{1\text{->}5}$ 的灵敏场分布。在这些图中，$S_{12(min)}$ 等代表灵敏场中的灵敏度最小值，

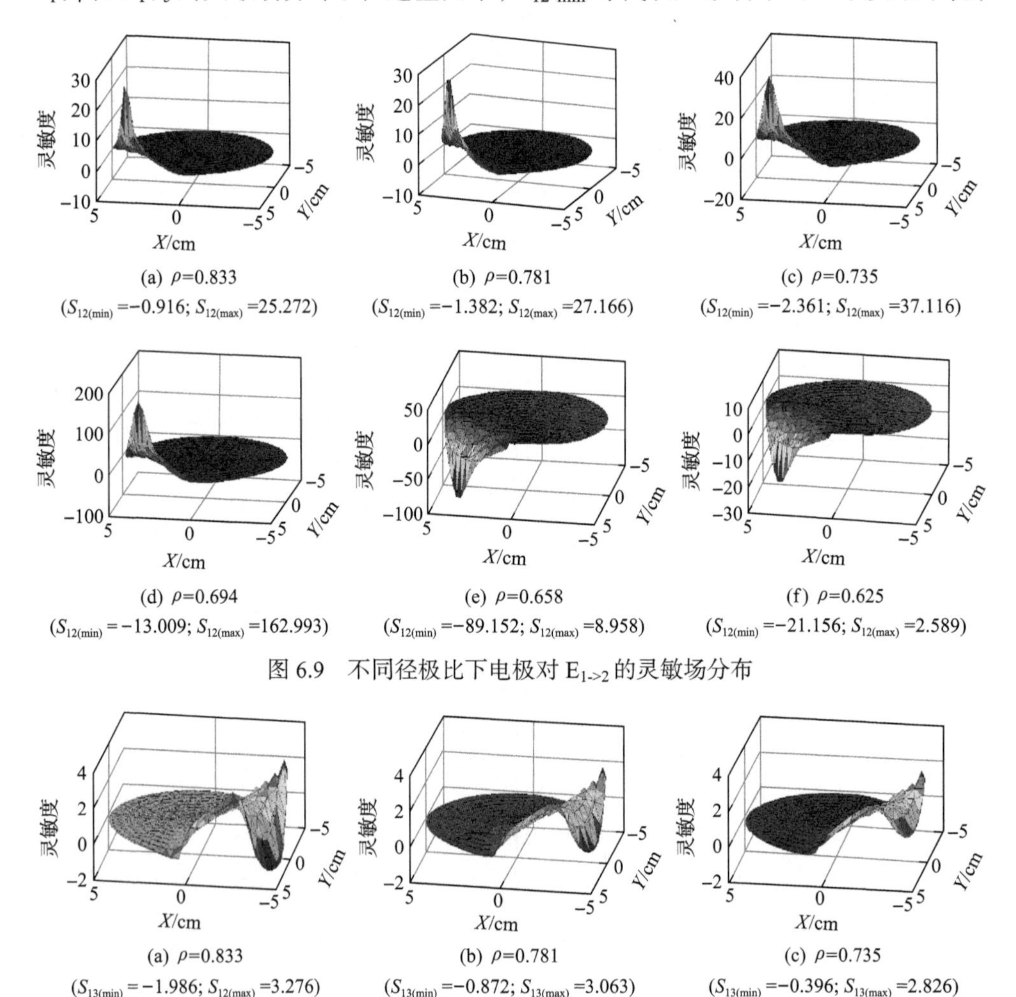

(a) ρ=0.833 ($S_{12(min)}$=−0.916; $S_{12(max)}$=25.272)
(b) ρ=0.781 ($S_{12(min)}$=−1.382; $S_{12(max)}$=27.166)
(c) ρ=0.735 ($S_{12(min)}$=−2.361; $S_{12(max)}$=37.116)
(d) ρ=0.694 ($S_{12(min)}$=−13.009; $S_{12(max)}$=162.993)
(e) ρ=0.658 ($S_{12(min)}$=−89.152; $S_{12(max)}$=8.958)
(f) ρ=0.625 ($S_{12(min)}$=−21.156; $S_{12(max)}$=2.589)

图 6.9　不同径极比下电极对 $E_{1\text{->}2}$ 的灵敏场分布

(a) ρ=0.833 ($S_{13(min)}$=−1.986; $S_{12(max)}$=3.276)
(b) ρ=0.781 ($S_{13(min)}$=−0.872; $S_{13(max)}$=3.063)
(c) ρ=0.735 ($S_{13(min)}$=−0.396; $S_{13(max)}$=2.826)

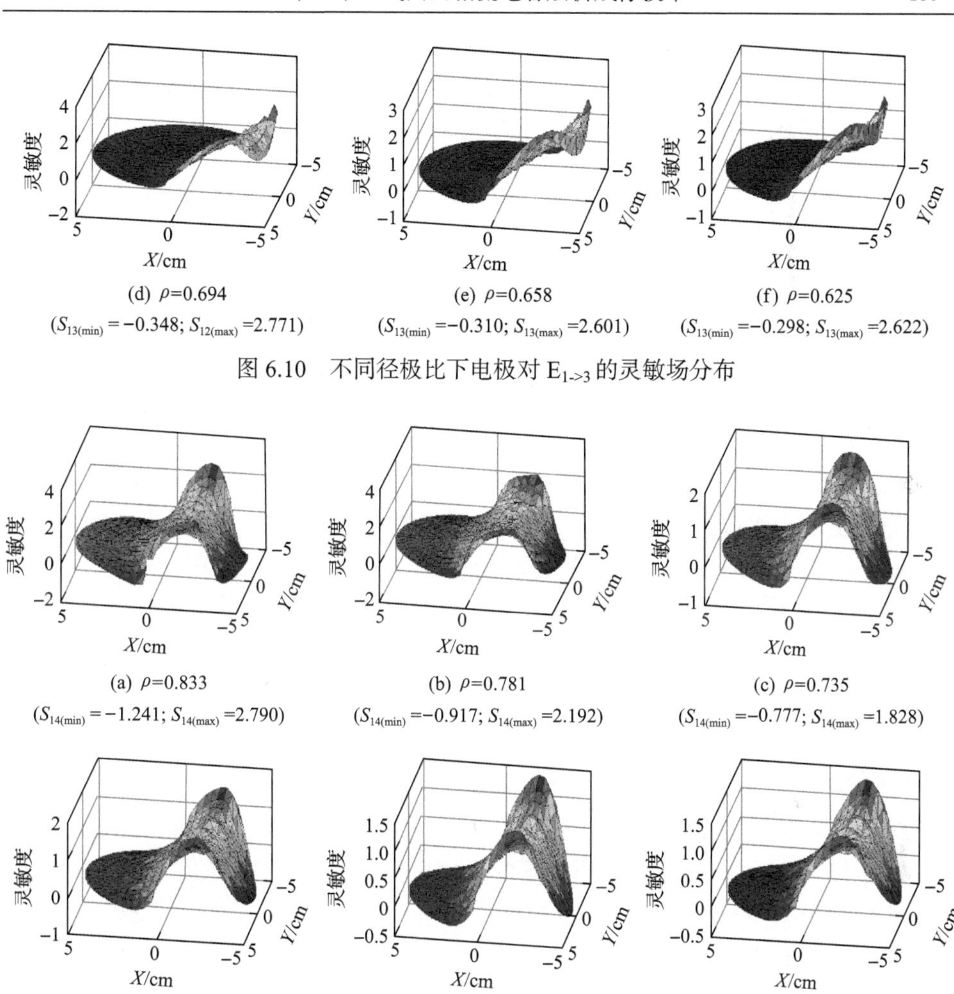

(d) ρ=0.694 ($S_{13(\min)}$ = −0.348; $S_{12(\max)}$ =2.771)　(e) ρ=0.658 ($S_{13(\min)}$ =−0.310; $S_{13(\max)}$ =2.601)　(f) ρ=0.625 ($S_{13(\min)}$ =−0.298; $S_{13(\max)}$ =2.622)

图 6.10　不同径极比下电极对 $E_{1\text{->}3}$ 的灵敏场分布

(a) ρ=0.833 ($S_{14(\min)}$ = −1.241; $S_{14(\max)}$ =2.790)　(b) ρ=0.781 ($S_{14(\min)}$ =−0.917; $S_{14(\max)}$ =2.192)　(c) ρ=0.735 ($S_{14(\min)}$ =−0.777; $S_{14(\max)}$ =1.828)

(d) ρ=0.694 ($S_{14(\min)}$ = −0.639; $S_{14(\max)}$ =1.623)　(e) ρ=0.658 ($S_{14(\min)}$ =−0.459; $S_{14(\max)}$ =1.464)　(f) ρ=0.625 ($S_{14(\min)}$ =−0.280; $S_{14(\max)}$ =1.359)

图 6.11　不同径极比下电极对 $E_{1\text{->}4}$ 的灵敏场分布

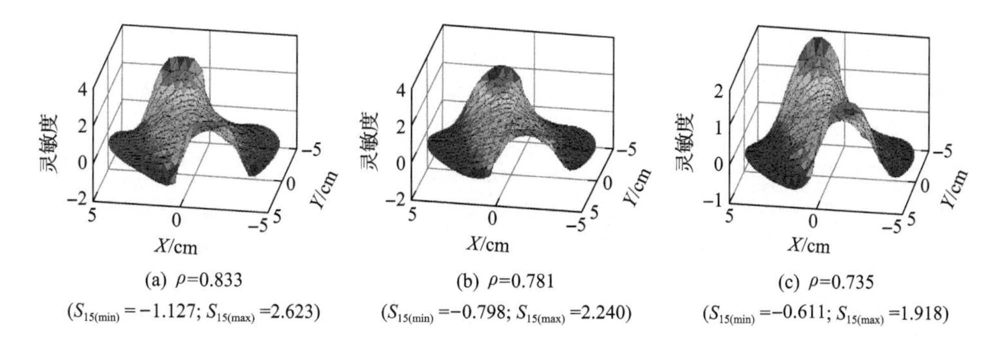

(a) ρ=0.833 ($S_{15(\min)}$ = −1.127; $S_{15(\max)}$ =2.623)　(b) ρ=0.781 ($S_{15(\min)}$ =−0.798; $S_{15(\max)}$ =2.240)　(c) ρ=0.735 ($S_{15(\min)}$ =−0.611; $S_{15(\max)}$ =1.918)

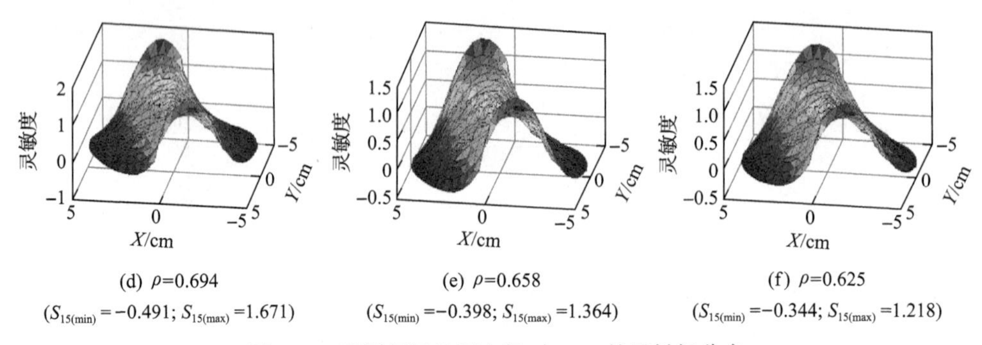

(d) ρ=0.694 ($S_{15(min)}$=−0.491; $S_{15(max)}$=1.671)　(e) ρ=0.658 ($S_{15(min)}$=−0.398; $S_{15(max)}$=1.364)　(f) ρ=0.625 ($S_{15(min)}$=−0.344; $S_{15(max)}$=1.218)

图 6.12　不同径极比下电极对 $E_{1\text{->}5}$ 的灵敏场分布

$S_{12(max)}$等代表场内灵敏度最大值。

从图 6.9 中可以观察到，在相邻电极对 $E_{1\text{->}2}$ 灵敏场内，当 $\rho\geqslant0.694$ 时，电极附近的灵敏度为正值，明显高于其他区域的灵敏度，并且灵敏度最大值随着径极比的减小而增大，但灵敏场的形状没有明显变化。然而，当 $\rho\leqslant0.658$ 时，电极附近出现负灵敏场，灵敏度最大值随着径极比的减小而减小。从图 6.10 中可以看出，在电极对 $E_{1\text{->}3}$ 灵敏场内，电极附近区域出现两个灵敏度峰值。随着管道厚度的增加(即径极比减小)，电极附近区域的灵敏场逐渐变得均匀，两个灵敏度峰值逐渐合并为一个。当 $\rho\geqslant0.658$ 时，随着管道厚度的增加，灵敏度最大值逐渐减小；当 $\rho<0.658$ 时，灵敏度最大值随着管道厚度的增加而增大。此外，管道厚度越大，远离电极区域的灵敏场越接近于零。从图 6.11 和图 6.12 中可以观察到，电极对 $E_{1\text{->}4}$ 和电极对 $E_{1\text{->}5}$ 在不同管道厚度下的灵敏场特性相似。具体而言，管道厚度越大，灵敏度最小值越接近零；而灵敏度最大值随着管道厚度的增加而减小，电极附近区域的灵敏场明显高于其他区域。此外，管道厚度对整个灵敏场的形状没有明显的影响。

2. 管道相对介电常数的影响

图 6.13～图 6.16 展示为径极比 ρ=0.833、电极覆盖角 α=31.87°时，不同管道相对介电常数下电极对 $E_{1\text{->}2}$、$E_{1\text{->}3}$、$E_{1\text{->}4}$ 和 $E_{1\text{->}5}$ 的灵敏场分布。从图 6.13 中可以看出，相邻电极对 $E_{1\text{->}2}$ 的灵敏场形状受管道相对介电常数的变化影响较小，其灵敏度最大值随着管道相对介电常数的增加而减小；同时，管道相对介电常数越大，远离电极区域的灵敏场越接近于零。图 6.14 显示，电极对 $E_{1\text{->}3}$ 的灵敏场随着管道相对介电常数的增大无明显变化。对于图 6.15 和图 6.16，电极对 $E_{1\text{->}4}$ 和 $E_{1\text{->}5}$ 在不同管道相对介电常数下的灵敏场特性相似，即随着管道相对介电常数的增加，场内灵敏度最大值增大，灵敏度最小值减小，整个灵敏场形状无明显变化。

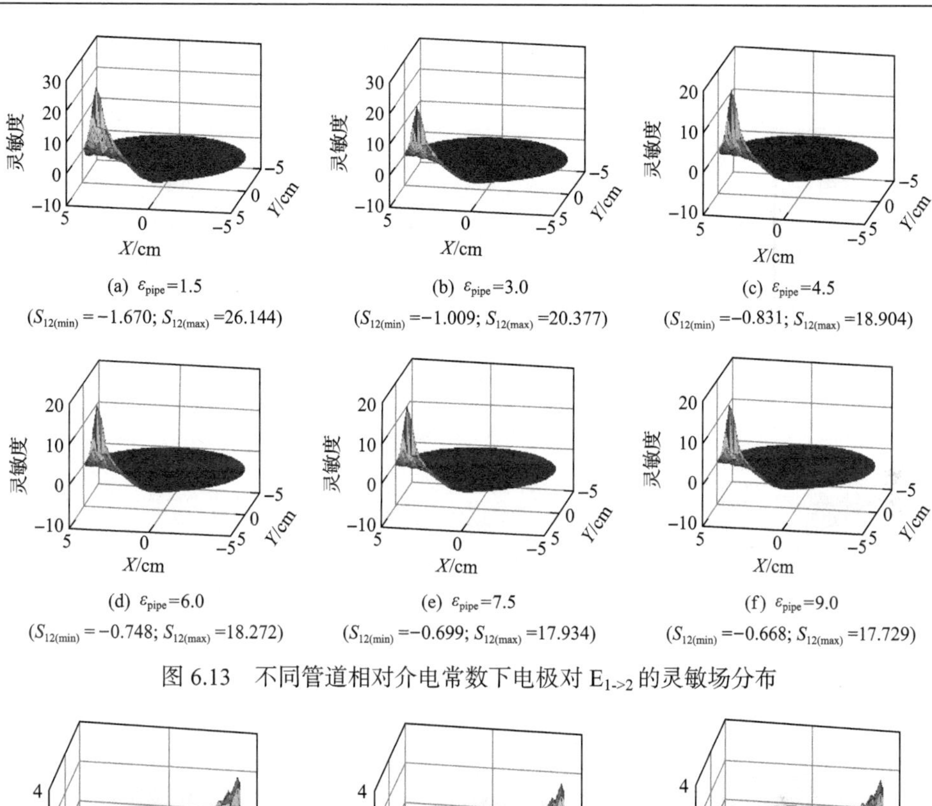

(a) ε_{pipe}=1.5
($S_{12(min)}$ =−1.670; $S_{12(max)}$ =26.144)

(b) ε_{pipe}=3.0
($S_{12(min)}$ =−1.009; $S_{12(max)}$ =20.377)

(c) ε_{pipe}=4.5
($S_{12(min)}$ =−0.831; $S_{12(max)}$ =18.904)

(d) ε_{pipe}=6.0
($S_{12(min)}$ =−0.748; $S_{12(max)}$ =18.272)

(e) ε_{pipe}=7.5
($S_{12(min)}$ =−0.699; $S_{12(max)}$ =17.934)

(f) ε_{pipe}=9.0
($S_{12(min)}$ =−0.668; $S_{12(max)}$ =17.729)

图 6.13　不同管道相对介电常数下电极对 $E_{1\text{->}2}$ 的灵敏场分布

(a) ε_{pipe}=1.5
($S_{13(min)}$ =−1.151; $S_{13(max)}$ =3.170)

(b) ε_{pipe}=3.0
($S_{13(min)}$ =−1.408; $S_{13(max)}$ =2.961)

(c) ε_{pipe}=4.5
($S_{13(min)}$ =−1.516; $S_{13(max)}$ =2.928)

(d) ε_{pipe}=6.0
($S_{13(min)}$ =−1.580; $S_{13(max)}$ =2.928)

(e) ε_{pipe}=7.5
($S_{13(min)}$ =−1.623; $S_{13(max)}$ =2.936)

(f) ε_{pipe}=9.0
($S_{13(min)}$ =−1.654; $S_{13(max)}$ =2.946)

图 6.14　不同管道相对介电常数下电极对 $E_{1\text{->}3}$ 的灵敏场分布

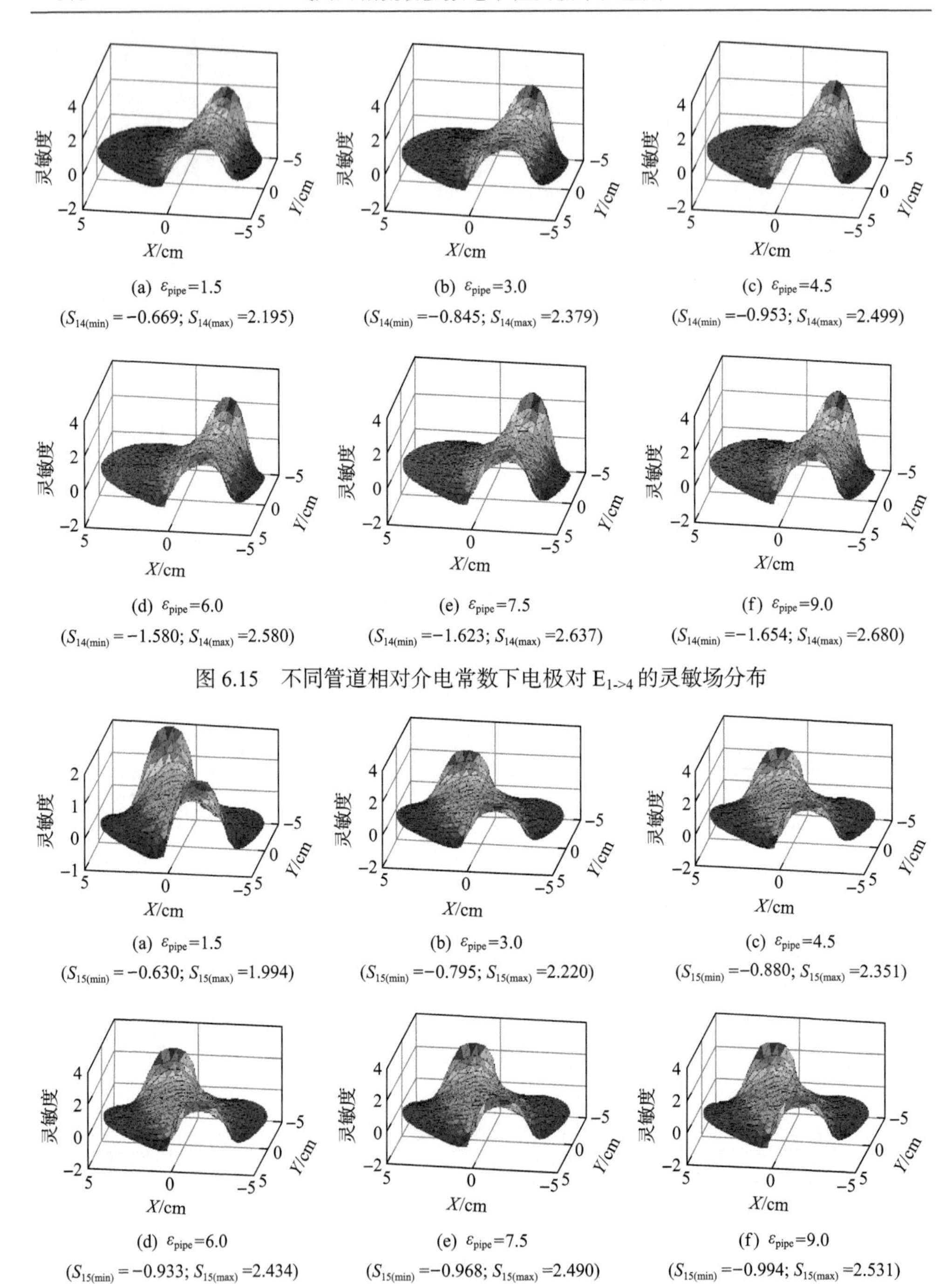

(a) $\varepsilon_{pipe}=1.5$ ($S_{14(min)}=-0.669$; $S_{14(max)}=2.195$)

(b) $\varepsilon_{pipe}=3.0$ ($S_{14(min)}=-0.845$; $S_{14(max)}=2.379$)

(c) $\varepsilon_{pipe}=4.5$ ($S_{14(min)}=-0.953$; $S_{14(max)}=2.499$)

(d) $\varepsilon_{pipe}=6.0$ ($S_{14(min)}=-1.580$; $S_{14(max)}=2.580$)

(e) $\varepsilon_{pipe}=7.5$ ($S_{14(min)}=-1.623$; $S_{14(max)}=2.637$)

(f) $\varepsilon_{pipe}=9.0$ ($S_{14(min)}=-1.654$; $S_{14(max)}=2.680$)

图 6.15　不同管道相对介电常数下电极对 $E_{1\to4}$ 的灵敏场分布

(a) $\varepsilon_{pipe}=1.5$ ($S_{15(min)}=-0.630$; $S_{15(max)}=1.994$)

(b) $\varepsilon_{pipe}=3.0$ ($S_{15(min)}=-0.795$; $S_{15(max)}=2.220$)

(c) $\varepsilon_{pipe}=4.5$ ($S_{15(min)}=-0.880$; $S_{15(max)}=2.351$)

(d) $\varepsilon_{pipe}=6.0$ ($S_{15(min)}=-0.933$; $S_{15(max)}=2.434$)

(e) $\varepsilon_{pipe}=7.5$ ($S_{15(min)}=-0.968$; $S_{15(max)}=2.490$)

(f) $\varepsilon_{pipe}=9.0$ ($S_{15(min)}=-0.994$; $S_{15(max)}=2.531$)

图 6.16　不同管道相对介电常数下电极对 $E_{1\to5}$ 的灵敏场分布

3. 电极覆盖角的影响

图 6.17～图 6.20 展示了径极比 ρ=0.833、管道相对介电常数 $\varepsilon_{\mathrm{pipe}}$=3.5 时，不

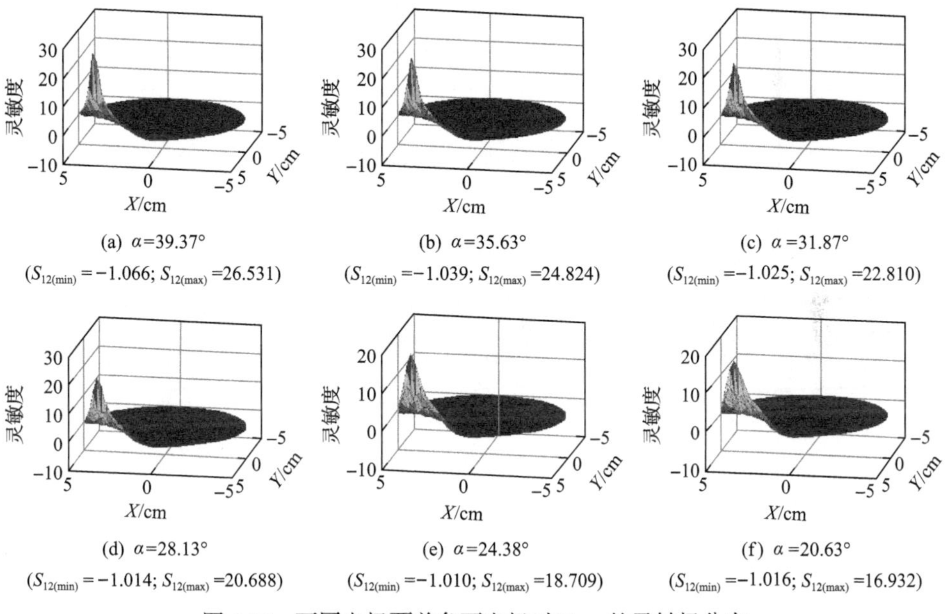

图 6.17　不同电极覆盖角下电极对 $E_{1->2}$ 的灵敏场分布

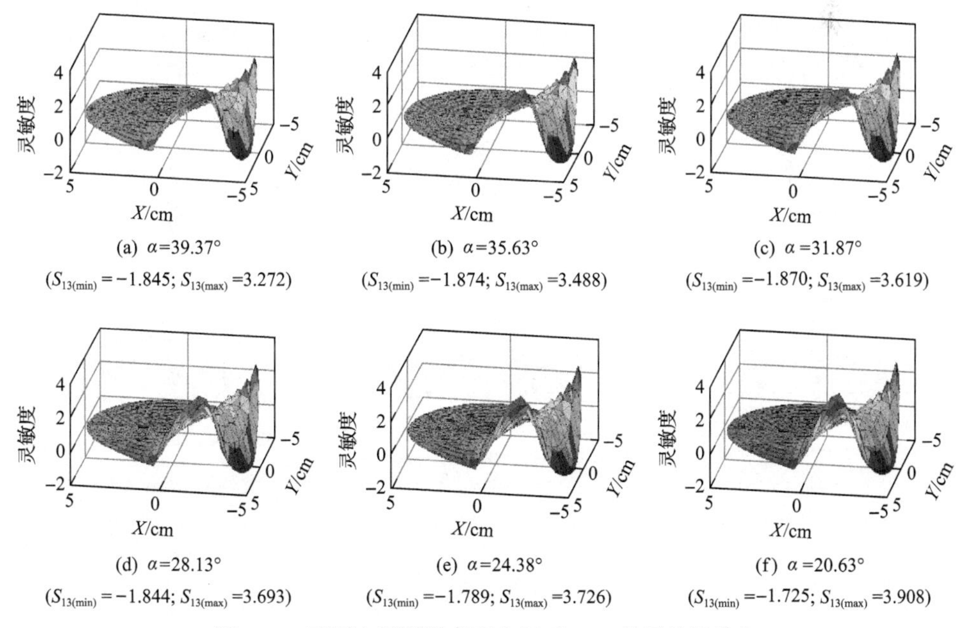

图 6.18　不同电极覆盖角下电极对 $E_{1->3}$ 的灵敏场分布

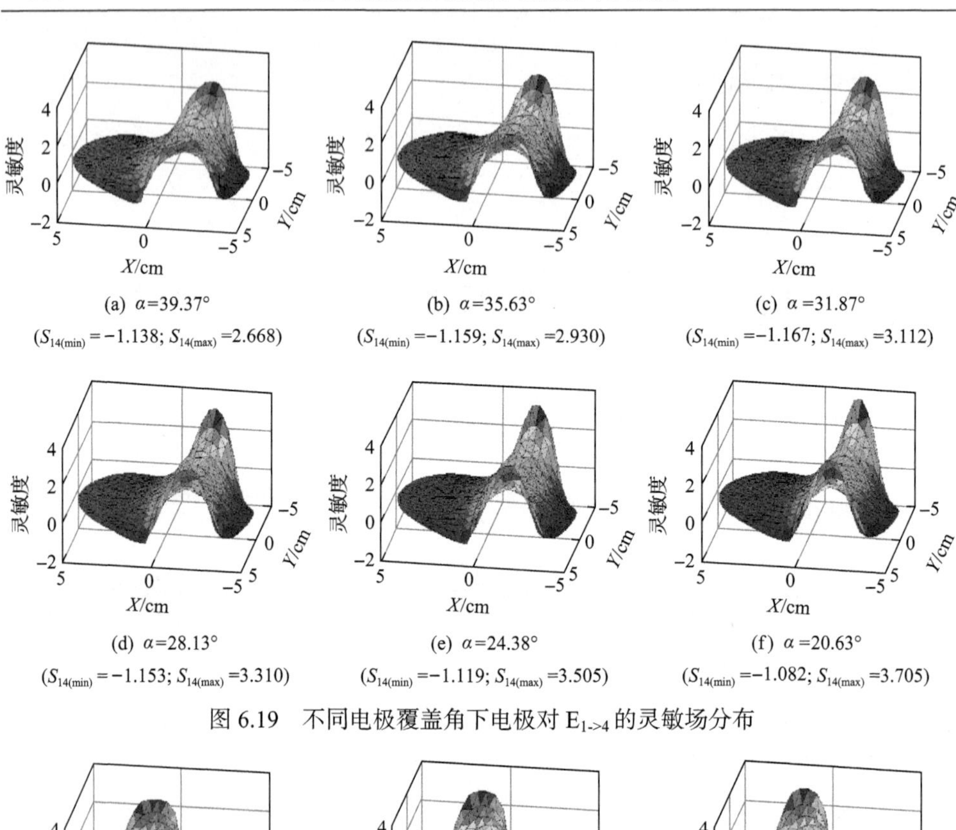

(a) α=39.37° ($S_{14(\min)}$=−1.138; $S_{14(\max)}$=2.668)　(b) α=35.63° ($S_{14(\min)}$=−1.159; $S_{14(\max)}$=2.930)　(c) α=31.87° ($S_{14(\min)}$=−1.167; $S_{14(\max)}$=3.112)

(d) α=28.13° ($S_{14(\min)}$=−1.153; $S_{14(\max)}$=3.310)　(e) α=24.38° ($S_{14(\min)}$=−1.119; $S_{14(\max)}$=3.505)　(f) α=20.63° ($S_{14(\min)}$=−1.082; $S_{14(\max)}$=3.705)

图 6.19　不同电极覆盖角下电极对 $E_{1\text{->}4}$ 的灵敏场分布

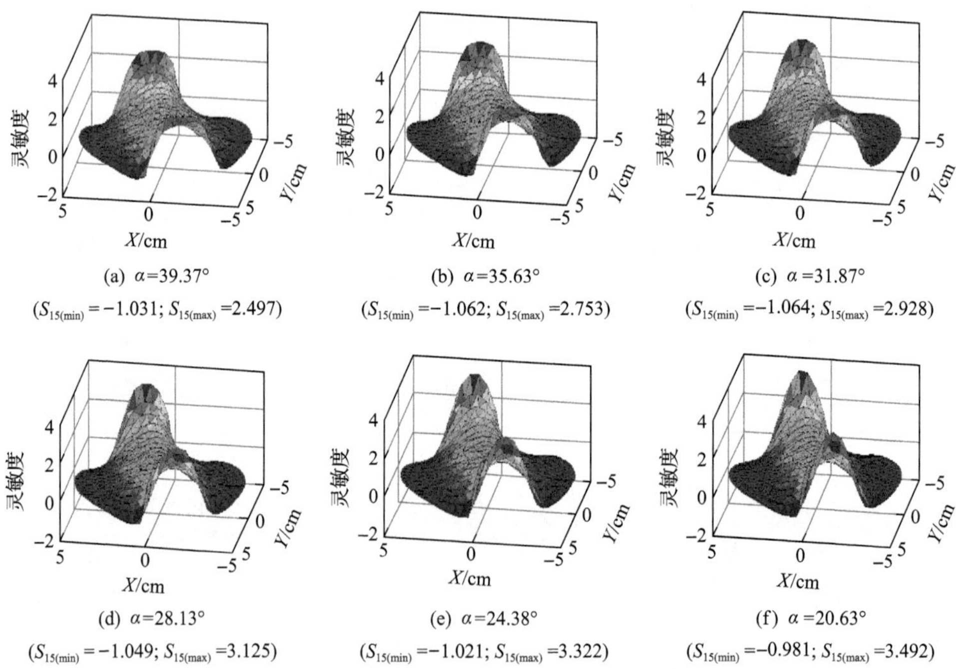

(a) α=39.37° ($S_{15(\min)}$=−1.031; $S_{15(\max)}$=2.497)　(b) α=35.63° ($S_{15(\min)}$=−1.062; $S_{15(\max)}$=2.753)　(c) α=31.87° ($S_{15(\min)}$=−1.064; $S_{15(\max)}$=2.928)

(d) α=28.13° ($S_{15(\min)}$=−1.049; $S_{15(\max)}$=3.125)　(e) α=24.38° ($S_{15(\min)}$=−1.021; $S_{15(\max)}$=3.322)　(f) α=20.63° ($S_{15(\min)}$=−0.981; $S_{15(\max)}$=3.492)

图 6.20　不同电极覆盖角下电极对 $E_{1\text{->}5}$ 的灵敏场分布

同电极覆盖角下电极对 $E_{1\text{->}2}$、$E_{1\text{->}3}$、$E_{1\text{->}4}$ 和 $E_{1\text{->}5}$ 的灵敏场分布。从这些图中可以观察到，随着电极覆盖角的增大，电极对 $E_{1\text{->}2}$ 的灵敏度最大值逐渐增大，而电极对 $E_{1\text{->}3}$、$E_{1\text{->}4}$ 和 $E_{1\text{->}5}$ 的灵敏度最大值逐渐减小，但各电极对的灵敏场形状并未明显变化。

6.2.3　抗静电的 ECT 电容检测技术

电容检测电路是影响 ECT 测量精度及速度的关键部分。尽管存在多种电容检测方法，如自平衡法[14]、直流充放电法[15]等，但交流法[16]电容检测电路是目前 ECT 最常用且成熟的电容检测电路。它不受电荷注入的影响，还具有较强的抗杂散电容能力。

气固两相流动过程中，颗粒静电现象是普遍存在且难以避免的。当 ECT 用于测量气固两相流动参数时，颗粒静电会导致传感器电极上感应出静电噪声，如图 6.21 所示。根据第 4 章对抗静电微弱电容检测技术的研究，当静电达到一定强

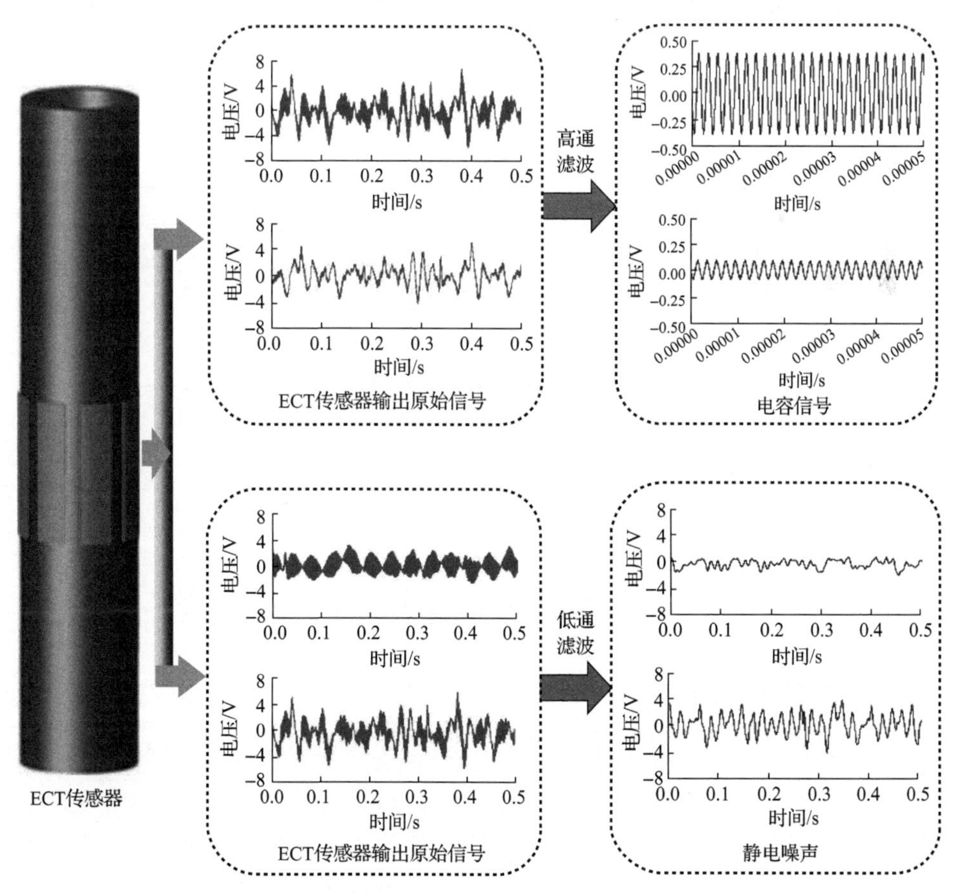

图 6.21　ECT 传感器输出原始信号及滤波后的电容信号和静电噪声

度时，会引起交流法电容检测电路中的 C/V 转换电路输出信号超限，导致电容检测失效。因此，解决交流法 ECT 静电干扰问题的关键在于确保 C/V 转换电路输出信号在电路允许的输出范围内。

图 6.22 展示了抗静电的交流法电容检测电路的结构。图中 U_i 为激励信号的电压值，C_x 为被测电极对间的电容值，C_{s1} 和 C_{s2} 为杂散电容，R_f 和 C_f 分别为放大器的反馈电阻和反馈电容。电路采用两个直接数字合成(direct digital synthesizer，DDS)信号发生器产生两个相同的高频交流信号，分别用作激励信号和参考信号。首先通过选择适当的高性能运算放大器、反馈电阻和反馈电容，确保 C/V 转换电路的输出信号幅值在其允许的范围内。此外，带通滤波器被用来消除叠加在 C/V 转换电路输出信号上的静电噪声。C/V 转换电路由宽带宽的高性能运算放大器和 4MΩ 的反馈电阻以及 22pF 的反馈电容组成，以确保当有静电颗粒通过时 C/V 转换电路输出在其允许范围内；通过中心频率为 500kHz 的二阶巴特沃思带通滤波器滤去叠加在 C/V 转换电路输出信号上的静电噪声；模拟乘法器和低通滤波器则分别起到相敏解调和消除谐波的作用。

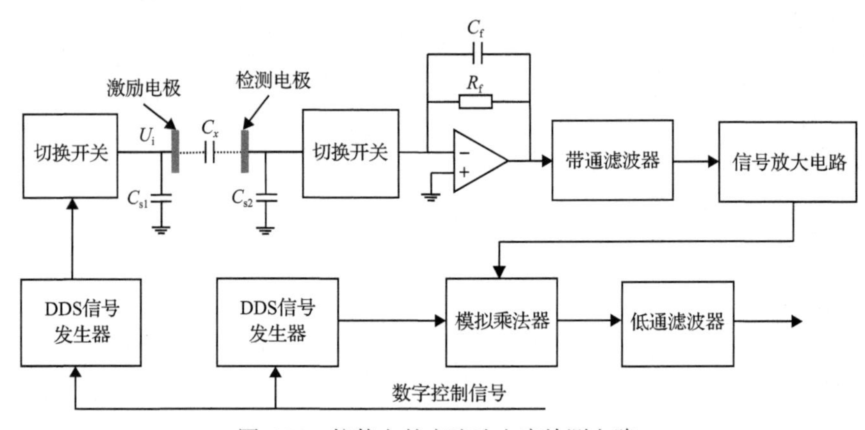

图 6.22 抗静电的交流法电容检测电路

6.3 ECT 图像重建与系统开发

6.3.1 ECT 图像重建原理及其算法

ECT 图像重建根据 ECT 传感器采集到的电容测量数据，经过适当的图像重建算法处理，以还原被测管道或容器内部的介质分布信息。图像重建是 ECT 反问题求解的关键环节。目前，ECT 图像重建算法有很多种选择，其中常用的有线性反投影(linear back projection，LBP)算法及 Landweber 迭代算法[17,18]。

1. LBP 算法

LBP 算法是最早应用于 ECT 的重建算法之一。它基于灵敏场模型，将管内介质分布与电容之间的关系通过灵敏场进行关联：

$$\lambda = S \cdot g \tag{6.5}$$

式中，λ 为 $N \times 1$ 维归一化电容向量；S 为 $N \times M$ 维灵敏场矩阵；g 为 $M \times 1$ 维归一化介电常数。如果 S 的逆矩阵 S^{-1} 存在，则式(6.5)可以转换为

$$g = S^{-1} \cdot \lambda \tag{6.6}$$

但实际中，M 远大于 N，S 不存在逆矩阵，因此用转置矩阵 S^{T} 代替 S^{-1}，得到介电常数分布的估计值：

$$\hat{g} = S^{\mathrm{T}} \cdot \lambda \tag{6.7}$$

LBP 算法重建的图像精度相对较低，误差较大，但其优势在于速度快和实时性好，因此在 ECT 在线成像中被广泛应用。

2. Landweber 迭代算法

Landweber 迭代算法最初用于解决第一类弗雷德霍尔姆(Fredholm)积分方程的典型病态问题，是最速下降方法的一种变形[19]。该算法通过迭代更新估计值，利用先前的估计值和测量数据之间的残差来逐步逼近真实的介质分布。Landweber 迭代算法的迭代初始灰度值通常使用 LBP 算法获取，然后根据迭代次数和增量因子进行更新：

$$\hat{g}_{m+1} = \hat{g}_m - \eta S^{\mathrm{T}}(S\hat{g}_m - \lambda) \tag{6.8}$$

式中，m 为迭代次数；η 为增量因子，其取值会影响算法的收敛性，从而影响图像重建效果。一般用 $S^{\mathrm{T}}S$ 的最大特征值 $\lambda_{\max}$ 来确定 η 值的大小，得

$$\eta = \frac{2}{\lambda_{\max}} \tag{6.9}$$

Landweber 迭代算法属于一阶迭代算法，其收敛性能较差。一般可以用先验灰度信息对迭代得到的归一化灰度值进行修正，从而改善算法的收敛性：

$$\hat{g}_{m+1} = W[\hat{g}_m - \eta S^{\mathrm{T}}(S\hat{g}_m - \lambda)] \tag{6.10}$$

式中，W 为投影算子，其表达形式为

$$W[g]=\begin{cases}0, & g<0\\ g, & 0\leqslant g\leqslant 1\\ 1, & g>1\end{cases} \tag{6.11}$$

目前，Landweber 迭代算法在 ECT 领域得到了广泛的应用，并且在大多数情况下，它相较于 LBP 算法能够提供更高精度的图像重建结果。

3. LBP 算法与 Landweber 迭代算法图像重建结果比较

相关系数(correlation coefficient, CC)[20]是用来衡量重建图像和真实图像之间的相关程度的指标。它可以用来评估重建图像的质量，其中 CC 越接近于 1，表示重建图像与真实图像之间的相关性越高，也即重建图像的质量越好。其表达式为

$$\mathrm{CC}=\frac{\sum_{i=1}^{N}(\hat{g}-\overline{\hat{g}})(g_i-\overline{g})}{\sqrt{\sum_{i=1}^{N}(\hat{g}_i-\overline{\hat{g}})^2\sum_{i=1}^{N}(g_i-\overline{g})^2}} \tag{6.12}$$

式中，g 和 $\hat{g}$ 分别为图像的真实介电常数分布以及重建介电常数分布；$\overline{g}$ 和 $\overline{\hat{g}}$ 分别为 g 和 $\hat{g}$ 的像素均值。

在图像重建实验中，模拟了四种流型(中心流、层流、环状流和任意流)的管道截面介电常数分布(图 6.23)，并使用 LBP 算法和 Landweber 迭代算法对其进行图像重建，结果如图 6.24 和图 6.25 所示。通过观察可以看到，LBP 算法和 Landweber 迭代算法都能够对管道截面的介质分布进行重建。然而，Landweber 迭代算法生成的重建图像显然比 LBP 算法更接近原始图像。根据表 6.2 的数据，可以发现 LBP 算法生成的重建图像的相关系数大于或等于 0.785，而 Landweber 迭代算法生成的重建图像的相关系数大于或等于 0.803。这些结果明确表明，在图像重建实验中，相较于 LBP 算法，Landweber 迭代算法具有更好的重建效果和图像质量。

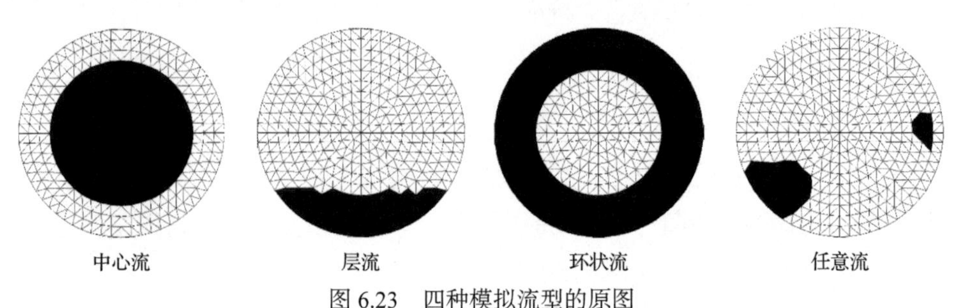

图 6.23　四种模拟流型的原图

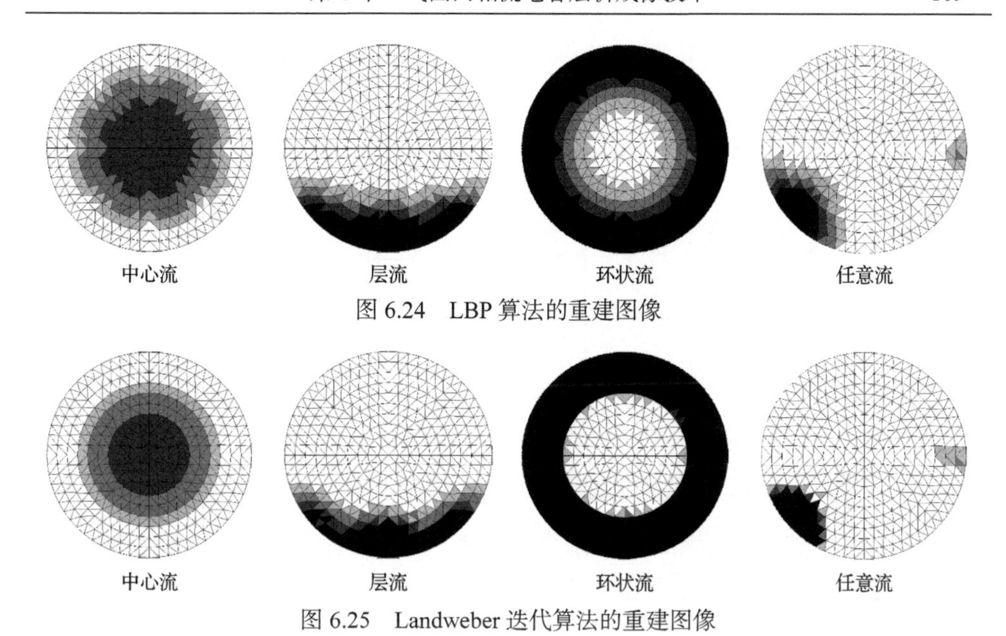

图 6.24　LBP 算法的重建图像

图 6.25　Landweber 迭代算法的重建图像

表 6.2　LBP 算法与 Landweber 迭代算法重建图像的相关系数

算法	中心流	层流	环状流	任意流
LBP	0.807	0.894	0.918	0.785
Landweber 迭代	0.898	0.909	0.992	0.803

6.3.2　ECT 系统开发

在深入分析 ECT 正问题和反问题的基础上，本节设计并制作了一套抗静电的交流法电容检测 ECT 系统。该系统的组成示意图如图 6.26 所示。ECT 系统的设计与开发主要包括以下方面：抗静电的交流法电容检测电路设计、电极开关阵列设计、数据采集与控制系统设计以及上位机界面设计。在前面的部分已经介绍了抗静电的交流法电容检测电路设计，因此在此不再赘述。

1. 电极开关阵列设计

在 ECT 系统中，传感器电极需要具备三种工作模式：激励、检测和接地。以一个 8 电极 ECT 传感器为例，完整的一次测量过程如下：首先将电极 E_1 置为激励电极，然后以 $E_2, E_3, \cdots, E_8$ 为检测电极，测量电极对 $E_{1->2}, E_{1->3}, \cdots, E_{1->8}$ 之间的电容值。在每次测量中，其他 6 个闲置电极接地。接下来，将 E_2 设置为激励电极，测量电极对 $E_{2->3}$, $E_{2->4}, \cdots$, $E_{2->8}$ 之间的电容值。按照这个顺序进行，直至测量到 $E_{7->8}$ 的电容值。这样，一帧 28 个电容值的检测就完成了。

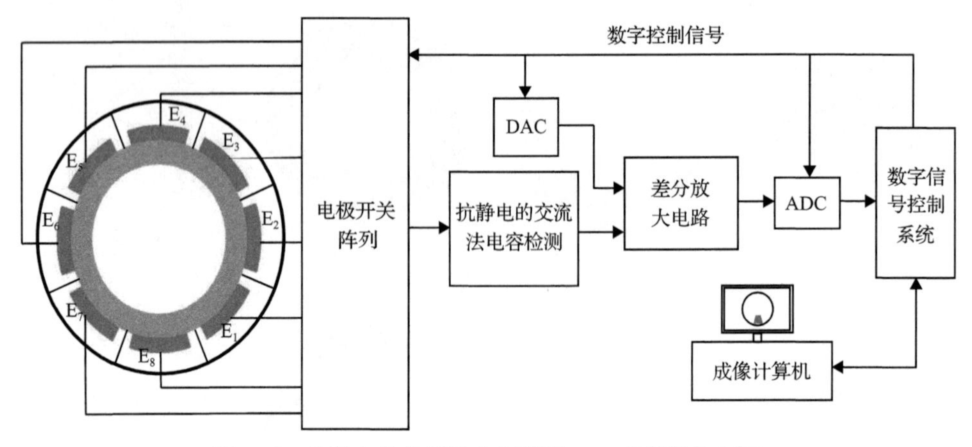

图 6.26　抗静电的交流法电容检测 ECT 系统结构框图

为了实现不同电极之间工作模式的切换，ECT 系统采用了电极开关阵列。图 6.27(a)和(b)分别展示了普通电极开关和 T 型电极开关的电路结构。在图 6.27(a)中，当开关 1、2、3 单独闭合时，电极分别处于激励、检测和接地模式。然而，当开关 2 单独闭合，电极处于检测模式时，开关 1 两端存在电压差，导致耦合电容的形成，从而影响电容检测的准确性。在图 6.27(b)中，当闭合开关 4 和 5，断开开关 1、2、3 时，电极处于激励模式；当闭合开关 3，断开其余开关时，电极处于接地模式；当闭合开关 1 和 2，断开开关 3、4、5 时，电极处于检测模式。在这种情况下，开关 4 的一端接地，另一端连接电极，两端没有电压差，从而消除了耦合电容的影响。因此，本节采用 T 型结构的电极开关阵列，每个电极连接的 5 个电子开关(图 6.27(b))用高速芯片 ADG201HS 实现，该芯片开关切换时间小于 50ns，其实物如图 6.28 所示。

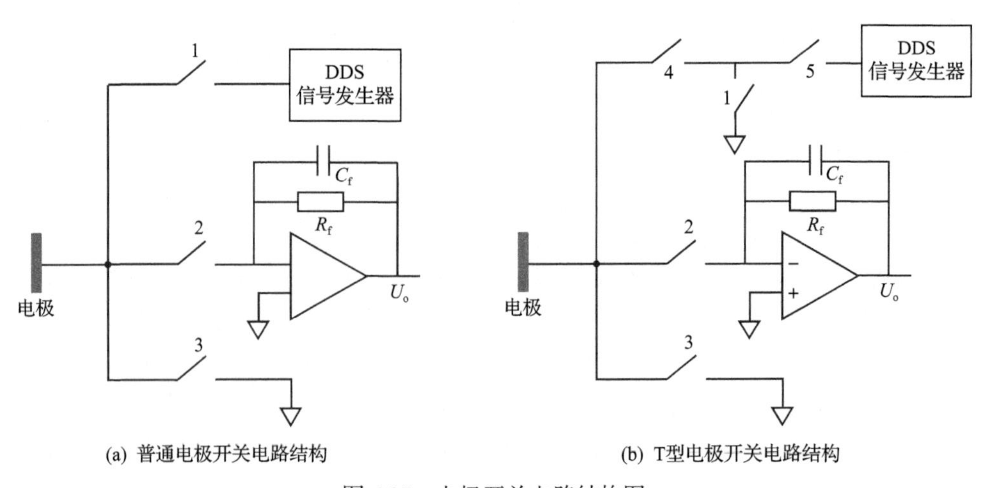

图 6.27　电极开关电路结构图

图 6.28　电极开关阵列电路实物图

2. 数据采集与控制系统设计

ECT 系统的数据采集与控制系统主要实现 DAC 反馈控制、ADC 数据采集控制、电极开关控制、电容检测控制以及数据通信。数据采集与控制系统的结构如图 6.29 所示。在本节中，选择数字信号处理器(digital signal processor，DSP)作为 ECT 系统的主控制单元。在系统初始化过程中，通过 DSP 对电容检测电路中 DDS 信号发生器输出信号的频率、相位及幅值进行参数设置。在数据采集过程中，DSP 控制电极开关阵列的逻辑切换以及 DAC 的模拟输出，以实现电容检测电路输出电压信号的差分放大。同时，DSP 还控制 ADC 对差分放大器输出的电压信号进行数据采集。数据通信方面，采用了 RS-485 和通用串行总线(USB)双通信模式。RS-485 通信具有稳定的数据传输能力、较强的抗干扰能力和较长的传输距离，适用于工业环境下的通信，但通信速度较慢；USB 通信传输速度快，使用便捷，但传输距离短，一般两个 USB 设备间的传输距离不超过 5m。USB 通信和 RS-485 通信各有优缺点，可以按实验要求及环境对其灵活应用。通过 DSP 程序完成上述过程，其软件流程图如图 6.30 所示。图 6.31 展示了数据采集与控制系统的实物图。

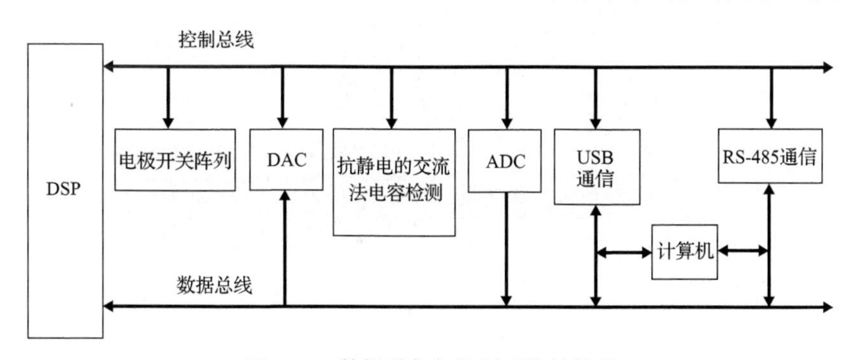

图 6.29　数据采集与控制系统结构图

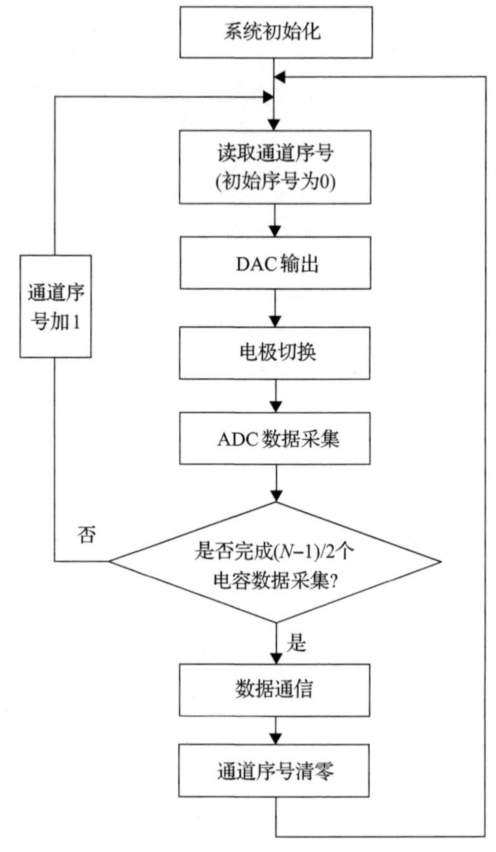

图 6.30　DSP 程序流程图（N 电极 ECT 系统）

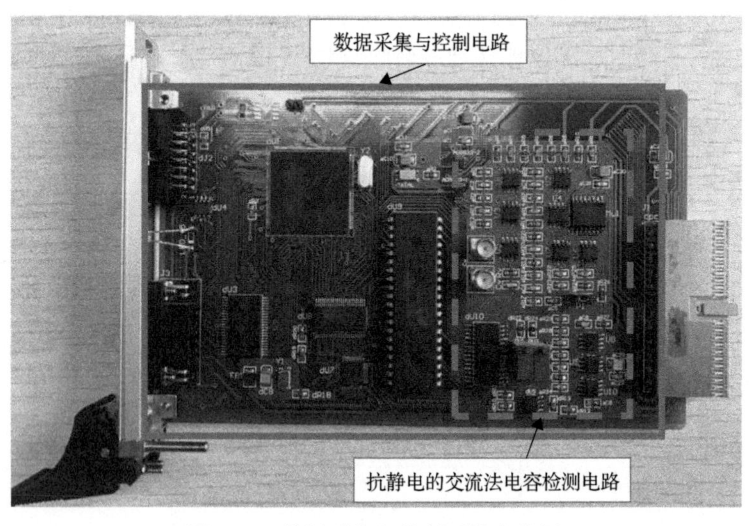

图 6.31　数据采集与控制系统实物图

其中，虚线框出部分为抗静电的交流法电容检测电路。

3. 上位机界面设计

本节设计的 ECT 系统上位机界面由 4 个子窗口组成，如图 6.32 所示。子窗口 1 是电容数据展示窗口，分为上下两部分。上部分以柱状图的形式显示 N 电极对应的 $N(N-1)/2$ 组电容数据，下部分则以文本框形式显示电容数据的具体数值；子窗口 2 是流体相浓度显示窗口，分为左右两部分，左侧显示测量到的流体固相浓度曲线，右侧显示浓度的具体数值。子窗口 3 显示管道横截面相分布，子窗口 4 则显示相浓度径向截面随时间的分布。上位机界面支持 ECT 系统的标定功能，可以进行系统的启停控制及通信模式设置。上位机界面支持实时在线测量、数据存储和历史数据回放等功能。测量结果可以以电容对数据柱状图、相分布截面图、相浓度曲线图等形式进行可视化显示。

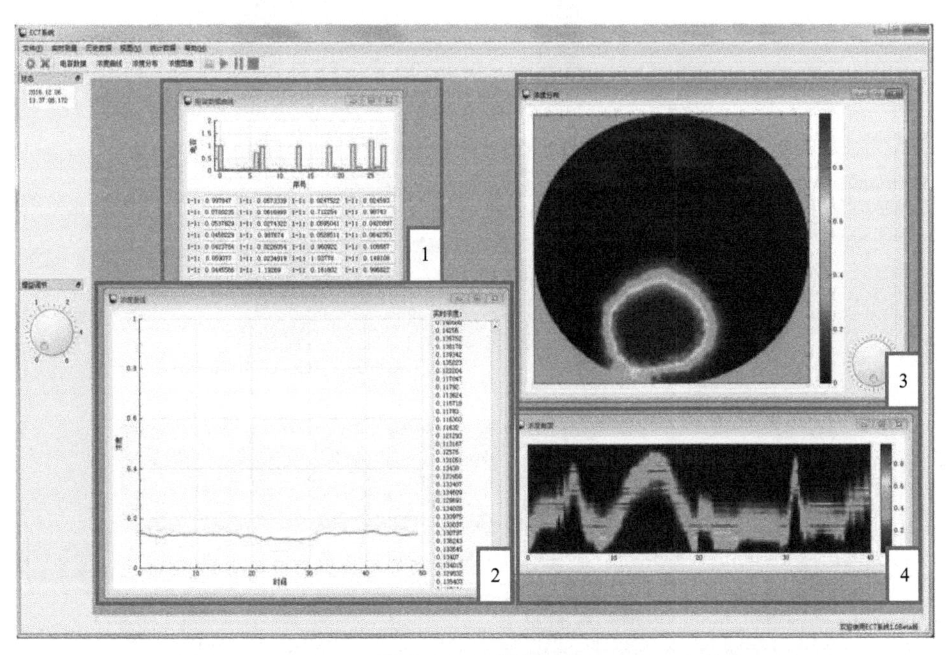

图 6.32　上位机界面

6.3.3　性能评价

为了验证 ECT 系统的测量准确性，本节进行了静态和动态成像实验研究。

1. 静态成像实验

静态成像实验系统如图 6.33 所示，采用 8 电极 ECT 传感器。管道采用有机玻璃材料，内径和外径分别为 25mm 和 30mm，屏蔽罩内径为 34mm。传感器电极采用紫铜材料，电极轴向长度为 100mm，电极覆盖角为 31.87°。管道内的气固两相分别为空气和粒径为 1mm 的玻璃珠。图 6.34(a)、(b)和(c)分别展示了空管、满管和半满管状态。其中，空管表示传感器空间范围内充满空气，满管表示传感器空间范围内充满玻璃珠，半满管表示传感器空间范围内空气和玻璃珠各占一半。

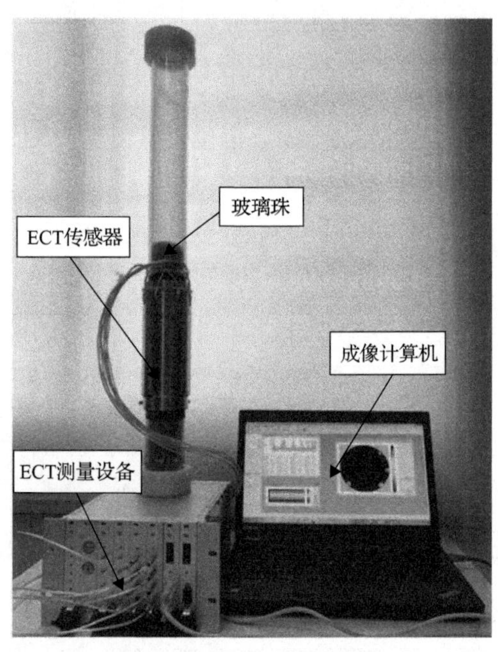

图 6.33　静态成像实验系统

(a) 空管

(b) 满管

(c) 半满管

图 6.34　静态成像实验工况

图 6.35(a)、(b)和(c)分别显示了空管、满管、半满管三种状态下的 ECT 管道截面成像结果。从图中可以看出，在静态情况下，ECT 重建的管道截面相分布与实际相分布具有较好的一致性。

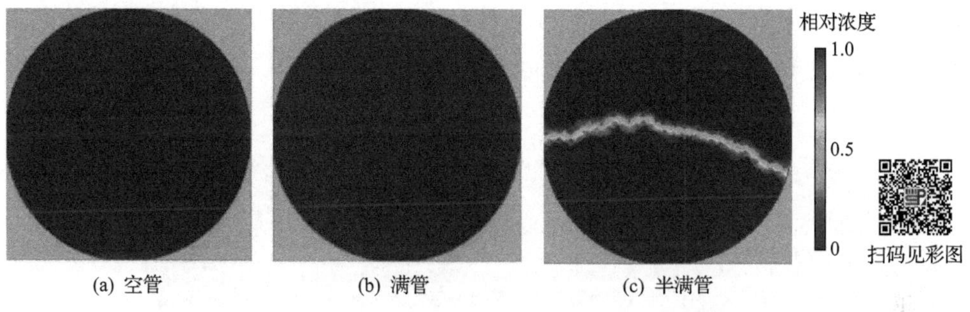

图 6.35　基于 Landweber 迭代算法的 ECT 重建图像

2. 动态成像实验

动态成像实验的系统装置如图 6.36 所示。实验中将输送管道倾斜 45°角，使用粒径为 1mm 的玻璃珠作为输送颗粒，料斗距离 ECT 传感器的垂直高度为 0.5m。ECT 系统参数与静态实验中相同。实验流程如下：将玻璃珠倒入料斗，玻璃珠在重力作用下沿着管道壁面下落，并通过 ECT 传感器。在这个过程中，ECT 系统对管道中的颗粒流进行在线成像。

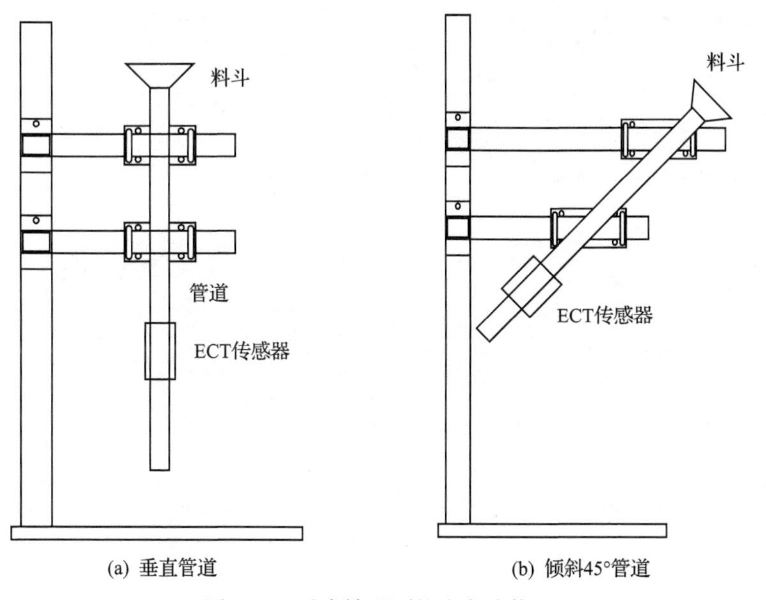

图 6.36　重力输送颗粒流实验装置

图 6.37 显示了实验过程中 ECT 系统得到的基于 Landweber 迭代算法的重建图像。从图中可以看出，当实验开始时，颗粒相浓度较低，随后逐渐增加，颗粒主要分布在管道下壁处；随着实验即将结束，颗粒相浓度逐渐降低，直至降到零，表示管道内没有颗粒流动。实验结果表明，ECT 系统测得的管道截面颗粒分布的动态变化与实际一致，验证了所研制的 ECT 系统能够实现气固两相流相分布的在线动态检测。

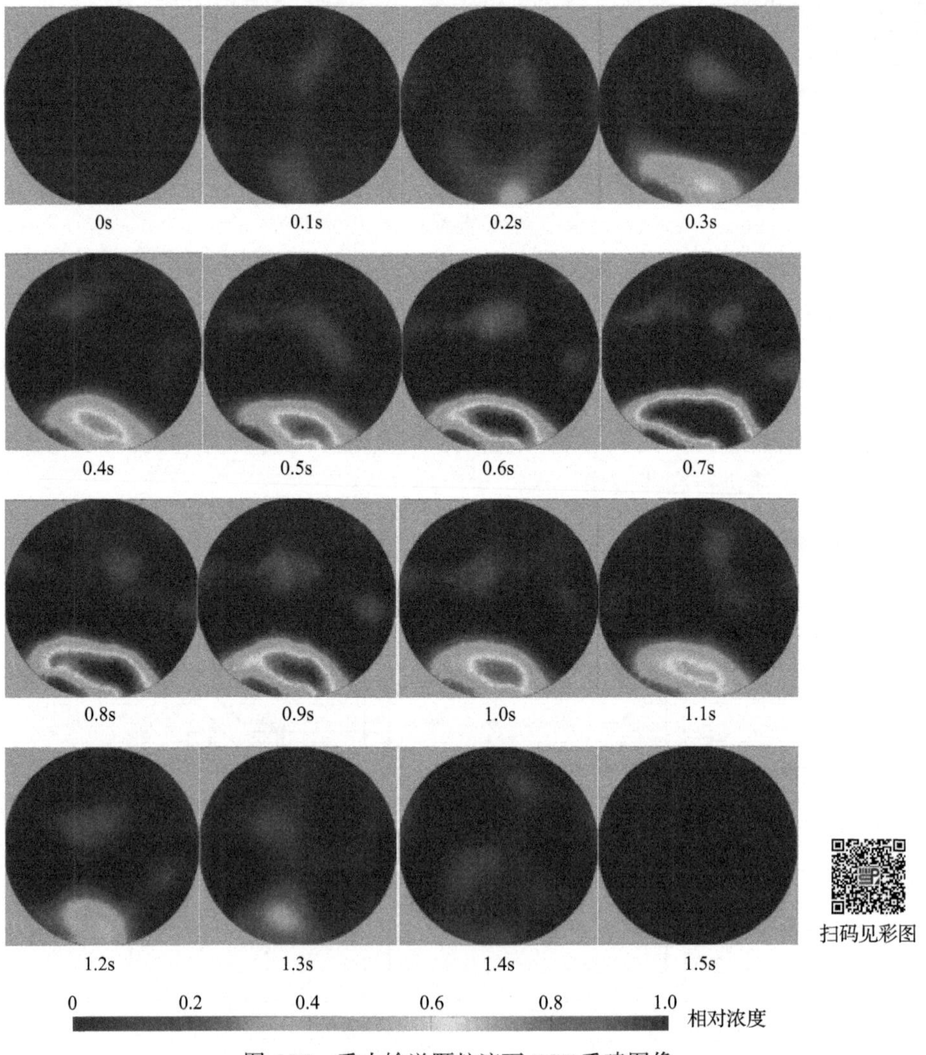

图 6.37　重力输送颗粒流下 ECT 重建图像

6.4　基于深度学习的 ECT 图像重建优化

6.4.1　卷积神经网络 ECT 图像重建方法

深度学习算法通过直接建模电容向量与介质分布之间的非线性关系，克服了灵敏场线性简化带来的信息丢失问题。相较于传统的线性模型算法，基于深度学习的重建方法不仅提高了重建精度和图像分辨率，还无须进行繁琐的迭代计算，从而实现了更快的重建速度。这些优势为推动 ECT 技术在工业领域的实际应用提供了重要的支持。在利用深度学习实现 ECT 图像重建时，需要解决数据集获取的难题，并对模型参数进行优化，以构建最优化且简洁的网络模型，从而实现准确高分辨率的浓度分布重建。卷积神经网络以其独特的卷积特征提取过程，能够捕捉图像中的关键信息。基于卷积神经网络的 ECT 图像重建方法采用随机生成的“电容向量-介质分布”数据集，通过对卷积神经网络模型的学习和训练，获取准确预测介质分布的模型[21-23]。

1. 数据集构建方法

数据集包含典型流型和随机流型两种流型，数据集的构建过程包括网格剖分、流型生成以及电容计算等步骤，流程示意图见图 6.38。

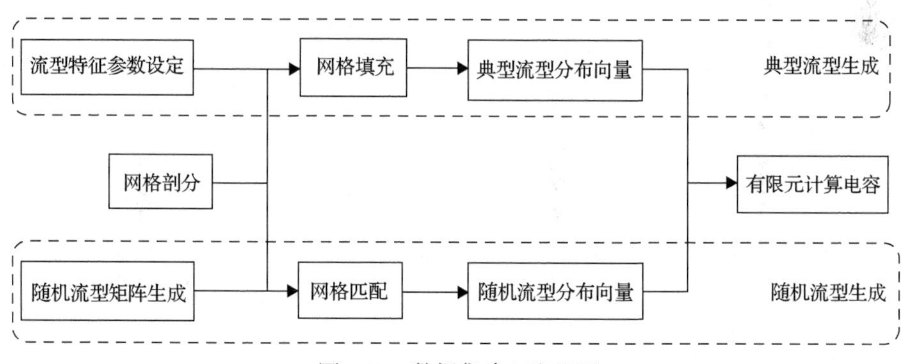

图 6.38　数据集建立流程图

首先针对管道截面进行三角单元网格剖分，以确保测量截面、绝缘管道、电极等区域能够在有限元计算中保持精度，同时减小计算负担。典型流型可抽象为气相与固相界限明确的流型，即管道内气相所处网格浓度为 0，固相所处网格浓度为 1。典型流型的模型建立过程较简单，根据不同种类流型(分层流、单核流、环形流、多核流等)的特征设定其描述参数，并将对应范围内的网格单元浓度填充为 1，即可批量得到典型流型的浓度分布向量。图 6.39 为四种典型流型样本。

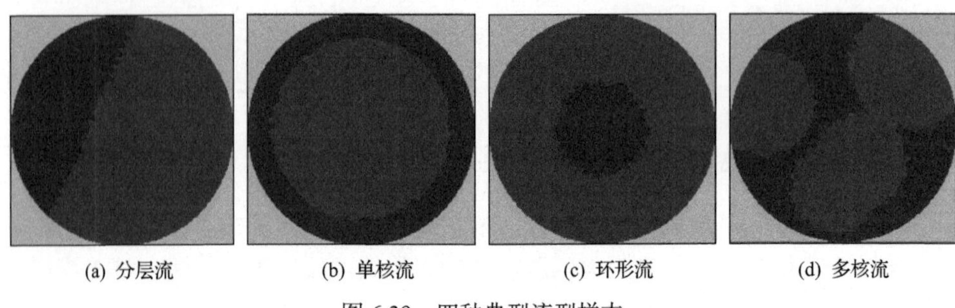

图 6.39　四种典型流型样本

针对更复杂的随机流型，可以采用随机噪声滤波方法进行生成，其主要步骤如下(图 6.40)。首先，生成一个随机数矩阵(图 6.40(a))；其次，使用均值滤波器对随机数矩阵进行多次滤波，从而获得平滑的矩阵(图 6.40(b))；经过多次滤波后，矩阵的最大值和最小值逐渐接近其均值，因此，需要将矩阵重新缩放至相对浓度为 0～1，得到最终可表示流型分布的矩阵(图 6.40(c))；最后，通过将满管浓度矩阵中的各元素减去随机流型矩阵中的相应元素，获得与之对应的互补流型(图 6.40(d))。

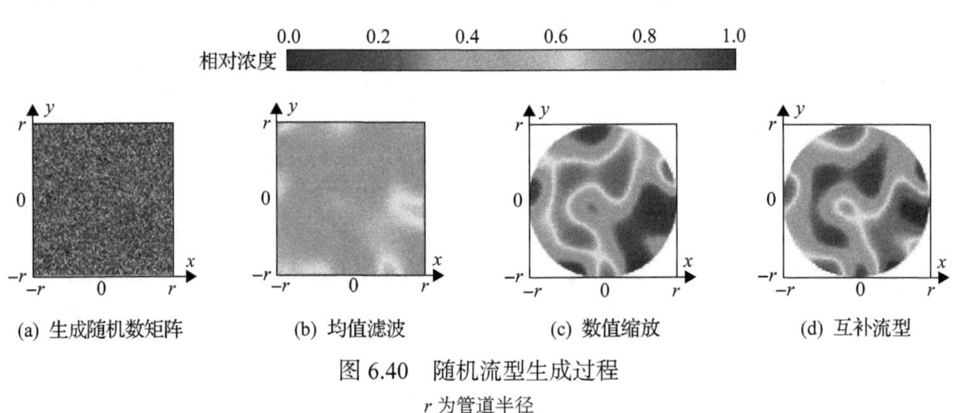

图 6.40　随机流型生成过程

r 为管道半径

对于经过随机噪声滤波法处理后的介质浓度分布矩阵，还需要与网格单元进行匹配才能得到最终的浓度分布向量。网格中的每个三角单元都包含了浓度分布矩阵中的若干个点，求出这些点的均值即可得到该三角单元的浓度，完成随机流型矩阵与网格的匹配。图 6.41 为随机流型矩阵进行网格匹配的过程图。最后，针对生成的所有流型数据，采用有限元分析的方法计算所有生成流型对应的电容向量数值解，各流型对应的介质分布列向量与电容向量即可构成一个数据样本。

2. 卷积神经网络模型架构

卷积神经网络结构如图 6.42 所示，主要由输入层(input)、上采样层(up-sampling)、卷积层(Conv2D)+Dropout、展平层(flatten)、全连接层(包括 FC1、

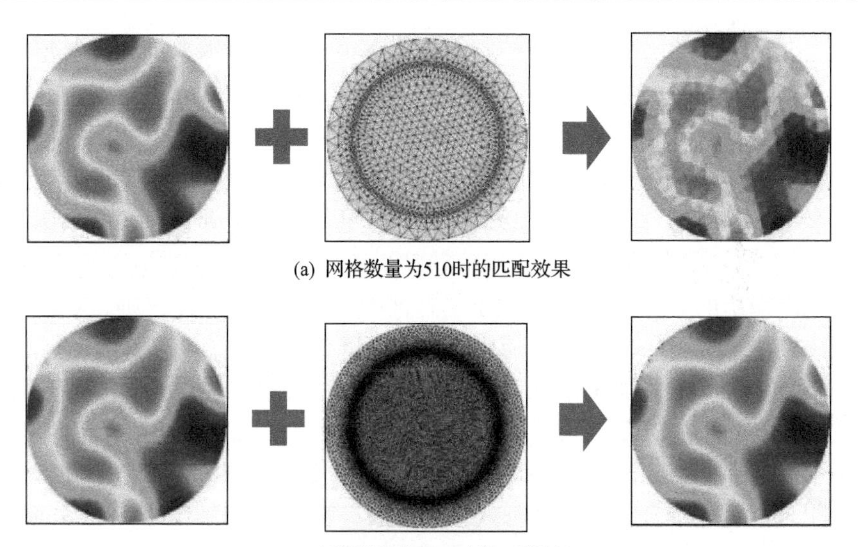

图 6.41　随机流型矩阵网格匹配示意图

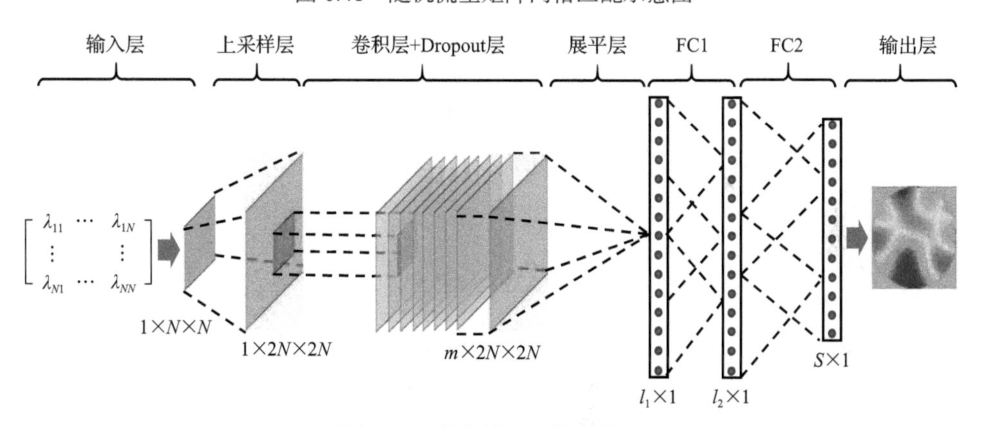

图 6.42　卷积神经网络结构图

FC2）与输出层（output）组成。

在输入层，根据 ECT 传感器的电极数 N，将所有电容值归一化后转换为一个 $N \times N$ 的矩阵作为输入矩阵 C，其表达式为

$$C = \begin{bmatrix} \lambda_{11} & \cdots & \lambda_{1j} & \cdots & \lambda_{1N} \\ \vdots & & \vdots & & \vdots \\ \lambda_{i1} & \cdots & \lambda_{ij} & \cdots & \lambda_{iN} \\ \vdots & & \vdots & & \vdots \\ \lambda_{N1} & \cdots & \lambda_{Nj} & \cdots & \lambda_{NN} \end{bmatrix} \tag{6.13}$$

式中，λ_{ij} 为电极 i 与电极 j 之间的归一化电容值；N 为电极数量；主对角线上的归一化电容均设为 0。在经典的卷积神经网络(convolutional neural network，CNN)中，需要使用池化层对数据进行降维，而在 ECT 图像重建中由于输入数据维度远小于输出数据，输入层后需要将池化层改为上采样层，对电容矩阵进行反池化上采样，将其维度扩充为 $2N\times2N$，以增加网络可提取的信息量。卷积层采用二维卷积，设置 m 个 4×4 维卷积核，卷积核移动步长为 1，对输入数据进行特征提取。对于卷积层输出的 m 幅 $2N\times2N$ 大小的特征图，添加 Dropout 正则化处理层，对特征图中的区域进行一定概率的随机丢弃，可降低神经网络对部分特征的依赖程度，从而增强卷积核的学习能力。对经过 Dropout 处理后的特征图进行展平操作，得到 $l_1\times1$ 维列向量，其中，$l_1 = m\times2N\times2N$。然后，通过全连接层 FC1 与 FC2 对卷积层提取出的特征图进行整合。全连接层 FC2 后也会添加 Dropout 正则化处理层，用于避免过拟合，改善训练效果。最后，输出 $S\times1$ 维浓度分布列向量，S 为网格划分的成像单元数量，向量中各元素与网格划分中每个三角形网格内的固体颗粒浓度相对应。

ReLU 函数具有计算简单并且可以避免梯度消失的优点，可以保证神经网络拥有较快的训练速度与较高的重建精度，故选其作为激活函数，用于卷积层与全连接层输出的非线性激活。考虑到 ECT 图像重建属于回归问题，因此采用均方差函数作为损失函数，则网络训练的目标为

$$L=\min\frac{1}{n}\sum_{i=1}^{n}(I^i-F(C^i;\theta))^2 \tag{6.14}$$

式中，n 为训练数据数量；C^i 与 I^i 分别为训练集中第 i 组电容矩阵与对应介质浓度分布真实值；$F(C^i;\theta)$ 为当前网络参数 θ 与输入 C^i 下，神经网络所输出的浓度分布预测值。网络参数的更新算法采用 Adam 自适应算法，可以避免手动设置学习率。每一次迭代后，学习率都有一个确定范围，训练参数比较平稳，训练过程不易发散，收敛速度较快。

6.4.2 卷积神经网络模型超参数优化

ECT 深度学习模型的训练过程以及图像重建效果受模型超参数的影响较大，目前 ECT 图像重建领域的相关研究较少，导致模型参数对重建精度与效率的影响尚不明确。因此，为了构建结构最简、性能最优的 ECT 图像重建模型，本节对单级卷积神经网络模型中的参数初始化方法、卷积核数、全连接层神经元数及隐藏层结构等超参数进行了研究，并分析了上采样层以及网格划分密度对 ECT 图像重建精度的影响。

1. 图像重建质量评价指标

为了评价卷积神经网络的图像重建精度，选取了相对图像误差、相关系数和相含量误差三个指标对其进行定量分析。相对图像误差(relative image error，RIE)为介质浓度分布列向量真实值与重建值之间的相对误差，可表示为

$$\mathrm{RIE}=\frac{\|I-I'\|_2}{\|I\|_2} \tag{6.15}$$

式中，I 与 I' 分别为介质浓度分布列向量的真实值与重建值。

相含量表示气固两相流中被测截面上固体颗粒的平均体积浓度，相含量误差(phase ratio error，PRE)定义为重建所得相含量与真实相含量之间的差值：

$$\mathrm{PRE}=\frac{1}{N}\sum_{i=1}^{N}(I_i-I_i') \tag{6.16}$$

式中，N 为介质浓度向量的长度。

对于图像重建精度的评价，应该综合考虑这三个指标。相对图像误差越小、相关系数越大、相含量误差越小，则图像重建质量越高。

2. 上采样层

图 6.43 对比了有上采样层和无上采样层两种情况下训练过程的损失曲线，图 6.43(a)为训练集损失曲线，图 6.43(b)为验证集损失曲线。除上采样层外，两种网络采用相同的隐藏层结构：1 层卷积层、2 层全连接层，卷积层设置 8 个 4×4 维卷积核，全连接层 FC2 神经元数量 l_2 设置为 2048。网络权重初始化方法均采用随机均匀初始化，输出层对应的网格划分数量 S 为 1172。可以看出，添加上采

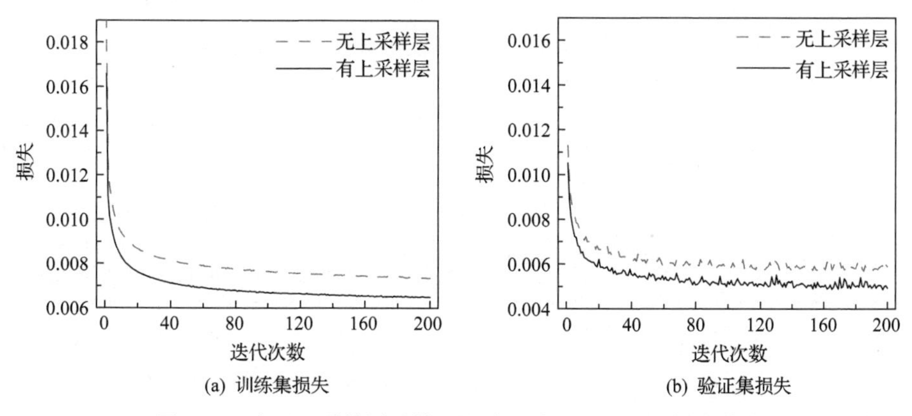

图 6.43　有无上采样层时模型训练和验证过程中的损失曲线

样层后，训练集损失降幅为 11%，验证集损失降幅为 16%，模型整体的训练效果得到提升。表 6.3 为两种网络测试集数据重建结果的相对图像误差、相关系数以及相含量误差。可以看出，设置了上采样层的网络的三项指标均优于未设置上采样层的网络，因此，在 ECT 图像重建过程中，通过设置上采样层可以实现模型重建性能的提升[23]。

表 6.3　有无上采样层模型的图像重建结果评价指标统计

有无上采样层	相对图像误差/%	相关系数	相含量误差/%
无	8.14	0.8834	–0.73
有	7.42	0.8931	–0.16

3. 网格划分数量

图 6.44 为测量区域分别划分为 364、838、1172、2040 及 3334 个网格时的示意图。表 6.4 展示了不同网格划分数量下的数据集建立时间、模型训练时间以及验证集损失。其中，数据集建立时间以生成 120000 组训练数据集为标准进行统计；模型训练时间为模型进行一次迭代训练所需的平均时间。可以看出，随着网格划分数量的增大，模型训练时间轻微增大，而数据集建立时间则迅速增长。同时，当网格划分数量增加后，验证集损失也会随之增加，最后在 0.005 左右波动。

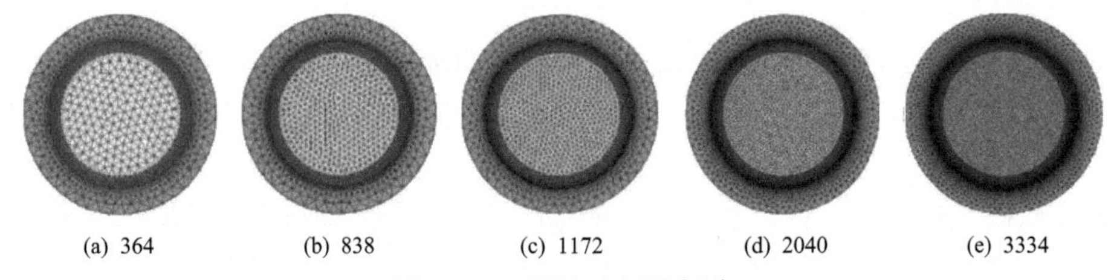

(a) 364　(b) 838　(c) 1172　(d) 2040　(e) 3334

图 6.44　不同密度网格划分

表 6.4　不同网格划分数量下的模型效率与性能对比

模型效率与性能	网格划分数量				
	364	838	1172	2040	3334
数据集建立时间 t_s/h	3.97	7.89	9.56	19.78	36.92
模型训练时间 t_m/s	15.36	15.72	16.20	16.80	22.56
验证集损失	0.004402	0.005045	0.004946	0.004858	0.005266

图 6.45 为不同网格划分数量条件下，一组典型环形流的成像效果对比。可以看出，网格划分数量越大，对应的重建图像分辨率越高，重建图像的边缘更光滑，可以更好地体现流动细节。总体而言，当网格划分数量达到 800 个后，最终得到

的验证集损失逐渐收敛，证明不同网格划分数量对应的模型性能趋于稳定。考虑到网格划分数量达到 3334 后，其数据集建立时间与模型训练时间超过 36h，且该时间会随网格划分数量的增大出现指数级增长，因此，使用单级卷积神经网络模型架构，若要重建出分辨率更高的图像，需要消耗更多的计算资源与时间，整体模型构建效率较低。

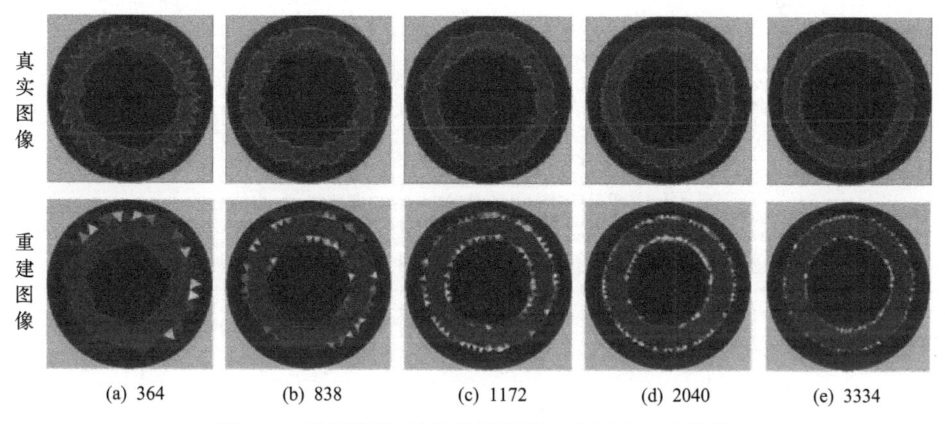

图 6.45　不同网格划分数量下模型的图像重建结果

4. 网络参数初始化方法

对于网络参数初始化方法，这里比较了常量初始化、随机均匀初始化、Xavier 均匀初始化与 He 均匀初始化 4 种方法。图 6.46 为采用不同初始化方法的模型损失曲线。表 6.5 为 4 种初始化方法下网络测试集重建图像的相对图像误差、相关系数和相含量误差。可以看出，常量初始化的收敛速度较慢，最终的验证集损失较高(0.006)，并且使用该初始化方法训练出的网络整体重建精度误差较大。随机均匀初始化、Xavier 均匀初始化与 He 均匀初始化 3 种方法的训练曲线收敛较快，验证集损失分别为 0.00489、0.00495、0.00497，并且三项定量指标结果相近，重

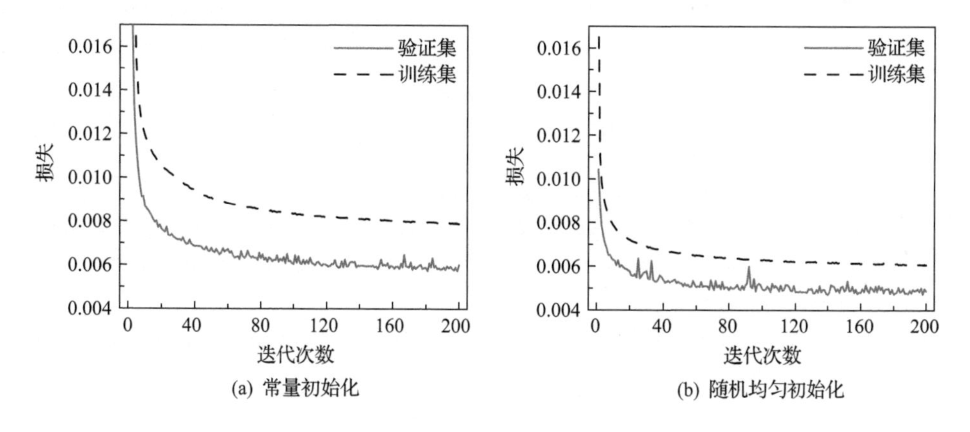

(a) 常量初始化　(b) 随机均匀初始化

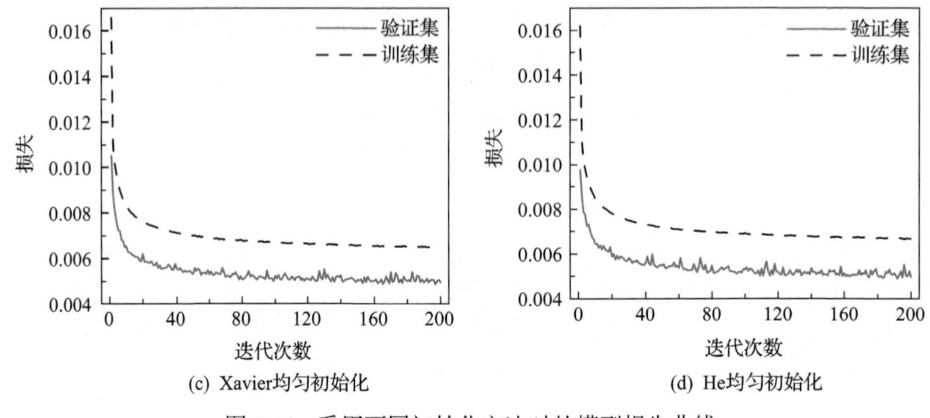

(c) Xavier均匀初始化　　(d) He均匀初始化

图 6.46　采用不同初始化方法时的模型损失曲线

表 6.5　采用不同初始化方法时模型的图像重建结果评价指标统计

初始化方法	相对图像误差/%	相关系数	相含量误差/%
常量初始化	8.68	0.8595	0.52
随机均匀初始化	7.77	0.8994	0.22
Xavier 均匀初始化	7.42	0.8931	−0.16
He 均匀初始化	8.00	0.8703	0.04

建精度较高。值得注意的是，对于所采用的 4 种初始化方法，网络训练最终均能收敛，从侧面反映出所构建的数据集具有一定的合理性与有效性。

5. 卷积核数与全连接层神经元数

图 6.47 为不同卷积核数与全连接层神经元数条件下训练所得网络的重建精度评价指标对比，各网络均采用相同的参数初始化方法与隐藏层结构，网格划分数

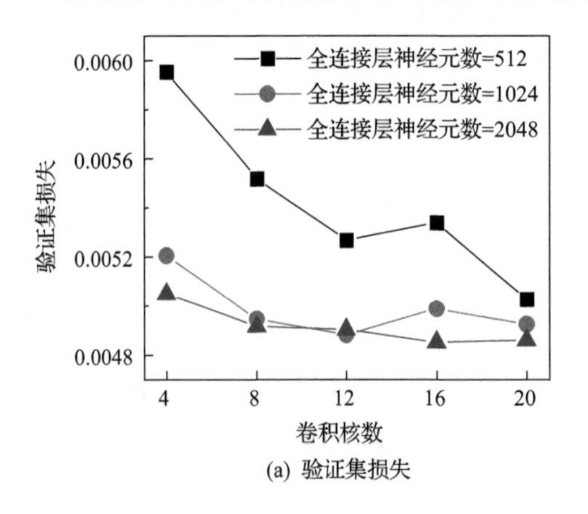

(a) 验证集损失

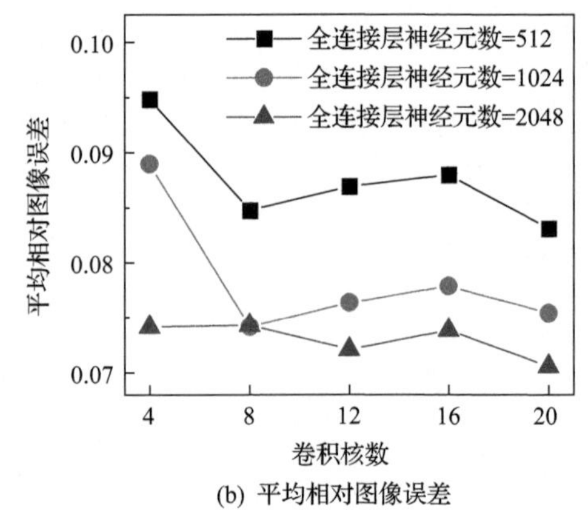

(b) 平均相对图像误差

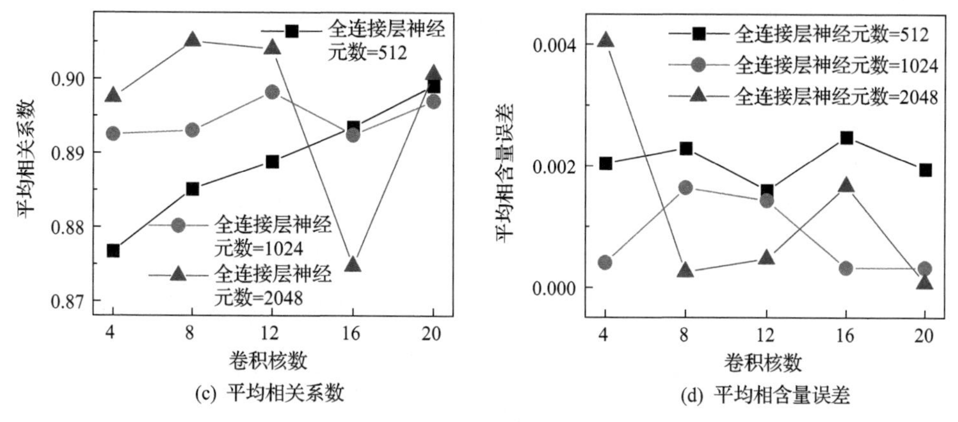

(c) 平均相关系数

(d) 平均相含量误差

图 6.47　不同卷积核数与全连接层神经元数网络模型重建结果评价指标

量均为 1172。图 6.47(a)为模型最终的验证集损失，图 6.47(b)、(c)、(d)分别为测试集重建结果的平均相对图像误差、平均相关系数和平均相含量误差。整体而言，模型重建精度会随着卷积核数以及全连接层神经元数的增加而提高。当卷积核数小于 12 时，重建精度随卷积核数的增加提升较大；当卷积核数大于 12 时，各项重建精度指标变化趋于平缓。当全连接层神经元数由 512 增加到 1024 时，验证集损失与平均相对图像误差均可降低 6%～12%，重建精度提升较明显。此外，当全连接层神经元数较少时，卷积核数对重建精度的影响程度更大。总体而言，卷积核数在 8～12 范围内选取，全连接层神经元数在 1024～2048 范围内选取可获得结构较简、性能较优的模型。

6. 隐藏层结构

以下主要针对隐藏层结构中的卷积层层数与全连接层层数的设置进行研究。表 6.6 展示了不同数量卷积层与全连接层设置下网络最终的验证集损失。其中，模型结构 1、2 和 3 均设置 1 层卷积层，全连接层层数分别为 1、2 和 3；模型结构 1、4 和 5 均设置 1 层全连接层，卷积层层数分别为 1、2 和 3；模型结构 6 设置了两组“上采样-卷积层”与 1 层全连接层。图 6.48 为六种隐藏层结构所对应卷积神经网络的训练过程曲线。从图 6.48(a)、(b)和(c)可以看出，全连接层层数增多后，训练集损失明显增大；验证集损失在迭代 100 次后回升，出现了不同程度的过拟合。而如图 6.48(a)、(d)和(e)所示，网络全连接层层数相同时，卷积层层数增多后，训练集损失明显增大，且验证集损失曲线出现剧烈振荡，训练效果较差。因此，全连接层和卷积层均以设置 1 层为优。图 6.48(f)所示的模型结构 6 采用了两次上采样，其训练集损失提升较小，但验证集损失明显高于训练集损失，且剧烈振荡。因此，上采样层应只在输入层后设置 1 层。

表 6.6　采用不同隐藏层结构时模型的验证集损失

模型结构序号	网络结构	验证集损失
1	1 层上采样层、1 层卷积层、1 层全连接层	0.004946
2	1 层上采样层、1 层卷积层、2 层全连接层	0.006295
3	1 层上采样层、1 层卷积层、3 层全连接层	0.008562
4	1 层上采样层、2 层卷积层、1 层全连接层	0.006603
5	1 层上采样层、3 层卷积层、1 层全连接层	0.008096
6	2 层上采样层、2 层卷积层、1 层全连接层	0.009754

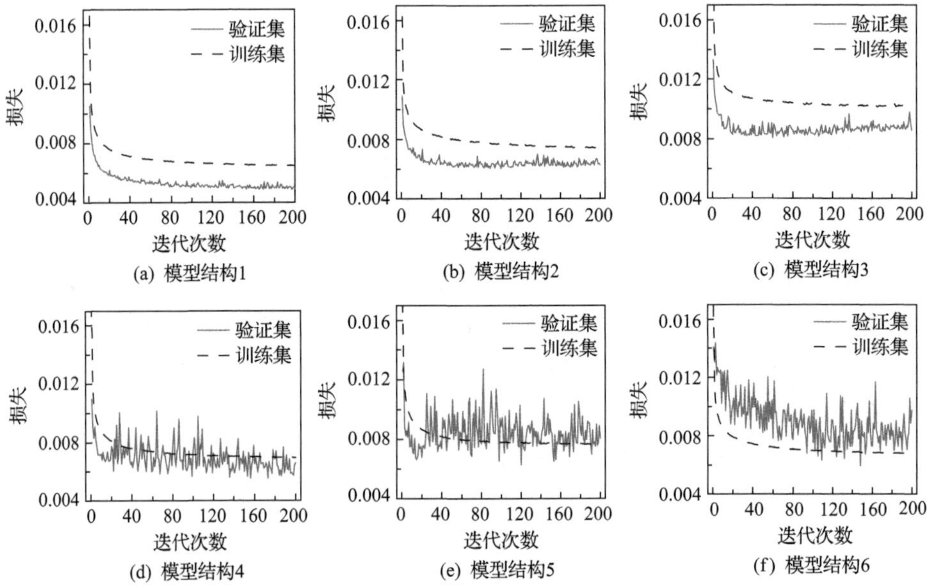

(a) 模型结构1　(b) 模型结构2　(c) 模型结构3

(d) 模型结构4　(e) 模型结构5　(f) 模型结构6

图 6.48　采用不同隐藏层结构时模型训练过程损失曲线

为了进一步验证不同隐藏层结构设置下模型的重建精度，使用测试集数据对六种模型进行了性能测试与评价。表 6.7 统计了各模型重建结果对应的三项指标的最大值、最小值、中位数以及方差。可以看出：以模型结构 1 构建的 CNN 模型的整体预测效果最好，其相对图像误差中位数(1.15%)、相关系数中位数(0.9468)以及相含量误差中位数(0.48%)均优于其他模型。

图 6.49 展示了各模型三项评价指标的频数分布。对于测试集数据，模型结构 2、3 对应的 CNN 模型所重建图像的相关系数较低，表明全连接层较多的网络在重建时，图像发生了较大的变形；模型结构 4、5、6 对应网络的相含量误差较高，表明卷积层较多的网络在重建时，出现了一定的信息丢失。以相对图像误差低于 10%、相关系数高于 0.9、相含量误差低于 1%为标准，以模型结构 1 构建的 CNN

模型达到标准的数量分别为 10523、9042、9388，均高于其他结构，进一步体现出模型结构 1 对应的卷积神经网络整体预测性能较好。

表 6.7　采用不同隐藏层结构时模型的图像重建结果评价指标统计

评价指标	统计	模型结构 1	模型结构 2	模型结构 3	模型结构 4	模型结构 5	模型结构 6
相对图像误差	最大值/%	167.58	129.32	565.95	426.90	1819.52	1203.68
	中位数/%	1.15	1.58	2.23	2.01	2.40	2.41
	最小值/%	0.00	0.00	0.00	0.00	0.00	0.00
	方差	0.0376	0.0452	0.0516	0.0488	0.1359	0.0635
相关系数	最大值	1.0000	1.0000	1.0000	1.0000	1.0000	1.0000
	中位数	0.9468	0.9330	0.9044	0.9295	0.9203	0.9288
	最小值	0.0000	0.0000	0.0000	0.0000	0.0000	0.0000
	方差	0.0270	0.0307	0.0399	0.0563	0.0557	0.0361
相含量误差	最大值/%	8.80	10.06	10.93	7.36	9..03	15.40
	中位数/%	0.48	0.56	0.74	1.73	1.52	2.52
	最小值/%	0.00	0.00	0.00	0.00	0.00	0.00
	方差	0.0000	0.0001	0.0001	0.0002	0.0004	0.0021

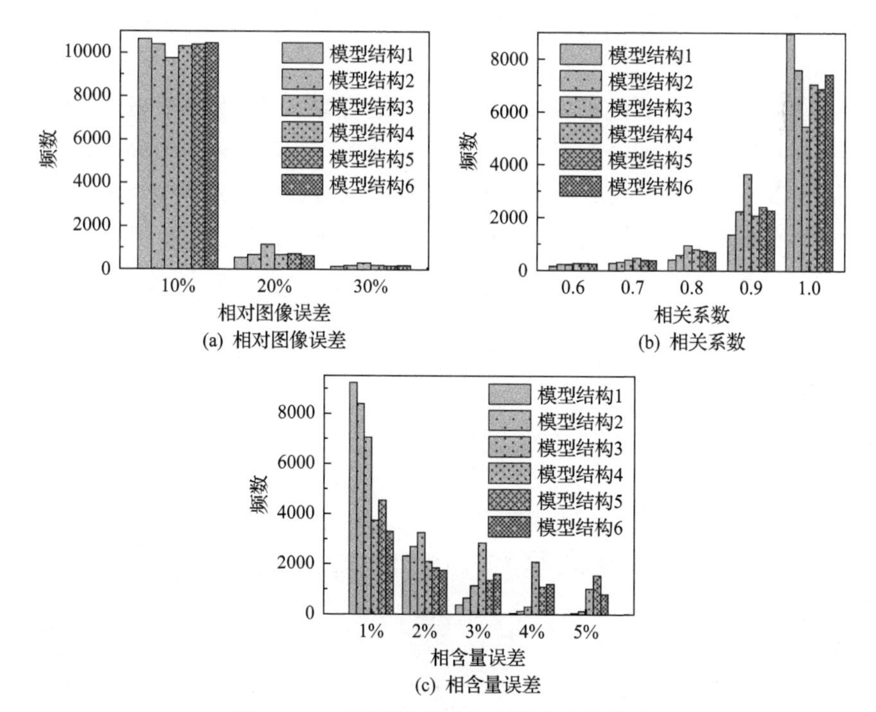

(a) 相对图像误差

(b) 相关系数

(c) 相含量误差

图 6.49　三项评价指标的频数分布柱状图

总体而言，隐藏层结构对 ECT 图像重建精度影响较大，当设置 1 层卷积层与 1 层全连接层时，图像重建效果最好。参数初始化方法、网格划分数量、卷积核数以及全连接层神经元数等超参数对图像重建精度的影响较小，采用合适的初始化方式(随机均匀初始化、Xavier 均匀初始化或 He 均匀初始化)、网格划分数量(1000～3500)、卷积核数(8～12)以及全连接层神经元数(1024～2048)即可使网络模型获得较好的训练效果。

6.4.3　基于串级卷积神经网络的 ECT 超分辨率图像重建方法

基于串级卷积神经网络的 ECT 超分辨率图像重建模型整体架构如图 6.50 所示，通过输入模拟计算或实验测量所得的电容向量，最终可直接输出超分辨率 ECT 图像[24]。该网络模型主要包括两级子网络：第一级为低分辨率(low resolution，LR)图像重建模型，用于实现投影域的“电容向量-低分辨率图像”反投影重建。将低分辨率真实图像与对应的模拟计算电容向量组成训练数据集，对一个二维卷积神经网络进行训练，可直接建立电容向量与低分辨率图像之间的投影关系，实现“电容向量-低分辨率图像”重建。第二级为高分辨率(high resolution，HR)图像重建模型，用于实现图像域的“低分辨率图像-高分辨率图像”超分辨率重建。将低分辨率真实图像与对应的高分辨率真实图像组成训练数据集，对一个一维卷积神经网络进行训练，可建立低分辨率图像与高分辨率图像之间的映射关系，实现“低分辨率图像-高分辨率图像”重建。由于两级子网络的训练均采用数值模拟出的真实电容与图像，因此两者的训练过程不存在耦合关系，可分别进行独立的训练。训练完成后，通过两级子网络的连续处理，可以在较短的时间内获得高质量的高分辨率 ECT 图像。因为该模型是基于两级卷积神经网络实现超分辨率重建的，所以称为超分辨率卷积神经网络(super resolution convolutional neural network，SRCNN)。

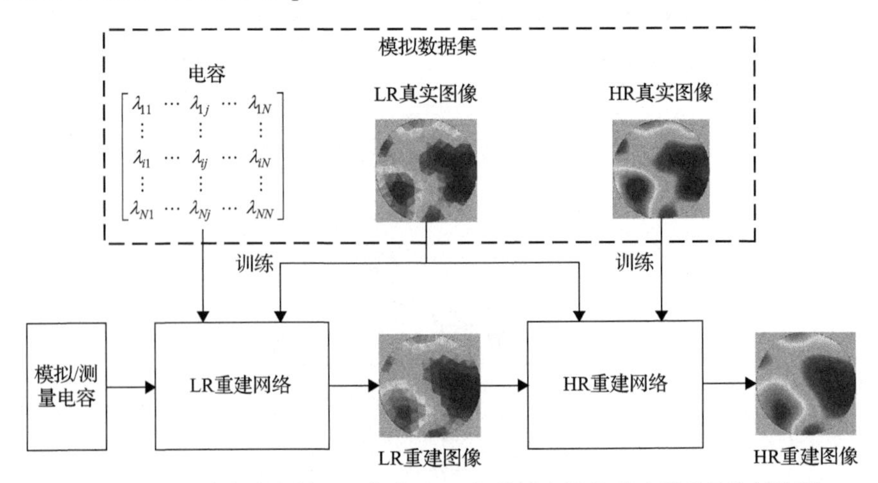

图 6.50　基于串级卷积神经网络的 ECT 超分辨率图像重建模型整体架构图

1. 数据集构建

用于训练 SRCNN 的随机流型数据集建立流程如图 6.51 所示。在生成随机数矩阵后，通过滤波、缩放操作将其处理为随机流型，然后与低分辨率网格以及高分辨率网格分别进行匹配，得到 $S_l \times 1$ 维低分辨率介质分布列向量与 $S_h \times 1$ 维高分辨率介质分布列向量。针对低分辨率介质分布进行有限元计算，得到的电容向量与低分辨率介质分布共同组成 LR 子网络的训练数据集。同时，低分辨率介质分布与高分辨率介质分布共同组成 HR 子网络的训练数据集。值得注意的是，在建立数据集的过程中，有限元计算电容为耗时最长、计算成本最高的步骤；并且随着网格数量的增多，计算所需时间会大幅增加。因此，采用串级卷积神经网络架构后，可以避免对高分辨率介质分布直接进行有限元计算，从而有效地缩短了数据集建立时间，提高了模型整体构建效率。

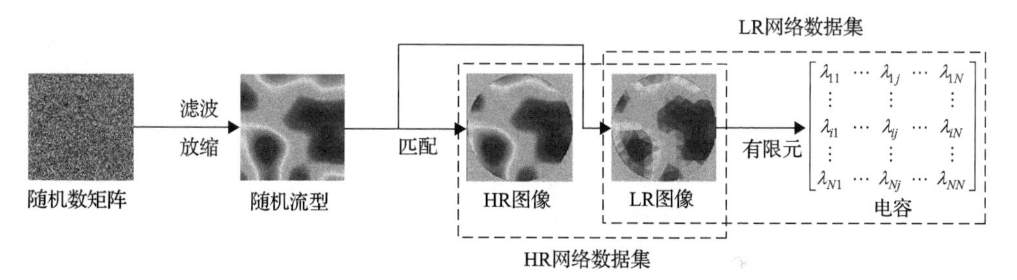

图 6.51　用于训练 SRCNN 的随机流型数据集建立流程图

2. 网络结构

第一级低分辨率图像重建网络基于对卷积神经网络模型超参数的研究成果进行构建，其结构图如图 6.52 所示。在输入层后设置上采样层用于扩展输入电容矩阵的维度，以改善图像重建效果。然后，设置 1 层卷积层与 2 层全连接层(FC1 和 FC2)。其中，卷积核数为 8，尺寸为 4×4，步长为 1；全连接层神经元数 l_2 选用 2048。为了对比以不同低分辨率基准重建出的高分辨率图像效果，共生成了 4 种不同密度的低分辨率网格，因此输出层输出的列向量长度 S_l 为 246、510、1004 和 2028。此外，在卷积层与全连接层后均进行 Dropout 正则化处理，用于防止模型训练过拟合。低分辨率图像重建网络的其他超参数设置如表 6.8 所示。

第二级高分辨率图像重建网络主要由卷积层、Dropout 层、展平层、全连接层组成，其结构如图 6.53 所示。由于 LR 网络的输出为低分辨率介质分布列向量，因此，HR 网络选用一维卷积层，通过 m_h 个 4×1 大小的卷积核对输入的列向量进行特征提取，m_h 由输入向量的长度 S_l 大小决定，其对应关系见表 6.9。对经过

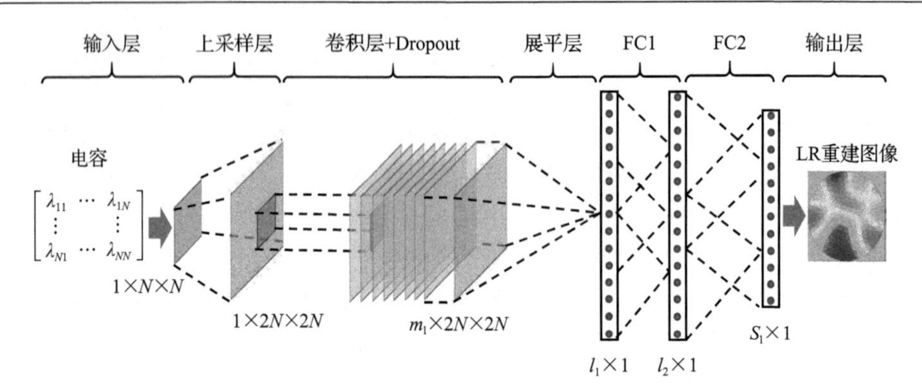

图 6.52　低分辨率图像重建网络结构图

表 6.8　低分辨率图像重建网络部分超参数设置

参数	初始学习率	激活函数	优化算法	损失函数	迭代次数	Dropout 率
数值	0.001	ReLU	Adam	MSE[a]	200	0.2

a 均方误差(mean squared error，MSE)。

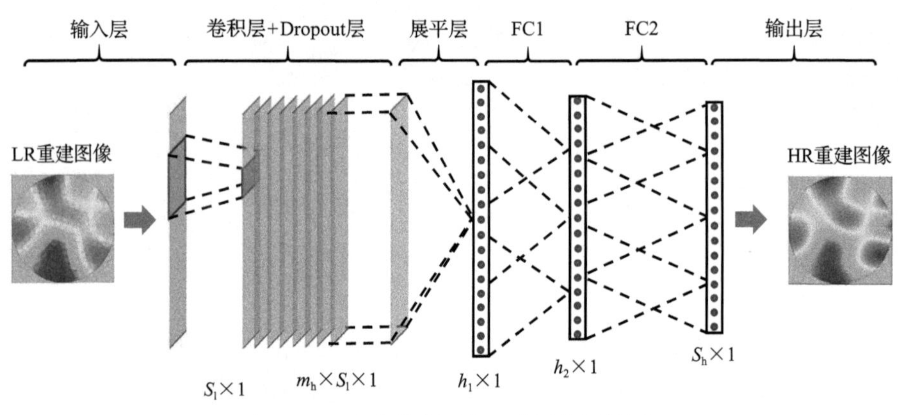

图 6.53　高分辨率图像重建网络结构图

表 6.9　参数数量表

S_l	246	510	1004	2028
m_h	32	16	8	4

Dropout 处理后的特征图进行展平操作，可得到 $h_1\times1$ 维列向量，其中，$h_1=m_h\times S_l$。然后，通过全连接层 FC1 与 FC2 对卷积层提取出的特征图进行整合，其中，全连接层 FC2 的节点数 h_2 统一设置为 8192。全连接层 FC2 后也会添加 Dropout 正则化处理层，用于避免过拟合，改善训练效果。最后，输出 $S_h\times1$ 维浓度分布列向量，S_h 为高分辨率图像像素数，设置为 8053。高分辨率图像重建网络的其他超参数设置如表 6.10 所示。

表 6.10　高分辨率图像重建网络部分超参数设置

参数	初始学习率	激活函数	优化算法	损失函数	迭代次数	Dropout 率
数值	0.001	ReLU	Adam	MSE	50	0.2

3. 模型性能评价

图 6.54 和图 6.55 分别为 4 种低分辨率 S_l 设置下，LR 网络与 HR 网络训练过程的损失曲线。可以看出，两级子网络的训练集损失在训练初期均会迅速下降，然后逐渐收敛；对应的验证集损失曲线略有波动，但也基本可呈现出一致的下降趋势。对于 LR 网络，根据其损失曲线的趋势，选取第 200 次迭代得到的网络作为最终模型。当 S_l 为 246、510、1004 和 2028 时，四个 LR 网络的训练集损失分别为 0.00127、0.00136、0.00133 和 0.00123，验证集损失分别为 0.00076、0.00069、0.00074 和 0.00075。对于 HR 网络，选取第 50 次迭代得到的网络作为最终模型，当 S_l 为 246、510、1004 和 2028 时，训练集损失分别为 0.00008、0.00012、0.00016 和 0.00016，验证集损失分别为 0.00004、0.00004、0.00006 和 0.00007。

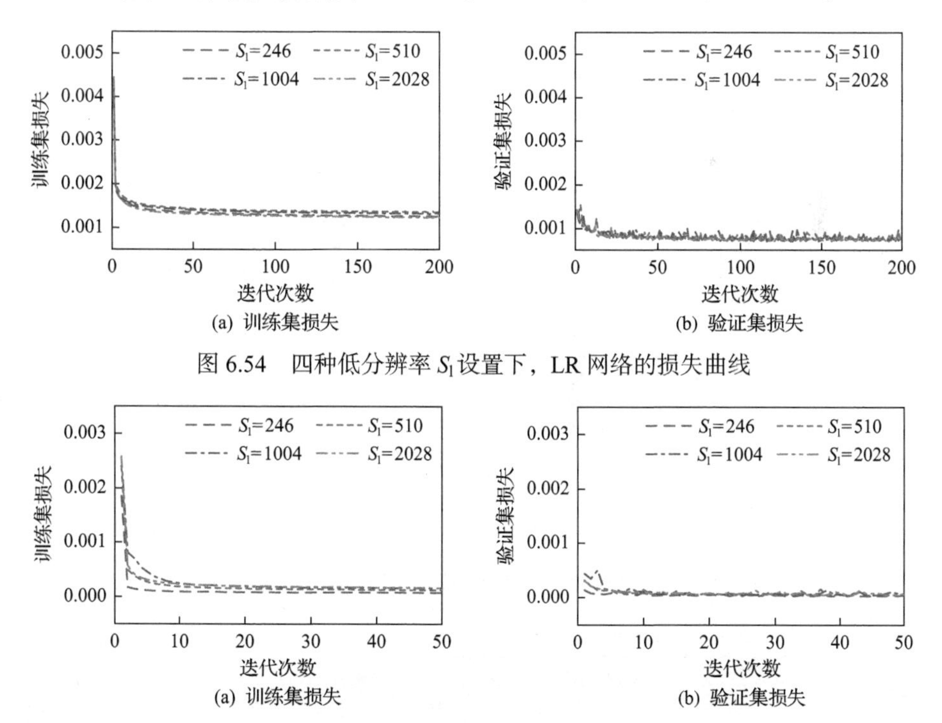

图 6.54　四种低分辨率 S_l 设置下，LR 网络的损失曲线

图 6.55　4 种低分辨率 S_l 设置下，HR 网络的损失曲线

相比于单级 CNN 模型，SRCNN 模型最大的改进之处是其具有非常高的模型构建效率。对于 ECT 深度学习模型来说，模型构建效率应同时考虑数据集建立时

间与模型训练时间。图 6.56 展示了当数据集包含 100000 个样本时，四种低分辨率 S_1 设置下的 SRCNN 模型以及单级 CNN 模型的构建时间。其中，单级 CNN 模型与图 6.42 所示结构一致，设置 1 层上采样层、1 层卷积层与 2 层全连接层。卷积核数为 8，尺寸为 4×4，步长为 1；全连接层神经元数 l_2 选用 2048，输出层对应的网格数量 S 为 8053，其余超参数设置如表 6.11 所示。可以看出，若要训练重建分辨率为 8053 的单级 CNN 模型，其数据集建立时间约为 122.36h，需要耗费的计算资源与时间成本较大。而 SRCNN 模型在 S_1 为 246、510、1004 和 2028 条件下的数据集建立时间分别约为 2.7h、5.54h、9.08h 和 19.78h。而对于模型训练时间，SRCNN 模型相比单级 CNN 模型需要额外训练一级 HR 子网络，其模型训练总耗时分别约为 1.74h、1.73h、1.80h 和 1.83h，略长于单级 CNN 模型的训练时间 1.23h。但相比于数据集建立节省的时间，模型训练额外所需的时间是可接受的。总体而言，使用 SRCNN 模型进行 ECT 高分辨率图像重建最多可节省约 96%的时间，模型构建效率与灵活性大大提升。

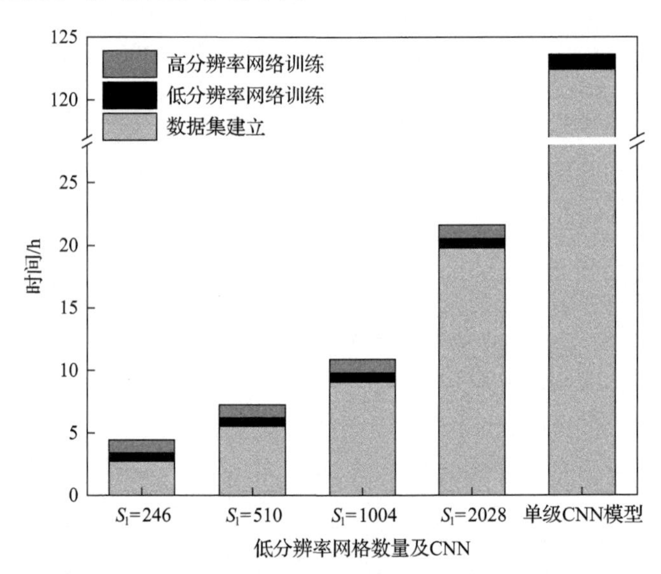

图 6.56 数据集样本量为 100000 时，SRCNN 模型与单级 CNN 模型构建时间

表 6.11 输出分辨率为 8053 的单级 CNN 模型超参数设置

参数	初始学习率	激活函数	优化算法	损失函数	迭代次数	Dropout 率
数值	0.001	ReLU	Adam	MSE	200	0.2

图 6.57 对比了 LBP 算法、Landweber 迭代算法、单级 CNN 模型及 4 种 SRCNN 模型的图像重建时间。可以看出，SRCNN 模型在 S_1 为 246、510、1004 和 2028 条件下，两级网络图像重建总耗时分别约为 6.16ms、6ms、6.62ms 和 7.18ms，比

LBP 算法的 0.58ms 及单级 CNN 模型的 3.24ms 要长，但仍优于 Landweber 迭代算法的 56.84ms，具有较好的实时性能。

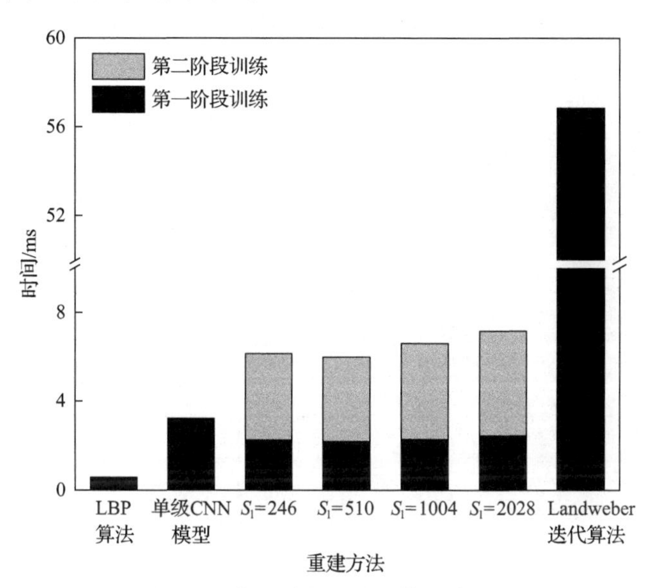

图 6.57　各重建方法的图像重建时间

为了评价 SRCNN 模型的图像重建精度，选取了相对图像误差(RIE)对其进行定量分析。图 6.58 展示了目标分辨率为 8053 时，三组测试集数据的重建图像及其对应的相对图像误差。将 4 种不同低分辨率基准下的 SRCNN 模型重建结果与 LBP 算法、Landweber 迭代算法以及单级 CNN 模型的重建结果进行了对比。可以看出，单级 CNN 模型与 4 种 SRCNN 模型最终输出的高分辨率重建图像基本一致，并且与真实图像相似。相比之下，LBP 算法、Landweber 迭代算法两种传统重建算法难以准确反映出管道中心区域的介质分布细节，重建精度较低。图 6.59 展示了四种重建算法对测试集重建图像的平均浓度-RIE 分布统计情况，其中，虚线表示重建图像的平均 RIE。可以看出，当平均浓度超过 0.1 后，单级 CNN 模型与四个 SRCNN 模型重建图像的 RIE 基本可降到 0.3 以下，而 LBP 算法与 Landweber 迭代算法的 RIE 分布则更分散，误差更高，整体重建精度较低。对于不同低分辨率基准下的 SRCNN 模型，其平均 RIE 分别为 0.092、0.078、0.082 和 0.085，均明显优于 LBP 算法的 0.184 以及 Landweber 迭代算法的 0.147，体现了本节所提出的 SRCNN 模型可以在高分辨率图像上呈现出更高的重建精度。此外，SRCNN 模型整体的重建误差与单级 CNN 模型的重建误差接近，表明 SRCNN 模型在实现更高效率重建的同时，仍可以保持较高的重建精度。值得注意的是，对于四种 SRCNN 模型，$S_1=246$ 时的相对图像误差较大，表明低分辨率图像基准设置偏低会造成 SRCNN

模型第二级网络进行超分辨率重建时的误差较大。

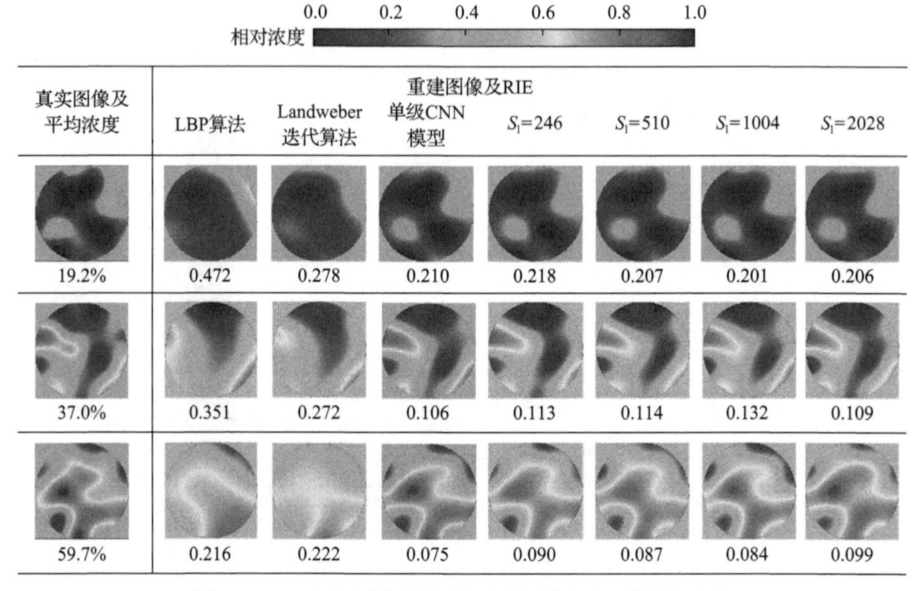

图 6.58　三组测试集数据的重建图像与相对图像误差

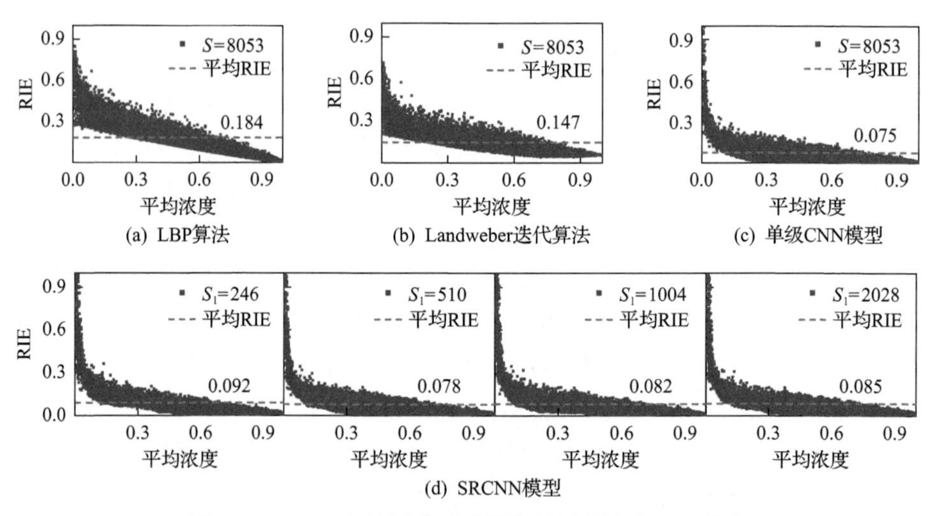

图 6.59　10000 组测试集重建图像的平均浓度-RIE 分布

图 6.60 展示了 4 种算法在不同分辨率设置下的重建结果。可以看出，LBP 算法在不同分辨率下的重建结果均较差，Landweber 迭代算法的重建效果在分辨率从 2028 增加到 8053 时逐渐退化。相比之下，单级 CNN 模型与 SRCNN 模型则可以在较高分辨率下保持较高的重建质量。图 6.61 为四种重建算法在不同分辨率下对于10000组测试集数据所重建图像的平均RIE。可以看出，LBP算法与Landweber

迭代算法均在重建 8053 分辨率图像时出现了较大的误差增长。而单级 CNN 模型在各分辨率下的平均 RIE 均处在 0.075～0.079，整体重建质量处于较高的水平。

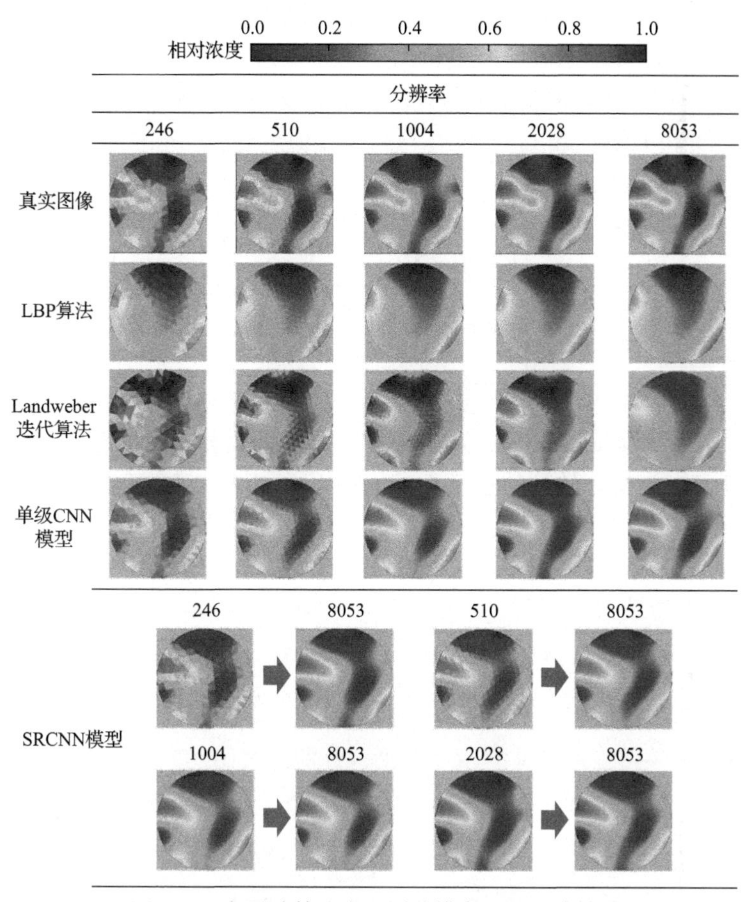

图 6.60　各重建算法在不同分辨率下的重建结果

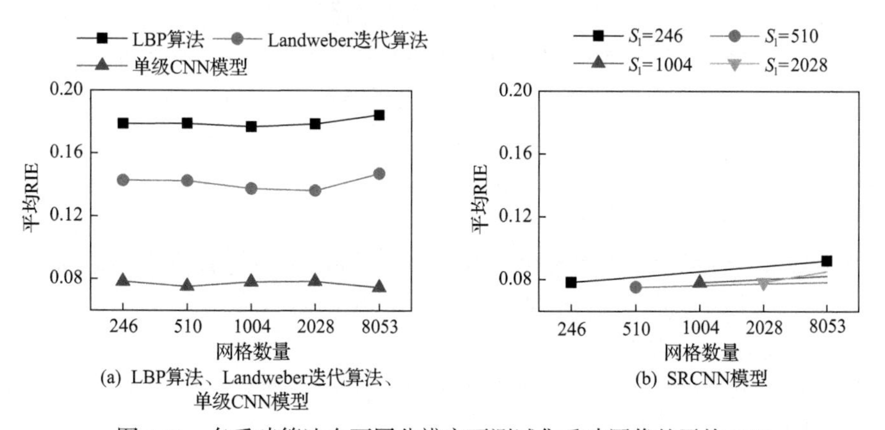

图 6.61　各重建算法在不同分辨率下测试集重建图像的平均 RIE

SRCNN 模型在以不同低分辨率图像作为基准进行高分辨率图像重建时，平均 RIE 会出现不同程度的增大，但增幅在 4%～17%，整体重建质量不会出现较大的退化。在四个训练完成的 SRCNN 模型中，$S_1 = 510$ 对应的模型训练效果最好。

为了进一步评价不同分辨率重建图像的质量，将 ECT 介质分布列向量重新匹配为图像矩阵，并引入图像超分辨率重建领域中，用于评价图像重建的峰值信噪比(peak signal-to-noise ratio，PSNR)与结构相似度(structural similarity，SSIM)两项指标。PSNR 定义为

$$\begin{cases} \text{PSNR} = 10 \times \lg \dfrac{\text{MaxValue}^2}{\text{MSE}} \\ \text{MSE} = \dfrac{1}{M^2} \| I - I' \|_2^2 \\ \text{MaxValue} = 1 \end{cases} \tag{6.17}$$

式中，M 为图像矩阵的维度；I 为 8053×1 维的介质分布列向量真实值所匹配出的图像矩阵，视为指标计算的参考真实值；I' 为 S_1×1 维的介质分布列向量重建值所匹配而得的图像矩阵，是指标评价的对象。由于本节中介质分布取值范围为 0～1，故 MaxValue=1。

SSIM 定义为

$$\text{SSIM} = \frac{(2\mu_x\mu_y + C_1)(2\sigma_{xy} + C_2)}{(\mu_x^2 + \mu_y^2 + C_1)(\sigma_x^2 + \sigma_y^2 + C_2)} \tag{6.18}$$

式中，x 与 y 为参与指标计算的两个对象，分别为式(6.17)中 I 与 I' 所对应的图像矩阵；μ_x、μ_y 为其下标对应图像矩阵的平均值；σ_x、σ_y 为其下标对应图像矩阵的方差；σ_{xy} 为图像矩阵 x 与 y 的协方差。对于重建图像，PSNR 与 SSIM 越大，图像重建质量越高。

图 6.62 展示了各算法对 10000 组测试集数据所得的不同分辨率重建图像的平均 PSNR 与 SSIM。其中，SRCNN 模型选用的是以 $S_1 = 510$ 为基准训练出的模型。可以看出，LBP 算法在两项指标上均为效果最差的算法；Landweber 迭代算法在重建分辨率为 8053 的图像时平均 PSNR 反而出现了下降，表明该算法在重建高分辨率图像时会出现较严重的失真。单级 CNN 模型整体上重建质量较高，两项指标随着重建分辨率的增长基本呈上升趋势，符合理论情况。SRCNN 模型重建结果的平均 PSNR 为 35.40，平均 SSIM 为 0.9715，明显优于 LBP 算法与 Landweber 迭代算法，与单级 CNN 模型接近(平均 PSNR：35.68，平均 SSIM：0.9730)，进一步验证了该模型的可靠性与准确性。

深度学习模型的泛化能力也是评价模型整体性能的重要指标。SRCNN 模型对于测试集数据优异的图像重建效果在一定程度上验证了该模型具有良好的泛化

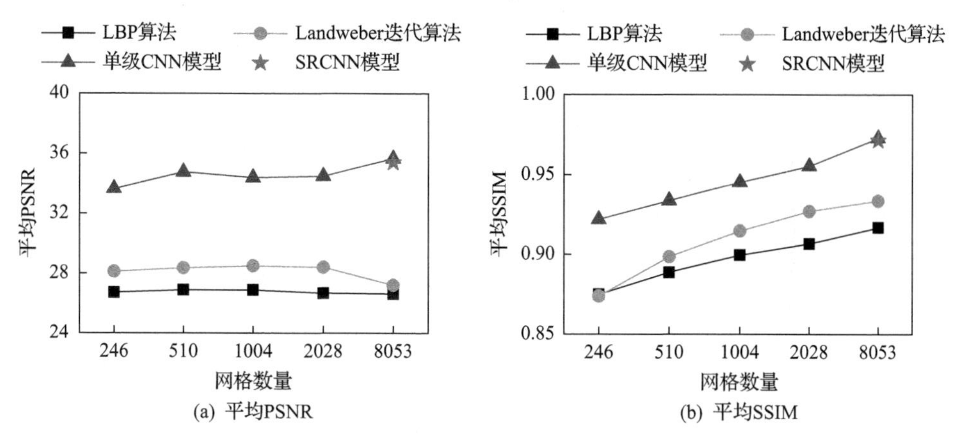

(a) 平均PSNR　(b) 平均SSIM

图 6.62　各重建算法在不同分辨率下测试集重建图像的平均 PSNR 与 SSIM

能力。值得注意的是，测试集中数据样本的生成方式与训练集和验证集中数据样本的生成方式是完全一致的，即测试集与训练集和验证集可能具有相似的特征。因此，虽然测试集样本未参与 SRCNN 模型的训练，但仅通过该测试集数据仍不足以证明模型的泛化能力。为了进一步验证 SRCNN 模型的泛化能力，本节生成了与训练集完全不同的 8 种典型流型来对模型进行测试。这 8 种典型流型包括了实际气固流动中常见的分层流、环形流、核心流以体现模型的实际应用潜力，也包括了较为复杂的多核心流以验证模型对于复杂气固相界面的区分能力。重建结果如图 6.63 所示，相应的 RIE、PSNR 和 SSIM 分别如表 6.12～表 6.14 所示。可

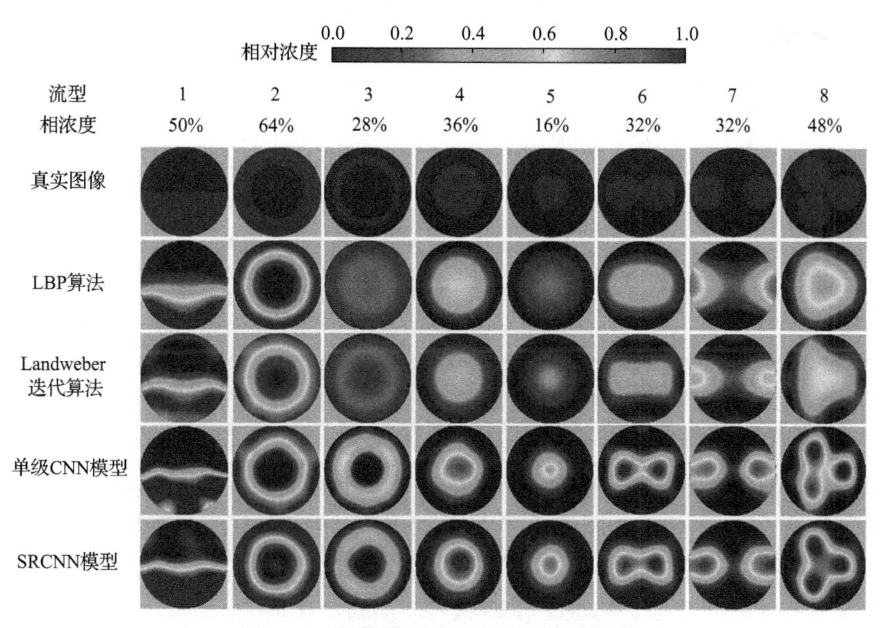

图 6.63　数值模拟典型流型的重建图像

表 6.12　8 种典型流型的 RIE

重建方法	1	2	3	4	5	6	7	8
LBP 算法	0.3843	0.3109	0.8554	0.5641	0.7850	0.6429	0.6086	0.5496
Landweber 迭代算法	0.3454	0.3090	0.8148	0.6235	0.7569	0.6252	0.5713	0.5772
单级 CNN 模型	0.2438	0.2722	0.7302	0.5035	0.5598	0.4457	0.4548	0.4475
SRCNN 模型	0.2147	0.2627	0.7285	0.4686	0.5017	0.4577	0.4389	0.4343

表 6.13　8 种典型流型的 PSNR

重建方法	1	2	3	4	5	6	7	8
LBP 算法	12.39	13.16	7.94	10.43	10.97	9.80	10.30	9.45
Landweber 迭代算法	13.61	13.01	8.47	10.50	11.34	10.44	10.13	9.92
单级 CNN 模型	16.33	14.28	9.32	11.44	13.90	13.00	12.81	11.21
SRCNN 模型	17.39	14.58	9.35	12.08	14.88	12.78	13.10	11.49

表 6.14　8 种典型流型的 SSIM

重建方法	1	2	3	4	5	6	7	8
LBP 算法	0.3700	0.3659	0.1976	0.3225	0.2503	0.3031	0.2715	0.3749
Landweber 迭代算法	0.6737	0.5366	0.2329	0.5671	0.5416	0.5348	0.4682	0.5043
单级 CNN 模型	0.7900	0.6101	0.3885	0.6478	0.7179	0.5733	0.5465	0.5120
SRCNN 模型	0.6429	0.5871	0.3703	0.5513	0.6009	0.4788	0.5136	0.5034

以看出，SRCNN 模型对 8 种典型流型的重建效果明显优于 LBP 算法和 Landweber 迭代算法，甚至略优于单级 CNN 模型。从对流型 3、4 和 5 的重建效果可以看出，SRCNN 模型在管道中心区域的分辨率明显高于 LBP 算法和 Landweber 迭代算法。而通过对流型 6、7 和 8 的图像重建，可以证实 SRCNN 模型对管道截面上精细结构也具备较好的识别能力。因此，所提出的 SRCNN 模型能够以较高的图像质量重建未参与训练的数据，验证了模型具有较强的泛化能力。

6.5 本章小结

本章首先介绍了 ECT 的基本原理和系统结构，并利用有限元仿真方法对 ECT 传感器的传感特性进行了分析。针对 ECT 气固检测过程中静电干扰的问题，研究了静电对 ECT 的影响机理，并提出了改进的电容检测电路，成功解决了气固两相流检测的静电干扰问题。在深入研究了 ECT 系统的正反问题之后，提出开发一套基于 DSP 的 ECT 系统。为了验证系统测量的可行性和准确性，进行了静态和动态成像实验研究。实验结果显示，传统算法重建的管道截面相分布与实际相分布基本一致，但存在一定的重建误差。为了提高 ECT 图像重建的质量，引入了深度学习算法。经过重建实验，深度学习算法不仅提高了 ECT 图像重建精度，还无须烦琐的迭代计算，从而大幅提高了图像重建速度。这为推动 ECT 技术在工业领域的实际应用提供了重要支持。

参考文献

[1] 王胜南. 气固两相流动参数静电与 ECT 检测方法研究. 南京: 东南大学, 2017.

[2] Li J, Tang Z, Zhang B, et al. Deep learning-based tomographic imaging of ECT for characterizing particle distribution in circulating fluidized bed. AIChE Journal, 2023, 69(5): e18055.

[3] Lei J, Wang X Y. Transfer learning-driven inversion method for the imaging problem in electrical capacitance tomography. Expert Systems with Applications, 2023, 227: 120277.

[4] Yang W Q, Chondronasios A, Nattrass S, et al. Adaptive calibration of a capacitance tomography system for imaging water droplet distribution. Flow Measurement and Instrumentation, 2004, 15: 249-258.

[5] Dyakowski T, Miko M, Valaev D, et al. Imaging nylon polymerization process by applying electrical tomography. Proceedings of 1st World Congress on Industrial Process Tomography, Buxton, 1999: 383-387.

[6] Yang W Q. Design of electrical capacitance tomography sensors. Measurement Science and Technology, 2010, 21(4): 1-13.

[7] Yang W Q, Stott A L, Beck M S, et al. Development of capacitance tomographic imaging systems for oil pipeline measurements. Review of Scientific Instruments, 1995, 66: 4326-4332.

[8] Yang D Y, Xu X F. Twin-array capacitance sensor for multi-parameter measurements of multiphase flow. Particuology, 2015, 22: 163-176.

[9] Cao Z, Xu L J, Fan W R. Electrical capacitance tomography for sensors of square cross sections using Calderon's method. IEEE Transactions on Instrumentation and Measurement, 2011, 60(3): 900-907.

[10] Ge R H, Ye J M, Wang H G, et al. Investigation of gas-solids flow characteristics in a conical fluidized bed dryer by pressure fluctuation and electrical capacitance tomography. Drying Technology, 2016, 34(11): 1359-1372.

[11] Wang F, Marashdeh Q, Fan L S, et al. Electrical capacitance volume tomography: Design and applications. Sensors, 2010, 10(3): 1890-1917.

[12] Wang S N, Ye J M, Yang Y J. Quantitative measurement of two-phase flow by electrical capacitance tomography based on 3D coupling field simulation. IEEE Sensors Journal, 2021, 21(18): 20136-20144.

[13] 杨道业. 厚管壁气固两相流电容层析成像技术研究. 南京: 东南大学, 2008.

[14] Yang W Q. A self-balancing circuit to measure capacitance and loss conductance for industrial transducer applications. IEEE Transactions on Instrumentation and Measurement, 1996, 45(6): 955-958.

[15] Yang W Q, Beck M, Byars M. Electrical capacitance tomography - from design to applications. Measurement and Control, 1995, 28(9): 261-266.

[16] Yang W Q. Further developments in an ac-based capacitance tomography system. Review of Scientific Instruments, 2001, 72(10): 3902-3907.

[17] Yang W Q, Peng L H. Image reconstruction algorithms for electrical capacitance tomography. Measurement Science and Technology, 2003, 14(1): 1-13.

[18] Liu X F, W Q. Robot sensing based on electrical capacitance tomography sensor with rotation. Measurement Science and Technology, 2023, 34(8): 1-12.

[19] Landweber L. An iterative formula for Fredholm integral equations of the first kind. American Journal of Mathematics, 1951, 73(3): 615-624.

[20] Zhang W B, Zhu Z X, Geng Y J. Simultaneous conductivity and permeability reconstructions for electromagnetic tomography using deep learning. IEEE Transactions on Instrumentation and Measurement, 2023, 72: 4503211.

[21] 孙先亮, 李健, 韩哲哲, 等. 基于数据驱动的卷积神经网络电容层析成像图像重建. 化工学报, 2020, 71(5): 2004-2016.

[22] 孙先亮. 基于数据驱动的卷积神经网络电容层析图像重建方法研究. 南京: 东南大学, 2020.

[23] 汤政, 雷刚, 王天祥, 等. 模型参数对卷积神经网络电容层析成像图像重建的影响. 仪器仪表学报, 2021, 42(10): 72-83.

[24] 汤政. 基于串级卷积神经网络的 ECT 高分辨率图像重建方法研究. 南京: 东南大学, 2023.

第 7 章　密相气力输送气固两相流系统的多尺度分析与流型识别技术

7.1　密相气力输送气固两相流系统的多尺度分析

7.1.1　气固两相流系统的信号分析方法

密相气力输送可以提高单位质量气体输送效率，降低输送速度，减少料气对管壁的磨损。密相气固两相流系统具有复杂的非线性、非平衡动力学特性。近些年来，通过对两相流系统的实验，获取压力、静电、超声等波动信息并结合统计学或非线性分析方法，是认识和研究气固两相流动力学行为的重要手段之一。近年来，多尺度分析方法引起了越来越多的关注[1-4]。气固两相流这类复杂系统的动力学特征可以通过多尺度分析方法得到深刻认识。

1. 基本方法

研究气固两相流特性的传统方法有统计学方法和傅里叶变换、自相关函数和功率谱密度分析等。小波分析作为一种时频分析方法被提出之后便很快在气固两相流的信号分析中得到了应用。吴贤国等[5]利用小波变换将压力脉动信号进行分解，并通过分量信号的能量比重变化来判别流化床流动状态的转变。小波变换实质上是一种窗口可调的傅里叶变换，其小波窗内的信号必须是平稳的，因此仍然没有摆脱傅里叶变换的局限性。

Huang 等[6]提出了一种改进的时频多尺度分析方法，即希尔伯特-黄变换(Hilbert-Huang transform，HHT)，是一种用于非线性和非平稳信号分析的方法。它由两个主要部分组成：经验模态分解(empirical mode decomposition，EMD)和希尔伯特(Hilbert)谱分析，目前已经广泛应用于气象、海洋、环境监测等领域，在气固流化床及气力输送波动信号分析上也得到了应用。鹿鹏[7]将 HHT 用于分析高压超密相气固两相流，通过对石英砂和大粒径内蒙古烟煤输送时压力信号的 HHT 分析，提取出特征能量值并建立其与流动形态及输送稳定性之间的关系。Xu 等[8]采用 HHT 揭示了气固两相流静电信号的非线性和非平稳特征，即随气固两相流颗粒相浓度降低和表观速度增加，静电波动信号特征尺度由高尺度(低频)向低尺度(高频)转移。

2. 非线性分析方法

非线性分析方法包括混沌分析、分形分析以及熵分析等，为研究气固两相流非线性复杂系统提供了强有力的手段。

1) 混沌分析

混沌是非线性系统的一个重要现象。最常用的混沌特性参数包括：分维数，即系统的自由度的度量；李雅普诺夫(Lyapunov)指数，为相空间内相邻轨道收敛或发散的平均指数速率；科尔莫戈罗夫(Kolmogorov)熵，又称 K 熵或测量度，为系统演变的平均信息损失率。赵贵兵和石炎福[9]分析了不同气速下流化床动力学行为与压力波动 Lyapunov 指数谱之间的关系。

2) 分形分析

分形是非线性科学中又一活跃的数学分支。目前应用于气固两相流研究中的分形特征的分析方法主要是 R/S 分析，以分形布朗运动模型为基础，分析非周期行为的长期相关性，对时间序列未来的变化趋势做出预测。

3) 熵分析

熵分析是一种用于评估信号复杂性和不确定性的方法。常用的熵计算方法有香农熵、样本熵和近似熵等。许盼[10]在密相气力输送水平管道压降波动信号的基础上，运用香农熵分析法，研究了烟煤、生物质和石油焦输送的稳定性。

3. 多尺度分析方法

由于两相结构的存在，稀相和密相中的颗粒流体相互作用差别很大，并且两相之间存在较大尺度的相互作用，整个系统和边界之间存在更大尺度的相互作用。因此，气固两相流系统中存在三种尺度的作用。

微尺度：单颗粒与流体之间的作用，稀相和密相中都存在这一作用。

介尺度：稀相和密相之间的相互作用。这种相互作用展示了相之间独特的界面现象。

宏尺度：整个颗粒流体系统与其边界的相互作用。由于这一作用，系统中出现了流动状态的空间分布。

赵贵兵和阳永荣[11]结合小波分析和 R/S 分析方法，建立了基于压力信号的多尺度划分标准，并且发现压力波动信号主要体现了介尺度的乳化相和气泡相之间的相互作用。

7.1.2 基于经验模态分解和分形分析的多尺度分析方法

1. 信号处理方法介绍

1) EMD

EMD 能够将多分量信号分解为单分量信号的线性组合。该方法中，单分量信号被解释为局部平均值为零的一类信号，称为固有模态函数(intrinsic mode function，IMF)。IMF 分量必须满足以下两个条件[6]：

(1) 在整个时间序列长度上，极值点和过零点的数目必须相等或至多相差一个。

(2) 在任一时刻，局部最大值的包络和局部最小值的包络的均值在任一点处必须为 0。

根据定义，时间序列 $X(t)$ 的 EMD 如下。

首先，找出 $X(t)$ 所有的极值点，然后利用其拟合出 $X(t)$ 的上下包络线。得到上下包络线的均值 m_1，再将 $X(t)$ 减去 m_1 即可得到一个时间序列 h_1：

$$X(t) - m_1 = h_1 \tag{7.1}$$

若 h_1 满足上述两个条件，那它就是一个 IMF，也即是 $X(t)$ 分解出的一个分量；若不满足，就将它看作新的时间序列，重复进行上述的处理过程：

$$h_1 - m_{11} = h_{11} \tag{7.2}$$

式中，m_{11} 为 h_1 的上下包络线的均值。重复 k 次，直到所得到的平均包络值趋于零为止，这样就得到了第 1 个 IMF 分量 I_1：

$$h_{1(k-1)} - m_{1k} = h_{1k} \tag{7.3}$$

$$I_1 = h_{1k} \tag{7.4}$$

式中，I_1 为 $X(t)$ 中最高频的组分。之后，将 $X(t)$ 减去 I_1，得到一个时间序列 r_1，对其进行上述同样的分解过程，得到第 2 个分量 I_2。如此重复直到最后一个序列 r_n 不能再被分解为止，此时 r_n 代表 $X(t)$ 的剩余项：

$$r_1 - I_2 = r_2 \tag{7.5}$$

$$r_2 - I_3 = r_3, \cdots, r_{n-1} - I_n = r_n \tag{7.6}$$

最终，将式(7.5)和式(7.6)合并，时间序列 $X(t)$ 可以表示为

$$X(t) = \sum_{i=1}^{n} I_i + r_n \tag{7.7}$$

2) R/S 分析

R/S 分析的基本思想是：设在时刻 $t_1, t_2, t_3, \cdots, t_N$ 处，取得时间序列 $\{x_t\}$ 中对应时刻的子序列 $x_1, x_2, x_3, \cdots, x_N$，该时间序列的时间跨度 Δt 为

$$\Delta t = t_N - t_1 \tag{7.8}$$

在时间 Δt 内，该子序列的平均值为 $\langle x \rangle_N$：

$$\langle x \rangle_N = \frac{1}{N}\sum_{i=1}^{N} x_i \tag{7.9}$$

在 t_j 时刻，x 相对于其平均值 $\langle x \rangle_N$ 的累积偏差为

$$Y(t_j, N) = \sum_{i=1}^{j} (x_i - \langle x \rangle_N) \tag{7.10}$$

可见，$Y(t_j,N)$ 不仅与 t 有关，而且还与 N 的取值有关，即与时间序列范围有关。每一个 N 值所对应的最大 $Y(t)$ 值和最小 $Y(t)$ 值之差称为极差，记为 R：

$$R(t_N - t_1) = R(\Delta t) = \max_{t_1 \leqslant t \leqslant t_N} Y(t, N) - \min_{t_1 \leqslant t \leqslant t_N} Y(t, N) \tag{7.11}$$

Hurst 利用子序列 $x(t)$ 的标准偏差：

$$S(\Delta t) = \left[\frac{1}{\Delta t} \sum_{i=1}^{N} (x_i - \langle x \rangle_N)^2 \right]^{1/2} \tag{7.12}$$

并引入无量纲比值 R/S，重新进行标度：

$$R/S = \frac{\max\limits_{t_1 \leqslant t \leqslant t_N} Y(t, N) - \min\limits_{t_1 \leqslant t \leqslant t_N} Y(t, N)}{\left[\frac{1}{\Delta t} \sum_{i=1}^{N} (x_i - \langle x \rangle_N)^2 \right]^{1/2}} \tag{7.13}$$

Hurst 由实测序列经验得出以下关系：

$$R(\tau) / S(\tau) \propto \tau^H \tag{7.14}$$

式中，$\tau = \Delta t$。通过做 $\ln[R(\tau)/S(\tau)]$-$\ln\tau$ 关系图，并利用最小二乘法求回归系数便得到 Hurst 指数 H。

由统计学可知：当 $0 < H < 0.5$ 时，时间序列具有反持续性，即当前的增长(下

降)意味着之后的下降(增长)；当 $H=0.5$ 时，时间序列为标准的随机游走，不同时间的值是不相关的；当 $0.5<H<1$ 时，时间序列具有状态持续性，即当前的增长(下降)意味着之后的增长(下降)。当 H 趋于 0 时，信号相当粗糙，杂乱无章。H 越趋于 1，这种持续性越强。

2. 多尺度分析的步骤

多尺度分析的步骤如下[12]。

(1)采用 EMD 对信号进行分解，得到若干 IMF 分量。

(2)对每个 IMF 分量进行 R/S 分析得到关系曲线 $\ln(R/S)$-$\ln t$，对关系曲线的直线段部分做线性拟合，得到拟合直线的斜率。

(3)根据 Hurst 指数大小及随时间 t 的变化规律，对 IMF 分量进行 3 个尺度的划分，变化规律一致即属于同一尺度。

(4)计算各尺度的能量比重。各尺度的能量比重的计算方法如下：假设微尺度占有 M 个 IMF 分量，分别是 $\mathrm{IMF}_1, \mathrm{IMF}_2, \cdots, \mathrm{IMF}_M$。一个 IMF 分量为一组时间序列 $\{x_1, x_2, \cdots, x_H\}$，其能量 E_{IMF} 的计算公式为

$$E_{\mathrm{IMF}}=x_1^2+x_2^2+\cdots+x_H^2 \tag{7.15}$$

信号微尺度的能量比重 R_1 为

$$R_1=\frac{E_{\mathrm{IMF1}}+E_{\mathrm{IMF2}}+\cdots+E_{\mathrm{IMF}M}}{\sum_{i=1}^{M}E_{\mathrm{IMF}i}} \tag{7.16}$$

采用同样的计算方法得到介尺度能量比重 R_2 以及宏尺度能量比重 R_3。

(5)基于能量比重分布及其随输送参数的变化情况，分析气固两相流系统内的多尺度特征及其变化特点。

7.1.3　密相气力输送气固两相流系统的实验研究

本节基于图 3.26 所示的密相气力输送实验系统开展实验研究。粉体颗粒在系统输送管道中流动时，由于颗粒间碰撞、分离以及颗粒与管壁间的碰撞、摩擦，系统中会产生大量的颗粒荷电，因此颗粒荷电载有大量的动态信息，其中包括单颗粒的碰撞、颗粒与管壁间的碰撞以及颗粒聚团的运动等多尺度信息[12]。密相气固流动系统的压力信号同样包含许多动态信息：固相分布特征、气体与固体之间的相互作用以及气固两相整体与管道之间的相互作用等。因此，实验同时获取了水平输送管道即图 3.27 中 9 位置处的气固两相流的静电信号和压力信号。下面分

别介绍静电信号和压力信号的分析结果。

1. 静电信号的分析结果

利用圆环状静电传感器获取密相气力输送水平管中两相流系统的静电信号。依据上述信号多尺度分析的步骤，首先对静电信号进行 EMD。图 7.1～图 7.3 分别为 3 个工况下的静电信号的 EMD 结果。从图 7.1～图 7.3 所示的 EMD 结果可以看到：静电信号被分解成多个 IMF 分量，这些分量由细尺度（高频）到粗尺度（低频）从上到下依次排列。

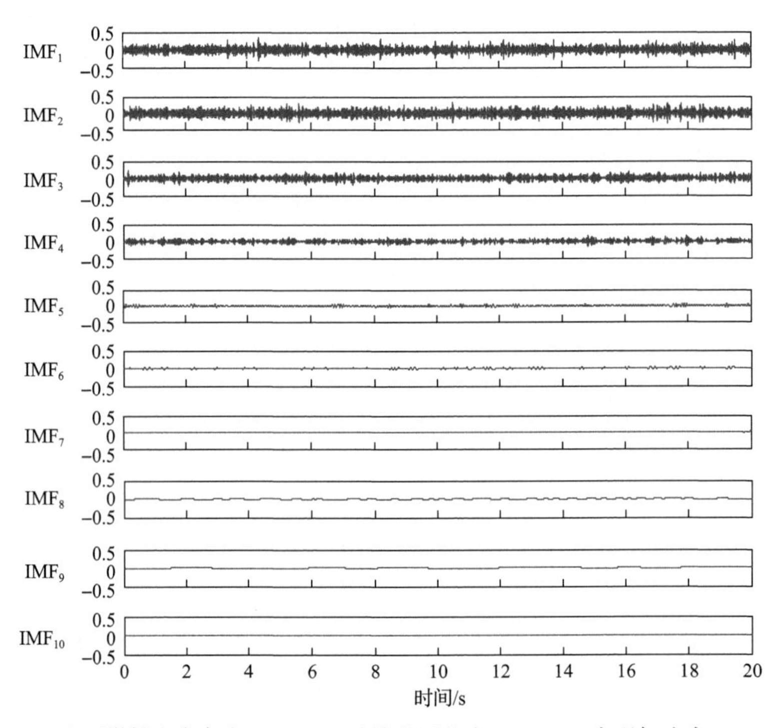

图 7.1　工况 1（煤粉含水率为 10.39%，总输送压差为 1.0MPa，表观气速为 8.284m/s）的静电信号的 EMD

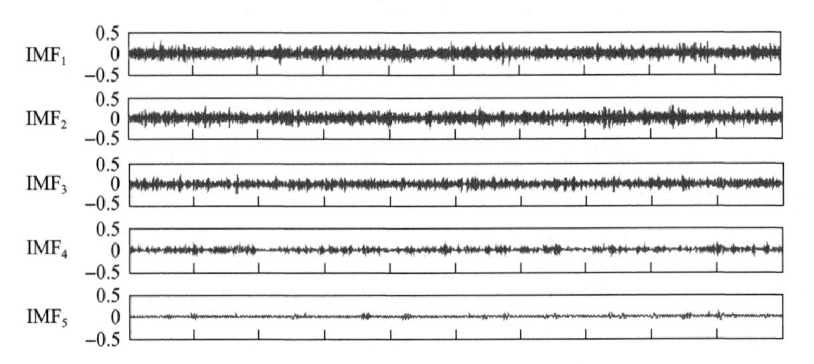

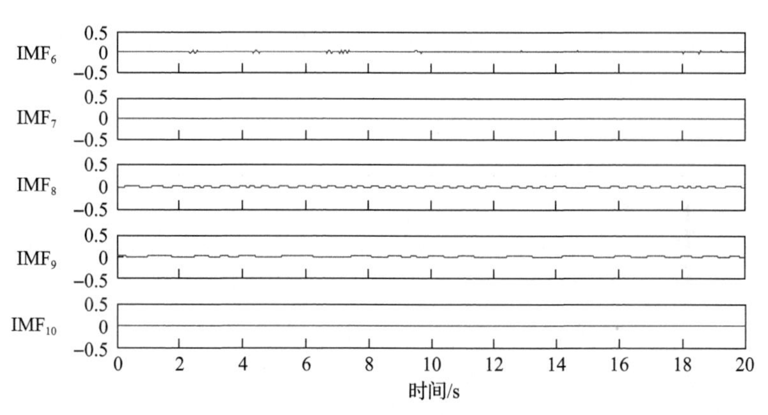

图 7.2　工况 2(煤粉含水率为 10.39%，总输送压差为 0.75MPa，表观气速为 6.815m/s)的静电信号的 EMD

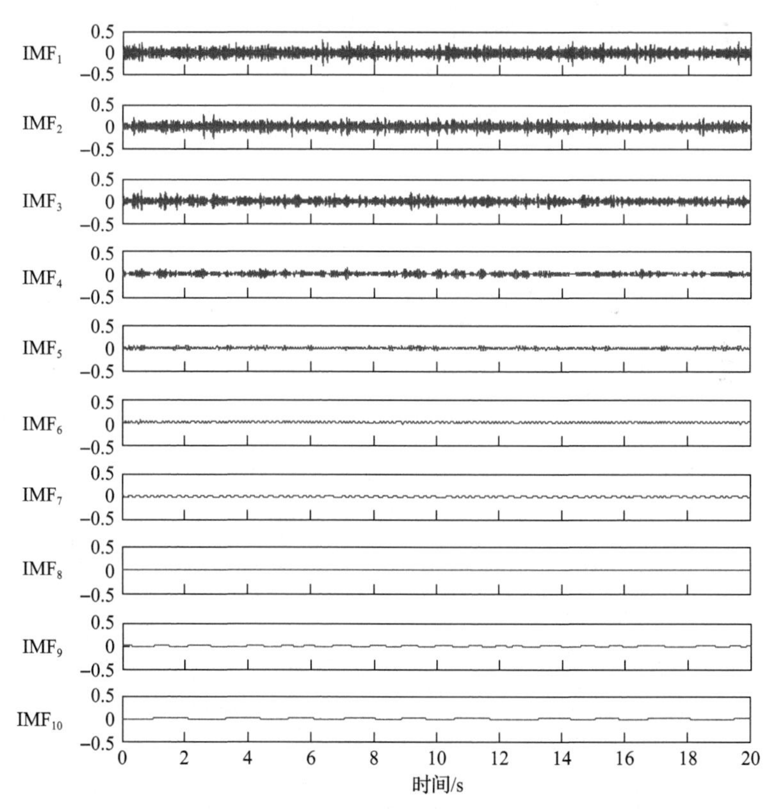

图 7.3　工况 3(煤粉含水率为 15.01%，总输送压差为 0.5MPa，表观气速为 5.788m/s)的静电信号的 EMD

然后，对各 IMF 分量进行 R/S 分析得到 $\ln(R/S)$-$\ln t$ 关系，各直线的斜率即 Hurst 指数 H。为得到稳定的 $\ln(R/S)$-$\ln t$ 关系以确定 Hurst 指数 H，选取静电信号的 20000 个点，并分成 20 个子样本，每个子样本含 1000 个点，采样频率为 1000Hz。然后时间范围 t 取 0.010, 0.011, 0.012,⋯, 0.1 等间隔的 91 个数来计算每个子样本的 R/S，最后取平均值得到 $\ln(R/S)$-$\ln t$ 关系，即静电信号的 Hurst 指数 H。对这 3 个工况的静电信号的各 IMF 分量进行 R/S 分析所得到的 $\ln(R/S)$-$\ln t$ 关系如图 7.4～图 7.6 所示，各直线的斜率即 Hurst 指数 H。可以看出，3 个工况表现出相似的分形特征：IMF_1 和 IMF_2 高频分量均表现出单分形特征，其 Hurst 指数 H 小于 0.5，表明这两个 IMF 分量代表了气固两相流系统中的一种反持久性的动力学特征，接近单颗粒与颗粒及其与管壁的碰撞及摩擦作用的微尺度特性；分量 IMF_3～IMF_7 表现出双分形特征，在小的时间范围 t 下其 Hurst 指数 H_1 大于 0.5，表现为正持久特性，在大的时间范围 t 下其 Hurst 指数 H_2 小于 0.5，表现为反持久特性，表明 IMF_3～IMF_7 信号分量反映了气固两相流系统中的颗粒相团体与气流之间的介尺度相互作用；分量 IMF_8～IMF_{10} 只有一个 Hurst 指数，且 H 等于 1，表明其代表了

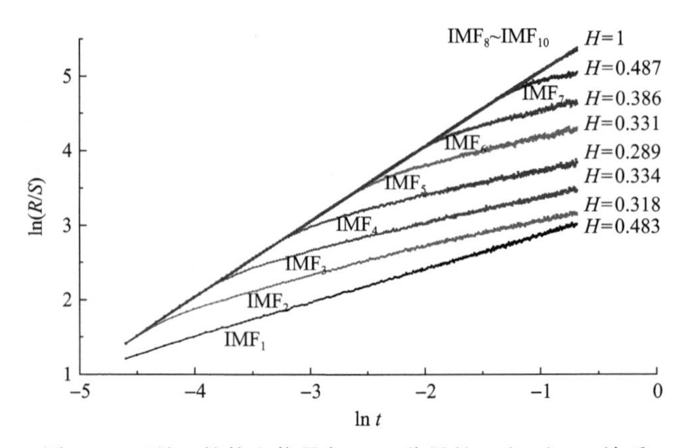

图 7.4 工况 1 的静电信号各 IMF 分量的 $\ln(R/S)$-$\ln t$ 关系

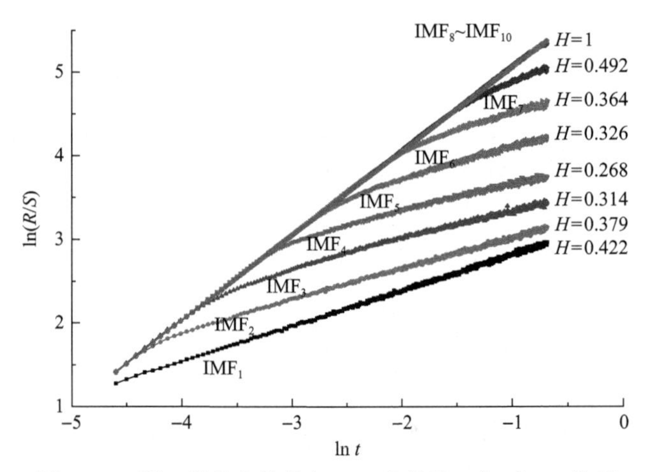

图 7.5 工况 2 的静电信号各 IMF 分量的 $\ln(R/S)$-$\ln t$ 关系

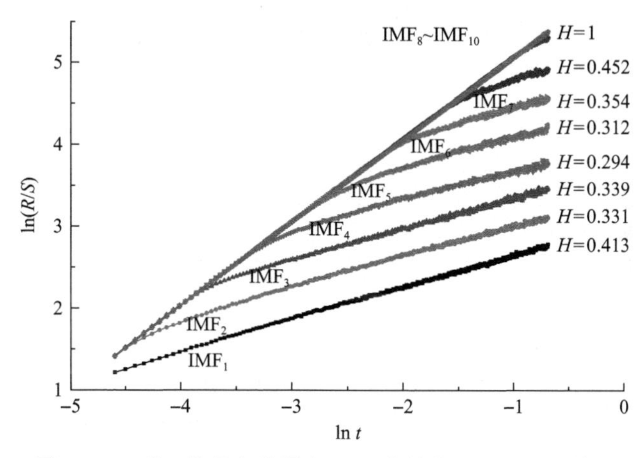

图 7.6　工况 3 的静电信号各 IMF 分量的 ln(*R*/*S*)-ln*t* 关系

颗粒相平均流动的稳定性，反映了系统的宏尺度特性。

计算静电信号各 IMF 分量的能量比重，能量比重分布情况如图 7.7 所示。再将 IMF_1 和 IMF_2 的能量相加得到微尺度下的信号能量；IMF_3～IMF_7 的能量相加得到介尺度下的信号能量；IMF_8～IMF_{10} 的能量相加，得到宏尺度下的信号能量。静电信号的各尺度下的能量比重列于表 7.1 中。可以看出，静电信号主要体现了微尺度和介尺度的信息，两者能量占总能量的 99%以上。这与静电信号的测量机理相符：输送管道内颗粒之间和颗粒与管壁之间的碰撞及摩擦运动使颗粒带电，而带电颗粒受气相的推动和扰动使颗粒荷电的运动及空间分布变化，从而导致静电传感器输出信号的产生。因此静电信号主要反映颗粒相的微尺度下的颗粒碰撞及摩擦作用以及介尺度下的颗粒相受气流作用的运动。

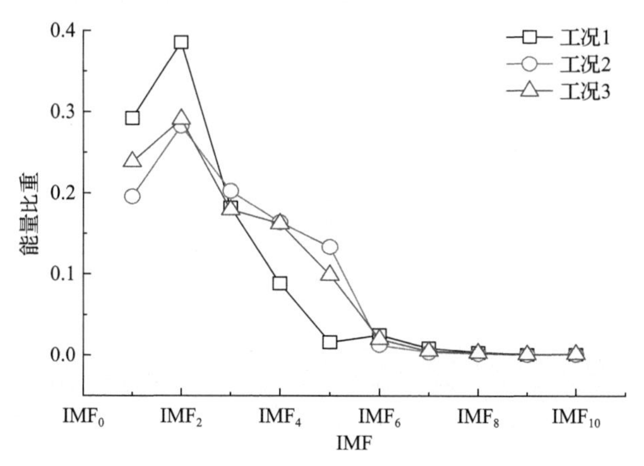

图 7.7　3 个工况下，静电信号各 IMF 分量的能量比重分布

表 7.1 3 个工况下静电信号各尺度的能量比重 (单位：%)

尺度	工况 1	工况 2	工况 3
微尺度(IMF_1，IMF_2)	67.6	47.8	52.9
介尺度(IMF_3～IMF_7)	32.0	51.6	46.5
宏尺度(IMF_8～IMF_{10})	0.4	0.6	0.6

2. 压力信号的分析结果

利用压力传感器获取水平管中密相气力输送两相流系统的压差信号，仍以上述 3 个工况为例进行分析。采用同样的多尺度分析步骤，首先对压差信号进行 EMD，分解结果如图 7.8～图 7.10 所示。之后对各 IMF 分量进行 R/S 分析得到 $\ln(R/S)$-$\ln t$ 关系。用同样的方法，选取压力信号的 2000 个点，并分成 20 个子样本，每个子样本含 100 个点，时间范围 t 则取 0.05, 0.06, 0.07,⋯, 0.6 的等间隔的 56 个数来计算每个子样本的 R/S，最后取平均值得到压力信号的 $\ln(R/S)$-$\ln t$ 关系。3 个工况的压力信号处理结果如图 7.11～图 7.13 所示。各工况下的压力信号表现出相似的分形特征：分量 IMF_1 表现出单分形特征，其 Hurst 指数 H 大于 0.5，为 0.6 或 0.7，表现为正持久性特性；分量 IMF_2～IMF_4 均表现出双分形特征，小的时

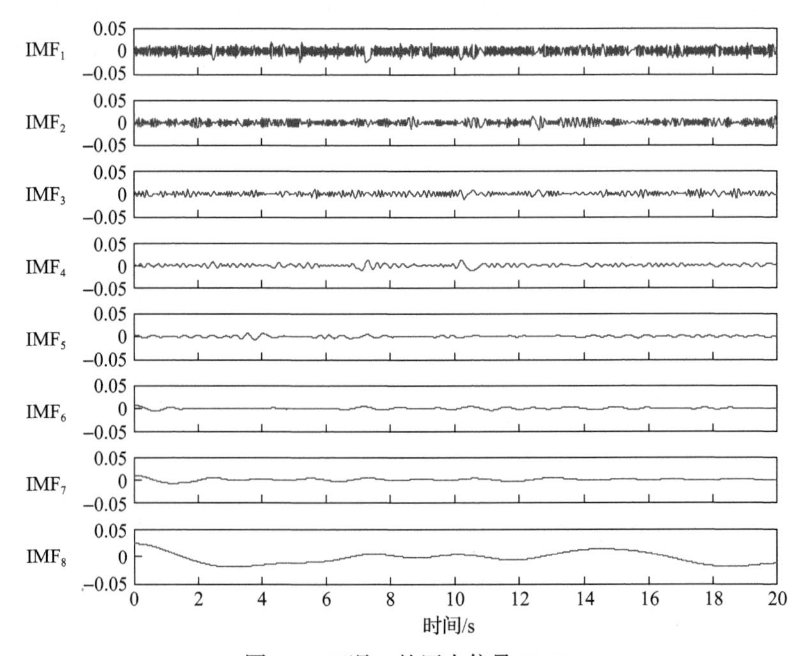

图 7.8 工况 1 的压力信号 EMD

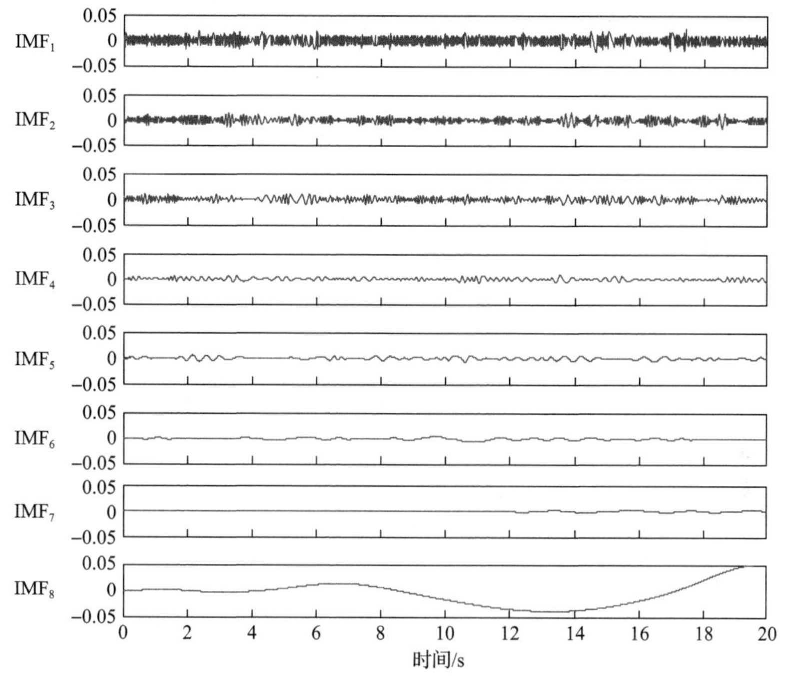

图 7.9　工况 2 的压力信号 EMD

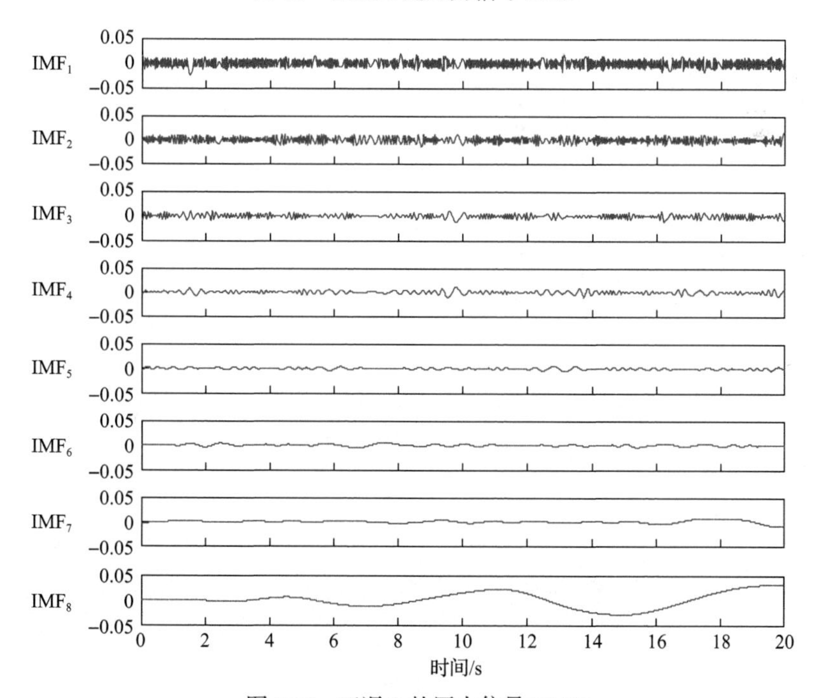

图 7.10　工况 3 的压力信号 EMD

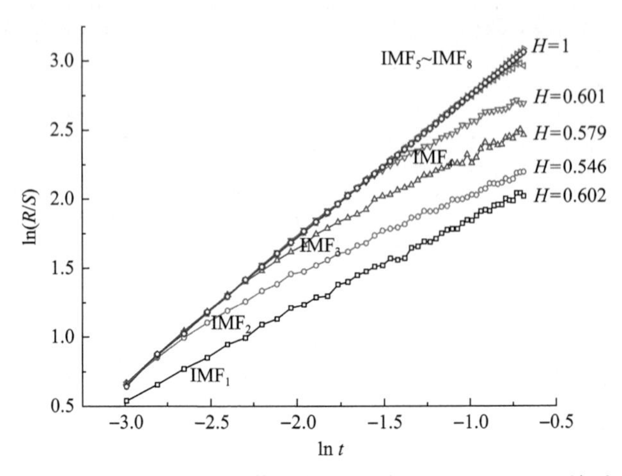

图 7.11　工况 1 的压力信号各 IMF 分量的 $\ln(R/S)$-$\ln t$ 关系

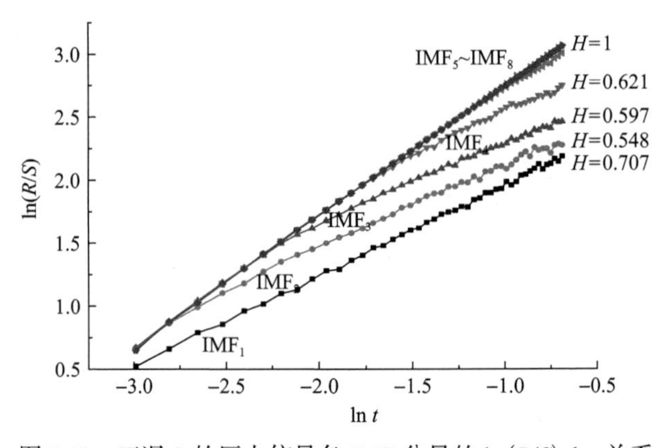

图 7.12　工况 2 的压力信号各 IMF 分量的 $\ln(R/S)$-$\ln t$ 关系

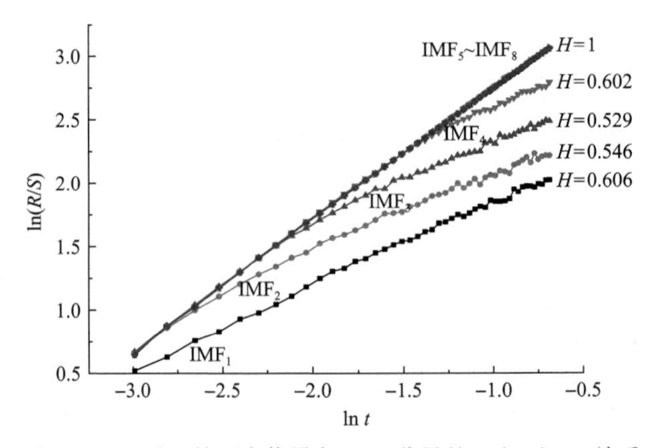

图 7.13　工况 3 的压力信号各 IMF 分量的 $\ln(R/S)$-$\ln t$ 关系

间范围下的 Hurst 指数 H 接近于 1，描述了系统的宏观流动特性，而大的时间范围下的 Hurst 指数 H 在 0.6 附近，其描述了颗粒相与气流相互作用以及气相和颗粒相对于管壁的作用；分量 IMF_5～IMF_8 只有一个 Hurst 指数，且 H 等于 1，表明其代表了更大尺度下的系统的宏观流动特性。压力信号的分量 IMF 的 Hurst 指数 H 均大于 0.5，表明水平管中稠密气固两相流系统的压力信号未反映出颗粒相的微尺度运动信息。

各工况下压力信号各 IMF 分量的能量比重分布情况如图 7.14 所示。将压力信号分量 IMF_1～IMF_4 的能量进行叠加，得到介尺度下的压力信号能量；分量 IMF_5～IMF_8 的能量进行叠加，得到宏尺度下的压力信号能量。3 个工况下的压力信号的各尺度下的能量比重列于表 7.2 中。从表 7.2 中可以看出，压力信号介尺度的能量比重在 25%以下，而宏尺度的能量占 75%以上，表明压力信号主要体现了水平管中稠密气固两相流系统的宏观流动特征。

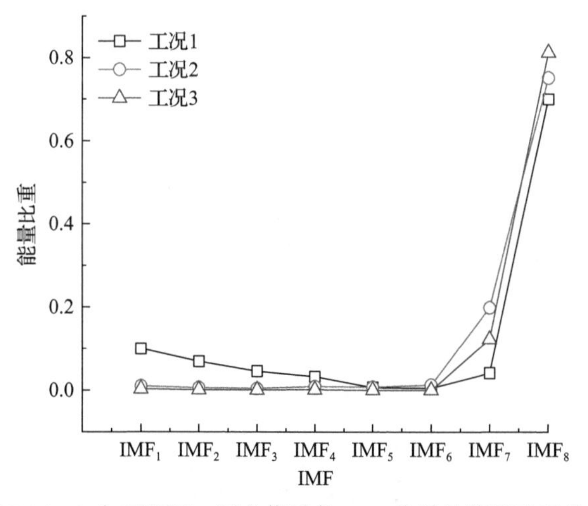

图 7.14　3 个工况下，压力信号各 IMF 分量的能量比重分布

表 7.2　3 个工况下压力信号各尺度的能量比重　（单位：%）

尺度	工况 1	工况 2	工况 3
介尺度（IMF_1～IMF_4）	24.7	2.9	6.4
宏尺度（IMF_5～IMF_8）	75.3	97.1	93.6

3. 输送参数对系统多尺度特征的影响

(1) 考察总输送压差对系统多尺度特征的影响。当输送压差逐渐减小（由 1MPa 减小到 0.3MPa）时，水平输送管道内煤粉均表现出较好的输送连续性，处于悬浮

输送状态。静电信号各尺度的能量比重列于表 7.3 中。从表中可以看出，静电信号微尺度和介尺度的能量之和均占总能量的 99%以上，验证了静电信号体现微尺度下单颗粒的运动特性和介尺度下的颗粒相团体的运动特性这一结论。随总输送压差的增大，微尺度的能量比重增加，介尺度的能量比重减小，表明微尺度下的单颗粒碰撞及摩擦作用增强。原因是，总输送压差增大，输送煤粉的动力增加，悬浮颗粒浓度增大，从而悬浮颗粒与管壁间的接触面积增大，导致颗粒与管壁之间的碰撞及摩擦次数增加。另外，多尺度结构与流型之间存在一定的联系：静电信号的多尺度结构均以微尺度为主导，系统的运动特性主要受微尺度下的单颗粒运动作用控制，因而单颗粒的碰撞及摩擦运动显著，煤粉流动状态呈现悬浮流。

表 7.3　总输送压差变化下，静电信号各尺度能量比重变化情况　　(单位：%)

尺度	总输送压差			
	1MPa	0.75MPa	0.5MPa	0.3MPa
微尺度(IMF_1、IMF_2)	67.6	64.1	59.2	53.3
介尺度(IMF_3～IMF_7)	32.0	35.6	40.4	46.1
宏尺度(IMF_8～IMF_{10})	0.4	0.3	0.4	0.6

注：输送载气为 CO_2，煤粉含水率为 10.39%。

压力信号的各尺度能量比重列于表 7.4 中，可以看出：总输送压差为 1MPa 和 0.75MPa 时，介尺度能量的比重要大于总输送压差为 0.5MPa 和 0.3MPa 的情况，说明此时颗粒相与气流之间的相互作用对压力信号的波动即煤粉宏观流动的稳定性会造成一定的影响。

表 7.4　总输送压差改变下，压力信号各尺度能量比重变化情况　　(单位：%)

尺度	总输送压差			
	1MPa	0.75MPa	0.5MPa	0.3MPa
介尺度(IMF_1～IMF_4)	24.7	21.7	17.5	18.6
宏尺度(IMF_5～IMF_8)	75.3	78.3	82.5	81.4

注：输送载气为 CO_2，煤粉含水率为 10.39%。

(2) 考察输送载气对系统多尺度特征的影响。输送载气采用 N_2 时，不同输送压差下的静电信号各尺度能量比重列于表 7.5 中。可以看出，N_2 输送下的静电信号微尺度和介尺度的能量之和同样占据总能量的 99%及以上；随总输送压差的减小，微尺度的能量比重减小，介尺度的能量比重增大，这与表 7.3 所示 CO_2 输送下静电信号各尺度能量比重的变化规律相同。不同的是，N_2 输送下，静电信号的介尺度能量开始占主导。当总输送压差为 1MPa 时，静电信号的微尺度能量比重与介尺度能量比重持平，当输送压差继续减小时，静电信号介尺度的能量比重已经大于微尺度的能量比重，此时介尺度下的颗粒相团体与气流之间的相互运动开始占主导，单颗粒相的运动减弱，向较大尺度的颗粒团体的运动转移。这些变化表明，随总输送压差的减小，煤粉的悬浮性变差，煤粉聚集现象严重。事实也是如此，输送载气由 CO_2 改变为 N_2 后，煤粉的流动状态发生了改变。煤粉在管道截面上的浓度随时间变化得较为剧烈，流动状态不稳定。总输送压差越小，颗粒悬浮性越差。

表 7.5　N_2 输送下，静电信号各尺度能量比重变化情况　（单位：%）

尺度	总输送压差			
	1MPa	0.75MPa	0.5MPa	0.3MPa
微尺度（IMF_1、IMF_2）	50.3	47.8	41.5	33.5
介尺度（IMF_3～IMF_7）	49.1	51.6	57.8	65.5
宏尺度（IMF_8～IMF_{10}）	0.6	0.6	0.7	1.0

注：煤粉含水率为 10.39%。

压力信号各尺度能量比重列于表 7.6 中，从中可以看出，N_2 输送下，压力信号的尺度特性较 CO_2 输送时也发生了改变，介尺度的能量比重大幅度减小，宏尺度的能量比重在 97%以上。

表 7.6　N_2 输送下，压力信号各尺度能量比重变化情况　（单位：%）

尺度	总输送压差			
	1MPa	0.75MPa	0.5MPa	0.3MPa
介尺度（IMF_1～IMF_4）	2.4	2.9	0.4	0.3
宏尺度（IMF_5～IMF_8）	97.6	97.1	99.6	99.7

注：煤粉含水率为 10.39%。

(3) 考察含水率对系统多尺度特征的影响。水的表面张力引起颗粒之间的牵引力，形成液桥，严重时会造成煤粉团聚，出现造粒现象，以及摩擦系数和黏度的增大。若煤粉含水率增大到 15.05%，当输送压差逐渐减小时，水平输送管内煤粉的输送状态与煤粉含水率为 10.39%的输送状态相似，煤粉悬浮输送，流动稳定性好。

不同输送压差下静电信号各尺度的能量比重列于表 7.7 中，发现含水率为 15.05%的煤粉输送下的静电信号介尺度的能量比重增大，与微尺度能量比重几乎持平，相比含水率为 10.39%的静电信号，尺度特性发生了改变。表明煤粉含水率增大对煤粉颗粒的运动特性造成一定的影响：煤粉颗粒水分增大使颗粒有相互聚集的趋势，小颗粒团聚为较大颗粒，其运动惯性就会增大，颗粒的碰撞次数减少，运动随机性减小。由于微尺度能量比重仍然在 50%左右，煤粉分散性较好，因此仍然是悬浮输送。

表 7.7　煤粉含水率 15.05%下，静电信号各尺度能量比重变化情况　（单位：%）

尺度	总输送压差			
	1MPa	0.75MPa	0.5MPa	0.3MPa
微尺度（IMF_1、IMF_2）	51.1	50.2	52.9	47.6
介尺度（IMF_3～IMF_7）	47.9	49.1	46.5	51.4
宏尺度（IMF_8～IMF_{10}）	1.0	0.7	0.6	1.0

注：输送载气为 CO_2。

表 7.8 所示为煤粉含水率为 15.05%的不同总输送压差下压力信号各尺度能量比重，发现压力信号的多尺度特性与含水率为 10.39%下的压力信号的尺度能量比重相似，即介尺度占有一定的比重，并且 0.75MPa 和 1MPa 下的压力信号的介尺度的能量比重较大，因此压力信号仍然受颗粒相与气流之间的相互作用的影响。

表 7.8　煤粉含水率 15.05%下，压力信号各尺度能量比重变化情况　（单位：%）

尺度	总输送压差			
	1MPa	0.75MPa	0.5MPa	0.3MPa
介尺度（IMF_1～IMF_4）	14.7	16.1	6.4	6.7
宏尺度（IMF_5～IMF_8）	85.3	83.9	93.6	93.3

注：输送载气为 CO_2。

从上述分析发现，煤粉含水率增大到 15.05%，静电信号的介尺度能量比重稍有增加，与微尺度持平，表明颗粒分散性相对较好，没有出现煤粉聚团的现象。对于压力信号，压力信号的尺度特性没有发生较大的改变，介尺度同样占据了一定的比重，因此颗粒的宏观流动性没有发生较大的改变。

综上所述，静电信号和压力信号的多尺度特性及其变化规律与煤粉运动状态变化规律之间存在密切联系：静电信号的微尺度能量比重大于介尺度能量比重时，煤粉颗粒运动始终是微尺度下的单颗粒碰撞及摩擦运动占主导，即煤粉颗粒在管道内悬浮流动，分散性好；当静电信号的介尺度能量比重增大并超过微尺度能量比重以及压力信号的宏尺度能量比重增大到几乎占据了整个信号的能量时，这些变化预示系统颗粒流动状态朝向不稳定的方向发展。这对预测及控制煤粉流动稳定性以及堵管现象有指导意义。

7.2　密相气力输送气固两相流流型识别

7.2.1　气力输送水平管气固两相流流型的传统分类方法

气固两相流的流型种类多样，传统的流型分类方法是按照直观的流动形态划分。比如，朱云和崔志尚[13]将水平管内的气力输运中的流型归纳为 5 类，如图 7.15 所示，流型 1 为颗粒均匀散布在管内空间；流型 2 的颗粒栓以近似均匀的间隔散布在管底上；流型 3 的颗粒栓不断增大；流型 4 为大部分颗粒沉积在管底部，其他的颗粒在其上部随气流运动；流型 5 中大的颗粒栓形成并对流动造成阻塞。俞建峰和夏晓露[14]将水平管内气固两相流的流型分成了 7 类，如图 7.16 所示：悬浮

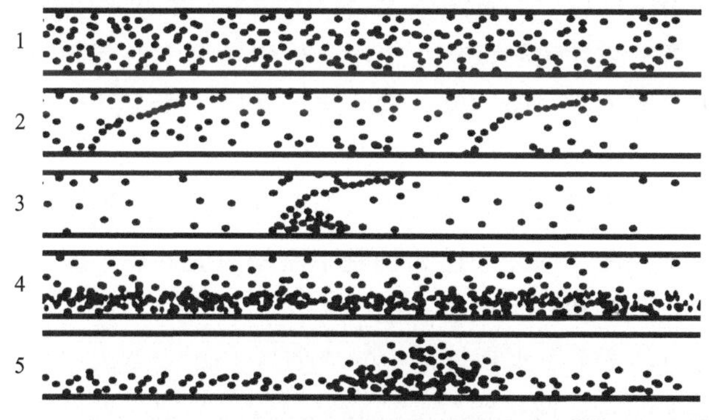

图 7.15　气力输送水平管内的 5 类流型[13]

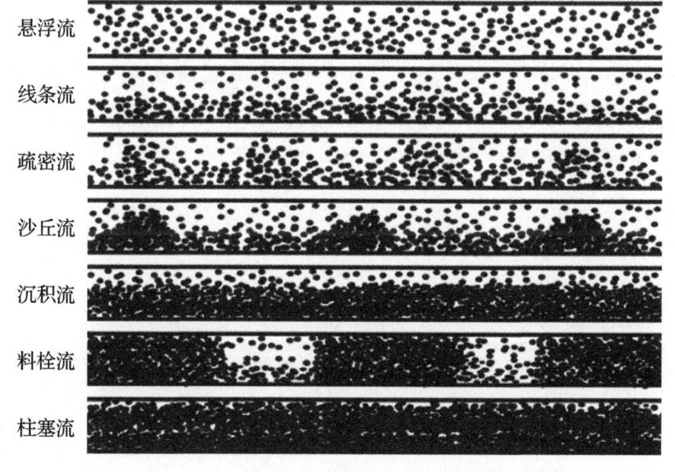

图 7.16　气力输送水平管道内的 7 类流型[14]

流，当料气比较小，气体速度比较大时，粉体在管道内均匀悬浮分散；线条流，随着气流速度减小，有些粉体受气体曳力减小，在重力的作用下沉积，流型呈现为线条；疏密流，气速进一步减小，管底粉体速度慢，上部粉体输送速度快，管底粉体聚集向前滑动；沙丘流，气速继续减小，管底部的粉体运动缓慢，上部为气固混合物；沉积流，粉体几乎都沉积在管底，运动速度较慢，上部几乎不存在物料，只有气体在上部流动；料栓流，该流型的推动力通过料栓流靠前后料栓间的压力差推动，而不是通过气流带动；柱塞流，粉体形成的柱塞充满管道，底部为静止的粉体层，管道内上部的气流会携带少量粉体输送。

7.2.2 基于多尺度能量比重的气力输送流型分类方法

气固两相流流型的本质是气固两相的非均匀结构及伴随的时空动态行为。如前所述，该非均匀结构可以分解为微尺度、介尺度和宏尺度这 3 个尺度。各个尺度均包含一类独特的运动机理或相互作用。极限情况下，气固两相流流动的多尺度结构存在 3 个基本形式，即“单”微尺度、“单”介尺度和“单”宏尺度。3 个基本形式的多尺度结构对应 3 种基本流型，分别定义为“微”流型、“介”流型和“宏”流型，三者动力学机理完全不同。但实际上任何一种流型即气固两相非均匀结构均包含 3 个尺度，因此上述 3 种基本流型对应的多尺度结构应为“微尺度占优”、“介尺度占优”和“宏尺度占优”[15]。

进一步，气力输送系统水平管道中的流型从“微”流型发展到“宏”流型时，流型的多尺度特征的表现形式相应从“微尺度占优”向“宏尺度占优”转移。除了存在上述 3 种基本流型，还存在 2 种过渡流型，定义为“微介”流型和“介宏”流型。

综合上述分析，以多尺度能量比重作为必要参数建立这 5 种流型的划分标准。定义微尺度能量比重为 x，介尺度能量比重为 y，宏尺度能量比重为 z。

根据能量守恒原理，x、y、z 存在如下关系式：

$$x+y+z=1 \tag{7.17}$$

“微”流型的微、介和宏尺度能量比重满足如下关系式：

$$\begin{cases} 0.5<x<1 \\ x+y<1 \\ 1-x-y<y \end{cases} \tag{7.18}$$

“微介”流型的微、介和宏尺度能量比重满足如下关系式：

$$\begin{cases} 0 < x < 0.5 \\ 0 < y < 0.5 \\ 1 - x - y < x \\ 1 - x - y < y \end{cases} \tag{7.19}$$

“介”流型的微、介和宏尺度能量比重满足如下关系式：

$$\begin{cases} 0.5 < y < 1 \\ x + y < 1 \end{cases} \tag{7.20}$$

“介宏”流型的微、介和宏尺度能量比重满足如下关系式：

$$\begin{cases} 0 < y < 0.5 \\ 1 - x - y < 0.5 \\ x < y \\ x < 1 - x - y \end{cases} \tag{7.21}$$

“宏”流型的微、介和宏尺度能量比重满足如下关系式：

$$\begin{cases} 0.5 < 1 - x - y < 1 \\ x < y \end{cases} \tag{7.22}$$

分别以微尺度能量比重和介尺度能量比重作为横纵坐标，依据上述 6 个关系式绘制流型划分示意图，如图 7.17 所示。

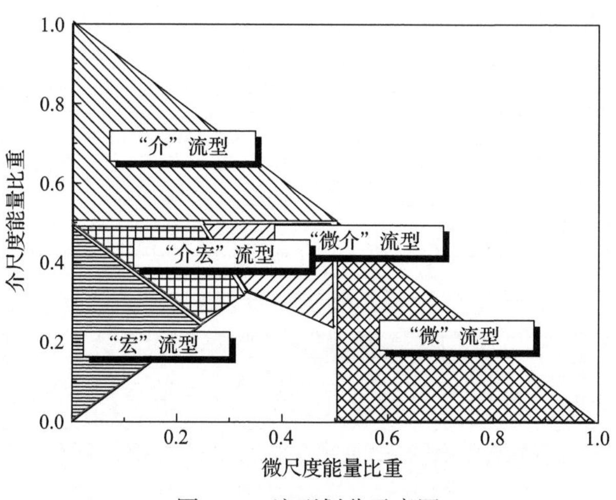

图 7.17　流型划分示意图

这种流型划分标准是从流型本身的动力学结构特征出发而建立的，划分标准明确且流型之间有区别明确的动力学特征。下面将传统流型与上述划分的新流型进行对应，实验获得气力输送水平管中的4种传统流型，分别是悬浮流、层流(线条流)、疏密流和沙丘流。每种流型采集3组静电数据。计算静电信号中的多尺度能量比重，其结果列于表7.9中。基于此，再将这4种传统流型在图7.17上进行标注，标注结果如图7.18所示。

表7.9　4种传统定义的流型的多尺度能量比重分布

尺度	悬浮流			层流		
	一组	二组	三组	一组	二组	三组
微尺度	0.57	0.58	0.55	0.55	0.54	0.53
介尺度	0.40	0.41	0.39	0.43	0.43	0.45
宏尺度	0.03	0.01	0.06	0.02	0.03	0.02

尺度	疏密流			沙丘流		
	一组	二组	三组	一组	二组	三组
微尺度	0.27	0.24	0.27	0.13	0.12	0.09
介尺度	0.67	0.61	0.63	0.29	0.31	0.25
宏尺度	0.06	0.15	0.10	0.58	0.57	0.66

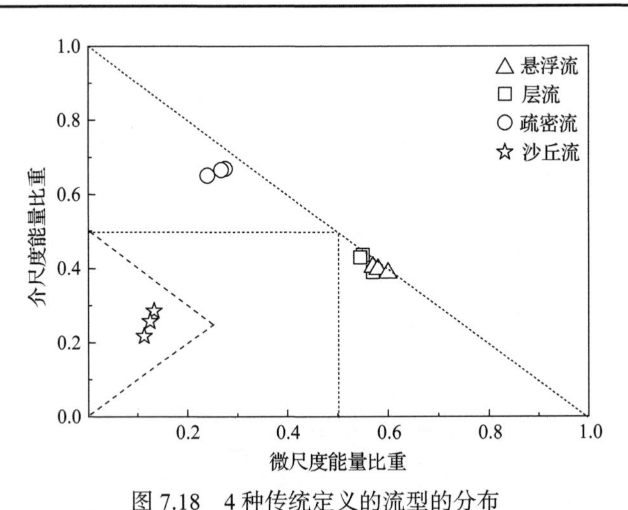

图7.18　4种传统定义的流型的分布

从图7.18中可以看出：不同流型在流型分布图上的位置区别明显，流型之间具有较好的区分性；悬浮流和层流的多尺度能量比重为微尺度占优，二者均属于“微”流型。可见，“微”流型下的煤粉输送稳定，颗粒悬浮性好，悬浮颗粒的浓度较大，因此单颗粒的碰撞运动作用强烈，颗粒的运动以单颗粒的碰撞运动为主导，多尺度能量比重为微尺度占优。疏密流属于“介”流型。随着总输送压差的减小和表观气速的降低，重力的影响开始显著，所以“介”流型中一部分颗粒仍悬浮着输送。沙丘流属于“宏”流型。由于总输送压差非常小，即输送动力非常小，气流速度降低，所以“宏”流型中的颗粒聚集在一起作为宏观整体向前推进，因而流动的多尺度能量比重为宏尺度占优。另外，实验中未能得到“微介”流型和“介宏”流型，原因一方面可能是受到输送参数可改变的范围限制，另一方面可能是不存在两种尺度均衡的两相流结构，必然是一方占主导的结构，需要后续的实验研究对其进行解释。

7.2.3　基于神经网络的密相气力输送气固两相流流型识别

在工程实际应用中，需要实时了解流型，从而判断流型对系统运行状况的影响。流型识别技术可以分为两类：一类是直接法，根据流动图像直接确定流型，如高速摄像法、过程层析成像法等。高速摄像法较直观，但由于气固两相流界面复杂，易产生多重的折射或反射而影响成像的清晰度，难以观察管中心处的流动状态；另外拍摄过程的光源选择也是一个问题。过程层析成像法是采用电容、静电、光学或超声等传感机理的传感器获取测量对象的投影数据，然后通过计算机重建测量对象内部的二维/三维图像。

图 7.19 所示是采用 ECT 获取的密相气力输送水平管道中的横截面上的煤粉分布情况[16]。每张 ECT 图显示了某一时刻横截面上煤粉颗粒的分布情况，而按照时间顺序排列的成像图可以反映出煤粉分布随时间的变化情况。根据 ECT 图可以较为清楚地分辨出流型。图 7.19 中(a)～(d)对应不同的流型。图 7.19(a)所示为悬浮流，煤粉在管道横截面上的浓度分布相对均匀，并且浓度分布几乎不随时间变化。图 7.19(b)所示为层流，管道上部的煤粉浓度低，煤粉主要分布在管道下半部，浓度分布情况几乎不随时间变化。图 7.19(c)所示为疏密流，煤粉浓度分布随时间发生较剧烈的变化，时而出现上部浓度高的分布状态，流动不稳定。图 7.19(d)

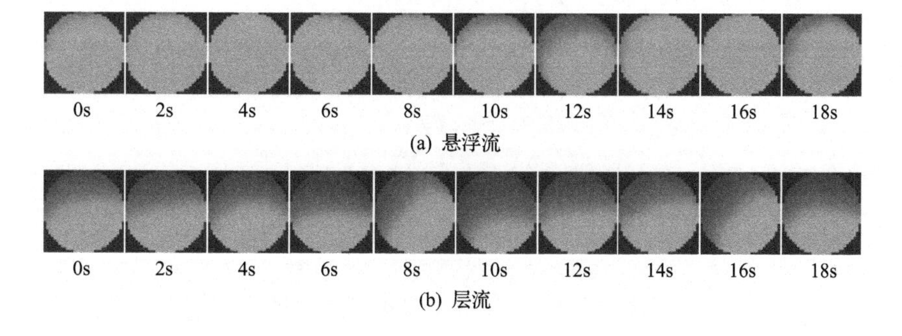

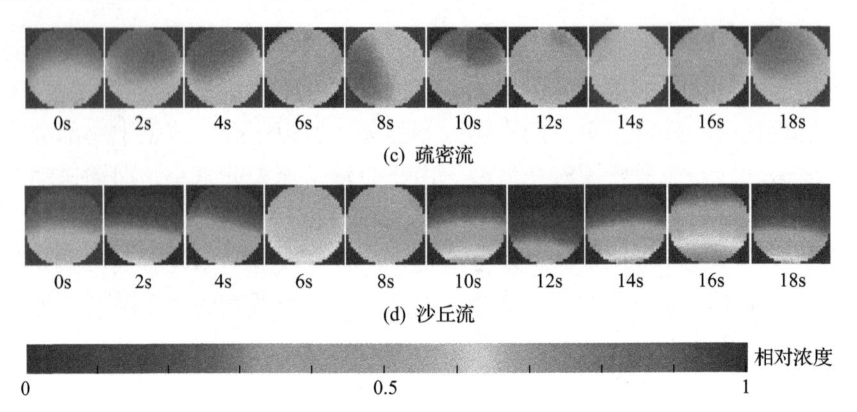

图 7.19　ECT 获取的密相气力输送水平管道中的横截面上的煤粉分布情况

所示为沙丘流，煤粉颗粒时而聚集在管道底部，时而充满整个管道截面，流动较缓慢。

另一类是软测量法，首先获取气固两相流系统波动信号，之后经过信号处理从中提取与流型相关的特征值，再利用这些特征值与流型之间的对应关系，通过数学计算和估计实现对流型的测量。

下面介绍基于反向传播(backpropagation，BP)神经网络识别气力输送水平管道中的悬浮流、层流、疏密流和沙丘流的实验结果[17]。BP 神经网络的结构由输入层、输出层和若干隐藏层组成。含有 1 个隐藏层的 BP 神经网络结构如图 7.20 所示。训练网络的每个样本包括输入向量 x_i 和期望输出量 T_i。x_i 通过隐藏层作用于输出节点，经过非线性变换，产生输出值 z_i。网络输出值 z_i 与期望输出值 T_i 之间存在的偏差记为 Δ_i。为减小 Δ_i，调整输入层节点与隐藏层节点的连接权值 W_{ij} 和隐藏层节点与输出层节点之间的连接权值 T_{jk}，并经过反复训练，确定与最小误差相对应的网络参数，此时训练终止。

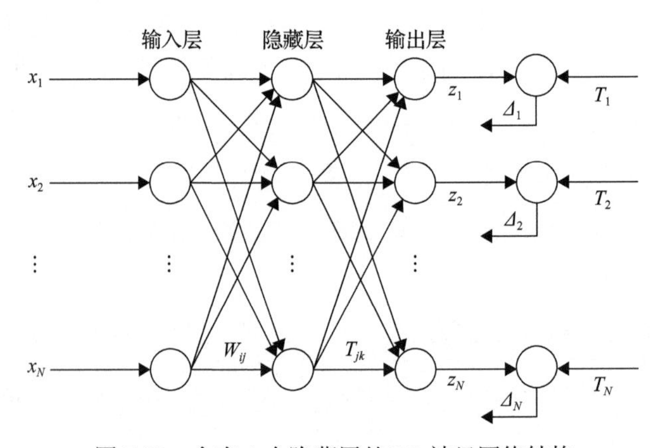

图 7.20　含有 1 个隐藏层的 BP 神经网络结构

本节采用 8 电极阵列式静电传感器获取静电信息。将 8 电极输出静电信号的幅值的平均值和方差分别作为神经网络的 8 个输入值。共选取 180 组(悬浮流 50 组、层流 50 组、疏密流 50 组、沙丘流 30 组)阵列式静电传感器输出信号样本。训练样本数量和测试样本数量比例为 3∶2。部分样本的幅值平均值和方差的数值范围分别列于图 7.21 和图 7.22 中。如图 7.21 所示，悬浮流和层流在电极 1、2 和 3 上的幅值平均值的数值范围无重叠，层流与疏密流在电极 1 上的数值范围无重叠，疏密流与沙丘流的 8 个极片数值范围均无重叠，因此流型之间的区分度较好。从图 7.22 所示，悬浮流和层流在电极 1、2、3 和 4 上的幅值方差的数值范围几乎无重叠，层流和疏密流以及疏密流和沙丘流在 8 个电极上的数值范围均无重叠，流型之间的区分度较好。BP 神经网络的结构为 8 个输入、一个隐藏层(神经元数分别为 20、30 和 40)和 4 个输出值。两种输入值对应的识别结果分别列于表 7.10 和表 7.11 中。结果表明，充分遵循阵列式静电传感器 8 电极上输出信号的幅值差异与流型之间的紧密关系，将幅值的平均值和方差作为神经网络的输入值，流型识别准确率均可达到 100%。实验结果表明，阵列式静电传感器与 BP 神经网络结

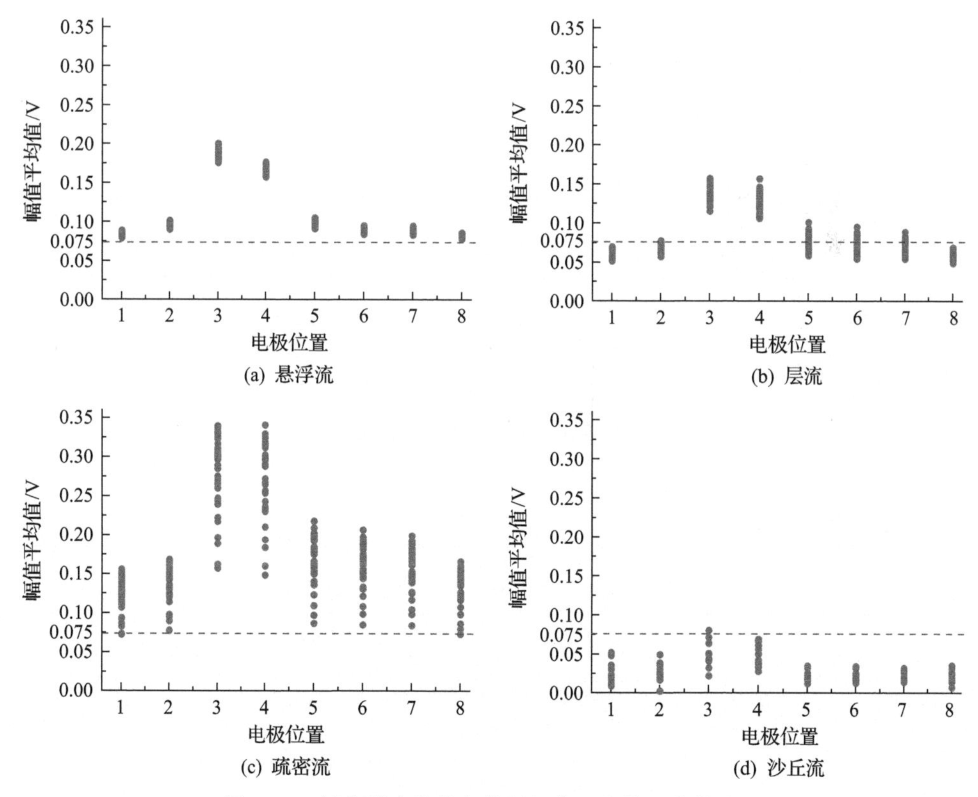

图 7.21　部分样本的静电信号幅值平均值的数值范围

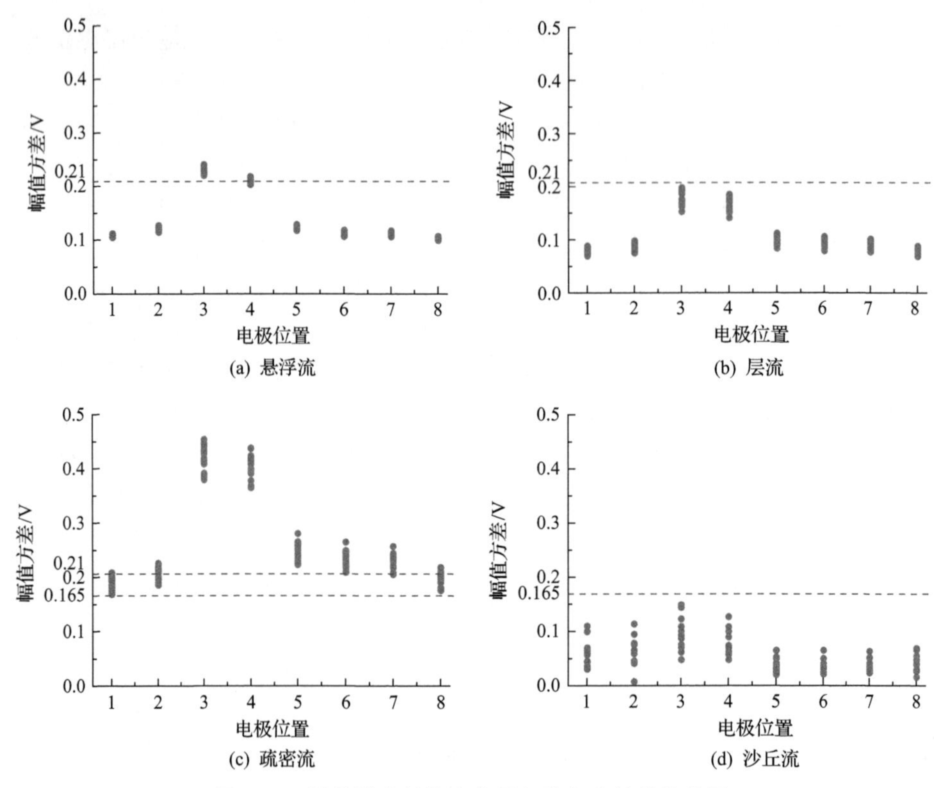

图 7.22　部分样本的静电信号幅值方差的数值范围

表 7.10　输入值为幅值平均值的流型识别准确率　　(单位：%)

流型	隐藏层神经元数目		
	20	30	40
悬浮流	100	100	100
层流	100	100	100
疏密流	100	100	100
沙丘流	100	100	100

表 7.11　输入值为幅值方差的流型识别准确率　　(单位：%)

流型	隐藏层神经元数目		
	20	30	40
悬浮流	100	100	100
层流	100	100	100
疏密流	100	100	100
沙丘流	100	100	100

合的流型识别方法是可靠的。

7.3 本章小结

本章首先介绍密相气力输送气固两相流系统的多尺度分析方法。基于 EMD 和分形相结合，建立信号的多尺度分解方法。然后依据输送工况条件(总输送压差、输送载气和煤粉含水率)改变时静电信号和压力信号的各尺度能量比重的变化规律，推测不同尺度下煤粉的运动规律。针对密相气力输送两相流流型多样且定义模糊的现状，提出基于多尺度能量比重的流型划分标准，使流型种类减少且彼此间有区别明确的动力学机理。最后介绍了针对密相气力输送两相流流型辨识的可视化以及软测量手段及应用。

参考文献

[1] Ren J, Mao Q, Li J, et al. Wavelet analysis of dynamic behavior in fluidized beds. Chemical Engineering Science, 2001, 56: 981-988.

[2] 赵贵兵，阳永荣. 流化床压力波动多尺度多分形特征. 高校化学工程学报, 2003, 17(6): 468-653.

[3] 李静海，欧阳洁，高士秋，等. 颗粒流体复杂系统的多尺度模拟. 北京：科学出版社, 2005.

[4] Li J H. Exploring complex system in chemical engineering-the multi-scale methodology. Chemical Engineering Science, 2003, 58(3): 521-535.

[5] 吴贤国，黄志尧，冀海峰，等. 分形技术与小波分析在气固流化床研究中的应用. 东北大学学报(自然科学版), 2000, 21(s1): 194-197.

[6] Huang N E, Shen Z, Long S R, et al. The empirical mode decomposition and the Hilbert spectrum for nonlinear and non-stationary time series analysis. Proceedings of the Royal Society of London, 1998, 454(1971): 903-995.

[7] 鹿鹏. 高压超浓相气固两相流输送特性与流型研究. 南京：东南大学, 2009.

[8] Xu C L, Liang C, Zhou B, et al. HHT analysis of electrostatic fluctuation signals in dense-phase pneumatic conveying of pulverized coal at high pressure. Chemical Engineering Science, 2010, 65: 1334-1344.

[9] 赵贵兵，石炎福. 气固流化床压力波动的 Lyapunov 指数谱研究. 高校化学工程学报, 2000, 14(6): 558-562.

[10] 许盼. 高压密相气力输送气固两相流动特性研究. 南京：东南大学, 2019.

[11] 赵贵兵，阳永荣. 流化床压力波动多尺度多分形特征. 高校化学工程学报, 2003, 17(6): 648-653.

[12] 付飞飞. 基于多源信息分析的加压密相气力输送颗粒流动特性研究. 南京：东南大学, 2013.

[13] 朱云，崔志尚. 气固两相流流型检测与调节的专家系统. 计量学报, 1997, 18(2): 122-125.

[14] 俞建峰，夏晓露. 超细粉体制备技术. 北京：中国轻工业出版社, 2020.

[15] 付飞飞，许传龙，王式民. 基于多尺度能量比重的气固两相流流型研究. 工程热物理学报, 2018, 39(7): 1493-1497.

[16] Fu F F, Xu C L, Wang S M. Flow characterization of high-pressure dense-phase pneumatic conveying of coal powder using multi-scale signal analysis. Particuology, 2018, 36: 149-157.

[17] Fu F F, Li J. Gas-solid two phase flow pattern identification based on artificial neural network and electrostatic sensor array. Sensors, 2018, 18(10): 3522.

第 8 章　气固两相流电学检测技术的工程应用

8.1　静电检测技术在燃煤电站一次风粉在线测量中的应用

燃煤电厂是将化石燃料(煤)的化学能转换成电力的生产企业，在转换过程中要经过一系列化学变化和物理变化，主要转换设备包括锅炉、汽轮机和发电机。在锅炉中化石燃料的化学能通过燃烧先转变成燃烧产物(烟气和灰渣)所载有的热能，再转换为在汽轮机内做功的工质——蒸汽的热能，在汽轮机中蒸汽的热能转换为汽轮机高速旋转的机械能，通过发电机转变为最终产品电能输出。

锅炉炉膛内煤粉燃烧是大空间内发生的高温、非均匀、带剧烈化学反应的复杂气固多相流动过程。当前，大型燃煤电站锅炉一般都采用直吹式制粉系统，其主要任务是安全可靠经济地制造和运送锅炉所需的合格煤粉。从原煤仓出口开始，经给煤机、磨煤机、分离器等一系列煤粉的制备、分离、分配和输送设备，直到煤粉和空气混合物(一次风粉)分配给锅炉各个燃烧器的整个系统，简称制粉系统，见图 8.1。一般一台磨煤机至多可以供应八支燃烧器，进入炉膛的一次风粉速度、浓度的大小和均匀性以及各燃烧器风粉分配的均匀程度都将直接影响炉内燃烧的稳定性、锅炉燃烧效率和污染物 NO_x 生成量。特别是四角布置直流燃烧器切圆燃烧锅炉，各燃烧器出口的煤粉浓度和风速存在差异时，将导致火焰中心偏斜，炉膛热负荷分布不均，使得着火不稳定，污染物 NO_x 排放增加，过热器热偏差增大及水循环故障，甚至造成炉内结渣，影响锅炉安全运行。因此，制粉系统一次风粉参

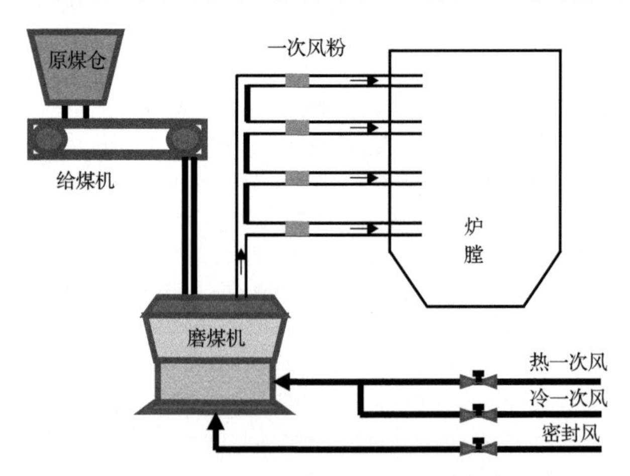

图 8.1　电站锅炉直吹式制粉系统流程

数(浓度、流速)在线检测对锅炉燃烧优化与深度调峰下锅炉低负荷稳燃、安全运行具有重要意义。

8.1.1　一次风粉静电检测传感器及系统

一次风粉参数准确检测是实现锅炉燃烧调控的前提，当获得了每根风管中的一次风粉速度、浓度的数据之后，可对进入各燃烧器内的一次风粉速度和浓度进行动态平衡调整，进而实现锅炉燃烧性能的优化及改善。目前，国内对于电站制粉系统的调整，基本都采用年度的测试实验，并根据实验结果进行静态的调整，但实施后随着时间的推移，效果很快下降。近年来，国内外相关研究机构对一次风煤粉流量、浓度、流速检测技术开展了大量的研究工作，至今已发展了射线、激光、微波、电容、超声等一次风粉检测技术，但这些检测设备与系统普遍受煤质成分波动或煤粉浓度低(质量浓度为 300～500g/m^3，体积比仅处于 0.05%的数量级)的严重影响，导致检测精度较低，甚至无法实现在线可靠检测。近年发展起来的气固两相流静电传感技术，由于具有系统结构简单、灵敏度高、成本低、安全且适合于恶劣的工业现场环境等优点，在燃煤电站一次风粉在线检测现场应用中展现了较大的优势。表 8.1 所示为目前应用于燃煤电站的非侵入式与侵入式一次风粉静电传感器。其中，静电传感器采用全截面非侵入环状结构，其内径与一次风管平齐，保证了测量的准确性，不存在盲区；传感器的非侵入设计有效地避免了传统插入式探头结构存在的磨损问题，具有寿命长、免维护等特点，因此近年来获得了广泛应用与关注。

表 8.1　非侵入式与侵入式一次风粉静电传感器特点

对比项	非侵入环状结构	传统插入式
图片		
测量形式	无盲区全截面测量	单点局部测量
使用寿命	15 年以上	6～18 个月
相对误差	≤5%	≤30%

在制粉系统中，煤粉颗粒静电影响因素较多，带电量的大小和符号不仅与颗粒自身属性(颗粒的形状、尺寸、分布、粗糙度、相对湿度、化学组分、体电阻、功函数等)有关，而且与管道的材料和布置、输送条件(管道尺寸、输送管线温度、压力等)有关，目前通过静电传感器输出信号，难以得到一次风粉煤粉浓度和流量

的绝对测量值，输出信号变化仅可以作为煤粉浓度和流量的一种相对指示。尽管静电传感器无法给出煤粉浓度和流量等参数的绝对测量值，但是从制粉系统煤粉均衡控制的角度而言，浓度与流量的相对测量值已可以满足需求。这是由于同一台磨煤机出来的煤粉具有相似的荷电特性，如固体的组成、颗粒尺寸、形状、含湿量等因素具有相似性，因此同一台磨煤机各管道内静电传感器的输出信号具有可比性，可以用于表征各燃烧器内煤粉浓度偏差。

在早期研究中，用静电传感器输出信号的均方根表征稀相条件下输送管道内煤粉浓度，但受一次风粉速度影响较大。当携带单位电荷的单颗粒煤粉以速度 v 沿管道轴线移动，经过环状静电传感器时，传感器输出信号 $u(t)$ 可以表示为

$$u(t) = -\frac{2cv^2 t}{d^2}\exp\left[-\left(\frac{vt}{d}\right)^2\right] \tag{8.1}$$

式中，c 和 d 为常数，与煤粉颗粒在管道内的空间位置有关，对应煤粉浓度空间分布。从式(8.1)可以计算获得静电传感器输出信号的均方根值(e)：

$$e = \sqrt{\int_{-\infty}^{+\infty}(u(t))^2} = c(\pi/2)^{1/4}\sqrt{\frac{v}{d}} \tag{8.2}$$

从式(8.2)可见，静电传感器输出信号均方根与管道截面上煤粉浓度空间分布和速度有关。为消除煤粉颗粒速度的影响，$e/\sqrt{v}$ 用于表征煤粉浓度相对测量值（β_s）。除此之外，环状静电传感器需安装在竖直管道上，以降低煤粉颗粒浓度和速度分布不均匀对 $e/\sqrt{v}$ 的影响。尽管静电传感器无法给出煤粉浓度绝对测量值，但静电传感器结合互相关或空间滤波技术可实现输送管道内一次风粉平均速度(v)的测量。

进一步，可以通过计算获得一次风粉质量流量的相对值：

$$M_s = \rho A \beta_s v = \rho A e\sqrt{v} \tag{8.3}$$

式中，ρ 为煤粉密度；A 为管道截面面积。

8.1.2 660MW 超临界燃煤机组现场应用

本节在某电厂 660MW 超临界燃煤机组上开展一次风粉在线检测系统现场应用研究[1]。该机组锅炉为一次中间再热、超临界压力变压运行带内置式再循环泵启动系统的本森(Benson)直流锅炉，单炉膛、平衡通风、固态排渣、全钢架、全悬吊结构、π 型布置。锅炉为紧身封闭布置，设计煤种和校核煤种均为双鸭山煤。30 只低 NO_x 轴向旋流燃烧器采用前后墙布置、对冲燃烧，6 台中速磨煤机配正压

直吹制粉系统。图 8.2 为一次风粉在线检测系统与平衡控制阀在某 660MW 超临界燃煤机组上的现场安装图。每台磨煤机供应五支燃烧器。由于五支燃烧器供应管道内煤粉来源于同一磨煤机，煤粉颗粒具有相似的属性和静电特性，因此五支输送管道内煤粉的分配可由质量流量的百分比表征，并用于各燃烧器内煤粉均匀性控制。

(a) 现场安装的传感器和平衡控制阀

(b) 就地变送器柜

图 8.2　一次风粉在线检测系统现场安装图

图 8.3～图 8.5 为 5 号磨煤机启停过程中，对应五支燃烧器(F1～F5)输送管线内的煤粉速度、相对质量流量和分配比随时间的变化。各燃烧器内，煤粉速度、相对质量流量和分配比存在一定的差异。各燃烧器内煤粉不均匀性将导致部分燃烧器内一次风速降低和煤粉浓度升高，而其他燃烧器内具有高的一次风速和低的煤粉浓度。各燃烧器间的风粉分配不均，将直接影响燃烧器出口煤粉气流的着火及稳燃，造成火焰偏斜、冲刷炉墙、炉膛热负荷和气温偏差，NO_x 排放量增加，

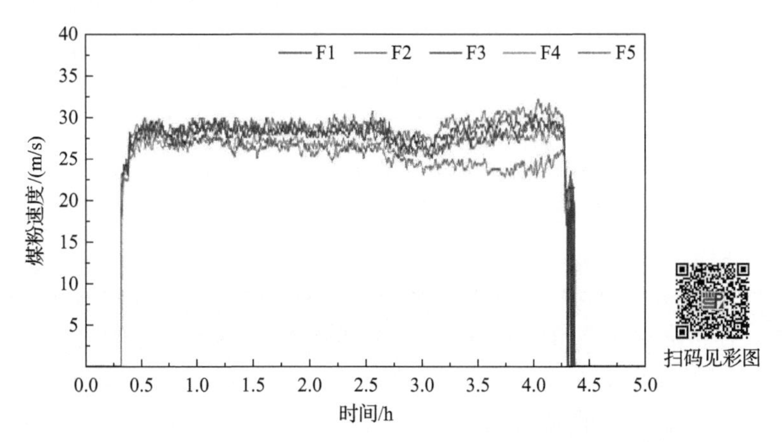

图 8.3　磨煤机启停过程中，对应五支燃烧器输送管线内煤粉速度

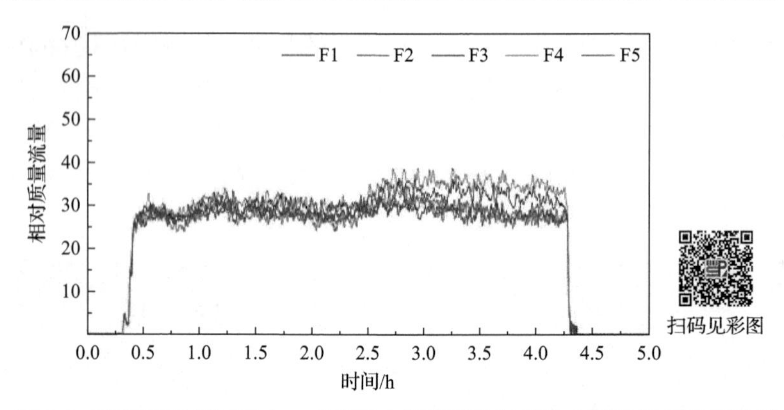

图 8.4　磨煤机启停过程中，对应五支燃烧器输送管线内煤粉相对质量流量

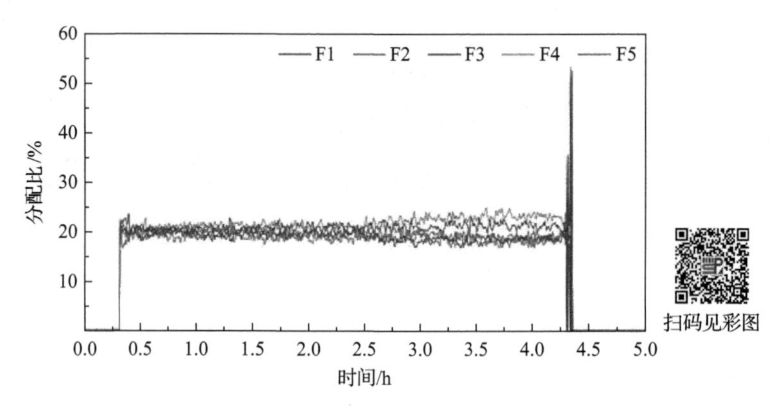

图 8.5　磨煤机启停过程中，对应五支燃烧器输送管线内煤粉分配比

还可能引起一次风水平管道内煤粉沉淀，导致堵管，引起相应的燃烧器烧坏，甚至引起局部还原气氛强而产生受热面局部高温腐蚀或结焦、爆管等问题，严重影响机组运行的安全性和经济性。因此，一次风粉检测系统可为制粉系统和锅炉燃烧优化运行提供基础信息，进而结合给煤机、一次风挡板和煤粉均匀控制阀，可调整一次风粉比例和煤粉分配均匀性控制。从图 8.3～图 8.5 也可以看出，磨煤机在停运前，粉体气流出现振荡不稳定现象，一次风粉检测系统能够有效地检测管道内颗粒的流动状态，预防管道堵塞、设备失效等问题。

图 8.6～图 8.8 为机组负荷从 65%变化到 75%时，5 号磨煤机对应的五支燃烧器输送管线内的煤粉速度、相对质量流量和分配比随时间的变化。可以看出：负荷变化影响制粉系统中煤粉的分配，当机组负荷从 65%变化到 75%时，磨煤机供煤量增加，各燃烧器内煤粉速度增加。尽管燃烧器 F5 内煤粉分配比与其他燃烧器相差较大，但磨煤机供煤量增加，各燃烧器内一次风粉速度和煤粉分配比均匀性在提升。结果也表明，磨煤机给煤量变化影响管道内煤粉浓度大小，因此，通过管道上可调节缩孔改变阻力特性，实现一次风粉速度和分配比调节。

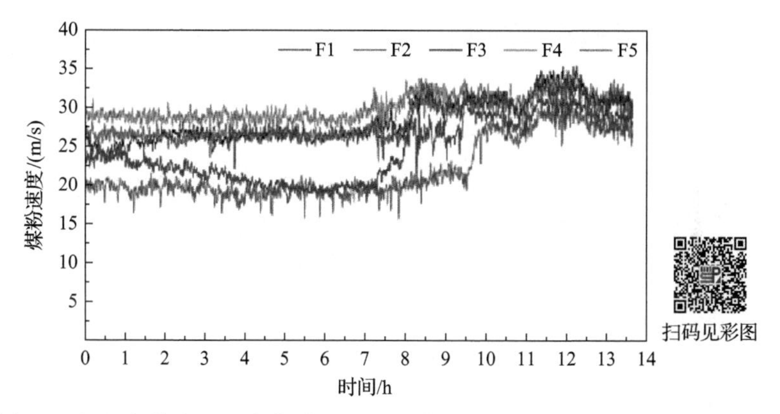

图 8.6　机组负荷从 65%变化到 75%时，对应五支燃烧器输送管线内煤粉速度

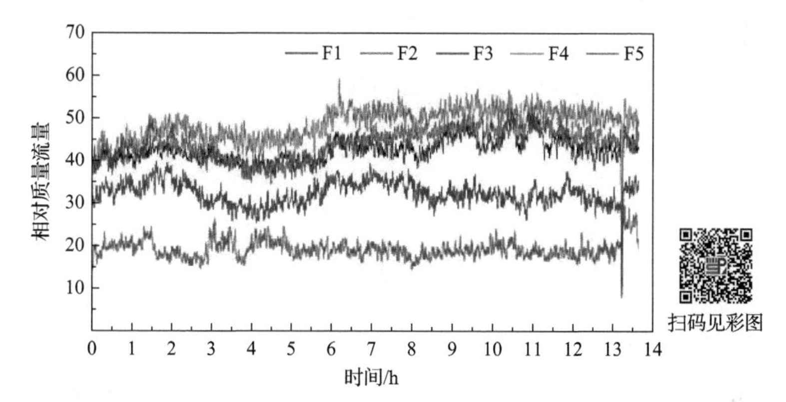

图 8.7　机组负荷从 65%变化到 75%时，对应五支燃烧器输送管线内煤粉相对质量流量

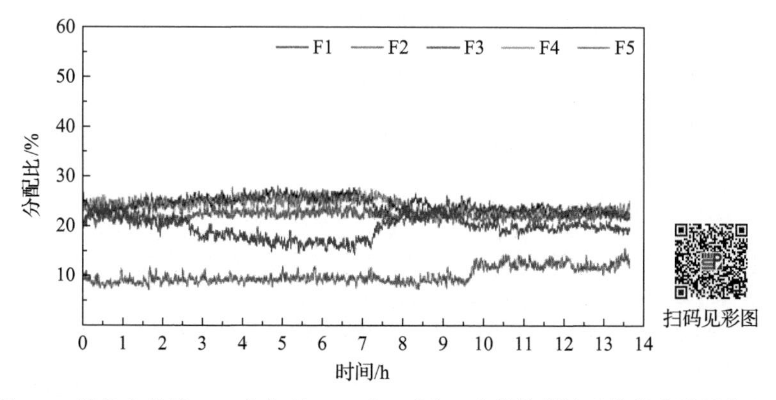

图 8.8　机组负荷从 65%变化到 75%时，对应五支燃烧器输送管线内煤粉分配比

图 8.9～图 8.11 为闭环控制系统作用下获得的一组煤粉速度、相对质量流量和分配比测量数据。制粉系统中煤粉初始分配比偏差为±9%，通过闭环控制一段时间后，煤粉分配比趋于均匀，均接近 20%，速度趋于一致，进一步证明了

一次风粉在线检测技术结合煤粉的均衡调节阀，可实现制粉系统煤粉的均衡分配调节。

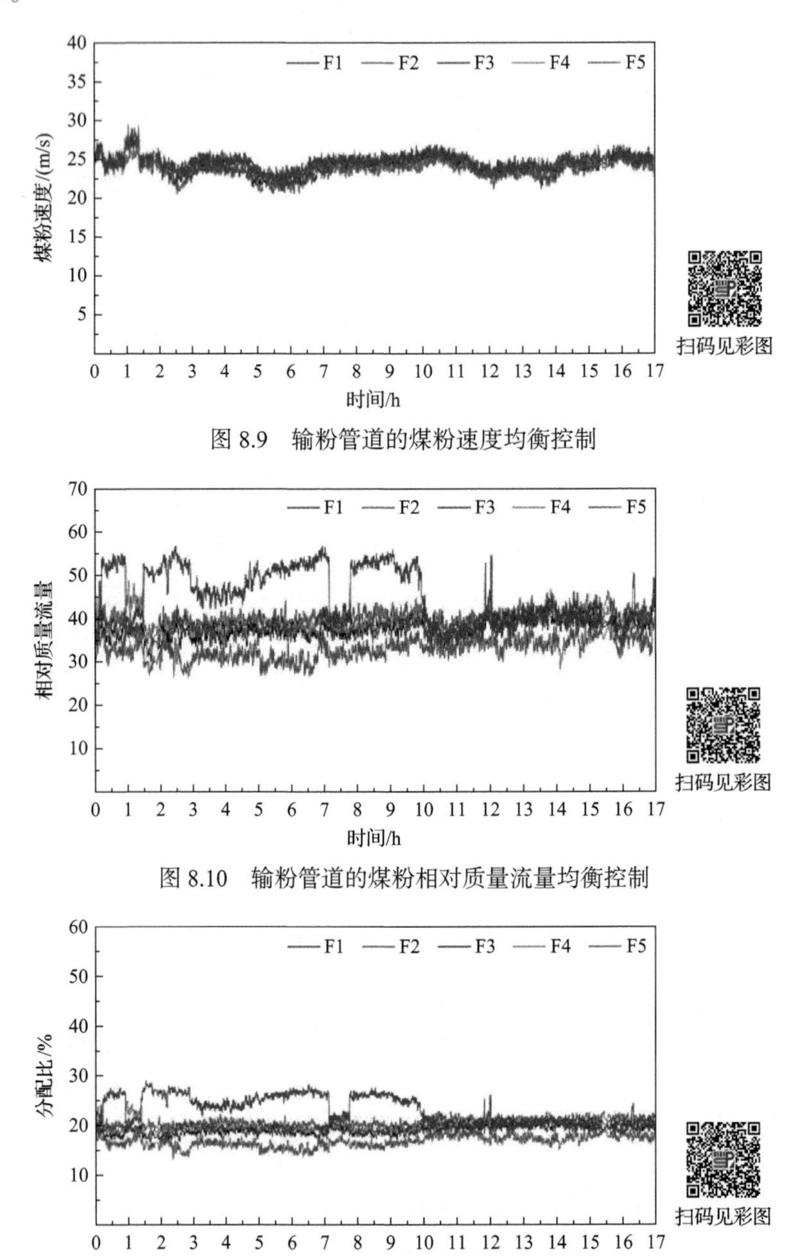

图 8.9　输粉管道的煤粉速度均衡控制

图 8.10　输粉管道的煤粉相对质量流量均衡控制

图 8.11　输粉管道的煤粉分配比均衡控制

上述现场实验结果表明，开发的一次风粉静电传感技术与系统，可实现颗粒燃煤电站煤粉速度和相对质量流量测量，并可监测制粉系统内颗粒的流动状态以及煤粉分配状况。

8.2　静电传感器在高温烟气流速测量上的应用

目前国内外大型燃煤发电机组多采用选择性催化还原(selective catalytic reduction，SCR)法脱除烟气中的 NO_x，其基本原理是利用 NH_3 作为还原剂，经喷氨格栅喷入烟道，与烟气充分混合后，进入催化剂层，在催化剂的作用下，将 NO_x 还原为 N_2 和 H_2O。NO_x 选择性催化还原过程中的喷氨量由烟气流量、NO_x 浓度和脱硝效率决定，其中高温烟气流速、流量是 SCR 系统中的关键测量数据，决定了 NH_3 的用量。喷氨量过多，可实现烟气中 NO_x 良好脱除，但会造成喷氨成本增加和二次污染，喷氨量不足则不能达到良好的烟气中 NO_x 脱除效果。因此，实现高温烟气流量准确在线测量，对于提高燃煤电厂 SCR 系统的脱硝效率和运行经济性具有重要意义。本节介绍静电传感器在高温烟气流速/流量测量上的应用[2]。

8.2.1　高温烟气流速静电测量传感器

在静电互相关法速度测量原理研究基础上，本节设计开发了接触式棒状静电互相关烟气速度在线测量系统，主要包括棒状静电传感器电极和静电信号调理、采集及互相关运算处理电路。测量系统内信号传输与处理框图如图 8.12 所示。接触式静电传感器电极获取带电颗粒流动过程中产生的静电信号，进一步经过信号调理电路进行放大、滤波后，由模-数转换器进行数据采集，在信号处理器(DSP)内对数据进行相关运算获得速度，之后上传到上位机进行实时显示及存储。

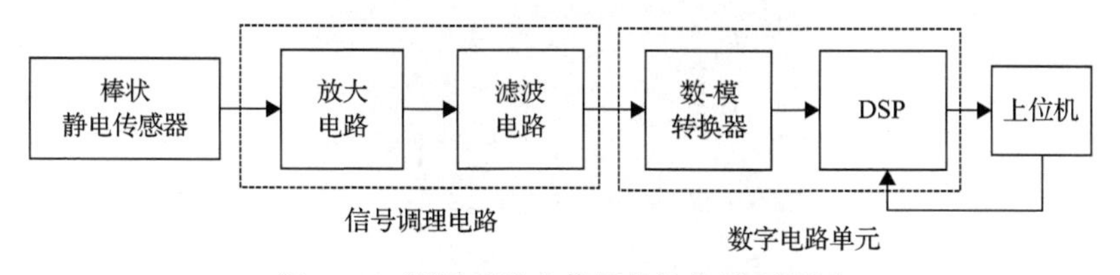

图 8.12　测量系统内信号传输与处理框图

图 8.13 为棒状静电传感器实物图，主要包括两根棒状电极、绝缘套管、连接套管、铝合金壳体和法兰连接组件。棒状电极通过绝缘套管与连接套管隔离，连接套管通过螺钉固定在铝合金壳体上，棒状电极端部通过绝缘垫片与壳体隔离，并由螺母固定在铝合金壳体上。两根电极垂直插入烟道流场中，带电飞灰颗粒流经其附近时会在棒状电极上感应出静电荷，感应静电信号通过金属屏蔽线与信号调理电路连接，进行信号调理和互相关运算处理。静电传感器现场应用时，通过法兰连接组件固定于锅炉烟道壁面。相比环状静电传感器，棒状静电传感器灵敏

度高、体积小，易于在工业现场安装，适用于大管径烟道流量测量。考虑到烟道内高温高尘的恶劣测量环境，静电传感器电极材料为 316L 不锈钢，在耐磨性、耐高温和防腐蚀方面具有良好的性能，同时具备优良的导电性。在本节中，棒状静电传感器电极长度为 1000mm，横截面为圆形，直径为 20mm，两棒状电极的间距为 70mm。

图 8.13　棒状静电传感器实物图

静电信号调理电路是速度测量系统的重要部分之一，其作用是将感应电荷信号转换成便于处理的电压信号。图 8.14 是静电信号调理电路及处理器实物图，包括电荷电压转换电路、高通滤波和电压放大电路。处理后的电压信号通过模-数转换器进行数据采集，在数字信号处理器内进行处理。系统软件部分主要包含系统初始化模块、数据采集模块、数据运算处理模块和数据通信模块。在数字信号处理器内进行相关运算获得渡越时间和速度后，通过 USB 与上位机通信实现数据传输，并在上位机内存储和显示。

图 8.14　静电信号调理电路及处理器实物图

8.2.2　实验室标定

本节在实验室传动带标定装置上，开展了静电相关速度测量系统性能评价实验研究。图 8.15 为传送带标定装置，主要由电磁调速电机、皮带轮、皮带、毛刷以及传感器装置等构成。皮带材质为橡胶，易于起电，毛刷与皮带之间的摩擦可进一步增加皮带摩擦起电量。电磁调速电机转速可调范围为 0～1400r/min，因此电磁调速电机转速可实现皮带移动速度调整。实验中静电传感器置于金属屏蔽圆筒内(图 8.15(b))，以降低环境电磁干扰。燃煤电厂现场实验时，由于烟道为金属结构，具有电磁屏蔽作用，因此无须金属屏蔽罩。

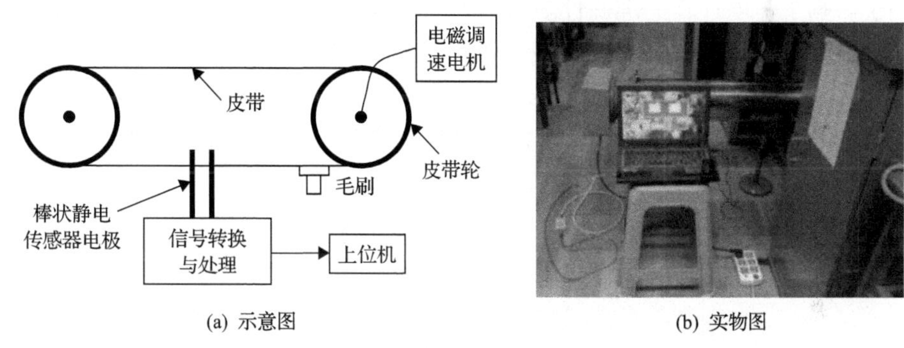

(a) 示意图　(b) 实物图

图 8.15　传送带标定装置

综合考虑烟气速度测量范围和互相关计算速度测量的准确性和实时性等因素，实验中测速系统的采样频率设置为 20kHz，采样点数为 4096。图 8.16 为皮带转速为 800r/min 时，上下游静电传感器输出信号和互相关函数结果。可以看出，上下游传感器输出信号波形非常相似，并且互相关函数有十分明显的尖峰，说明静电传感器以及信号调理电路设计合理，也进一步验证了采样频率设置的合理性。

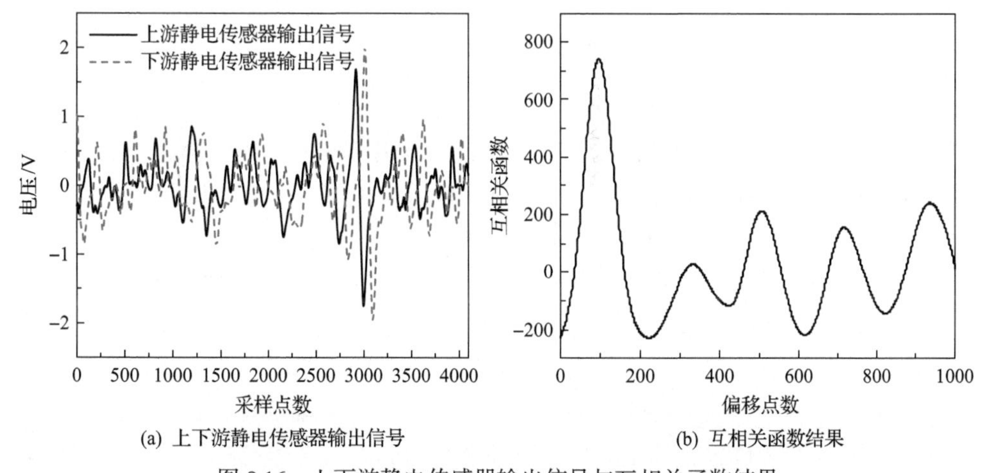

(a) 上下游静电传感器输出信号　(b) 互相关函数结果

图 8.16　上下游静电传感器输出信号与互相关函数结果

图 8.17 为不同皮带转速下，测量获得的速度(测量值)与参考速度之间的比较。可见，在速度测量范围 3.1～43.6m/s 内，测量值最大相对误差为 4.8%，这

表明测得的速度和参考速度具有很好的一致性[3]。速度测量产生误差的原因主要有：①本实验通过调节电机转速来设置皮带的参考速度，电机本身存在着一定的系统误差；②皮带在转动过程中会出现上下振动现象，对皮带轴向速度的测量有一定的影响；③静电传感器上下游电极的实际有效间距和其几何中心距离略有不同也影响了速度计算的准确性。从误差角度分析，增大电极间距是一个比较好的减小测量误差方法，但随着间距的增大，上下游信号之间的相关性将减弱，降低了速度测量的可靠性，并且这也受到采集频率及采样点数的限制。总的来说，传送带上实验结果证实了所开发的静电互相关速度测量系统的可行性。

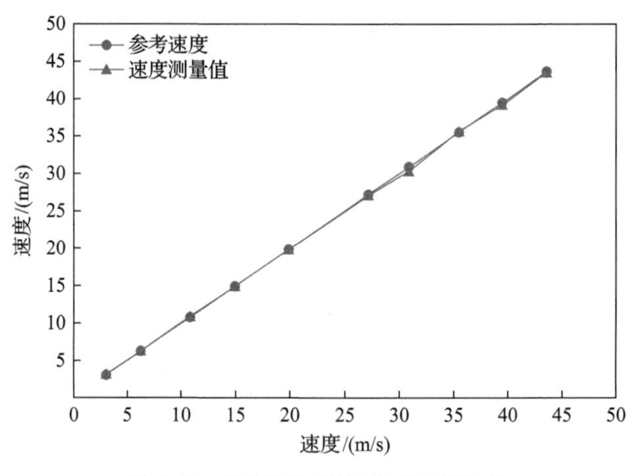

图 8.17　速度测量值与参考速度比较

8.2.3　330MW 燃煤发电机组工业现场应用

本节对某 330MW 机组锅炉脱硝系统的 SCR 反应器入口烟气流速进行了测试，如图 8.18 所示。烟道处设置了人工测试孔，将所开发的传感器通过测试孔安装于烟道内，从而对 SCR 反应器入口处的烟气流速进行了测量实验研究。烟气流速的连续测量结果如图 8.19 所示。可以看出：所开发的流速测量系统可以实现烟气流速的在线测量；烟气流速的平均值在 19.5m/s 左右，但随时间表现出较大波动，速度极大值和极小值之间的差可达到 15.5m/s 以上，且波动过程并无明显的周期性。烟气流速测量结果的较大波动性主要是由机组运行过程中的燃烧状态决定，与负荷、燃料和风量等均有关系。另外，由于受到现场安装条件的限制，流速测量系统的安装位置距离上游的拐角位置较近，烟气流过传感器时达不到稳定的流动状态，存在一定的不稳定性。实验结果表明该测量系统可为脱硝系统喷氨流量的控制提供准确的烟气流量数据，对提高脱硝效率、减少 NO_x 等污染物排放具有重要作用。

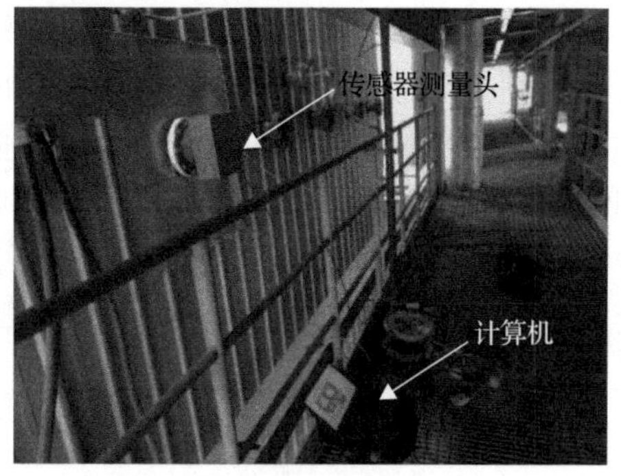

图 8.18　流速测量系统在 330MW 机组上现场安装位置

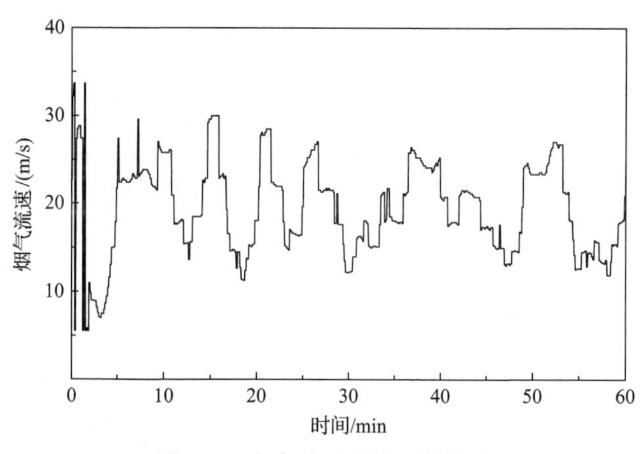

图 8.19　烟气流速连续测量结果

8.3　静电电容集成传感器在干煤粉气化炉上的现场应用

在干煤粉气化炉中，广泛采用密相气力输送的方式进行煤粉输送。然而，由于煤粉浓度较高，煤粉流动过程表现出较大的随机性与不稳定性，现有的理论仍无法充分地解释密相气力输送过程中煤粉的流动特性。对于一个已知的气化系统，颗粒流动参数的调控高度依赖实际测量结果。除了需要准确调节煤粉质量流量以满足气化炉负荷要求外，颗粒速度和浓度还需要控制在合理的范围，从而保证气力输送稳定性，维持需要的燃料反应特性，提升气化系统的稳定性、合成气品质及气化效率，同时也能减小管道磨损。因此，煤粉颗粒流动参数的在线检测技术是对煤粉流进行实时调控的基础和前提[3-5]。

8.3.1　煤气化中试装置

低压气化炉中试装置的结构如图 8.20 所示，自上至下依次是煤粉仓、锁斗、给料罐。由磨煤机磨成的煤粉在环境压力下储存于煤粉仓中，在给料罐里的煤粉将要耗尽时，煤粉从煤粉仓送入锁斗，然后向锁斗内充氮气直至达到给料罐内的压力，从而使锁斗内的煤粉能够泄入给料罐中。在给料罐的底部，有一个用于控制煤粉输送量的进料装置，如图 8.21 所示。流化风经由多孔介质将煤粉鼓吹至流化状态，向管内添加的补充风可加强气固混合并增强载气的输送能力，角阀则用来控制进入输送管的煤粉的颗粒质量流量。气化炉在正常运行情况下煤粉颗粒被送至燃烧器进行气化，但是本实验中只对煤粉的流动参数进行测量，

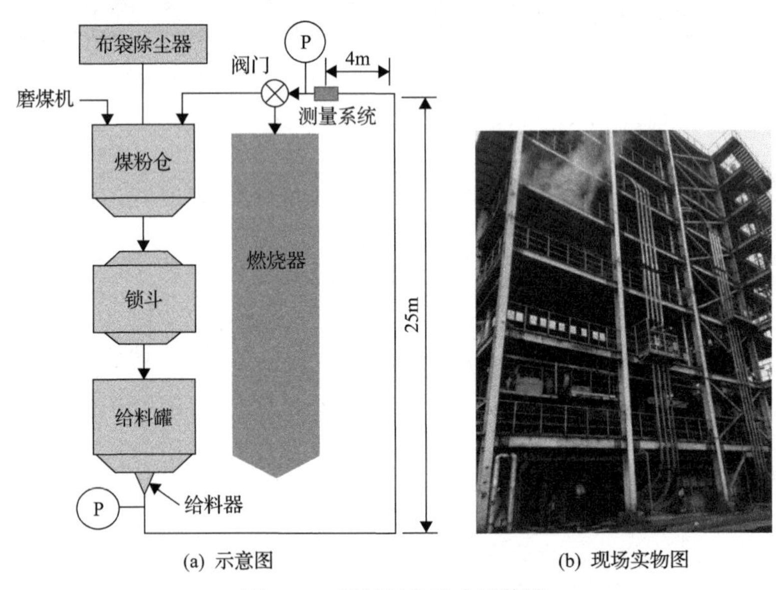

图 8.20　低压气化炉中试装置

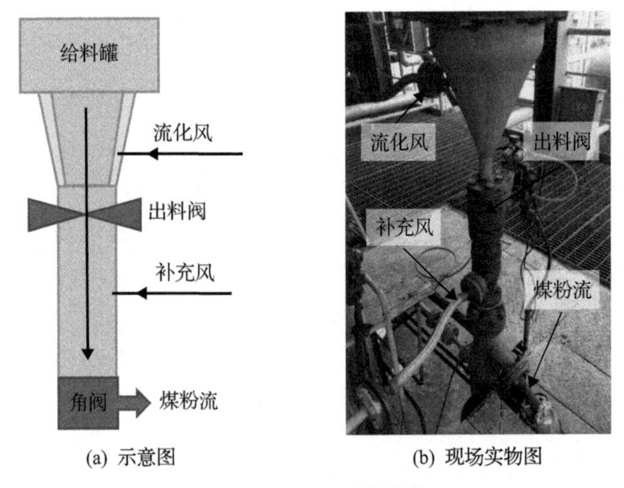

图 8.21　给料系统结构

因此，出于成本的考虑，实验中的煤粉并没有送至燃烧器进行气化反应，而是循环地送回至给料罐里，这一过程是通过调节安装在燃烧器燃料入口位置的阀门来实现的。

测量系统水平安装在距垂直输送管 4m 处的燃烧器入口附近，气化炉中试装置上还配备了一些传统的测量仪表，如压力变送器、气体流量计、称重计。实验中所使用的煤粉参数如表 8.2 所示。

表 8.2　煤粉参数

参数	粒径/μm	密度/(kg/m³)	挥发分/%	水分/%	灰分/%	固定碳/%
数值	75	1450	28.93	6.53	12.43	52.11

8.3.2　静电电容集成测量系统

图 8.22 为基于静电-电容传感器的集成测量系统。该系统主要包括：两个环状静电传感器，配接 E/V 转换电路，用于颗粒速度测量；一个螺旋电极电容传感器，配接 C/V 转换电路，用于颗粒浓度测量。静电信号和电容信号由数字信号处理器进行采样，并进行速度、浓度以及质量流量的计算。气化炉中试装置煤粉输送管道的内径为 15mm，现场实验对系统的气密性及安全性提出了较高的要求，静电和电容传感器的电极被安装在一根内径为 15mm、外径为 25mm 的玻璃纤维增强环氧树脂管上，并通过一个环状接地电极进行隔离。螺旋电极电容传感器的电极轴向宽度为 50mm，轴向长度为 π×50mm，绕环氧树脂管一周，电极均由厚度为 0.2mm 的铜箔制成，电极外包裹有一层用于屏蔽外部电磁干扰的金属罩。测量电路被嵌在一个特制的铝盒内，整个集成测量系统通过法兰与气化炉的煤粉输送管道连接，如图 8.23 所示。

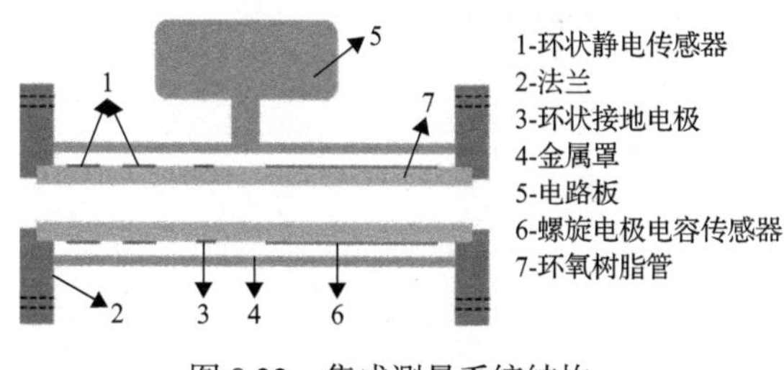

图 8.22　集成测量系统结构

图 8.23　集成测量系统现场安装示意图

8.3.3　煤粉速度、浓度、流量在线测量

测量系统在完成实验室标定后，可以用于煤气化中试装置中的煤粉流动参数测量[6]。图 8.24(a)为不同角阀开度(30%、45%、60%)下，煤粉颗粒流动参数的

变化情况。实验中，给料罐内的压力为 0.45MPa(表压)，流化风量与补充风量分别是 18m^3/h 和 16m^3/h，所测得的煤粉实时速度、浓度以及质量流量如图 8.24(b)～(d)所示。可见，对不同的角阀开度(30%、45%、60%)，测得的煤粉速度和浓度始终围绕一个定值上下波动(20.0m/s 和 85.6kg/m^3、19.4m/s 和 114kg/m^3、19.7m/s 和 135.5kg/m^3)，这种波动是密相气力输送的固有现象。图 8.25 是在不同角阀开度下测得的煤粉平均速度、浓度及质量流量。可以看出：随着角阀开度的不断增大，煤粉颗粒的平均速度几乎保持不变，而煤粉平均浓度逐渐增大。所以，角阀开度对气力输送中煤粉颗粒的速度影响不大，但对煤粉浓度有良好的调节性。煤粉的平均质量流量也随着角阀开度的增大有着明显的提升(在 30%、45%、60%的角阀开度下分别为 1.21kg/s、1.56kg/s、1.89kg/s)。

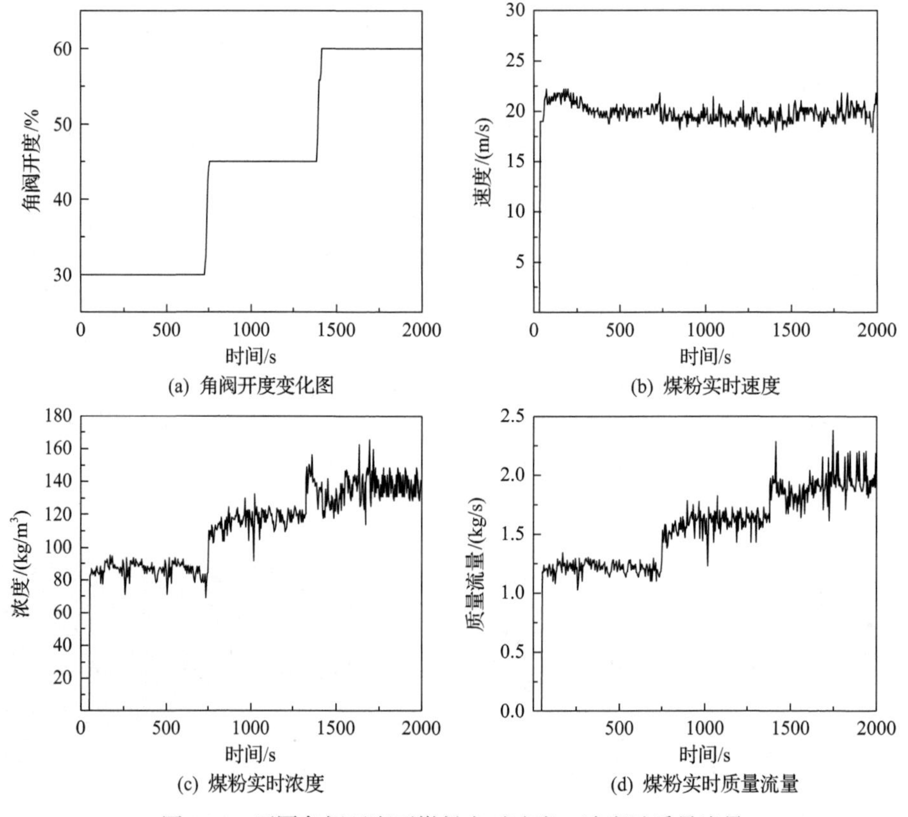

图 8.24　不同角阀开度下煤粉实时速度、浓度及质量流量

为了验证煤粉质量流量测量结果的准确性，图 8.26 中将不同工况下实验测得的平均质量流量与称重计所测的结果进行了比较，可以看出实验所测的平均质量流量比称重计得出的结果大 11.5%左右。这一偏差主要来源于煤粉速度与浓度的测量偏差，其中速度测量的误差主要是由于静电传感器计算出的互相关速度实际

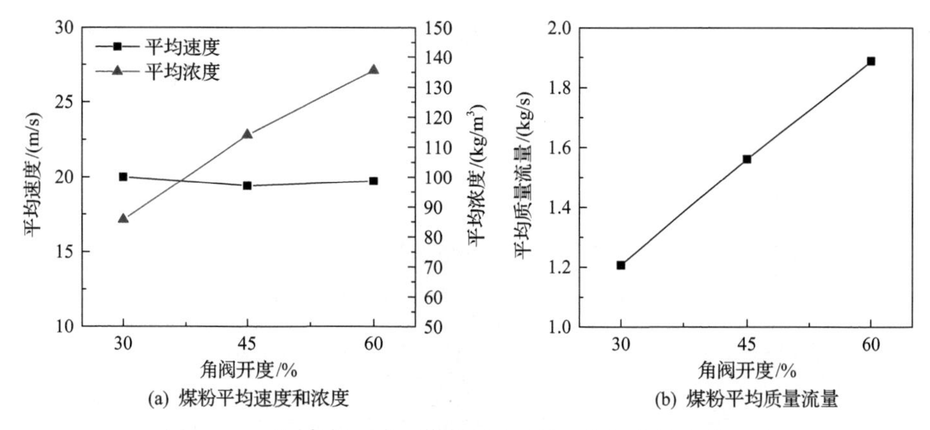

图 8.25　不同角阀开度下煤粉平均速度、浓度以及质量流量

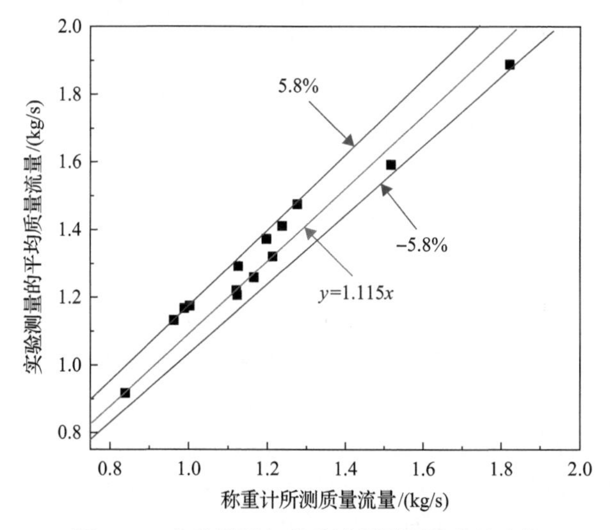

图 8.26　实验测量与称重计所测质量流量比较

上是对灵敏度的加权值，与实际速度有一定的区别，而对于电容传感器浓度测量来说，由于标定工作在实验室完成，现场环境与实验室环境条件有所不同，外界环境的改变是浓度测量误差的主要来源。但总的来说，对于现场运行人员而言，测量结果已可以接受。同时此次实验也从侧面说明了基于实验室条件下的标定结果在工业现场需要进行必要的修正，从而可实现颗粒速度、浓度和质量流量的准确测量。

8.4　静电传感器在密相气固流动特性研究中的应用

8.4.1　多路静电传感器测量系统

图 8.27 为多路静电传感器测量系统。硬件部分主要由静电信号调理电路、数

据采集卡、电源电路等组成。静电传感器感应到的颗粒荷电变化，经由静电信号调理电路转换成电压信号，通过 37 针 D-SUB 数据线传输至匹配的数据采集卡进行采集，最后通过 USB 传输至计算机进行处理[6]。此外，还需设计相应的计算机采集与处理程序，用于对所采集的数据进行存储及计算。

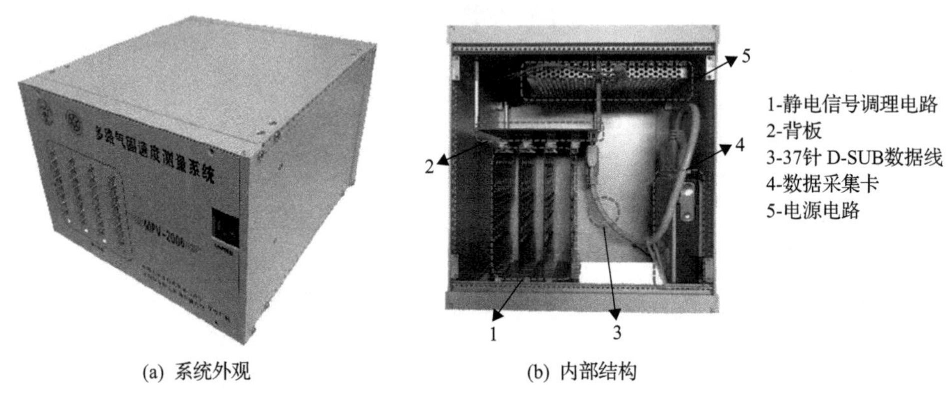

(a) 系统外观　　(b) 内部结构

图 8.27　多路静电传感器测量系统 MPV-2000

8.4.2　密相气力输送固相速度特性分析

煤气化是清洁利用煤炭资源的重要途径和手段，目前气流床气化炉已经成功应用于大规模煤气化工业中。随着能源需求的快速增长，炼油过程中产生了大量的石油焦等副产品，它们也可用作气化炉的原料，并且在一些气化过程中已经部分或全部代替煤。在煤气化技术中，固体原料通常在高压状态下以高浓度气力输送的形式送入炉内进行气化反应。高压密相气力输送是气流床气化的关键技术之一，也是非常典型的气固两相流动过程。输送管道内的密相气固两相流动是一个非稳定的、复杂的、非线性动态过程，对其进行深入研究对输送系统的优化设计和安全运行都具有重要意义。这里主要介绍基于复合式静电传感器对褐煤和石油焦颗粒密相气力输送过程中的颗粒速度特性进行的实验研究[7]。

1. 传感器结构和实验系统

所采用的复合式静电传感器结构如图 8.28 所示，主要包括 2 个环状电极和 2 组 8 电极阵列，每组电极阵列包括 8 个弧状电极，它们之间由一个接地隔离电极隔开。所有的电极和绝缘管道被封闭在测量头内以防止电磁干扰和保证测量安全性，如图 8.29 所示。所用电极的宽度均为 4mm，弧状电极的电极张角为 40°，轴向相邻电极的中心距离为 20mm。电极贴在绝缘管道的外表面。由于实验中密相气力输送系统的工作压力最高可达 4MPa，为了满足传感器耐压的需要，绝缘管道由抗压强度高于 1.1×10^9Pa 的石英玻璃制成，其内径和外径分别为 5mm 和

10mm，长度为 300mm。环状电极和弧状电极的灵敏场分布可通过数值模拟的方式得到，如图 8.30 所示，可以看出环状电极的灵敏区域是整个管道截面，而弧状电极只对电极附近的区域比较敏感，这也是环状电极用来测量颗粒平均速度而弧状电极测量局部平均速度的基本依据[4]。再者，环状电极的灵敏度明显要比弧状电极高得多。

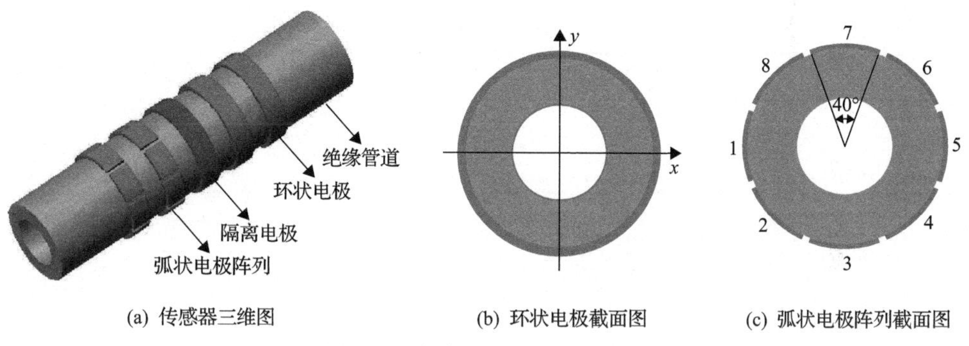

(a) 传感器三维图　(b) 环状电极截面图　(c) 弧状电极阵列截面图

图 8.28　复合式静电传感器结构

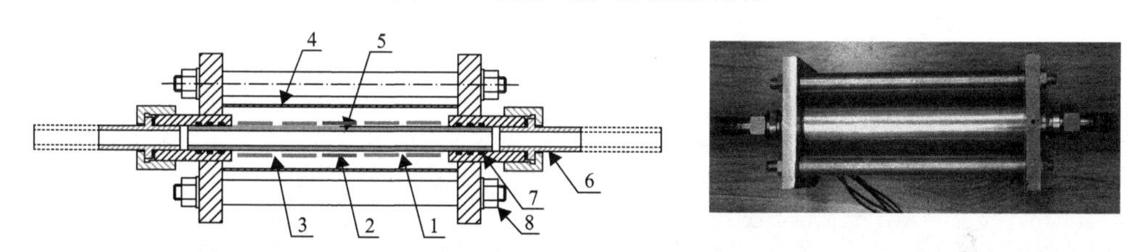

1-环状电极；2-接地环状电极；3-弧状电极阵列；4-金属屏蔽管；5-石英玻璃管；6-输送管道；7-O型密封圈；8-螺栓

图 8.29　测量头

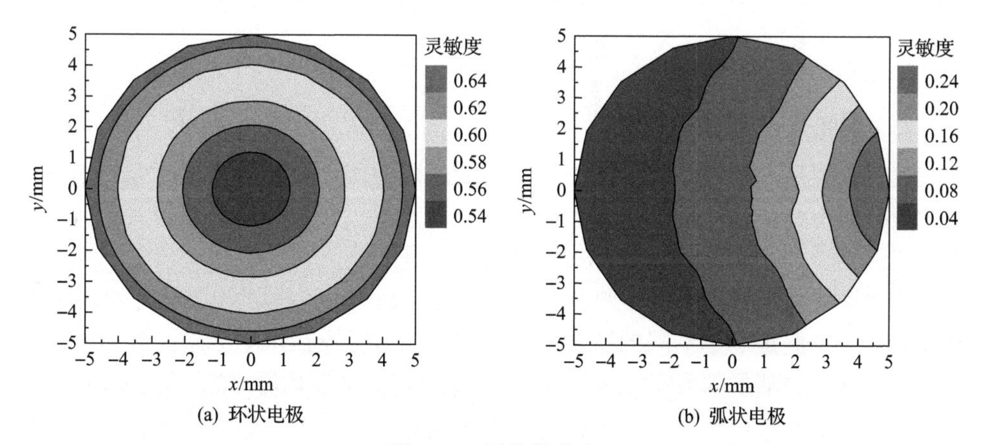

(a) 环状电极　(b) 弧状电极

图 8.30　灵敏场分布

这里基于 3.3.3 节中介绍的密相气力输送实验系统开展实验研究。实验过程中，气体的流量由金属管浮子流量计进行计量，料罐配有称重传感器用于测量其内部物料的质量变化，料罐和管道上安装有压力传感器和差压计用于测量料罐和管道压力以及输送管道的压降，这些测量的信号最后均由一个多通道数据采集系统进行采集和保存，采样频率为 100Hz。实验中采用氮气作为输送载气，输送物料为无烟煤和石油焦两种，物料参数如表 8.3 所示，其粒径分布如图 8.31 所示。实验中对多种不同的输送工况进行了实验测试并进行了分析和研究。

表 8.3 物料参数

材料	平均粒径/μm	密度/(kg/m^3)	堆积密度/(kg/m^3)
无烟煤	139.9	1490	839
石油焦	163	1103	616

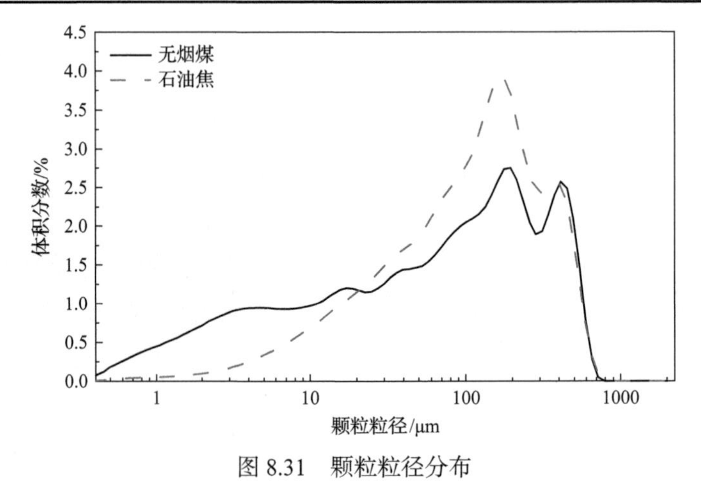

图 8.31 颗粒粒径分布

2. 实验结果

1) 无烟煤输送

对表 8.4 所示的典型工况条件下，无烟煤颗粒流动参数进行了研究，信号的采样频率为 10kHz。图 8.32 为典型工况下电荷水平、颗粒速度和互相关系数的连续测量结果[7]。可以看出，不同电极的输出信号的电荷水平呈波动状态，由于环状电极的尺寸和灵敏度均大于弧状电极，环状电极输出信号的电荷水平要比弧状电极大得多，但是对于不同的弧状电极，输出信号的电荷水平基本一致。输送过程中互相关系数基本都大于 0.9，表明颗粒速度测量结果是可靠的，但是颗粒速度的波动程度要比电荷水平小得多，这主要是输送过程中的发送罐的出料不稳定和水平管道内颗粒浓度分布不均匀引起的。在输送过程中从实验台中的可视窗可以很明显地观察到无烟煤的分层流，如图 8.33(a)所示，此时，管道截面上部区域颗粒浓度很低，属于稀相流动，而管道底部处于密相状态。该工况过程中满管流状

表 8.4　典型工况

参数	缓冲罐压力 p_0/MPa	发送罐压力 p_1/MPa	接收罐压力 p_2/MPa	流化风量 L_f/(m^3/h)	补充风量 L_s/(m^3/h)
数值	2.5	2.2	1.6	0.4	0.3

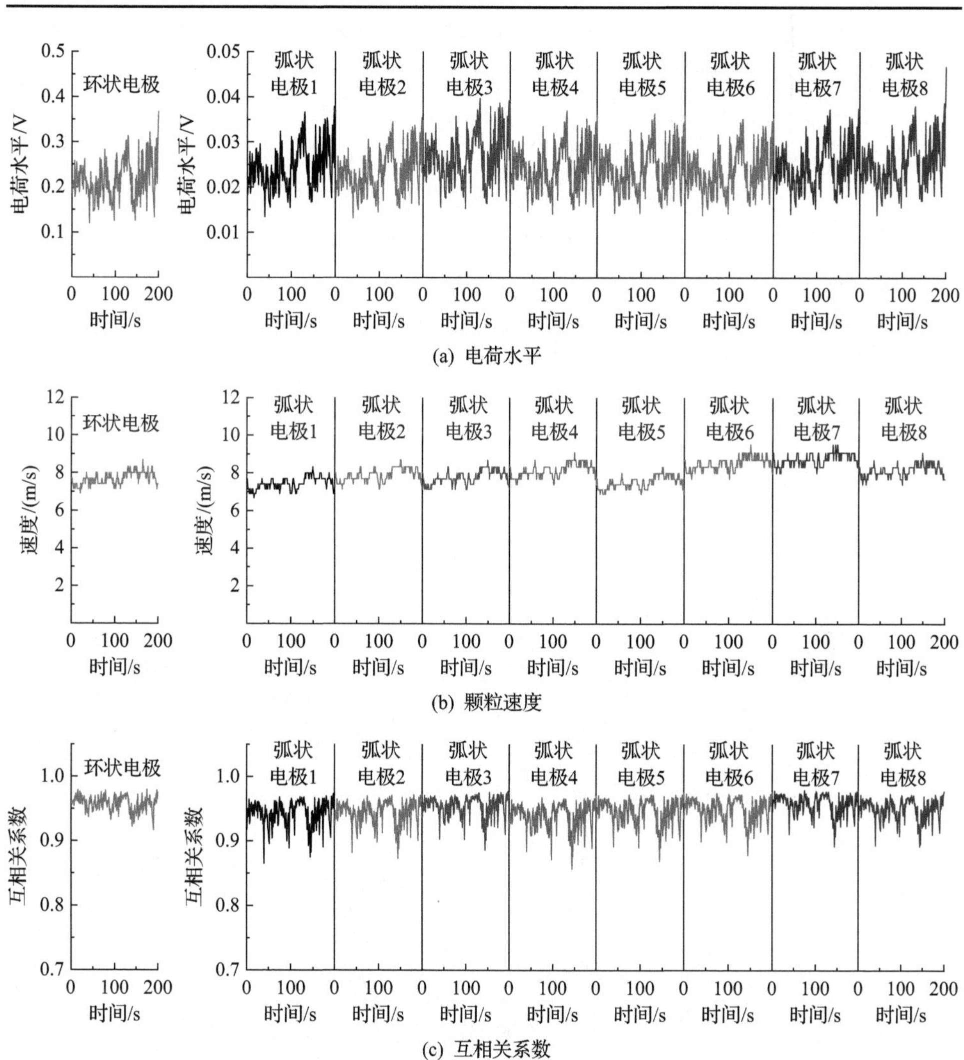

图 8.32　典型工况下电荷水平、颗粒速度和互相关系数的连续测量结果

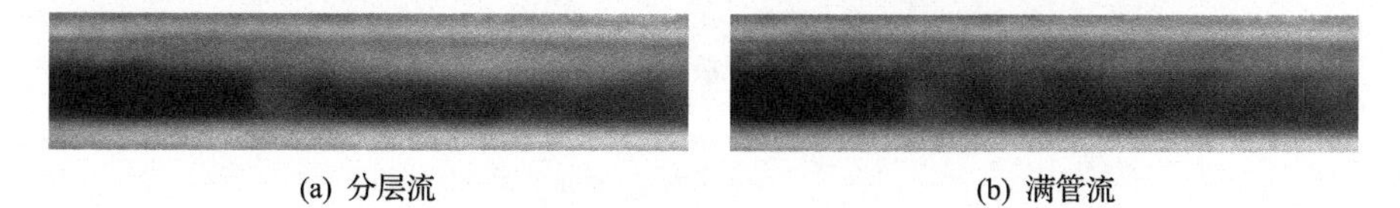

(a) 分层流　　(b) 满管流

图 8.33　颗粒流动照片

态也经常出现，如图 8.33(b)所示，但是由于重力的作用，颗粒浓度分布自管道底部到顶部呈降低趋势，这在图中基本也仍可以分辨出来。随着颗粒速度的增加，将会有更多的颗粒悬浮在管道上部区域，这样使其浓度增加，透光度大大降低，只能看到零星的闪光，此时从流动照片已经基本不能获得任何流动信息。从可视窗的观察可知颗粒流动具有明显的不稳定性，这也是电荷水平波动剧烈的主要原因。

图 8.34 为无烟煤颗粒在变补充风量情况下颗粒平均速度、互相关系数和速度的相对标准偏差比较。这里只改变补充风量，而保持表 8.4 其他运行参数不变。随着补充风量的增加，无烟煤颗粒的平均速度增加，然而对不同的补充风量，由于无烟煤流动的分层特性，管道截面上部浓度低，速度较快，因此弧状电极获得的颗粒速度是有差异的。当不加入补充风时，弧状电极测得的局部平均速度最大值和最小值分别是 6.96m/s 和 6.01m/s，相差 0.95m/s，而当加入的补充风量为 1.0m^3/h，局部平均速度的最大值和最小值分别是 11.04m/s 和 9.58m/s，相差 1.46m/s。对这两个工况，环状电极测量的平均速度分别是 6.26m/s 和 10.36m/s，

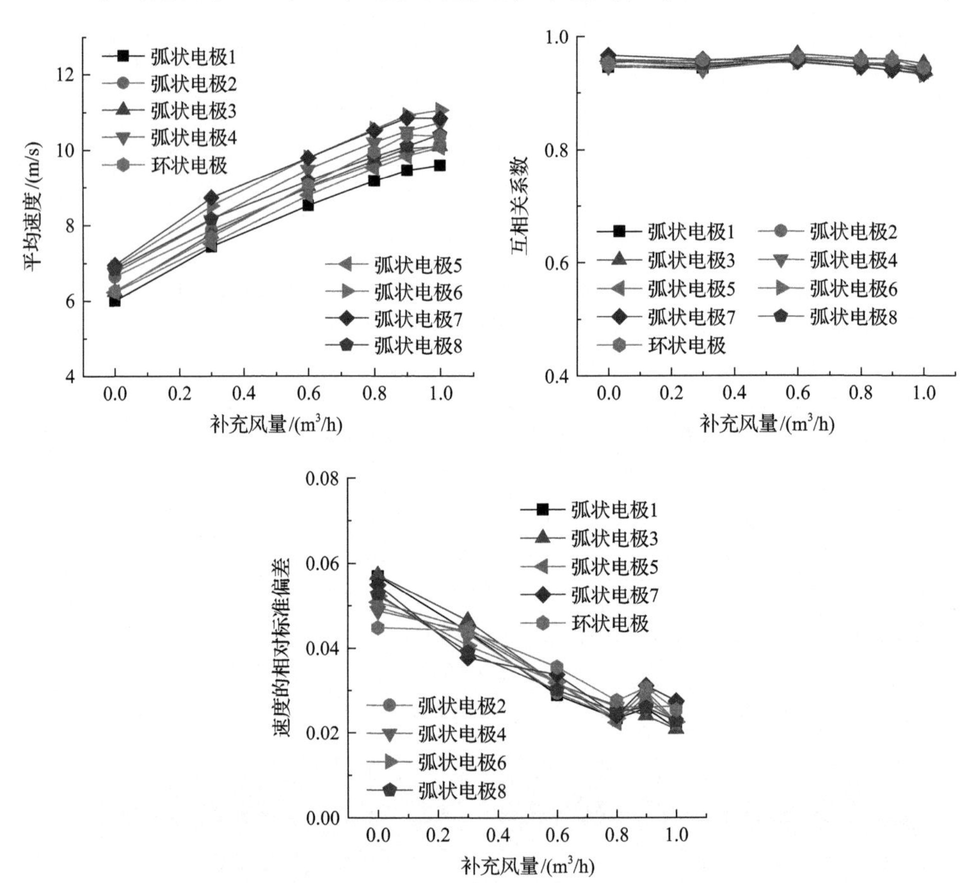

图 8.34　变补充风量情况下无烟煤颗粒平均速度、互相关系数和速度的相对标准偏差比较

介于局部平均速度的最大值和最小值之间。尽管料斗出料不均匀，管道截面颗粒浓度分布也不均，但是不同电极获得的互相关系数均较高，基本都大于 0.9，表明速度测量结果是可靠的。随着补充风量的增加，测量速度的相对标准偏差呈递减趋势，表明补充风量的增加有助于提高颗粒流动速度的稳定性。

图 8.35 为无烟煤颗粒在改变发送罐和接收罐之间压差的情况下颗粒平均速度、互相关系数和速度的相对标准偏差比较。这里，变压差是通过改变接收罐的压力实现的。可以看出，随着压差的增大，颗粒平均速度增加。当压差是 1MPa 和 1.2MPa 时，颗粒平均速度超过了 11m/s，而不同弧状电极之间的速度的最大值和最小值相差分别只有 0.5m/s 和 0.66m/s。而当压差小于 1MPa 时，速度差异要大于 1m/s，这一方面是由测量段之前的弯头引起的，速度越快，流动恢复到弯管之前的稳定流动状态需要的距离越大，实验中距离只有 1m，相对较短，流动无法恢复到之前的状态，这导致截面速度差异变小。另一方面是因为压差增大，颗粒速

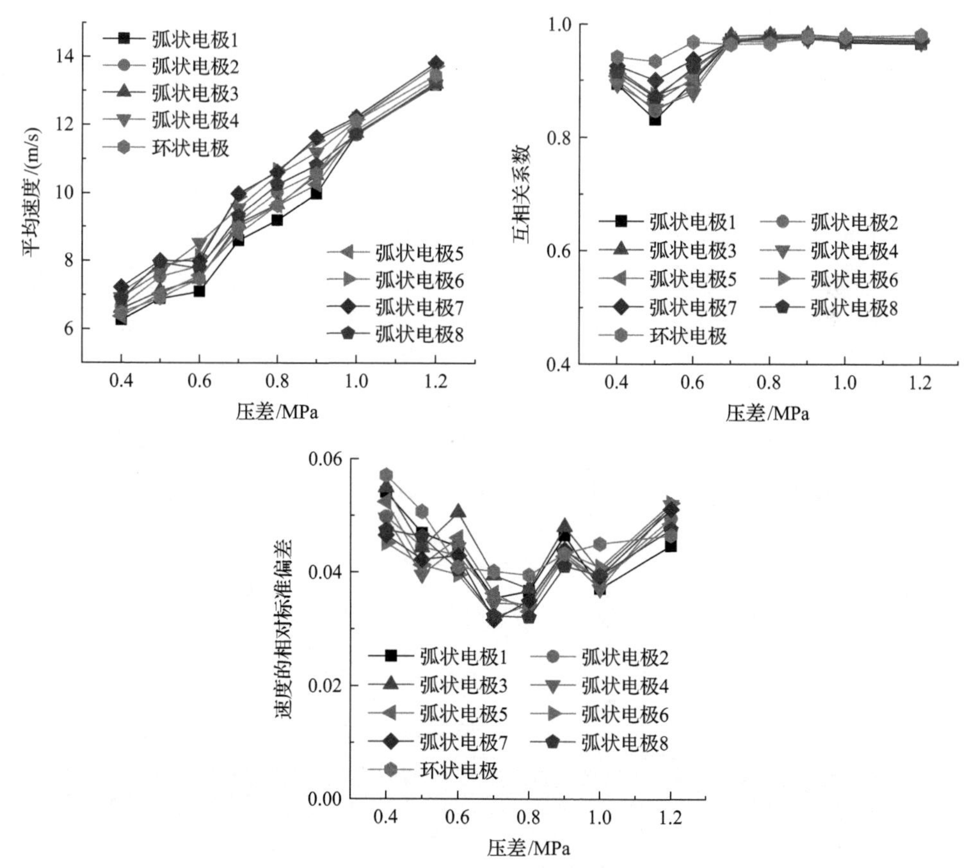

图 8.35　变压差情况下无烟煤颗粒平均速度、互相关系数和速度的相对标准偏差比较

p_0=2.5MPa, p_1=2.2MPa, L_f=0.4m^3/h, L_s=0.4m^3/h

度变大，尽管颗粒质量流量增加，但是颗粒体积浓度只有轻微的减小，这导致颗粒更容易悬浮在管道上部区域，从而使颗粒速度和浓度分布的不均匀性减小。当压差较小时，颗粒的互相关系数有所减小，表明颗粒流动稳定性降低。当压差为0.3MPa时，颗粒输送已经非常困难，从可视窗观测的结果看，颗粒流动速度非常慢，且会出现停止状态，而且已出现堵管现象，这时已无法进行测量。

2) 石油焦颗粒

对于石油焦颗粒，本节研究了在两种输送压力等级(表8.5)下变流化风量情况下的流动特性。两种压力等级下发送罐和接收罐之间的压差均为0.6MPa。

表 8.5　压力等级　　(单位：MPa)

压力等级	缓冲罐压力 p_0	发送罐压力 p_1	接收罐压力 p_2
低	2.5	2.2	1.6
高	3.7	3.4	2.8

图8.36比较了在两种压力等级下石油焦颗粒的平均速度、互相关系数和速度的相对标准偏差。可以看出，在两种压力等级下，随着流化风量的增加，各弧状电极的平均速度均逐渐增加，当然它们之间的差异仍然存在。尽管输送压力不同，但是对于相同流量的流化风，颗粒平均速度基本一致。值得注意的是，对于高压力等级，随着流化风量的增加，环状电极测得的速度有要超过弧状电极测得的速度的趋势。这主要是由于石油焦的密度要低于无烟煤，并且输送压力提高，气体携带颗粒的能力增强，这样易于形成悬浮流。而对于悬浮流，颗粒平均速度轮廓呈幂率分布，尽管在此涉及的实验中管道的水平安装导致颗粒速度偏离幂率分布，但是中间区域颗粒速度大于边缘的趋势是不变的，所以环状电极测量的平均速度要大于弧状电极测量的局部平均速度。由于没有加入补充风到输送管道中，颗粒

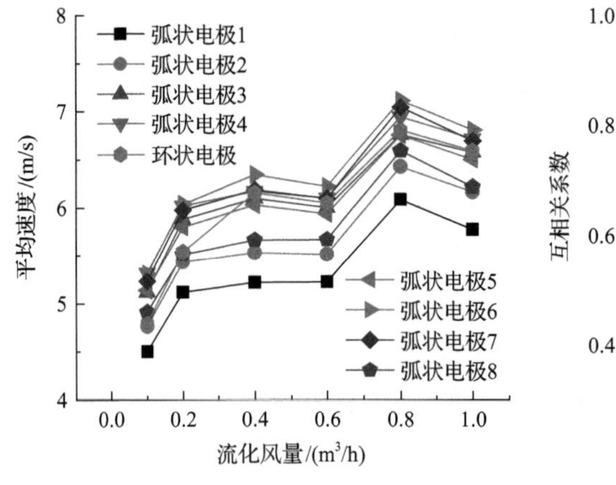

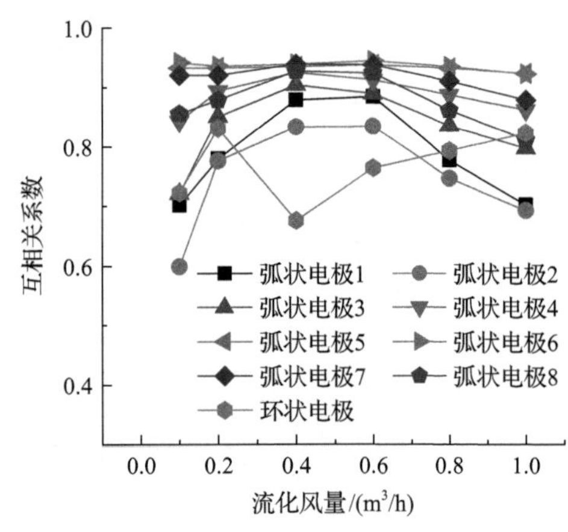

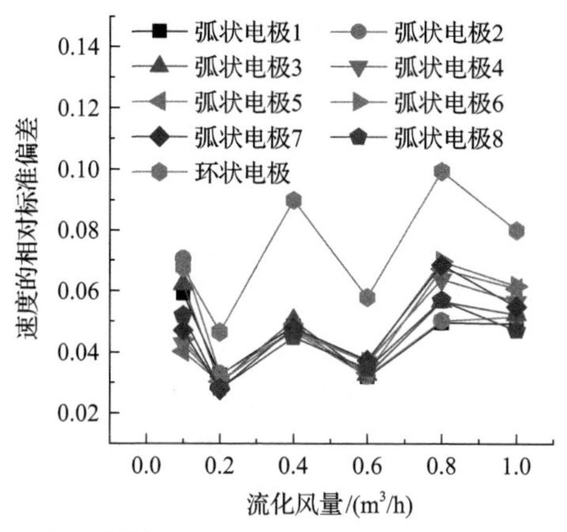

(a) 低压力等级(p_0=2.5MPa, p_1=2.2MPa, p_2=1.6MPa, L_s=0m³/h)

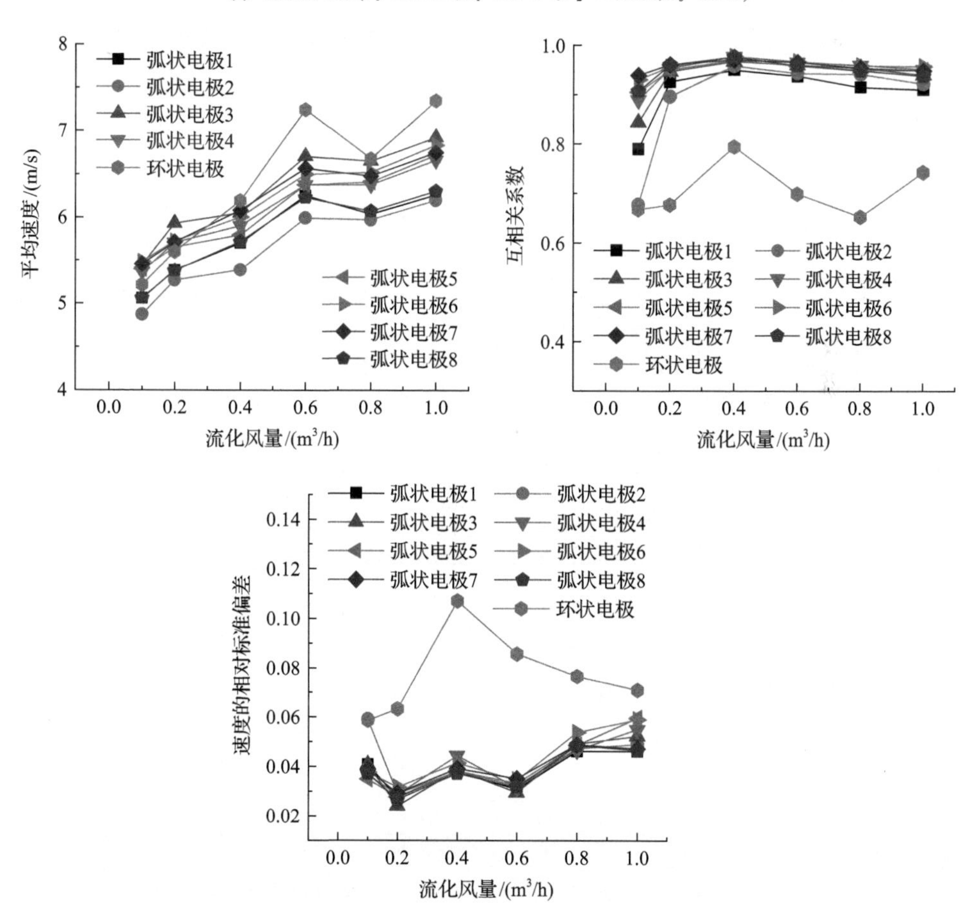

(b) 高压力等级(p_0=3.7MPa, p_1=3.4MPa, p_2=2.8MPa, L_s=0m³/h)

图 8.36　两种压力等级下石油焦颗粒平均速度、互相关系数和速度的相对标准偏差

流动的稳定性较差。由于环状电极的敏感区域是整个管道截面，其互相关系数在所有的电极组中处于较低水平，速度的相对标准偏差要大于弧状电极。

实验中还对不同流量的补充风情况进行了研究，流化风量维持在 0.4m^3/h，输送系统工作在高压力等级。颗粒平均速度、互相关系数和速度的相对标准偏差如图 8.37 所示。随着补充风量的增加，颗粒平均速度增加，颗粒流动处于较好的悬浮状态，所以环状电极测得的平均速度要大于弧状电极测得的颗粒局部平均速度，但是环状电极的互相关系数要比弧状电极小。另外，考虑到石油焦颗粒黏性较大，随着补充风量的增加，管道壁面颗粒速度的增加率要小于管道中心区域，故环状电极测得平均速度和弧状电极测得平均速度之间的差异随着补充风量的增加而加大。

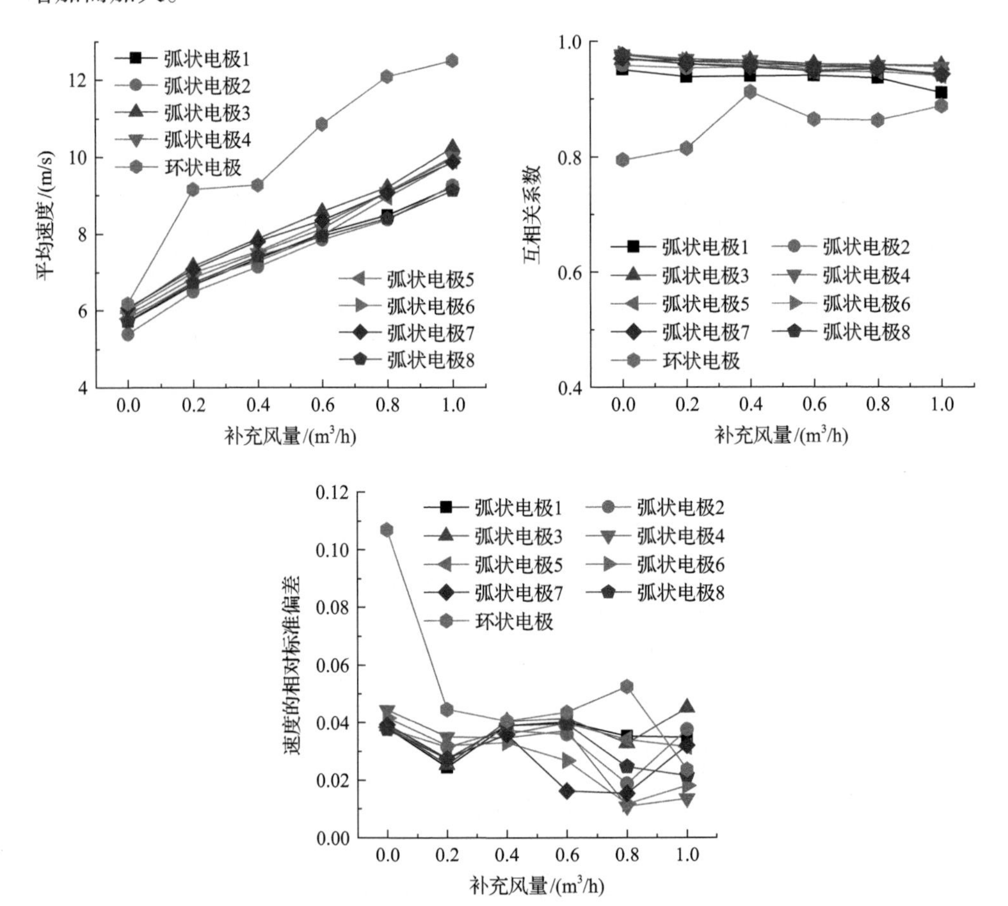

图 8.37　变补充风量时石油焦颗粒平均速度、互相关系数和速度的相对标准偏差

p_0=3.7MPa, p_1=3.4MPa, p_2=2.8MPa, L_f=0.4m^3/h

无论是无烟煤颗粒还是石油焦颗粒，在水平管道输送过程中，由于重力的作

用不同电极组之间获得的速度值均存在差异。当发送罐内压力是 2.2MPa 时，对于无烟煤颗粒，环状电极测量的平均速度一直都处于弧状电极测量的局部平均速度的最大值和最小值之间。对于石油焦颗粒，随着补充风量或者输送压差的增加，环状电极测量平均速度将逐渐超过环状电极测量的局部平均速度，这表明石油焦颗粒较无烟煤颗粒更易于实现悬浮状态。另外，系统输送压力的增加会导致气体密度的增加，从而使其携带颗粒的能力增加，也有助于形成悬浮流。

8.4.3　二维流化床气泡参数测量

气固流化床由于传热传质效率高、床温易控制、床料易装卸与输送等优点，已广泛应用于能源电力、石油化工、冶金等工业领域。气泡是气固流化床的一个基本特征，其行为不仅关系到流化床内的流体力学性能，还影响流化床内气固混合、传质和传热性能。在气固流化床中，气泡的上升速度和直径是其在流动过程中的两个重要参数，气泡上升速度影响颗粒相的湍动程度及气固两相之间的接触时间，而直径则直接影响床内气固介质的混合质量。因此，实现流化床内气泡上升速度和直径的实时在线测量与表征，对深入了解流化床内气固流动特性以及调控流化床内反应过程至关重要。这里介绍基于静电传感器阵列的流化床气泡流动特性测量研究方面的工作[6]。

1. 实验系统

出于实验研究的便利性考虑，采用有机玻璃构成的透明二维流化床实验装置，对流化床内部气泡的流动特性开展研究。实验装置如图 8.38 所示，实验装置主要由二维流化床、流化风系统、鼓气系统、输气管道以及测量系统等组成，二维流化床厚度为 2cm，宽度为 40cm，床内固体颗粒堆积高度在 50～60cm 范围内。空气经由空气压缩机压缩后输送至油水分离器，去除压缩空气中凝聚的水分和油分等杂质，使压缩空气得到初步净化，之后压缩空气输入冷冻室干燥机，得到的干燥空气再存入缓冲罐中，缓冲罐内 0.7MPa 稳压下的空气为二维流化床中固体颗粒的流化提供流化风。实验过程中，通过球阀调节缓冲罐鼓入流化床内部的流化风量，流化风量通过转子流量计读出，进而根据流化床横截面积计算得出实验时的流化风速。

静电传感器阵列布置如图 8.39 所示，二维流化床内固体颗粒床层宽度为 40cm，堆积高度为 50cm，厚度为 2cm，静电传感器布置在流化床表面，以流化床底部为 x 轴，中心轴线为 y 轴建立平面二维直角坐标系。静电传感器阵列均匀地布置在二维流化床表面垂直高度 5～55.25cm 区域内，所用静电传感器为感应式，贴于流化床壁面，实现非接触测量，不会对气泡产生干扰，破坏其流动。每块静电极片的长度为 4cm，宽度为 0.5cm，采用厚度为 0.05mm 的铜片制作而成。

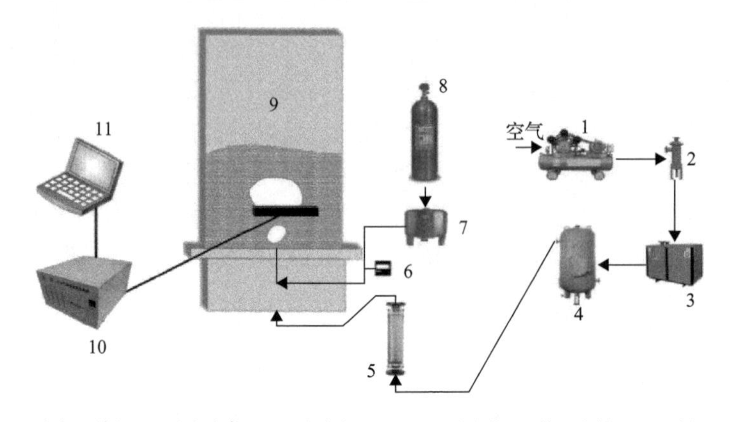

1-空气压缩机；2-油水分离器；3-冷冻室干燥机；4-缓冲罐；5-转子流量计；6-时间继电器；7-气体罐；8-氮气；9-二维流化床；10-多路气固速度测量系统；11-计算机

图 8.38　实验装置结构图

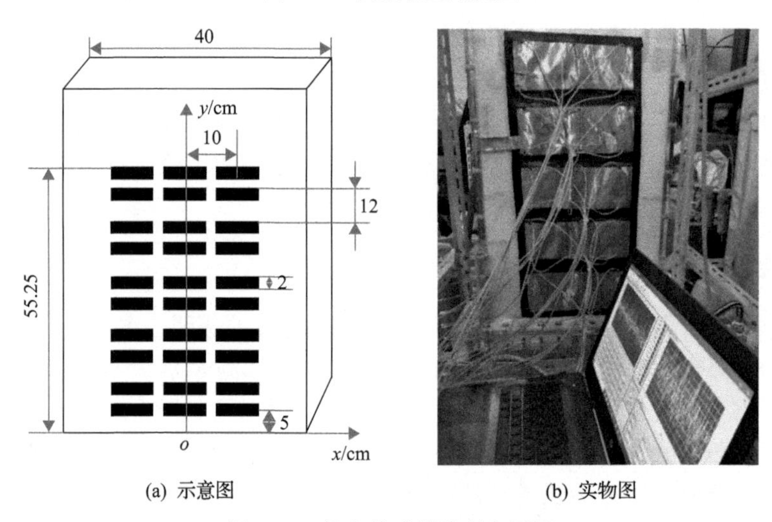

(a) 示意图　　(b) 实物图

图 8.39　静电传感器阵列布置图

两个完全相同的矩形电极的垂直距离为 2cm，组成一组静电传感器阵列。为了测得气泡在流化床各位置处的流动参数，共设置 15 组静电传感器阵列，上下相邻两组阵列中心垂直间距为 12cm，左右相邻阵列间距为 10cm。实验所测得的数据即可视作每组静电传感器阵列中心位置处气泡的平均上升速度与直径，即气泡在流化床壁面 (x, y) 坐标处的平均上升速度与直径，其中 x 分别为−10cm、0cm、10cm，y 分别 6cm、18cm、30cm、42cm、54cm。

2. 实验工况

为了探究二维流化床中气泡的流动特性，在不同的实验工况下，对气泡上升速度、直径的变化情况开展了系统的实验研究[7]。流化床中的气泡在上升过程中上升速度与流化床的流化风速、临界流化风速、气泡直径有关，流化风速需根据流化床本身的临界流化风速进行设置，一般为临界流化风速的倍数(称为流化数，*n*)。流化床的临界流化风速由流化床内固体颗粒的性质、流化风性质、温度等因素决定，其中固体颗粒的性质(颗粒粒径、颗粒密度)对临界流化风速的影响较大。因此采用不同种类、不同粒径的固体颗粒，在不同流化数的操作条件下，对流化床内气泡流动参数进行测量，其中颗粒的种类选用的是聚乙烯颗粒、玻璃珠颗粒，通过压降法测得各颗粒的临界流化风速。实验所用的颗粒参数见表 8.6。

表 8.6　固体颗粒物理性质及临界流化风速

名称	目数	平均粒径/μm	真实密度/(kg/m³)	u_{mf}/(m/s)	Geldart 颗粒分类
聚乙烯颗粒	30～40	456	950	0.251	B
聚乙烯颗粒	40～50	361	950	0.185	B
玻璃珠颗粒	40～50	384	2500	0.252	B

注：u_{mf} 为临界流化风速。

实验所选用的颗粒均为 Geldart B 类颗粒，对于这类颗粒，在流化风速稍高于颗粒的临界流化风速时，流化床内即会出现气泡，气泡直径随床高而变大，但是该类气泡聚并现象严重，会减弱流化床内床层与传热面间的传热以及不同相间的传质，降低流化床效率。本节采用不同的流化数来对流化床气泡流动参数开展研究，流化数 *n* 分别为 1.5、1.75、2、2.25、2.5。不同流化数下的流化风速可根据式(8.4)计算：

$$u_f = n \cdot u_{mf} \tag{8.4}$$

式中，u_f 为流化风速。

3. 实验结果

由于实验研究对象为气泡群，若多个气泡同时流经极片，静电传感器输出信号就会呈现交替出现的波峰与波谷曲线，如图 8.40 所示。因此为了提取信号中的气泡直径信息，需对原始静电信号进行处理，流程如图 8.41 所示。

由于背景噪声的干扰，原始静电信号会出现毛刺现象，因此在进行寻找波峰波谷的操作之前需先对信号进行平滑滤波，本节选用移动平均滤波对原始信号进行平滑处理，对处理后的信号进行波峰波谷寻找，寻找过程中，若为重叠的波峰波谷，将其舍去，重新寻找。确定一组波峰波谷的位置后，通过波峰波谷的时间差计算得出单个气泡经过静电极片的时间，从而计算出单个气泡的直径。在测量时间段内，气泡群的平均直径 $\overline{D_b}$ 为

$$\overline{D_{\mathrm{b}}}=\frac{\sum_{i=1}^{N}D_{\mathrm{b}i}}{N} \tag{8.5}$$

式中，$D_{\mathrm{b}i}$ 为单个气泡直径；N 为气泡个数。研究中静电信号的采样频率为 1.5kHz，选取流化床 6～30cm 高度的气泡进行直径的计算。

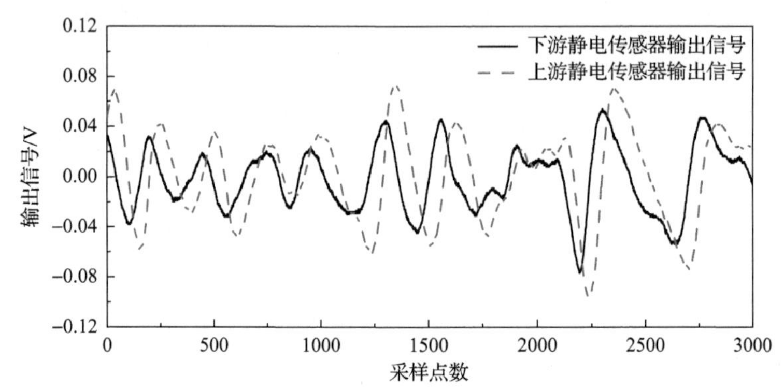

图 8.40　上、下游静电传感器输出信号

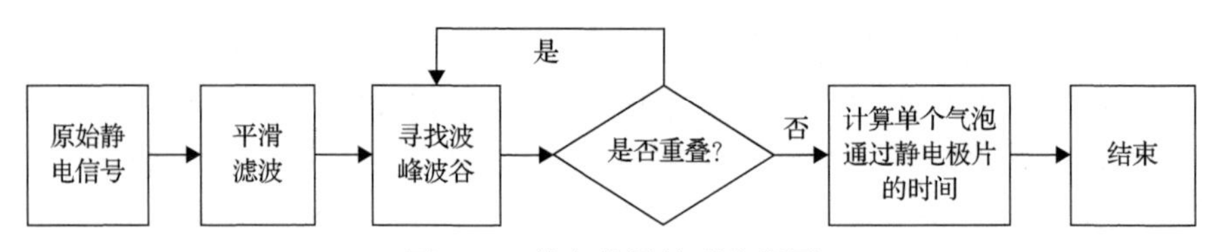

图 8.41　静电信号处理流程图

图 8.42 为流化数 n=1.5 时，456μm 聚乙烯颗粒流化床内各位置处的气泡直径，可见气泡在流化床内上升过程中，气泡直径随着高度的增大而增大，且位于 x=−10cm、x=10cm 的流化床两侧气泡直径小于 x=0cm 处流化床中央的气泡直径。图 8.43 为流化数 n=1.5 时，456μm 聚乙烯颗粒流化床内气泡上升速度随气泡直径

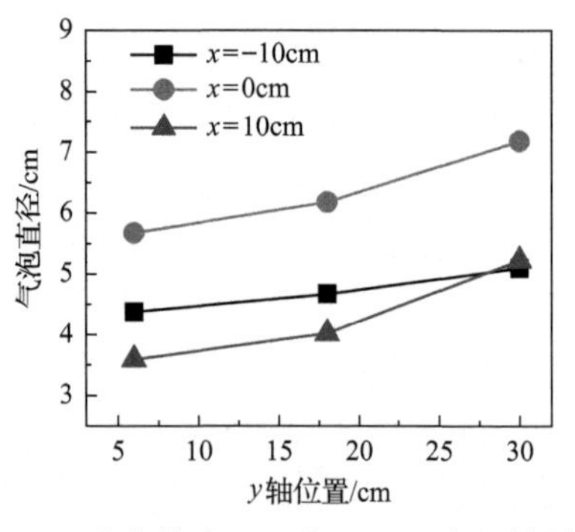

图 8.42　流化数为 1.5 时 456μm 聚乙烯颗粒流化床内气泡直径

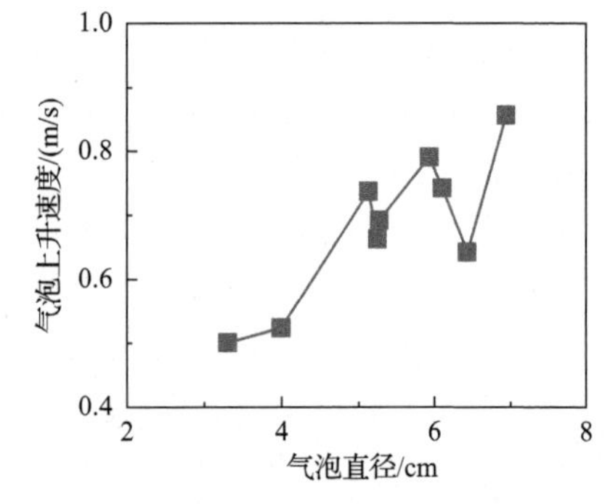

图 8.43　气泡上升速度随气泡直径变化情况

变化情况，在总体趋势上，气泡的上升速度随气泡直径的增大而增大，也就是说气泡在流化床内自下而上流动时，气泡的生长是直径变大且上升速度变快的一个过程。

在不同流化数 n 下，456μm 聚乙烯颗粒流化床内气泡上升速度随气泡直径的变化见图 8.44。高流化数对应高流化风速，流化风速的增大提高了气泡的上升速度，同时也增大了气泡的直径，且气泡上升速度随直径的增大而增大。

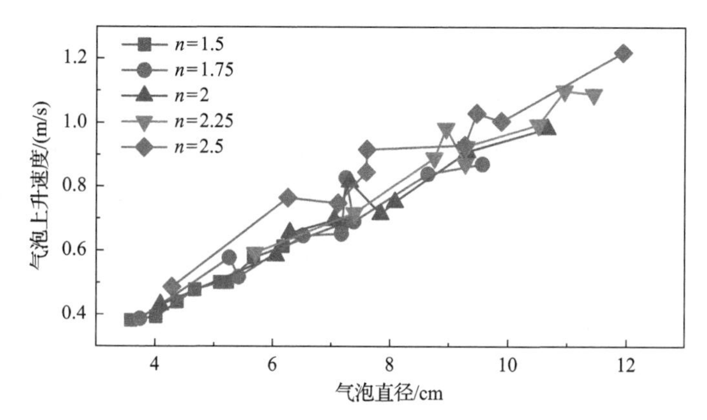

图 8.44　456μm 聚乙烯颗粒流化床内气泡上升速度随气泡直径变化情况

361μm 聚乙烯颗粒在不同的流化数 n 下，流化床内气泡上升速度随气泡直径的变化情况见图 8.45。气泡直径越大，上升速度越快，而流化风速的增大在提高了气泡的上升速度的同时也增大了气泡的直径。

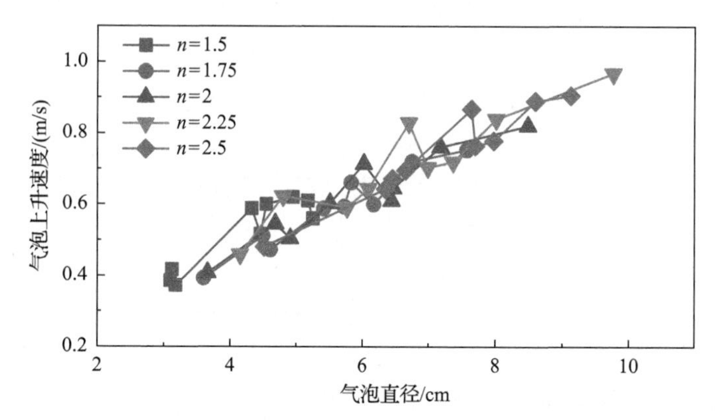

图 8.45　361μm 聚乙烯颗粒流化床内气泡上升速度随气泡直径变化情况

384μm 玻璃珠颗粒在不同的流化数 n 下，流化床内气泡上升速度随气泡直径的变化情况见图 8.46。随着气泡直径的增大，气泡在流化床内的上升速度变快，高流化风速也意味着更快的上升速度以及更大的直径。

结合以上实验结果，分析可得：即便固体颗粒种类不同，流化床内大直径

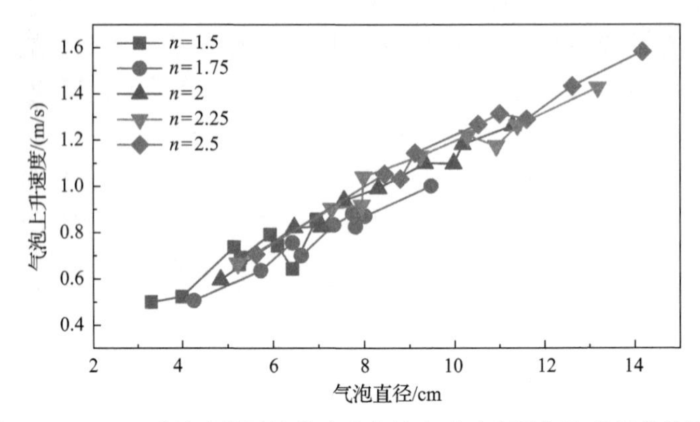

图 8.46 384μm 玻璃珠颗粒流化床内气泡上升速度随气泡直径变化情况

的气泡的上升速度也会更快，且流化风速的提高加剧了气泡上升速度以及直径的增加。

8.5 电容层析成像在稠密气固流动可视化上的应用

8.5.1 循环湍动流化床上的应用

循环湍动流化床(circulating turbulent fluidized bed, C-TFB)反应器以其高传热传质效率、均匀的床内温度分布、易于控制以及能够实现物料的连续输入和输出等优点，在化工、炼油、电力、冶金等工业生产领域引起了广泛关注[8,9]。在 C-TFB 的研究中，模型和实验是主要的研究手段。无论采用哪种手段，首要问题都是解决床内气固流动的测量难题。ECT 技术可以有效测量 C-TFB 床内气固流动相分布和浓度，为 C-TFB 的理论和实验研究提供可靠的测量手段。

目前 C-TFB 技术尚未达到成熟阶段，相关研究发现，在径向上存在着颗粒分布的不均匀现象，即中间区域颗粒稀疏而边壁区域颗粒浓密，这导致颗粒在床内的停留时间分布不均匀，反应程度也呈现出不一致性[10]。为了解决 C-TFB 气固两相径向颗粒分布不均的问题，研究人员引入了分形结构布气装置，通过这种装置来改善气固相之间的相互作用[11]。因此，本节将作者自主研发的具有抗静电干扰能力的 ECT 应用于 C-TFB 内颗粒分布的在线测量，以此为基础研究分形结构布气装置对 C-TFB 的作用及影响。

1. C-TFB 测量实验系统

图 8.47 展示了采用有机玻璃材料构建的 C-TFB 冷态装置，主要包括流化段、扩大段、储料罐和 U 型返料器。在 C-TFB 流化实验中，固体颗粒通过 U 型返料器进入流化段底部，与流化风混合并上行进入扩大段；然后经过二级气体加速后，

进入气固旋风分离器；颗粒经过分离后通过测量管返回到 U 型返料器，完成循环。流化段管径为 0.1m，高 1m；扩大段管径为 0.2m，高 1.8m。实验中的流化风由压缩空气供应，使用开孔率为 0.5%的不锈钢分布板来实现气体分布，流化颗粒为密度为 2621kg/m^3、平均粒径为 112.65μm 的玻璃珠，物理特性详见表 8.7。图 8.48(a)展示了单层分形布气装置的结构，包括环形分布板、进气主管和分形出气管，该装置可叠加多层使用。本节采用了双层分形布气装置，图 8.48(b)展示了双层分形布气装置在流化段的位置。为了深入研究分形布气装置对 C-TFB 的影响，开展了空床模式和分形模式对比实验。在空床模式下，流化床在流化实验过程中仅使用圆形分布板，没有引入分形布气装置。而在分形模式下，引入了双层分形布气装置，如图 8.48(b)和(c)所示。为了确保引入分形结构后，圆形分布板上的气体布气不受分形结构的影响，采用了分开进气的方式。具体地，

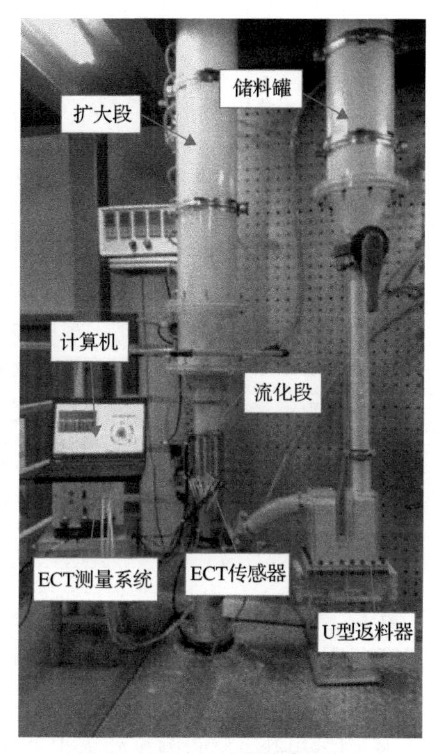

图 8.47　C-TFB 测量实验装置

表 8.7　玻璃珠的物理特性

材料	粒径尺寸范围/μm	平均粒径/μm	密度/(kg/m^3)	Geldart 颗粒分类
玻璃	60～181	112.65	2621	B

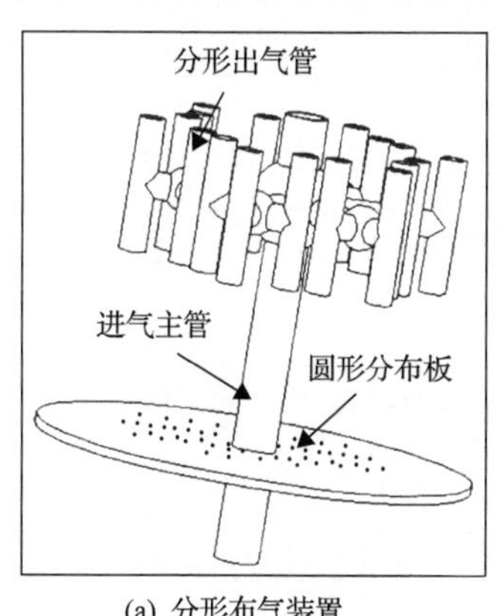

(a) 分形布气装置

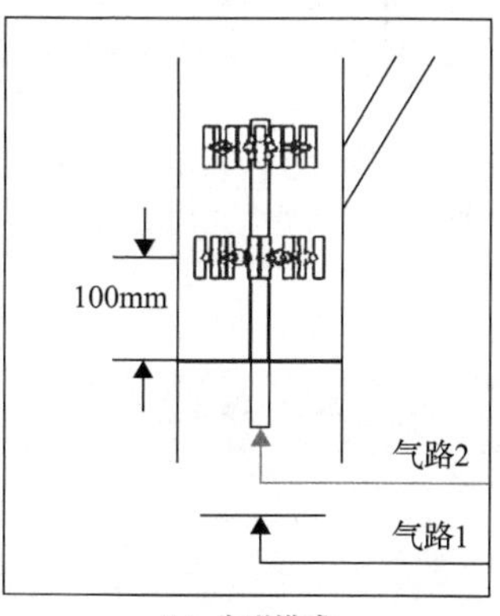

(b) 分形模式

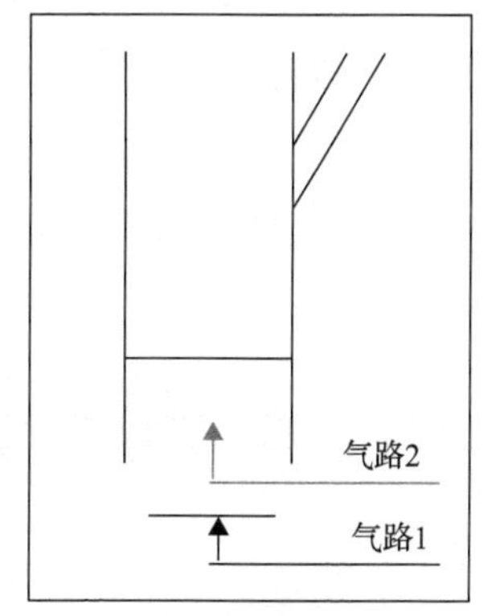

(c) 空床模式

图 8.48　分形布气装置及流化模式

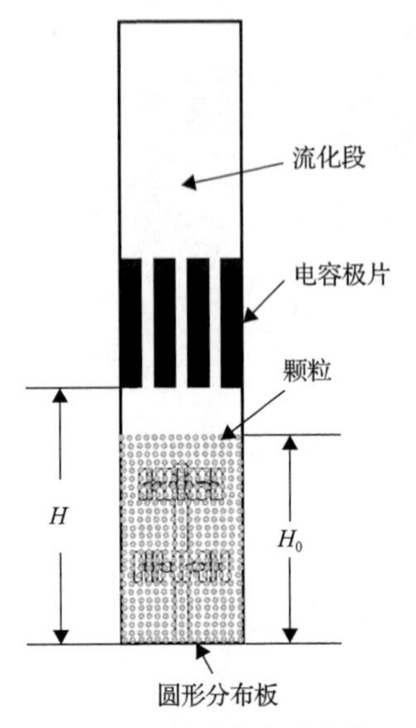

图 8.49　测量高度及床高

两路气体分别通过圆形分布板（气路 1）和分形布气装置入口管（气路 2）进行进气，如图 8.48(b)和(c)所示。

利用 8 电极 ECT 系统进行 C-TFB 的固相颗粒分布测量实验。ECT 传感器电极采用紫铜材料，电极轴向长度为 100mm，电极覆盖角为 31.87°。ECT 传感器设计成滑动式传感器，可通过移动传感器在流化段管道上的轴向位置来实现不同床层的颗粒测量。管道内径为 42mm，外径为 50mm。图 8.49 中标出的 H 及 H_0 分别表示测量高度和床高。为了保证加入流化床的进气量一定，采用流量代替速度来表示进气量 Q_{gas}。表 8.8 列出了具体的流化测试操作条件。

2. 测量结果

图 8.50 为空床模式下，测量高度 H=200mm，进气量 Q_{gas}=15m^3/h（即气路 1 的进气量为 10m^3/h，气路 2 的进气量为 5m^3/h）时，不同床高下的 ECT 管道横截面以及径向截面的颗粒相浓度分布图，从图中可以看出，颗粒相浓度随着床高的增加而增加。图 8.51 为空床进气量 Q_{gas}=17.5m^3/h，床高 H_0=168mm，不同测量高度下的 ECT 图，从图中可以看出，200mm 测量高度

表 8.8　流化测试操作条件

二级气体风速/(m/s)	测量高度 H/mm	床高 H_0/mm	气路 1 进气量/(m^3/h)	气路 2 进气量/(m^3/h)
5	200、300、400	84、126、168	10、12.5、15、17.5	5

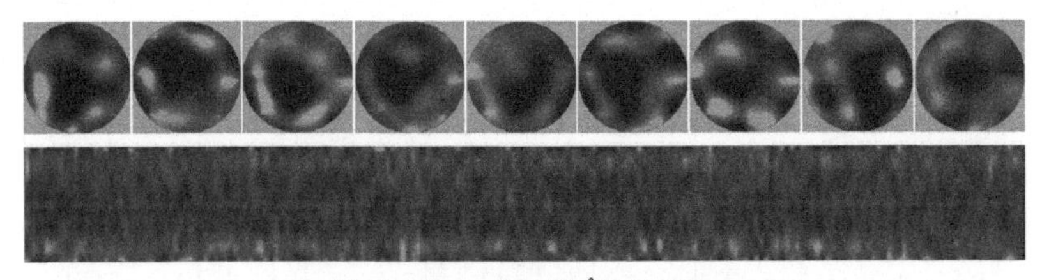
(a) H=200mm, Q_{gas}=15m^3/h, H_0=84mm

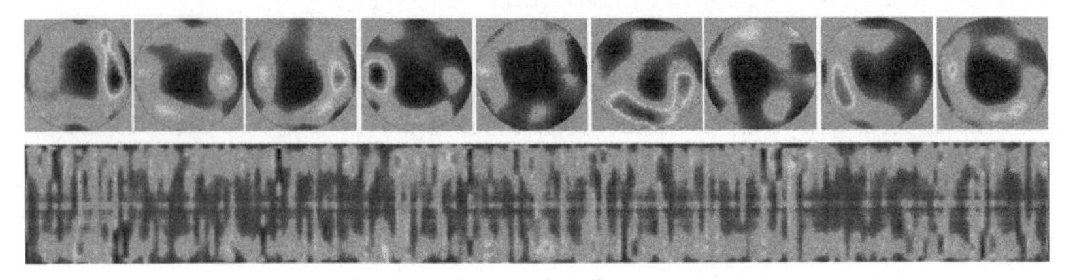
(b) H=200mm, Q_{gas}=15m^3/h, H_0=126mm

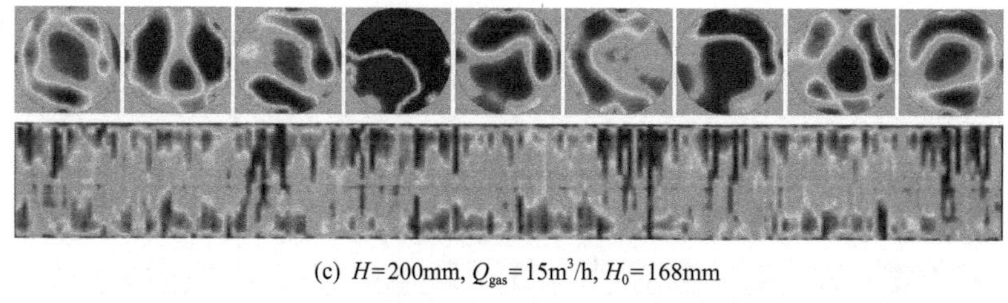

(c) H=200mm, Q_{gas}=15m^3/h, H_0=168mm

图 8.50　不同初始床高下的空床 ECT 图(上:管道横截面相浓度分布　下:径向截面相浓度分布)

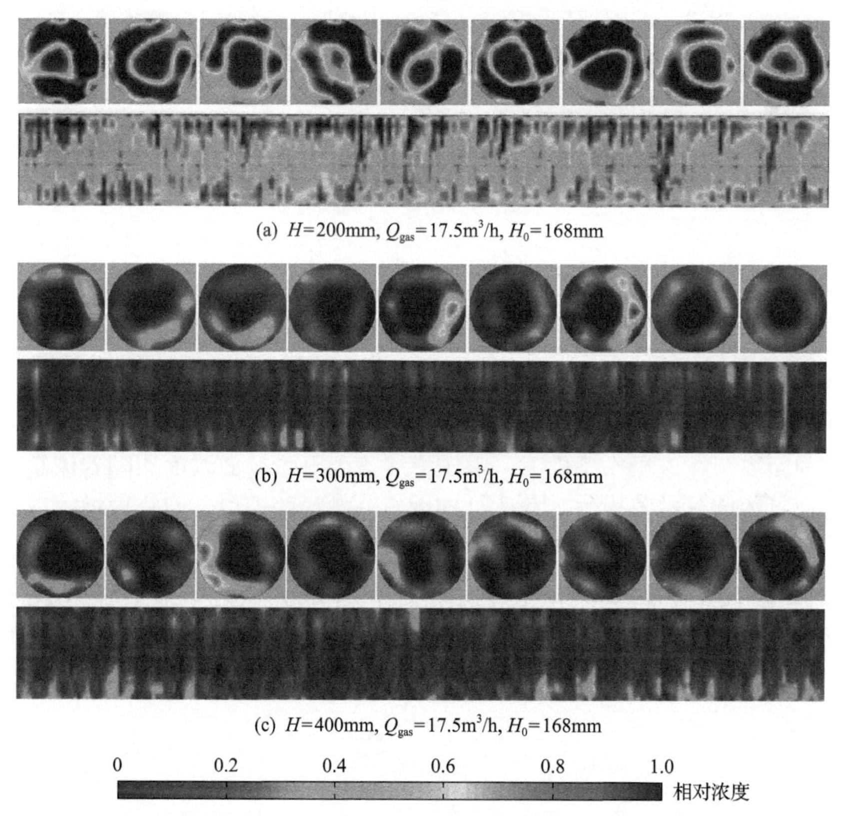

(a) H=200mm, Q_{gas}=17.5m^3/h, H_0=168mm

(b) H=300mm, Q_{gas}=17.5m^3/h, H_0=168mm

(c) H=400mm, Q_{gas}=17.5m^3/h, H_0=168mm

图 8.51　不同测量高度下的空床 ECT 图(上:管道横截面相浓度分布　下:径向截面相浓度分布)

处的颗粒相浓度比较高，而 300mm 和 400mm 处的颗粒相浓度较低，且两者相差不大；该工况下，不同床层的颗粒分布也均呈现出中心稀、壁面浓的现象。

ECT 测量结果显示，在空床模式下，C-TFB 流化过程中的颗粒分布呈现环核状，相关研究表明[12,13]，该现象的存在会导致流化床气固两相之间的传质传热变差，反应时间不均一。图 8.52 为当测量高度 H=200mm，床高 H_0=84mm，进气量 Q_{gas} 为 15m^3/h 时得到的 ECT 图。明显可以看出，该工况下，在 200mm 床层处，分形模式下 C-TFB 流化过程中的颗粒在管道截面上的分布较为均匀，未出现环核状现象，反映出分形布气装置能够对颗粒起到径向均匀分布作用。

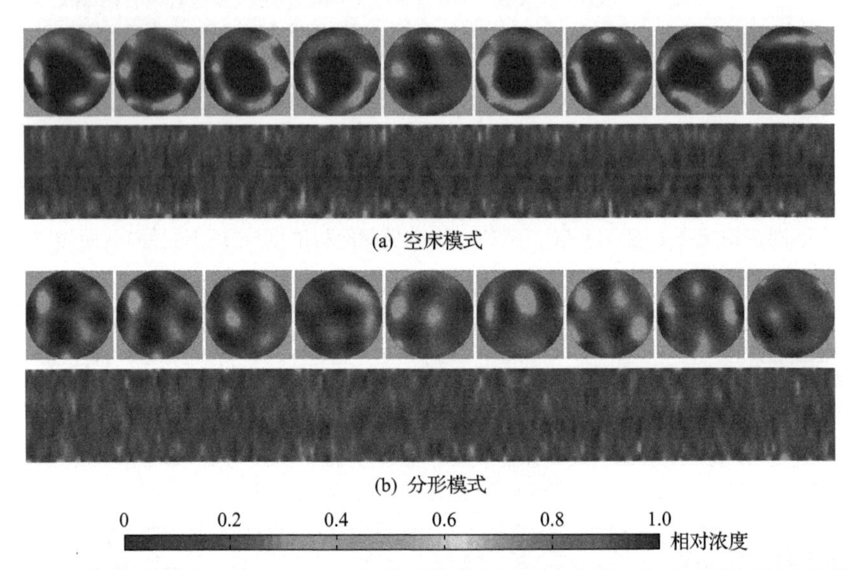

图 8.52　不同流化模式下的 ECT 图(上：管道横截面相浓度分布　下：径向截面相浓度分布)

图 8.53(a)为在测量高度 H=200mm，进气量 Q_{gas}=15m^3/h 时，不同床高 H_0 下得到的颗粒径向浓度分布。图中 r/R 表示径向相对位置，其中 r 是径向坐标，R 是最大径向距离。在该操作条件下，空床模式下的颗粒径向浓度均随着床高的增加而增加，且浓度分布不均匀，总体呈现中心分布稀的现象，而分形模式下的颗粒径向浓度分布较为均一，可见分形布气装置明显改善了颗粒的径向分布均匀性。图 8.53(b)为当床高 H_0=126mm，测量高度 H=200mm 时，不同进气量 Q_{gas} 下的颗粒径向浓度分布曲线图。可以看出，在相同操作条件下，分形模式下的颗粒在同

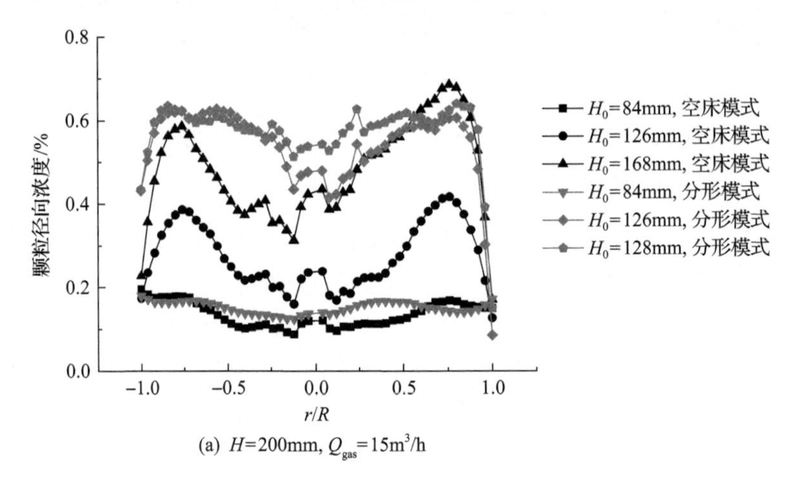

(a) H=200mm, Q_{gas}=15m^3/h

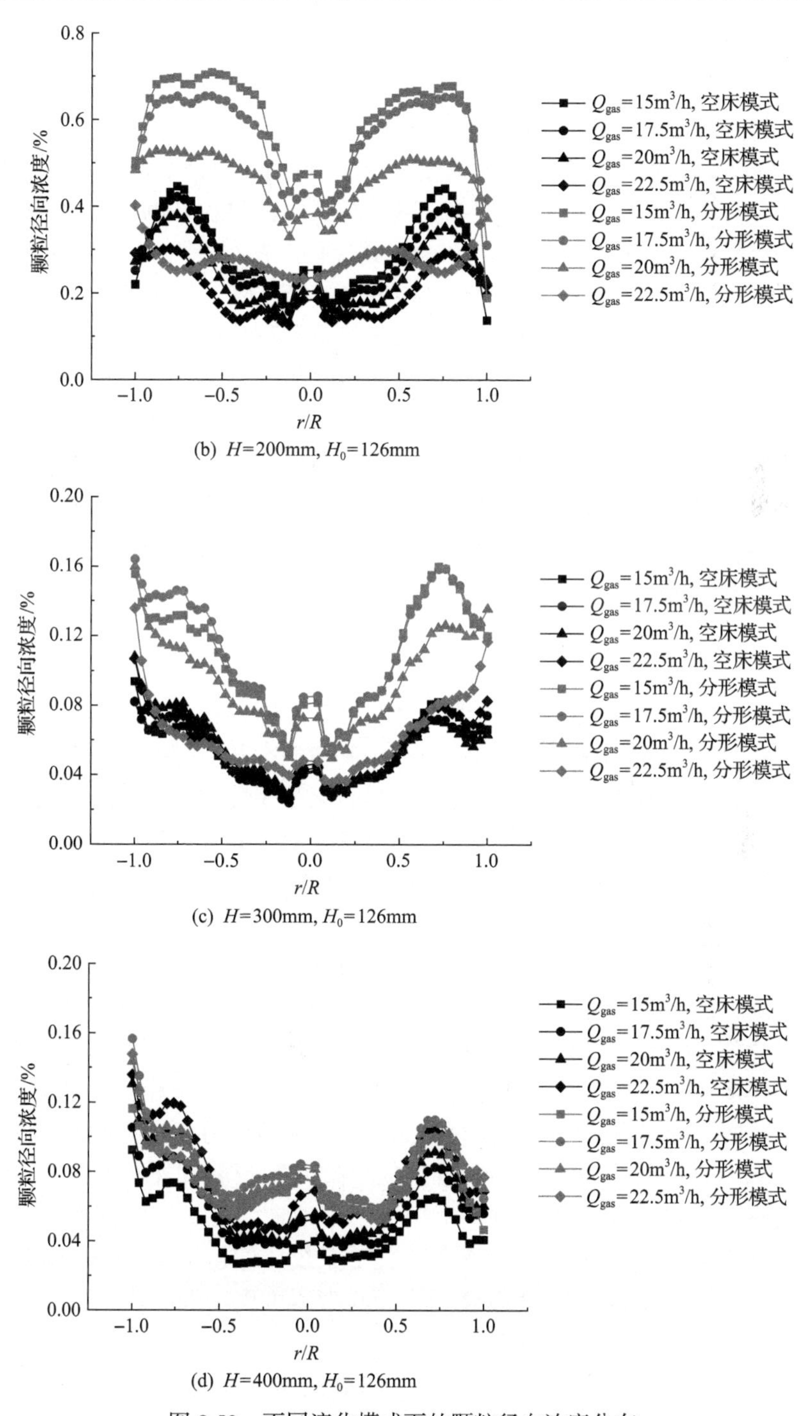

(b) H=200mm, H_0=126mm

(c) H=300mm, H_0=126mm

(d) H=400mm, H_0=126mm

图 8.53 不同流化模式下的颗粒径向浓度分布

一径向位置处的浓度明显高于空床模式下的颗粒浓度，此外，两种模式下的颗粒在径向上的浓度均随着进气量的增加而逐渐下降，说明进气量越小，两种模式下的颗粒在测量高度 H=200mm 处的径向浓度越高。

将不同测量高度下的颗粒径向浓度分布进行比较，如图 8.53(b)、(c)和(d)所示，可以看到，在相同操作条件下，两种模式下的颗粒在测量高度 H=200mm 处的分布较密，而在 H=300mm 及 400mm 处较稀。在测量高度 H=300mm 处，随着进气量的增加，分形模式下的颗粒径向浓度逐渐下降，空床模式下的颗粒径向浓度基本不变，而在 H=400mm 处，空床模式下的颗粒径向浓度随着进气量的增加而增加，分形模式下的颗粒径向浓度无明显变化。可见，在进气量较小时，两种模式下的进气量均不足以克服床层压降阻力，颗粒大部分堆积在低床层，床内颗粒循环量较小，当进气量增大时，床内颗粒循环量逐渐增大。此外，分形模式下的颗粒在测量高度 H=200mm 处的径向浓度分布较为均一，而在 H=300mm 及 400mm 处分布不均匀，亦呈现出环核状，说明分形布气装置的作用区域有限，其布气功能在 H=300mm 及 400mm 处影响较小。

8.5.2 密相气力输送上的应用

输送管道中形成的气固两相流流态复杂多变，影响到输送的稳定性和系统的安全性。因此，实时监测管道内部气固两相流的流态并及时做出调控，对于保障系统输送的稳定性和安全性是非常有利的。高压密相煤粉气力输送系统装置如图 3.26 所示。其输送环境较差、输送管径较小仅有 10mm 且管道内的压力最大可达到 4MPa，这对监测手段提出了一定的要求。而 ECT 系统的检测电极能够满足该尺寸和安装的要求并且具有较好的抗干扰能力。

本节所用 8 极片的电容检测电极如图 8.54 所示，极片的轴向长度为 100mm。为满足绝缘、抗压和密封的要求，绝缘管材选用石英玻璃。石英玻璃管的壁厚为 5mm，内径为 10mm，管长为 20mm。为保证测试段中的石英玻璃管道与输送的金属管道连接在一起并且具有良好的密封性，在石英玻璃管和密封接头间设计了三级密封凹槽，选用耐腐蚀的氟胶 O 型密封圈材料安置在槽中。同时为防止外部电磁干扰以及石英管道可能破裂所带来的危险，在石英管外侧安装有金属保护套，并且探头四周有紧固螺栓将整个探头牢固地连接在一起以保证整体的牢固性[14]。电容传感器实物如图 8.55 所示。ECT 系统成像速度为 74 帧/s，分辨率为 32×32。成像程序由 MATLAB 编译。图 8.56 为测试现场的图片，图 8.57 为 ECT 软件界面。

实验获取了总输送压差(0.30MPa、0.50MPa、0.75MPa 和 1.00MPa)、输送载气(CO_2 和 N_2)及煤粉含水率(10.39%和 15.05%)不同的工况下的水平输送管道中气固两相流的 ECT 图[14]。

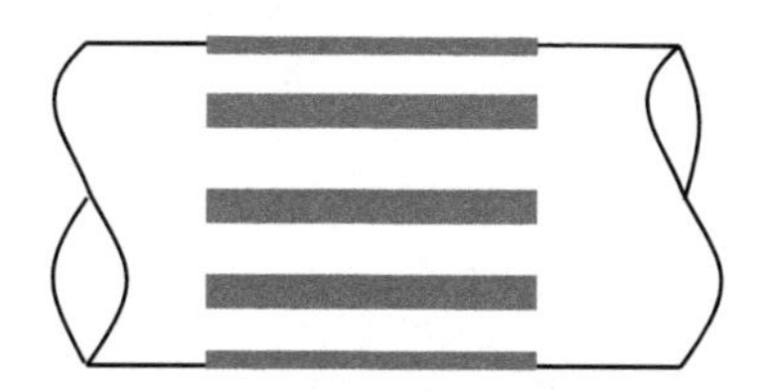

图 8.54　电容检测电极结构图

图 8.55　电容传感器实物图

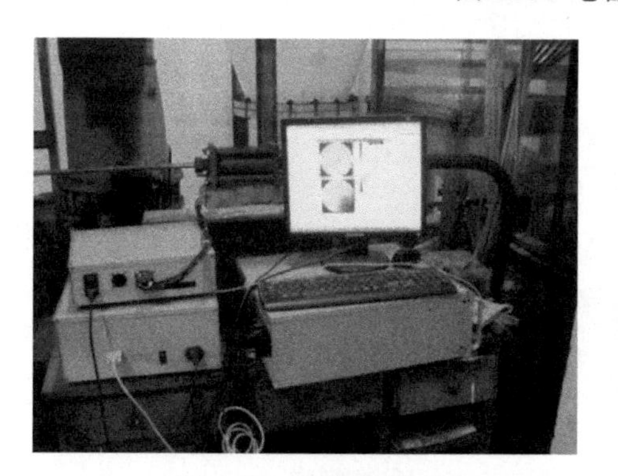

图 8.56　实验现场

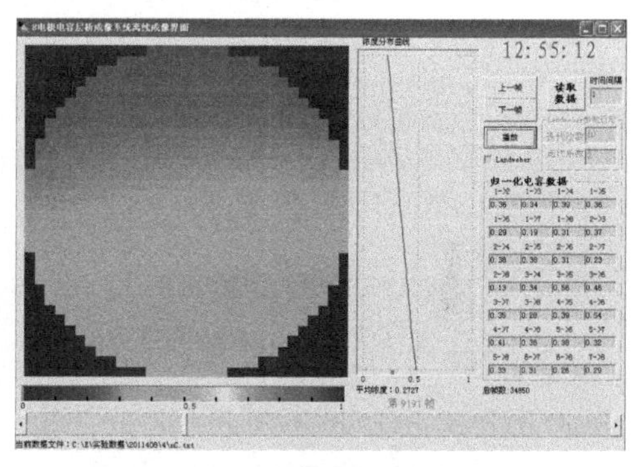

图 8.57　ECT 系统在线成像界面

1. 总输送压差变化对密相气固两相流的流态的影响

表 8.9 所示为总输送压差依次减小的第一组 4 个工况下的输送参数。图 8.58 为该组工况的 ECT 图。可以看出，每个工况下，管道截面煤粉的分布状况和浓度大小随时间变化不大，表明煤粉输送稳定性好；煤粉在截面上呈现上稀下浓的分布，但是上下浓度差别并不大，表明煤粉能够悬浮输送，不是聚集在管底滑动，属于层流流动。总之，在这一组实验工况下，减小总输送压差，虽然使输送动力减小，但是颗粒仍然可以保持稳定的层流流动。

2. 输送载气对密相气固两相流的流态的影响

煤粉密相气力输送通常采用 CO_2 和 N_2 作为输送载气。表 8.9 中第一组工况即

表 8.9　第一组工况的输送参数

工况	总输送压差/MPa	输送载气	含水率/%	粒径/μm	空隙率	煤粉质量流量/(kg/s)
1(a)	1.00	CO_2	10.39	208.5	0.699	0.264
1(b)	0.75	CO_2	10.39	208.5	0.698	0.218
1(c)	0.50	CO_2	10.39	208.5	0.714	0.175
1(d)	0.30	CO_2	10.39	208.5	0.773	0.116

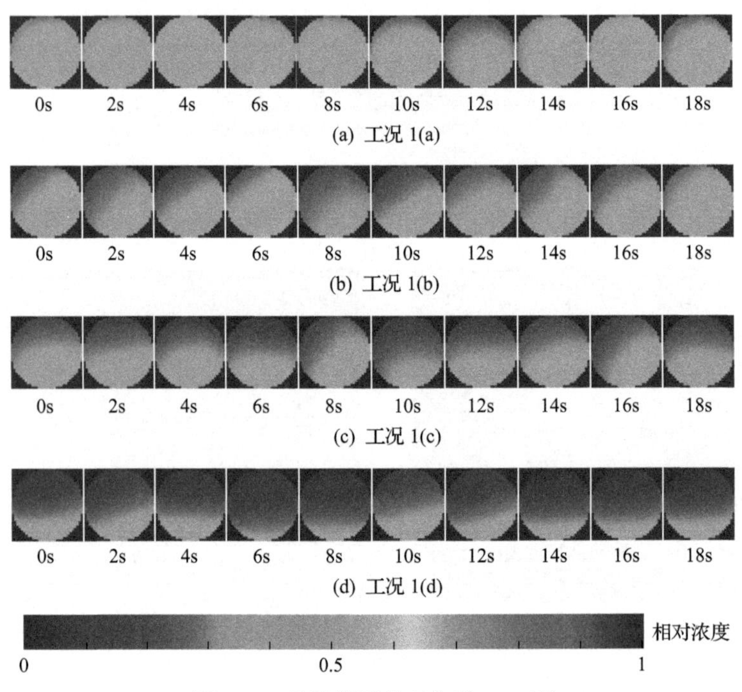

图 8.58　总输送压差变化时 ECT 图

采用 CO_2 作为输送载气，第二组工况采用 N_2 作为输送载气，其他操作参数与第一组近似一致，如表 8.10 所示。图 8.59 为 N_2 输送下的 4 个工况的管道截面煤粉分布 ECT 图。可以看出，总输送压差较大时，如图 8.59(a)～(c)所示，煤粉在管道截面上分布不均匀，浓度随时间变化较为强烈，表明流动状态不稳定，近似为疏密流。总输送压差减小到 0.3MPa 时，气体对煤粉的驱动力较小，颗粒悬浮性差，煤粉聚集在管底部类似于滑动。对比第一组和第二组工况可见，输送载气的不同对煤粉流态有较大的影响，CO_2 作为输送载气时更易于稳定输送。

表 8.10　第二组工况的输送参数

工况	总输送压差/MPa	输送载气	含水率/%	粒径/μm	空隙率	煤粉质量流量/(kg/s)
2(a)	1.00	N_2	10.39	208.5	0.606	0.284
2(b)	0.75	N_2	10.39	208.5	0.640	0.236
2(c)	0.50	N_2	10.39	208.5	0.657	0.193
2(d)	0.30	N_2	10.39	208.5	0.699	0.128

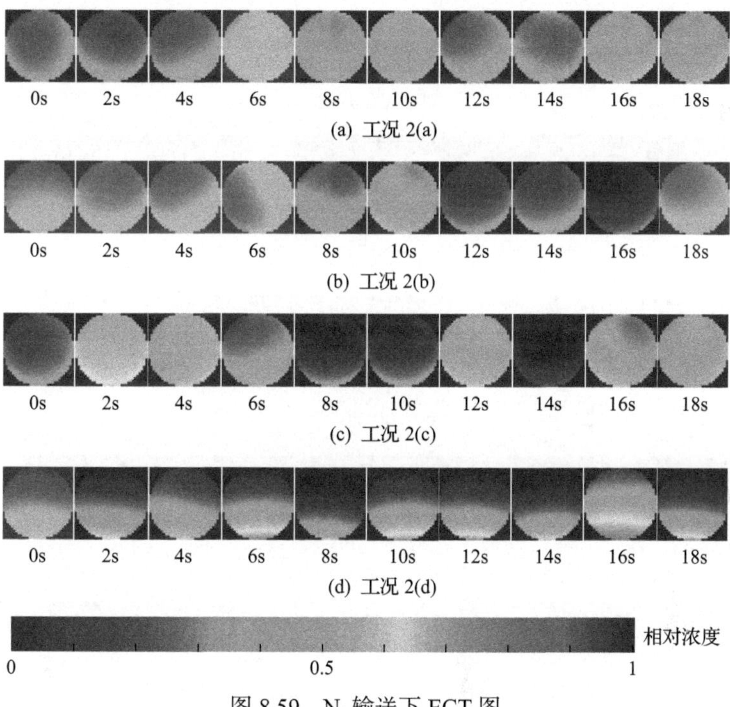

图 8.59　N_2 输送下 ECT 图

3. 煤粉含水率对密相气固两相流的流态的影响

含水率是影响煤粉流动的重要因素之一，对粉体的摩擦特性、分散性、流动性能和压制性能起着重要的作用[15]。当煤粉含水率较高时，容易造成煤粉团聚，进而可能改变煤粉的流态。如表 8.11 所示，第三组工况的煤粉含水率增大为 15.05%。其他操作参数与第一组工况近似一致。图 8.60 为第三组工况的管道截面煤粉分布 ECT 图，从图中可以看出，煤粉颗粒的输送状态与第一组的输送状态相似，煤粉悬浮输送，流动稳定性好。可见含水率增大为 15.05%尚未造成煤粉流态的改变。

表 8.11　第三组工况的输送参数

工况	总输送压差 /MPa	输送载气	含水率 /%	粒径 /μm	空隙率	煤粉质量流量 /(kg/s)
3(a)	1.00	CO_2	15.05	208.5	0.698	0.271
3(b)	0.75	CO_2	15.05	208.5	0.699	0.219
3(c)	0.50	CO_2	15.05	208.5	0.759	0.161
3(d)	0.30	CO_2	15.05	208.5	0.784	0.115

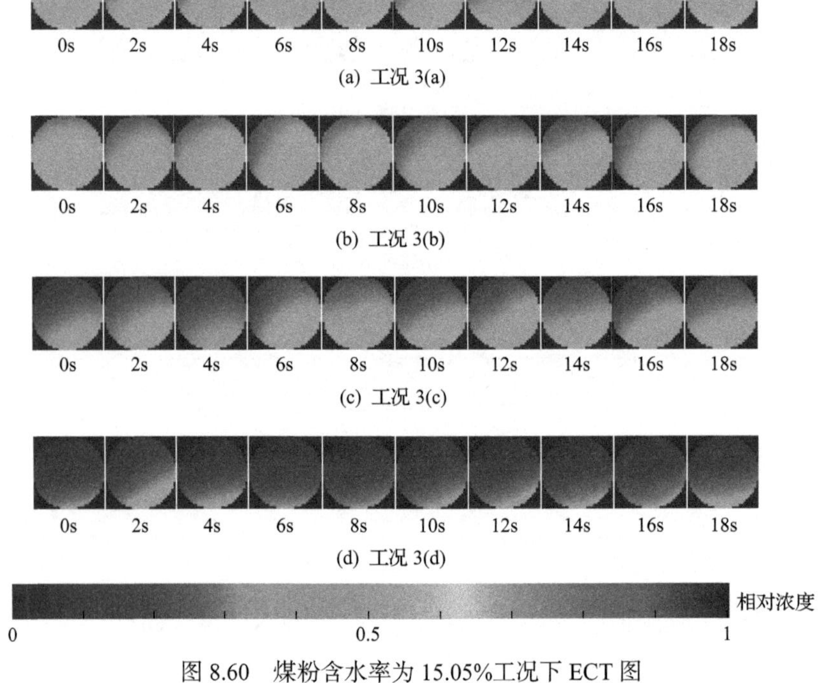

图 8.60　煤粉含水率为 15.05%工况下 ECT 图

从成像结果上看，ECT 能够较好地反映出粉体在输送管道横截面上的分布状况及其随时间的变化情况，并且不同输送工况下的流动形态之间的差异也能够较好地对比出来。

参 考 文 献

[1] Xu C L, Wang S N, Li J, et al. Electrostatic monitoring of coal velocity and mass flowrate at a power plant. Instrumentation Science & Technology, 2016, 44: 4, 353-365.

[2] 李舒，余印振，李健，等. 燃煤发电厂高温高尘烟气流速静电测量技术研究. 传感技术学报，2020，33(3)：358-363.

[3] 李健. 气固两相流动参数静电与电容融合测量方法研究. 南京：东南大学, 2016.

[4] Li J, Bi D P, Jiang Q, el al. Online monitoring and characterization of dense phase pneumatically conveyed coal particles on a pilot gasifier by electrostatic-capacitance-integrated instrumentation system. Measurement, 2018, 125: 1-10.

[5] 羊琛, 李舒, 李健, 等. 基于静电与电容集成传感器的密相气力输送煤粉流动参数在线测量研究. 化工自动化及仪表, 2018, 45(8): 621-624.

[6] 羊琛. 基于静电传感阵列的流化床气泡流动特性研究. 南京: 东南大学, 2018.

[7] Li J, Fu F F, Li S, et al. Velocity characterization of dense phase pneumatically conveyed solid particles in horizontal pipeline through an integrated electrostatic sensor. International Journal of Multiphase Flow, 2015, 76: 198-211.

[8] 岳光溪, 吕俊复, 徐鹏, 等. 循环流化床燃烧发展现状及前景分析. 中国电力, 2016, 49(1): 1-13.

[9] Zhu H Y, Zhu J. Gas-solids flow structures in a novel circulating-turbulent fluidized bed. AICHE Journal, 2008, 54(5): 1213.

[10] Geng Q, Zhu X L, Liu Y X, et al. Gas-solid flow behavior and contact efficiency in a circulating-turbulent fluidized bed. Powder Technology, 2013, 245: 134-145.

[11] Peng C, Lv M, Wang S N, et al. Effect of fractal gas distributor on the radial distribution of particles in circulating turbulent fluidized bed. Powder Technology, 2018, 326: 443-453.

[12] Zhu H Y, Zhu J. Comparative study of flow structures in a circulating-turbulent fluidized bed. Chemical Engineering Science, 2008, 63(11): 2920-2927.

[13] Qi X B, Zhu H Y, Zhu J. Demarcation of a new circulating turbulent fluidization regime. AICHE Journal, 2009, 55(3): 594-611.

[14] 付飞飞. 基于多源信息分析的加压密相气力输送颗粒流动特性研究. 南京: 东南大学, 2013.

[15] 梁财. 高压超浓相煤粉气力输送流动特性研究. 南京: 东南大学, 2007.